열유체공학

김동우 · 김성구 · 송기홍 · 장창현 공저

북스힐

머리말

산업사회의 발달로 기계 및 자동차 산업이 급격하게 발전함에 따라 대학 및 전문대학에 이와 유사한 학과가 많이 개설되어 있다. 자동차의 심장부인 엔진은 기계공학의 종합적인 산물로서 열역학, 유체역학, 재료역학, 열전달 및 연소공학 등의 학문에 대한 이해가 요구되며, 그 중 열역학은 각종 에너지와 에너지 변환에 관련된 현상을 다루는 학문으로서 기계공학이나 자동차 공학을 공부하는 학생들에게 중요한 기초과목이다. 유체역학 역시 공기나 물 또는 그 밖의 유체를 작업유체로 하는 모든 공학 분야의 기초 학문으로서 일상생활이나 산업현장에서 그 원리를 이용하거나 응용하는 일이 많다.

하지만 열역학이나 유체역학은 학생들이 이해하는 데 어려운 과목으로 인식되어 있고, 특히 전문실무교육에 중점을 두는 대학의 경우는 짧은 교육 과정으로 기초역학에 중점을 둘 수 없는 상황이지만, 국가기술자격시험의 일부로 채택되어 있으므로 그 중요성을 간과할 수도 없는 실정이다.

따라서 이러한 현실을 감안하여 대학에서 기계 및 자동차 공학을 전공하는 학생들이 짧은 시간 내에 한 권의 책으로 열역학과 유체역학의 기본 개념을 살펴볼 수 있게 이 책을 집필하였다. 또한 각 장의 예제 및 연습문제는 국가기술자격시험의 출제 수준을 고려하여, 난해한 문제를 배제하고 국가기술자격시험에 기출제된 문제들과 그와 유사한 문제들을 수록함으로써 산업기사나 기사시험에 대비할 수 있는 수험서로서의 역할을 할 수 있도록 하였으며 단위는 공학단위를 사용하였다.

본서를 펴내기 위하여 많은 서적을 참고하여 노력을 기울였으나, 내용이 미흡하고 오류가 있는 부분이 있으리라 생각된다. 부족함 점은 다음 개정판에서 보완할 것을 약속하며, 원고를 정리하는 데 도움을 준 학생들과 이 책을 출간하는 데 배려해 주신 도서출판 북스힐에 감사를 드린다.

2008년 2월

저자

차 례

▶ 머리말 / iii

1장 공업열역학과 기초사항

1.1 열역학의 개요 ······ 1
1.2 공업열역학의 응용 분야 ······ 2
1.3 동작물질, 계 및 주위 ······ 3
1.4 물질의 상태량과 상태식 ······ 5
1.5 상태 변화, 과정 및 사이클 ······ 6
1.6 단위와 단위계 ······ 7
1.7 비체적 및 밀도 ······ 12
1.8 압력 ······ 13
1.9 일과 에너지 ······ 15
1.10 동력과 동력의 단위 ······ 17
1.11 온도 및 열역학 제0법칙 ······ 18
1.12 열 및 열량 ······ 21
1.13 열효율 ······ 23

2장 일과 열

2.1 일 ······ 27
2.2 열과 비열 ······ 33
2.3 열역학 제1법칙 ······ 37
2.4 내부 에너지 ······ 39
2.5 밀폐계(비유동 과정)에 대한 열역학 제1법칙의 일반식 ······ 40
2.6 엔탈피와 유동 에너지 ······ 42
2.7 개방계에 대한 열역학 제1법칙의 식 ······ 44

3장 이상기체의 성질

3.1 이상기체(완전 가스) ······ 51
3.2 이상기체의 법칙 ······ 52
3.3 아보가드로 법칙과 일반기체상수 ······ 56
3.4 이상기체의 비열 및 줄의 실험 ······ 58
3.5 이상기체의 상태 변화 ······ 61
3.6 이상기체의 혼합 ······ 73

4장 열역학 제2법칙

4.1 열역학 제2법칙 ······ 85
4.2 열기관의 열효율 ······ 89
4.3 카르노 사이클 ······ 92
4.4 열역학적 절대온도 ······ 96
4.5 클라우지우스의 부등식 ······ 99
4.6 엔트로피 ······ 101
4.7 온도 엔트로피($T-s$) 선도 ······ 106
4.8 이상기체의 엔트로피 변화량 ······ 108
4.9 유효 에너지와 무효 에너지 ······ 112
4.10 열역학 제3법칙(네른스트의 열정리) ······ 114

5장 증기의 성질

5.1 증기(실제가스)의 개요 ······ 121
5.2 증기의 성질 ······ 122
5.3 증기의 상태방정식 ······ 125
5.4 증기의 열적 상태량 ······ 126
5.5 증기표 및 증기선도 ······ 134
5.6 증기의 상태 변화 ······ 140

6장 가스동력 사이클

6.1 가스동력 사이클의 개요 …… 153
6.2 가스동력 사이클의 해석 …… 153
6.3 공기표준 내연기관의 기본 사이클 …… 155
6.4 공기표준 가스터빈의 기본 사이클 …… 169

7장 증기동력 사이클

7.1 증기동력 사이클의 개요 …… 181
7.2 랭킨 사이클 …… 182
7.3 재열 사이클 …… 187
7.4 재생 사이클 …… 189
7.5 재열-재생 사이클 …… 194
7.6 실제 사이클 …… 196

8장 냉동 및 냉동 사이클

8.1 냉동의 개요 …… 203
8.2 이상 냉동 사이클(역 카르노 사이클) …… 206
8.3 증기압축 냉동 사이클 …… 207
8.4 공기냉동 사이클(역 브레이턴 사이클) …… 209

9장 연소 및 열전달

9.1 연료의 연소 과정 …… 215
9.2 연료의 발열량 …… 217
9.3 연소에 필요한 이론공기량 …… 219
9.4 열전달 …… 222

10장 유체의 기본 개념과 정의

10.1 유체역학의 개요 …… 231
10.2 유체의 정의 및 연속성 …… 232

10.3 유체거동의 연구 ······ 233
10.4 유체흐름의 분류 ······ 234
10.5 차원 ······ 235
10.6 유체의 점성 ······ 235
10.7 뉴턴 유체와 비뉴턴 유체 ······ 239
10.8 완전 기체 / 이상 유체 ······ 240
10.9 유체의 압축성과 탄성 ······ 240
10.10 표면장력과 모세관 현상 ······ 242
10.11 증기압 ······ 244

11장 유체정역학

11.1 유체정역학 ······ 249
11.2 정지유체 내의 압력 ······ 251
11.3 유체정역학의 기본 방정식 ······ 253
11.4 비압축성 정적유체 내의 압력 측정 ······ 254
11.5 정지유체 속에 잠겨 있는 평면에 작용하는 힘 ······ 259
11.6 정지유체 속에 잠겨 있는 곡면에 작용하는 힘 ······ 263
11.7 부력과 부양체의 안정 ······ 264
11.8 상대적 평형 ······ 267

12장 유체운동학

12.1 유체에 미치는 힘과 유동 ······ 273
12.2 유체의 유동 특성 ······ 273
12.3 유동장의 기술방법 ······ 278
12.4 유선, 유적선 및 유관 ······ 280
12.5 연속방정식 ······ 282
12.6 오일러 운동방정식 ······ 283
12.7 베르누이의 방정식 ······ 285
12.8 동압, 정압 및 전압 ······ 287
12.9 토리첼리의 정의 ······ 288

13장 운동량의 법칙과 응용
13.1 운동량의 법칙 ······ 295
13.2 운동량 법칙의 응용 ······ 298

14장 기체의 유동
14.1 기체의 유동 ······ 307
14.2 정상 유동의 기초식 ······ 308
14.3 노즐 속에서 유동 ······ 312
14.4 단면 축소노즐과 단면 확대노즐 ······ 314

▷▶ 부록 / 319
▷▶ 찾아보기 / 337

Chapter 1

공업열역학과 기초사항

1.1 열역학의 개요

열역학(thermodynamics)이란 열(heat)에 해당하는 그리스어 Therme와 힘(strength, force)에 해당하는 그리스어 Dynamis로부터 유래한 말로서 열과 관계되는 동력의 문제뿐만 아니라 어떤 물질이 열에 의하여 한 형태로부터 다른 형태로 변화할 때 일어나는 에너지 형태의 변화와 이들과 관련되는 여러 상호현상을 연구하는 학문이다. 열역학은 특히 온도변화가 중요한 역할을 하는 자연계의 여러 과정을 취급하는 것으로서 물체에 열을 가하거나 제거하면 그 물체에는 어떤 변화가 일어난다. 이와 같은 열역학적인 변화에는 열에 의한 체적의 팽창이나 증발과 같은 물리적 변화와 연소 또는 분해 등과 같은 화학적 변화로 나눌 수 있다. 여기서 물리적 변화란 얼음에 열을 가하면 물, 증기로 변하지만 열원을 제거하면 원래 상태로 돌아가는 일시적 변화를 말하고, 화학적 변화란 열원을 제거해도 원래 상태로 되돌아가지 않는 영구적인 변화로서, 일례로 공기와 연료가 반응하여 배기가스가 되는 변화를 의미한다.

열역학은 에너지 형태의 변화와 물질의 성질 및 거동을 규명하는 방법에 따라 온도, 압력 등과 같이 직접 측정 가능한 양을 대상으로 이들의 관계 및 변화에 대해 고찰하는 거시적(macroscopic) 관점에 바탕을 둔 **고전열역학**(classical thermo-dynamics)과 물질을 분자 및 원자의 집합체로 고려하여 이들 무수한 미립자의 무질서한 거동을 통계적인 결과에 의한 미시적(microscopic)인 관점에 바탕을 두고 있는 **통계열역학**(statistical thermodynamics)으로 크게 나누어진다.

또한 열역학은 각종 에너지 변환 및 물질의 상태 변화, 물질 사이의 관계를 다루고 있는 학문이므로 물리학, 화학 및 공학의 여러 분야의 해석에 널리 사용되고 있다. 열역학의 원리는 동일하여도 응용 분야에 따라 적용 대상이 다르므로 열역학은 공업열역학, 금속열역학, 열화학 및 화공열역학 등으로 분류할 수 있다. 열역학 중에서 특히 기계 분야에 응용하여 열에 의한 화학적 변화보다는 주로 물리적 변화와 관련된 거시적 관점에서 에너지 변환 및 응용에 관계되는 것만을 취급하는 것을 공업열역학(engineering thermodynamics)이라고 한다.

1.2 공업열역학의 응용 분야

공업열역학의 응용 분야는 내연기관(internal combustion engine), 증기원동기(steam prime mover), 가스터빈(gas turbine)과 같이 동력 발생에 이용되는 모든 열기관(heat engine)의 해석으로부터 공기압축기(air compressor), 송풍기(blower), 냉동기(refrige rator) 및 열펌프(heat pump) 등과 같은 공기조화 및 냉동 분야에까지 공학적 응용 범위는 대단히 넓다.

표 1.1 공업열역학의 응용 분야

응용 분야	주요 장치
증기 원동소 (열에너지 ⇨ 기계적 에너지 ⇨ 전기적 에너지)	보일러, 증기터빈, 증기원동소, 화석연료발전소, 핵연료발전소
연소 기관 (연소가스의 열에너지 ⇨ 기계적 에너지)	자동차용기관(왕복기관, 로터리기관), 가스터빈, 제트기관, 선박용기관, 로켓기관
냉동 및 공기조화 (전기 에너지 ⇨ 기계적 에너지 ⇨ 열에너지)	냉동장치 및 냉동기, 공기조화기, 열펌프
기타	태양 에너지 발전, 태양열 난방장치, 지열발전장치, 연료전지, 열전발전기

1.3 동작물질, 계 및 주위

열기관에서 열을 일로 전환시킬 때 또는 냉동기에서 온도가 낮은 곳의 열을 온도가 높은 곳으로 이동시킬 때는 반드시 매개물질이 필요하다. 이 열과 일의 매개물질은 열에 의하여 압력이나 체적이 쉽게 변하거나 또는 액화나 증발이 용이하게 이루어지는 물질로서 에너지를 저장 또는 이동 운반시키는 유체(fluid)이므로 **동작물질**(working substance) 또는 **작동유체**라고도 한다. 예를 들면 증기터빈(steam turbine)의 증기, 냉동기(refrigerator)의 냉매(freon, ammonia) 그리고 내연기관(internal combustion engine)의 공기와 연료의 혼합물이 동작물질이다.

열역학에서 에너지 전달 및 에너지 변화와 이에 따른 물질의 거동을 해석하기 위하여는 열역학적 상태를 관찰하는 영역이 필요한데 이를 **열역학적 계**(system)라고 하며 해석 및 연구의 대상이 되는 물질의 일정한 양 또는 어떤 한정된 공간 내의 구역으로 정의된다. 계를 형성하고 있는 영역 또는 물질의 양은 **경계**(boundary) 내에 있어야만 되며 경계의 외측에 있는 모든 물질을 **주위**(surrounding)라 한다. 계와 주위를 한정시키는 칸막이인 경계(boundary)는 변할 수도 있으며 또는 가상적일 수도 있다. 계의 종류에는 밀폐계(폐쇄계), 개방계(유동계), 고립계(절연계)가 있다.

1.3.1 밀폐계

밀폐계(closed system)의 경계는 동작물질이 점유하는 영역으로 설정되며, 계의 경계를 통해 작동유체가 이동하지 않고 에너지만을 교환하는 계를 말한다. 다시 말하면 열(heat)이나 일(work)의 형태로 에너지는 경계를 지나 주위와 교환하여도 질량의 이동을 수반하지 않고 변화하는 경우이므로 이를 **비유동계**(nonflow system)라고 하며 또한 작동유체의 질량이 일정한 계라고도 할 수 있다.

그림 1.2에서 실린더 내의 가스를 실린더 밑면으로부터 가열하는 경우에 가스(동작물질)는 가열됨에 따라 온도가 상승하므로 계의 경계는 위로 이동하게 된다. 이 경우에 가스(동작물질)는 계의 경계를 통과하지 않았으나 에너지는 열과 일의 형태로 경계를 통하여 이동한 셈이 된다. 이와 같은 계를 **밀폐계**라 한다.

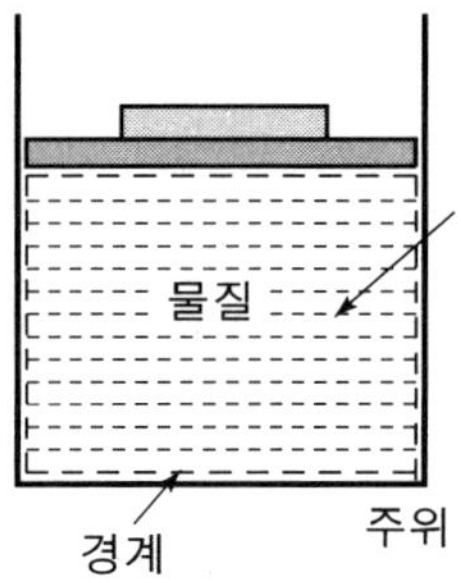

그림 1.1 계, 주위, 경계

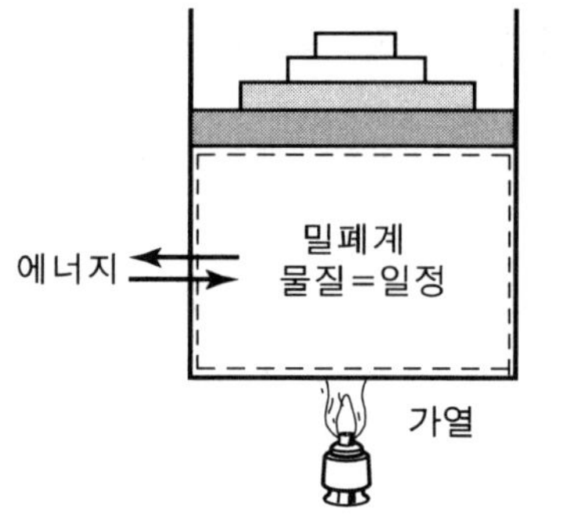

그림 1.2 밀폐계(폐쇄계)

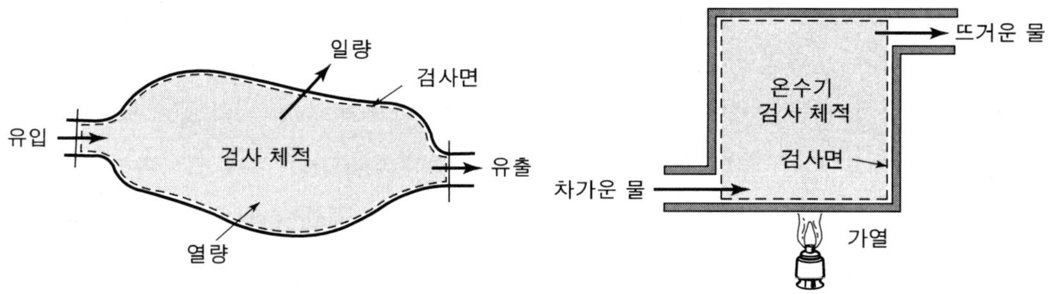

(a) 유동계 (b) 온수기

그림 1.3 개방계(유동계)

1.3.2 개방계

개방계(open system)는 에너지가 열과 일의 형태로 계와 주위 사이를 이동될 뿐만 아니라 동시에 물질도 경계를 통하여 유입되거나 유출되는 계를 말하며 **유동계**(flow system)라고도 한다. 개방계에서 물체의 질량유동이 수반되는 공간의 영역을 **검사체적**(control volume)이라 하고 검사체적의 경계를 **검사면**(control surface)이라 한다. 따라서 유동계에서의 경계는 검사면이 되며 검사면을 통해서 작동유체의 질량이 변화할 수 있다.

그림 1.3에서 온수기는 외부로부터의 가열에 의하여 검사면을 통해서 에너지가 전달되고 물은 입구와 출구를 통하여 유입, 유출하게 되므로 질량이동이 수반된다.

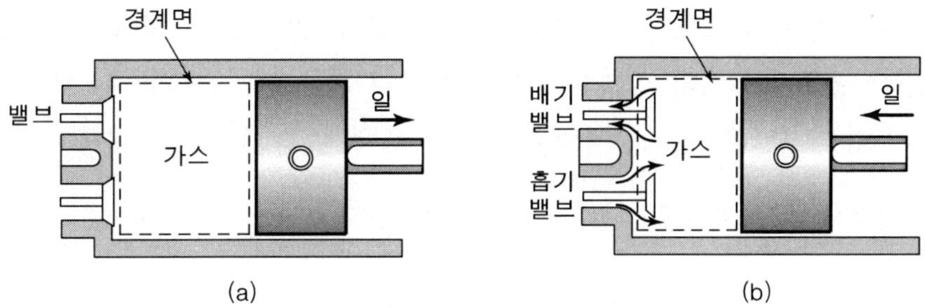

그림 1.4 피스톤과 실린더로 구성된 계(a : 밀폐계, b : 개방계)

1.3.3 고립계

고립계(isolated system)란 계와 주위 사이에 아무런 상호작용이 없는 계를 말한다. 계 내의 동작물질, 열, 일 등의 물질 및 에너지 이동이 없는 계로서 밀폐계의 특수한 형태로서 절연계라고도 한다.

1.4 물질의 상태량과 상태식

상태량(quantity of state)은 열역학을 전개하는 데 있어서 중요한 개념으로서, 압력(P), 비체적(v), 절대온도(T), 비내부 에너지(u), 비엔탈피(h), 비엔트로피(s) 등과 같이 어느 시간에 물질의 특정한 상태(state)를 나타내는 물리량이다. 상태량은 한 상태에서 다른 상태로 변화하는 과정인 경로(path)와는 관계없이 변화 전후의 상태만을 결정하는 물리적 특성값으로서 성질(property)이라고도 한다.

상태량을 대별하면 강도성 상태량과 종량성 상태량이 있는데, 압력(P), 비체적(v), 절대온도(T), 비내부 에너지(u), 비엔탈피(h), 비엔트로피(s) 등과 같이 물질의 양(질량)과 관계없는 성질을 강도성 상태량(intensive property)이라 하고, 체적(V), 내부 에너지(U), 엔탈피(H), 엔트로피(S) 등과 같이 물질의 질량에 비례하는 성질을 종량성 상태량(extensive property)이라 한다.

이 상태량은 독립하여 변화하는 것이 아니고 상호 어떤 일정한 관계를 가지고 있다.

예를 들면 내부 에너지, 엔탈피, 엔트로피는 모두 압력, 비체적 및 절대온도의 함수로 표시할 수 있다. 물체의 임의의 상태량은 두 상태량의 함수로써 표시할 수 있으며, 독립된 상태량으로서 압력 P, 비체적 v, 절대온도 T의 관계는 식 (1-1)로 나타낼 수 있다.

$$v = f(P, T), \quad P = f(v, T), \quad T = f(P, v) \tag{1-1}$$

$$f(P, v, T) = 0$$

P, v, T 사이의 관계식은 동작물질의 특성을 나타내므로 이 식을 그 물질의 상태식(equation of state)이라 한다. 이상기체의 경우 상태식은 다음과 같다.

$$Pv = RT \tag{1-2}$$

상태량 간의 관계는 이상기체의 경우에는 상태식이 매우 간단하지만 실제 기체의 경우를 상태식으로 나타내려면 매우 복잡하므로 실험에 의하여 결정하든가 또는 선도(diagram)로 나타내어 임의의 상태량을 취하는 경우가 많다.

1.5 상태 변화, 과정 및 사이클

계 내의 동작유체가 한 상태에서 다른 상태로 바뀌는 것을 **상태 변화**(change of state)라 하고, 이때의 변화경로가 연속적인 것을 **과정**(process)이라고 한다. 어떤 물질이 상태 변화를 할 때, 그 상태의 변화량이 진행되는 경로에 관계없이 계의 상태에만 관계하는 상태량을 **상태함수**(state function) 또는 **점함수**(point function)라 하며 압력, 비체적, 절대온도, 내부 에너지 등과 같은 상태량을 예로 들 수 있다. 상태함수와는 달리 **경로함수**(path function)는 경로에 관계하며 상태가 변화할 때 그 상태량이 과정의 변화경로에 따라 크기가 변화하는 함수로서 일과 열이 그 예이다.

상태 변화에는 가역 변화와 비가역 변화의 두 가지가 있다. 한 계가 임의의 과정을 거쳐서 한 상태로부터 다른 상태로 변화할 경우 그 변화를 반대 방향으로도 주위에 어떠한 변화를 남기지 않고 원래 상태로 되돌아갈 수 있을 때 이 변화를 **가역 변화**(reversible change)라 한다. 엄밀한 의미에서 가역 변화는 존재하지 않고 현실적인 변화는 비가역 변화

(irreversible change)로서 물체의 영구 변형, 마찰을 수반하는 일로부터 열으로의 에너지 전환, 고온 물체로부터 저온 물체로의 열 이동 등을 예로 들 수 있다. 그러나 온도차, 압력차에 의한 불평형이 무한히 적은 경우에는 근사적인 가역 변화로 가상하여 이를 **준정적 변화**(quasi-static change)라 하고 마찰을 수반하지 않는 경우에는 가역 변화로 취급할 수 있다.

열역학에서 중요하게 다루는 작동유체의 상태 변화에는 다음과 같은 것이 있다.

① 정압 변화(constant pressure change) : 상태 변화 중에 압력이 일정
② 정적 변화(constant volume change) : 상태 변화 중에 체적이 일정
③ 등온 변화(constant temperature change) : 상태 변화 중에 온도가 일정
④ 단열 변화(adiabatic change) : 상태 변화 중에 열의 출입이 없음
⑤ 폴리트로픽 변화(polytropic change) : 상태 변화 중에 위의 네 가지 변화를 포함한 일반 변화

이상과 같은 변화가 어느 상태로부터 출발하여 변화를 거친 다음에 처음 상태로 돌아가 연속적으로 변화를 되풀이되는 순환과정을 **사이클**(cycle)이라 하며, 사이클은 가역 사이클(reversible cycle)과 비가역 사이클(irreversible cycle)로 나누어진다.

가역 사이클이란 사이클을 구성하는 모든 변화가 가역인 것을 말하며, 이 중에서 한 변화라도 비가역이면 **비가역 사이클**이 된다. 따라서 실제상으로는 가역 사이클은 가역 변화와 마찬가지로 자연계에서는 불가능하나 준정적 과정(quasi-static process)을 조합함으로써 가역 사이클로 고려할 수 있다.

1.6 단위와 단위계

1.6.1 SI 단위계의 개요

물질의 열역학적 특성값을 측정 가능한 양으로 다루기 위해서는 각 특성값의 척도가 필요하다. 척도의 눈금을 정하기 위해서 얼마만큼의 변화량을 1로 취할 것인가의 정의가

단위(unit)이다.

미터법을 사용하는 단위계로는 물리학 분야에서의 CGS 단위계(센티미터, 그램, 초)가 있고 공학에서 주로 사용되는 MKS 단위계(미터, 킬로그램, 초)와 중력단위계(미터, 중량킬로그램, 초)가 있으며, 그밖에 CGS 정전단위계, CGS 전자단위계, MKSA 단위계 등이 있다. 1954년과 1960년에 개최된 국제도량형총회에서는 이들 실용적인 측정단위계의 기초 단위를 길이, 질량, 시간, 전류, 열역학적 온도, 몰질량 및 광도 등의 7가지 물리량을 기본단위로 채택하여 **국제단위계**(International System of Units)로 이름 짓고 그 약자인 SI로 표시하도록 하였다. 또한 이 총회에서 SI 단위의 접두어(prefixes), 유도단위 및 SI 보조단위 등에 대한 기술방법을 확립하였다.

[1] SI 기본단위

SI 기본단위는 편의상 독립적으로 간주되는 물리양으로서 길이, 질량, 시간, 전류, 열역학적 온도, 몰질량 및 광도 등을 나타내는 7가지 기본단위가 있으며, SI 보조단위로는 평면각(라디안)과 입체각(스테라디안)을 나타내는 단위가 있다. 열역학에서 사용되는 주요 기본단위를 표 1.2에서 나타내었다.

표 1.2 주요 SI 기본단위

물리량	단위명칭	단위기호	정 의
길이(L)	미터	m	1m는 빛이 진공에서 1/299792458초 동안 진행한 경로의 길이
질량(m)	킬로그램	kg	1kg은 킬로그램의 국제원기의 질량
시간(t)	초	s	1s는 세슘-133 원자의 바닥상태에 있는 두 초미세 준위 사이의 천이에 대응하는 복사선의 9192631770 주기의 지속시간
온도(T)	켈빈	K	1K는 물의 삼중점에서 열역학적 온도의 1/273.16
몰질량(n)	몰	mol	1mol은 탄소-12의 0.012킬로그램에 존재하는 원자 수와 같은 수의 요소입자(원자, 분자, 이온, 전자 등)로 구성된 계의 몰질량

[2] SI 유도단위

SI 유도단위는 기본단위 및 보조단위를 사용하여 대수적인 방법으로 나타내는 단위이다. 그리고 일부 유도단위는 특수한 고유명칭과 기호로 표시된다.

표 1.3 열역학에서 주로 사용되는 SI 유도단위

물리량	단위명칭	단위기호	다른 표기법	SI 기본단위 표기법
면적	평방미터	m^2		m^2
체적	입방미터	m^3		m^3
속도	미터매초	m/s		m/s
가속도	미터매초제곱	m/s^2		m/s^2
밀도	킬로그램매입방미터	kg/m^3		kg/m^3
비체적	입방미터매킬로그램	m^3/kg		m^3/kg
농도	몰매입방미터	mol/m^3		mol/m^3
섭씨온도	섭씨도	℃		K
힘, 무게	뉴턴	N		kgm/s^2
표면장력	뉴턴매미터	N/m		kg/s^2
압력, 기압	파스칼	Pa	N/m^2	kg/ms^2
점도	파스칼초	Pa.s		kg/ms
에너지, 일, 열량	줄	J	Nm	kgm^2/s^2
동력, 일률	와트	W	J/s	kgm^2/s^3
열용량, 엔트로피	줄매켈빈	J/K		kgm^2/s^2K
비열, 비엔트로피	줄매킬로그램켈빈	J/(kgK)		m^2/s^2K
몰에너지	줄매몰	J/mol		$kgm^2/(s^2mol)$
몰엔트로피	줄매몰, 켈빈	J/(molK)		$kgm^2/(s^2molK)$

예를 들어 힘의 SI 유도단위의 명칭은 뉴턴(Newton), 단위의 기호는 N으로 표시한다. 뉴턴의 법칙에 따라 1N은 질량 1kg의 물체에 $1m/s^2$의 가속도를 내게 하는 힘이므로, 뉴턴(N)은 기본단위인 미터(m), 킬로그램(kg), 초(s)로부터 유도된다.

$$F = m \times a \quad \rightarrow \quad [1\,N] = [1\,kg] \times [1\,m/s^2] = [1\,kgm/s^2]$$

1.6.2 SI 단위계의 접두어

SI 단위의 접두어는 SI 단위가 10의 정수곱으로 구성되어 있을 경우에 사용되는 접두어로서 그 명칭과 기호는 표 1.4와 같다.

표 1.4 SI 단위의 접두어

접두어	기호	배수	접두어	기호	배수
테라	T	10^{12}	피코	p	10^{-12}
기가	G	10^{9}	나노	n	10^{-9}
메가	M	10^{6}	마이크로	μ	10^{-6}
킬로	k	10^{3}	밀리	m	10^{-3}
헥토	h	10^{2}	센티	c	10^{-2}
데카	da	10^{1}	데시	d	10^{-1}

접두어의 표시방법으로서 기호는 로마체(정자)로 하며 접두어 기호와 단위 기호 사이에는 칸을 띄우지 않는다. 그리고 2개 이상의 SI 단위에 의하여 합성된 단위를 구성할 때에는 접두어는 1개만을 사용하고 분자에만 붙이는 것을 원칙으로 한다.

$$1\text{cm}^3 = (10^{-2}\text{m})^3 = 10^{-6}\text{m}^3$$

$$1\text{daN/cm} \rightarrow 10\text{N}/10^{-2}\text{m} \rightarrow 10^3\text{N/m} \rightarrow 1\text{kN/m}$$

1.6.3 SI 단위와 공학단위의 비교

종래에 공학에서 주로 사용되어왔던 공학단위계는 중력단위계로서, 중량(weight), 길이, 시간을 기본으로 하는 단위계이다. 질량은 중력의 크기에 무관한 물체가 가지는 고유의 성질(양)인 반면에 중량은 중력의 크기와 관계있으며 중력가속도의 표준값에 따라서 달라진다(표준 중력가속도 $g_s = 9.80665\,\text{m/s}^2 \fallingdotseq 9.807\,\text{m/s}^2$).

참고로 힘(중량)의 공학단위는 kg_f로서 이것은 뉴턴의 법칙에 따라 질량 1kg의 물체를 지구가 당기는 힘(인력)이므로 다음과 같이 된다.

$$1\,\text{kg}_f = 1\,\text{kg} \times g_s = 1\,\text{kg} \times 9.807\,\text{m/s}^2 = 9.807\,\text{kgm/s}^2$$

따라서 힘의 공학단위와 SI 단위 사이에는 다음의 관계가 있다.

$$1\,\text{kg}_f = 9.807\,\text{N},\quad 1\,\text{N} = 1\,\text{kg}_f/9.807$$

표 1.5는 열역학에서 주로 사용되는 공학단위계와 SI 단위계에서의 기본단위와 유도단위를 비교한 것이다. 공학단위계에서 물체의 질량(m)의 단위는 기본단위인 중량(G)으로부터 다음과 같이 유도할 수 있다.

$$m = \frac{G}{g} = \frac{[\mathrm{kg_f}]}{[\mathrm{m/s^2}]} = [\mathrm{kg_f\,s^2/m}]$$

현재 국내에서는 SI 단위계가 널리 사용되고 있으나 공학단위계 역시 실용적으로 사용되고 있는 실정이므로, 국가자격시험의 대비 등 기출제된 문제들을 파악하기 위하여 본 교재에서는 SI 단위계와 공학단위계를 병용하였다.

표 1.5 공학단위와 국제단위의 비교

분류	양	공학(중력) 단위계	국제(SI) 단위계
기본 단위	길이	m	m
	시간	s	s
	질량	-	kg (kilogram-mass)
	중량(무게, 힘)	$\mathrm{kg_f}$ (kilogram-force)	-
유도 단위	온도	℃, K	℃, K
	질량	$\mathrm{kg_f\,s^2/m}$	-
	힘(중량, 무게)	-	$\mathrm{N(=kgm/s^2)}$
	체적, (비체적)	$\mathrm{m^3}$, $\mathrm{(m^3/kg_f)}$	$\mathrm{m^3}$, $\mathrm{(m^3/kg)}$
	압력	$\mathrm{kg_f/m^2}$	$\mathrm{Pa(=N/m^2)}$
	열량	kcal	J(= Nm)
	일량	$\mathrm{kg_f\,m}$	J
	내부 에너지, (비내부 에너지)	kcal, $\mathrm{(kcal/kg_f)}$	J, (J / kg)
	엔탈피, (비엔탈피)	kcal, $\mathrm{(kcal/kg_f)}$	J, (J / kg)
	엔트로피, (비엔트로피)	kcal/K, $\mathrm{(kcal/kg_f\,K)}$	J / K, (J / kgK)
	비열, 기체상수	$\mathrm{kcal\,m/kg_f\,K}$	J / kg℃, J / kgK
	동력	$\mathrm{PS(=75\,kg_f\,m/s^2)}$	W(= J / s)

1.7 비체적 및 밀도

1.7.1 비체적

SI 단위계에서 단위질량의 물질이 차지하는 체적을 비체적(specific volume)이라 하며 기호로는 v, 단위는 $(\mathrm{m^3/kg})$으로 표시한다. 하지만 공학단위계에서의 비체적은 단위중량(무게)의 물질이 차지하는 체적으로 정의하며 단위는 $(\mathrm{m^3/kg_f})$으로 표시한다. 질량을 $m(\mathrm{kg})$, 중량을 $G(\mathrm{kg_f})$, 체적을 $V(\mathrm{m^3})$이라 하면 비체적의 정의는 식 (1-3)과 같다.

$$\text{SI 단위}: \quad v = \frac{V}{m} \ (\mathrm{m^3/kg}) \tag{1-3}$$

$$\text{공학단위}: \quad v = \frac{V}{G} \ (\mathrm{m^3/kg_f})$$

1.7.2 밀도와 비중량

단위체적당 물질의 질량을 밀도(density)라 하며 기호는 ρ, 단위는 $(\mathrm{kg/m^3})$이다. 밀도의 정의는 식 (1-4)와 같으며, 비체적의 역수이다.

$$\rho = \frac{m}{V} \ (\mathrm{kg/m^3}) \tag{1-4}$$

한편, 단위체적당 물질의 중량(weight)을 비중량(specific weight)이라 한다. 중력가속도를 g라고 하면, 비중량 γ는 다음 식과 같다.

$$\gamma = \frac{G}{V} = \rho g \ (\mathrm{kg_f/m^3}) \tag{1-5}$$

비중(specific gravity)이란 물리적인 용어로 물(4℃)과 동일한 체적의 물질의 질량비(또는 중량비)를 말하며, 단위는 무차원수(dimensionless number)이다. 비중을 s라 하면

$$s = \frac{\gamma}{\gamma_w} = \frac{\rho}{\rho_w} \tag{1-6}$$

여기서 ρ_w는 물의 밀도로서 표준 상태에서 $\rho_w \fallingdotseq 1000\,\mathrm{kg/m^3} = 1\,\mathrm{kg}/l$이다. γ_w는 물의 비중량으로서 표준 상태에서 $\gamma_w \fallingdotseq 9807\,\mathrm{N/m^3} = 9.807\,\mathrm{N}/l$ 이다.

공학단위로는 $\gamma_w \fallingdotseq 1000\,\mathrm{kg_f/m^3} = 1\,\mathrm{kg_f}/l$이다.

예제 1-1

질량 2 kg의 기체가 체적 0.5 $\mathrm{m^3}$인 용기 속에 들어 있다. 이 기체의 비체적과 밀도는 얼마인가?

풀이 $v = \dfrac{V}{m} = \dfrac{0.5}{2} = 0.25\,\mathrm{m^3/kg}$, $\rho = \dfrac{1}{v} = \dfrac{1}{0.25} = 4.0\,\mathrm{kg/m^3}$

1.8 압력

압력(P, pressure)은 단위면적(A)에 작용하는 수직 방향의 힘(F)으로 정의된다.

$$P = \frac{F}{A} \ (\mathrm{N/m^2} \text{ 또는 } \mathrm{kg_f/m^2}) \tag{1-7}$$

SI 단위에서 압력의 단위는 파스칼(Pa, $1\,\mathrm{Pa} = 1\,\mathrm{N/m^2}$)을 사용한다. 유럽 등에서 압력계의 눈금표시를 bar를 사용하는 경우가 많으므로 bar를 SI와 병용하여도 좋은 단위로 정하고 있다. 단, 대기압 mbar은 세계기상기구(WMO)에서 hPa을 사용하도록 결의하여 종래 960 mbar의 태풍을 960 hPa로 표기하도록 하였다. 또한 독일에서 예로부터 사용되어온 토르(Torr)라는 단위가 있는데 일부 나라에서 진공 공학 분야에 한하여 사용하기도 한다. 수은주 1 mm의 압력이 1 Torr이다.

표준대기압이란 지구의 중력가속도 g가 $9.80665\,\mathrm{m/s^2}$인 장소에서 밀도가 13.5951 $\mathrm{g/cm^3}$(0℃)인 수은주 760 mm 높이의 무게가 1 $\mathrm{cm^2}$의 면적에 작용하는 압력을 말하며 atm(atmosphere)의 기호로 표시한다.

[1] 표준대기압

$$1\,\text{atm} = 760\,\text{mmHg} = 1.0332\,\text{kg}_f/\text{cm}^2 = 10.33\,\text{mAq} = 14.7\,\text{psi} \tag{1-8}$$

$$= 1.01325\,\text{bar} = 101325\,\text{N/m}^2 = 101325\,\text{Pa}$$

공학에서 사용되는 공학대기압은 at로 나타내며, 단위는 다음과 같이 정의된다.

$$1\,\text{at} = 1.0\,\text{kg}_f/\text{cm}^2 = 10.0\,\text{mAq} = 0.9807\,\text{bar} = 0.9678\,\text{atm} = 735\,\text{mmHg}$$

[2] 절대압력

대기압보다 낮은 기압을 진공압(vacuum pressure)이라 하며, 완전진공을 기준으로 한 압력을 절대압력(absolute pressure)이라 한다. 절대압력은 압력계 또는 진공계로 측정되는 압력과 그 계기가 있는 곳의 국소대기압과의 관계로서 나타낼 수 있다.

게이지압 > 대기압 : 절대압력(P_a) = 압력게이지 압력(P_g) + 대기압(P_o)

게이지압 < 대기압 : 절대압력(P_a) = 대기압(P_o) − 진공게이지 압력(P_v)

[3] 진공도

진공게이지압과 대기압과의 비를 진공도로 표시한다.

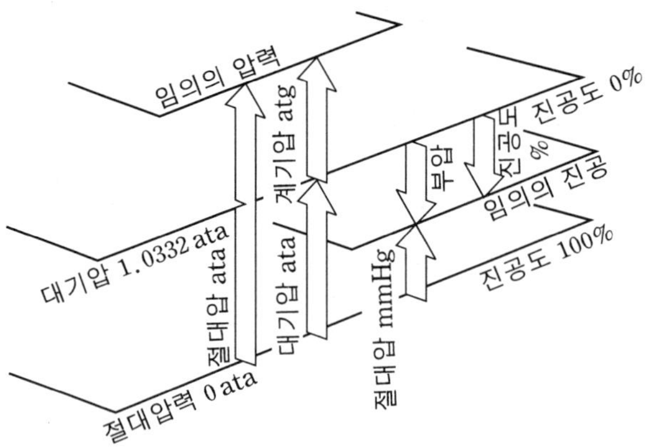

그림 1.5 압력의 관계

$$진공도 = \frac{진공게이지\ 압력}{대기압력} \times 100 = \frac{P_v}{P_o} \times 100(\%) \quad (1\text{-}9)$$

완전진공은 진공도 100이며 대기압은 진공도 0이다. 예를 들면 표준 상태에서 700 mmHg의 진공이란 표준대기압 760 mmHg과 700 mmHg과의 차, 즉 760－700 mmHg의 절대압력을 말하며, 진공도는 700 / 760 = 0.9210이므로 92.1 %가 된다.

예제 1-2

기체의 압력이 게이지압 140 kPa이다. 국소대기압 100 kPa에서 절대압력은 얼마인가?

풀이 게이지압력이 대기압 이상의 정(+)압이므로
절대압력은 $P_a = P_o + P_g = 100 + 140 = 240\,\text{kPa}$

예제 1-3

증기터빈의 출구 압력이 게이지압으로 90 kPa 진공일 때 국소대기압이 720 mmHg이라면 절대압력은 몇 kPa인가? 또 진공도는 얼마나 되는가?

풀이

$$P_a = P_o - P_v = \frac{720}{760} \times 101.325(\text{kPa}) - 90\ \text{kPa} = 5\,\text{kPa}$$

$$진공도 = \frac{P_v}{P_o} = \frac{90}{\frac{720}{760} \times 101.325} = 0.938 = 93.8\%$$

1.9 일과 에너지

일(work)이란 어떤 물체에 힘(F)이 작용하여 힘의 방향으로 이동한 거리(S)와의 곱으로 표시된다. 일의 기호는 W로 표시하며 단위는 Nm 또는 줄(J)이라는 고유명사를 사용한다.

$$W = F \times S \quad (\text{J} = \text{Nm}) \quad (1\text{-}10)$$

한편 공학단위에서 일은 $\text{kg}_\text{f}\,\text{m}$로 표시하며 SI 단위의 일과는 다음의 관계를 가진다.

$$1\,\text{kg}_\text{f}\,\text{m} = 9.8\,\text{Nm} = 9.8\,\text{J}$$

에너지(energy)란 일을 할 수 있는 능력을 말하며, 단위는 일의 단위와 같다. 에너지에는 열, 빛, 전기, 소리, 운동 등 여러 에너지가 있지만 열역학에서는 열에너지와 역학적 에너지만을 취급한다. 열에너지에는 내부 에너지, 엔탈피, 엔트로피가 있는데, 내부 에너지와 엔탈피는 열역학 제1법칙에서 다루고 엔트로피는 열역학 제2법칙에서 다룬다.

역학적 에너지에는 어떤 기준면에 대하여 높은 곳에 정지해 있는 물체가 가지는 위치 에너지(potential energy)와 움직이는 물체가 가지고 있는 운동 에너지(kinetic energy)가 있다. 비교적 큰 물체의 위치 또는 운동에 의해 발생하는 에너지는 역학적 에너지에 속하고, 분자의 운동과 배치에 관계되는 에너지는 열에너지에 속한다. 이러한 잠재적인 에너지가 외부로 표출되면 일과 열의 형태로 나타난다.

질량 m(kg) 또는 중량 $G(\mathrm{kg_f})$의 물체가 z(m)의 높이에 있을 때, 이 물체의 위치 에너지 E_p는 다음과 같은 식으로 표시된다.

$$E_p = mgz\,(\mathrm{J}) \quad \text{공학단위로는 } E_p = Gz\ (\mathrm{kg_f\,m}) \tag{1-11}$$

또한 질량 m(kg) 또는 중량 $G(\mathrm{kg_f})$의 물체가 v(m/s)의 속도로 움직일 경우, 운동 에너지 E_k는 다음과 같은 식으로 된다.

$$E_k = m\frac{v^2}{2}\,(\mathrm{J}) \quad \text{공학단위로는 } E_k = G\frac{v^2}{2g}\ (\mathrm{kg_f\,m}) \tag{1-12}$$

예제 1-4

어떤 물체에 100 N의 힘을 가하여 힘이 작용하는 방향으로 4 m 이동시켰을 경우, 하는 일은 몇 J인가?

풀이 $W = F \times S = 100 \times 4 = 400\ \mathrm{Nm} = 400\ \mathrm{J}$

예제 1-5

평탄한 고속도로에서 72 km/h로 달리는 총중량 9.8 ton ($9800\,\mathrm{kg_f}$)인 트럭의 운동 에너지를 SI 단위와 공학단위로 각각 구하라.(단, 공기의 저항은 무시한다.)

풀이 $72\,km/h = 7200\,m\,/\,3600\,s = 2\,m/s$이므로,

SI 단위 : 질량 $m = 9800\,kg$

$$E_k = m \cdot \frac{v^2}{2} = 9800\,\frac{2^2}{2} = 19600\,(J)$$

공학단위 : 중량 $G = 9800\,kg_f$

$$E_k = G \cdot \frac{v^2}{2g} = 9800\frac{2^2}{2 \times 9.8} = 2000\,(kg_f\,m)$$

$1\,kg_f\,m = 9.8\,J$이므로 두 단위로 표시된 운동 에너지는 동일하다.

1.10 동력과 동력의 단위

동력(power)은 단위시간에 한 일, 즉 일의 능률을 말하며 일률이라고도 부른다. SI 단위로는 와트(W)를 사용하며 $1\,W = 1\,J/s$이다.

$$N = \frac{W}{t}\ (W = J/s) \tag{1-13}$$

종래의 공학단위로는 $kg_f\,m/s$, PS(미터마력) 등이 사용된다. 여러 동력단위의 상호관계는 다음과 같다.

$$1\,W = 1\,J/s = 1\,Nm/s \tag{1-14}$$

$$1\,PS \fallingdotseq 75\,kg_f m/s \fallingdotseq 0.7355\,kW \fallingdotseq 632\,kcal/h$$

$$1\,kW \fallingdotseq 102\,kg_f m/s \fallingdotseq 1.36\,PS \fallingdotseq 1000\,J/s \fallingdotseq 860\,kcal/h$$

$$1\,PSh \fallingdotseq 632.3\,kcal$$

$$1\,kWh \fallingdotseq 860\,kcal$$

예제 1-6

136 PS 의 기관을 2시간 운전 시 일량은 얼마인가? J과 $kg_f m$의 단위로 구하라.

풀이 $W(\mathrm{J}) = N(\mathrm{J/s}) \times t(\mathrm{s}) = 136\,\mathrm{PS} \times \left(\dfrac{1000\,\mathrm{J/s}}{1.36\,\mathrm{PS}}\right) \times 2\,\mathrm{h} \times \left(\dfrac{3600\,\mathrm{s}}{1\,\mathrm{h}}\right)$

$= 7.2 \times 10^8\ \mathrm{J}$

$W(\mathrm{kg_f m}) = N(\mathrm{kg_f m/s}) \times t(\mathrm{s}) = 136\,\mathrm{PS} \times \left(\dfrac{75\mathrm{kg_f m/s}}{1\,\mathrm{PS}}\right) \times 2\,\mathrm{h} \times \left(\dfrac{3600\,\mathrm{s}}{1\,\mathrm{h}}\right)$

$= 7.34 \times 10^7\,\mathrm{kg_f m}$

1.11 온도 및 열역학 제0법칙

인체의 일부를 어떤 물체에 접촉시키면 온·냉의 정도를 느끼게 되는데 이것은 그 물체가 가지고 있는 열량의 많고 적음에 의한 것이다. 열은 물체의 분자가 운동함으로써 생기는 에너지의 한 형태이므로 분자의 운동이 활발해지면 그 물체는 뜨겁게 되고, 분자의 운동이 둔해지면 차갑게 된다. 열의 이동은 온도가 높은 곳에서 낮은 곳으로 이동하는데 열량의 많고 적음에는 무관하다. 이때 어떤 물체가 보유하는 열에너지의 강도가 온도이고, 열에너지의 양이 열량이다.

어떤 물체를 만졌을 때 온·냉의 감각은 사람의 촉감에 따라 달리 평가되므로 신뢰할만한 것이 못된다. 따라서 물질의 온도에 대한 객관성을 부여하기 위한 법칙이 요구되었는데 이를 열역학 제0법칙이라 한다. 온도가 높은 물체와 낮은 물체를 접촉시키면 온도가 높은 물체로부터 낮은 물체로 열이 이동하며, 장시간 접촉시켜 놓으면 두 물체의 온도는 같아지고 열의 이동이 정지된다. 이와 같은 평형상태를 열평형(thermal equilibrium)이라 한다. 따라서 열역학 제0법칙(the zeroth law of thermodynamic)은 다음과 같이 표현할 수 있다.

"어떤 두 물체 A, B가 제3의 물체 C와 각각 열평형 상태에 있을 때(온도의 동등성을 이루고 있으면), 두 물체 A와 B 간에도 서로 열평형상태이다(온도의 동등성을 가진다)."

열역학 제0법칙은 오랜 기간 동안의 경험에 의해 확인된 것으로서 열평형(온도의 동등성)의 개념 및 온도계를 사용한 온도 측정의 중요한 기초가 된다. 온도를 수량적으로 나타내기 위한 계측장치로서 온도계(thermometer)가 사용되며 온도란 온도계에 의한 계측의 결과치를 말한다. 온도계의 원리는 온도계에 사용되는 물질의 열팽창, 전기저항, 열기

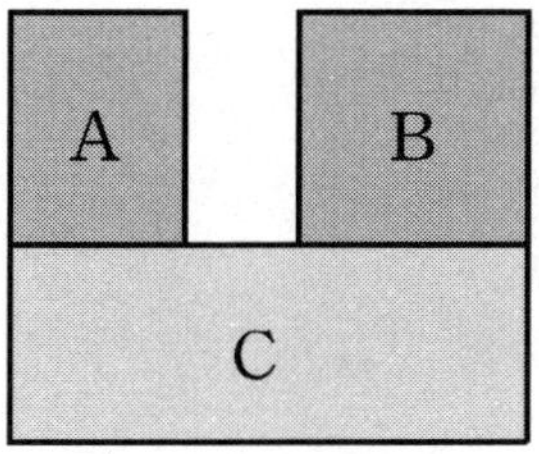

$T_A = T_C$, $T_B = T_C$이면 $T_A = T_B$이다.

그림 1.6 열역학 제0법칙

표 1.6 온도계의 종류

방 법	물리적 성질		온도계의 종류
접촉식	열팽창	고 체	봉의 열팽창, 금속코일, 바이메탈
		액 체	수은온도계, 알코올온도계, 압력형온도계
		기 체	가스온도계(수소, 헬륨 질소)
	기전력의 변화		열전대(thermocouple)
	전기저항의 변화		측온저항체(thermister)
	상태의 변화		서모컬러(thermocolor)
무접촉식	전 복사 에너지량 변화		광 고온계
	복사 에너지의 최대파장 변화		색 온도계

전력 등 각종 물리적 성질을 이용한다. 수은온도계는 수은(Hg)의 열팽창을 이용하여 온도를 측정하며, 열전대(thermocouple)는 열에 의한 기전력을 이용하여 온도를 측정한다. 표 1.6은 현재 널리 사용되고 있는 온도계의 종류이다.

온도의 눈금(scale)은 스웨덴의 천문학자 셀시우스(Anders Celsius, 1701～1744)가 온도의 기본 정점으로 표준대기압에서 순수한 물의 빙점(ice point)을 0°, 비점(boiling point)을 100°로 하고, 이를 100등분한 것을 섭씨(Celsius 혹은 Centigrade)라 하고 단위를 ℃로 정한 것이며 미터 단위를 쓰는 나라에서 주로 사용되고 있다.

한편 독일의 파렌하이트(Daniel Fahrenheit, 1686～1736)는 표준대기압에서 물의 빙점을 32°, 비점을 212°로 정하고, 이를 180등분한 것을 화씨(Fahrenheit)라 하여 단위를 °F로 정하여 영국, 미국 등 여러 나라에서 사용되고 있다.

같은 온도의 섭씨 및 화씨를 각각 t_c(℃), t_F(°F)라 하면, 이들은 식 (1-15)와 같은 관계를 갖는다.

$$\frac{t_c}{100}=\frac{t_F-32}{180} \tag{1-15}$$

$$t_c=\frac{5}{9}(t_F-32)(℃),\quad t_F=\frac{9}{5}t_c+32(°F)$$

기체온도계는 수소(H_2), 헬륨(He), 질소(N_2) 등과 같이 이상기체에 가까운 기체의 경우에 열팽창률이 일정하여 정확한 온도를 측정할 수 있다. 기체는 압력이 일정할 때 온도 1℃ 상승함에 따라 0℃일 때의 체적의 1/273.15씩 증가한다. 즉 1/273.15를 가스의 열팽창계수라 한다. 이것은 일정한 체적하에서 온도가 1℃씩 감소함에 따라 0℃ 때의 압력의 1/273.15씩 압력이 감소되어 온도가 −1/273.15℃에 달하면 기체의 압력은 0이 되어 기체의 분자 운동이 정지된다.

−273.15℃는 최저 극한의 온도이며 이 온도를 **절대영도**(absolute zero point)로 하여 이를 기점으로 눈금 간격을 섭씨온도와 동일하게 한 온도를 **절대온도**(absolute temperature)라 한다. 절대온도의 SI 단위는 K(Kelvin)으로 표시하며, 절대영도를 0K, 물의 삼중점의

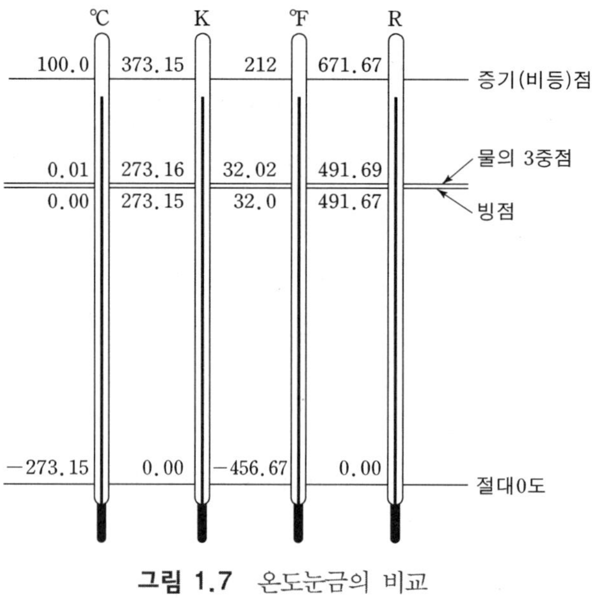

그림 1.7 온도눈금의 비교

온도를 273.16K로 정의한다. 한편 절대온도를 화씨의 눈금으로는 R(Rankine)으로 표시하며, 절대온도 T(K), T(R)를 섭씨와 화씨온도로 나타내면 다음과 같다.

$$T(\mathrm{K}) = t_c(℃) + 273.15 \tag{1-16}$$

$$T(\mathrm{R}) = t_F(°\mathrm{F}) + 459.67$$

온도계 동작물질의 종류와 관계가 없는 눈금으로서 열역학에서는 켈빈의 절대온도 또는 열역학적 절대온도(thermodynamic absolute temperature)를 사용한다.

예제 1-7

화씨로 측정한 온도가 41°F 이었다. 섭씨온도(℃) 및 절대온도(K)로는 얼마인가? 또한 화씨온도와 섭씨온도가 서로 같아질 때의 온도계의 눈금은 어디인가?

풀이 $\dfrac{t_c}{100} = \dfrac{t_F - 32}{180}$ 관계식에서

$t_c = \dfrac{100}{180}(t_F - 32) = \dfrac{100}{180}(41 - 32) = 5(℃)$

$T(\mathrm{K}) = t_c(℃) + 273.15 = 5 + 273.15 = 278.15(\mathrm{K})$

한편 화씨온도와 섭씨온도가 서로 같아질 때의 온도계의 눈금을 x라 두면

$t_c = t_F = x$(℃, °F)로 두고 위 식에 대입하면

$\dfrac{x}{100} = \dfrac{x - 32}{180}$ 에서 $x = -40$(℃ 또는 °F)

1.12 열 및 열량

1.12.1 열량의 단위

열은 물질의 분자 운동에 의한 에너지(energy)의 한 형태이다. 분자 운동이 활발한 물체는 온도가 높고, 분자 운동이 완만한 물체는 온도가 낮다. 물체에 열을 가하면 온도는 상승하고 반대로 물체에서 열을 제거하면 온도는 낮아진다. 즉 열은 물체의 온도를 변화시키는 원인이 되며, 분자의 운동 상태를 나타내는 결과가 된다. 질량이 같은 물체에서는 열을 많이 가지고 있을수록 온도가 높은 데서 낮은 데로 이동하며 열의 흐름은 열량이

많고 적은 것에는 관계가 없다. 이와 같이 물체가 보유하는 열의 양, 즉 열에너지의 양을 열량(quantity of heat)이라 한다.

열량의 SI 단위는 에너지와 일의 단위와 같은 줄(J)이 사용되며, 종래 사용하던 공학단위에서는 kcal를 사용한다. 1kcal란 순수한 물 1kg을 표준대기압하에서 14.5℃에서 15.5℃까지 1℃ 높이는 데 필요한 열량으로서 15℃kcal라 하고, $kcal_{15}$로 나타낸다. 온도와 압력을 규정한 이유는 온도 상승은 온도와 압력에 따라 약간의 차이가 있기 때문이다. 또한 kcal에는 각 온도의 평균치를 나타내는 계량법 kcal가 있는데 이것은 순수한 물 1kg을 표준대기압 상태에서 0℃로부터 100℃까지 높이는 데 소요된 열량의 1/100을 말하며 $kcal_m$으로 표시한다. kcal에는 여러 가지 정의가 있고, 이것들을 SI로 환산하면 다음과 같이 된다.

$$\text{계량법 칼로리}: 1\,kcal_m = 4186.05\,J \tag{1-17}$$

$$15℃\ \text{칼로리}: 1\,kcal_{15} = 4185.5\,J$$

$$\text{국제 칼로리}: 1\,kcal_{IT} = 4186.8\,J$$

그러나 이들 간의 오차는 극히 적으므로(0.025% 이내) 공학에서는 통상 구별 없이 kcal를 사용하며, 특히 지정되지 않는 경우에는 다음과 같이 계산한다.

$$1\,kcal \fallingdotseq 4186\,J,\ 1\,J \fallingdotseq 0.24\,cal \tag{1-18}$$

이외에도 공학에서 사용되는 열량의 단위에는 Btu(British Thermal Unit)가 있다. 1Btu란 순수한 물 $1lb_f$를 온도 32°F로부터 212°F까지 상승시키는 데 필요한 열량의 1/180을 말한다. Btu와 kcal 및 Joule과의 관계는 다음과 같다.

$$1\,Btu = 0.252\,kcal \fallingdotseq 1054.9\,J \tag{1-19}$$

1.12.2 잠열과 감열

액체에 열을 가하면 그 열은 액체의 온도를 상승시키고 일부는 체적의 팽창을 가져온다. 그러나 액체의 체적 변화는 일반적으로 대단히 적다. 액체는 일정한 압력하에서 각

물질의 비점에 달하여 증발(vaporization)이 시작되면 온도의 상승은 정지된다. 이때 가한 열에너지의 일부는 물질의 내부에 저장되고 일부는 체적의 팽창에 소요된다. 이와 같이 일정한 압력하에서 1kg의 포화액을 같은 온도의 포화증기로 만드는 데 필요한 열량을 **증발잠열**(latent heat of evaporation) 또는 **증발열**이라 한다.

한편 어떤 물체에 열을 가할 때 물체의 온도가 상승하며, 가하는 열에 비례하여 물체의 온도 상승에 소요되는 열량을 **감열**(sensible heat) 또는 **현열**이라 한다. 잠열과 감열의 SI 단위는 J/kg이며, 공학단위로는 kcal/kg이다.

1.13 열효율

열효율은 시스템에 가해진 총 에너지에 대한 유효한 에너지의 비이며, 열기관 및 열동력 장치들의 경제성 여부를 가늠하는 척도로 활용하고 있다. 열역학은 열에 의하여 한 형태로부터 다른 형태로 변화할 때 일어나는 에너지 형태의 변화를 연구하는 학문으로서 궁극적으로 열과 관계되는 열효율을 구하는 것이라 할 수 있다. 열기관이나 열동력 장치의 열효율(η)을 구하는 식은 다음과 같다.

[1] **공급열량 Q_1(J), 방출열량 Q_2(J), 유효일량 W(J)을 알 때**

$$\eta = \frac{W}{Q_1} = \frac{Q_1 - Q_2}{Q_1} = 1 - \frac{Q_1}{Q_2} \tag{1-20}$$

[2] **연료소비량 B(kg/h), 저위발열량 H_L(kJ/kg), 출력 N_e(kW)을 알 때**

$$\eta = \frac{3600 \times N_e\,(\text{kW})}{H_L(\text{kJ/kg}) \times \text{B}\,(\text{kg/h})} \tag{1-21}$$

공학단위로 나타내면 다음 식과 같이 된다.

[3] **공급열량 Q_1(kcal), 방출열량 Q_2(kcal), 유효일량 AW(kcal)을 알 때**

$$\eta = \frac{AW}{Q_1} = \frac{Q_1 - Q_2}{Q_1} = 1 - \frac{Q_1}{Q_2} \tag{1-22}$$

[4] **연료소비량** $B(\mathrm{kg_f/h})$, **저위발열량** $H_L(\mathrm{kcal/kg_f})$, **출력** $N_e(\mathrm{PS, kW})$**을 알 때**

$$\eta = \frac{632.3 \times N_e(\mathrm{PS})}{H_L(\mathrm{kcal/kg_f}) \times \mathrm{B}(\mathrm{kg_f/h})} \tag{1-23}$$

$$= \frac{860.6 \times N_e(\mathrm{kW})}{H_L(\mathrm{kcal/kg_f}) \times \mathrm{B}(\mathrm{kg_f/h})}$$

예제 1-8

연료를 80 kg/h씩 소비하고 있는 가솔린 기관의 열효율은 얼마인가? 단, 기관의 제동출력은 25 kW이고 연료의 저위발열량은 42000 kJ/kg라고 한다.

풀이 열효율 관계식에서

$$\eta = \frac{3600 \times N_e(\mathrm{kW})}{H_L(\mathrm{kJ/kg}) \times \mathrm{B}(\mathrm{kg/h})} = \frac{3600 \times 25(\mathrm{kW})}{42000(\mathrm{kJ/kg}) \times 80(\mathrm{kg/h})} = 0.2678$$

따라서 열효율은 26.78%이다.

예제 1-9

소형 승용차가 연료를 300 $\mathrm{g_f}$/PSh씩 소비하고 있다. 이 가솔린 기관의 열효율은 얼마인가? (단, 저위발열량은 10500 kcal/$\mathrm{kg_f}$라고 한다.)

풀이 1 PSh = 632.3 kcal이고 1 PS당 300 $\mathrm{g_f}$/h의 연료를 소비하고 있으므로 열효율 관계식에서

$$\eta = \frac{632.3 \times N_e(\mathrm{PS})}{H_L(\mathrm{kcal/kg_f}) \times \mathrm{B}(\mathrm{kg_f/h})} = \frac{632.3 \times 1}{10500 \times 0.3} = 0.20$$

$$\eta = \frac{3600 \times N_e(\mathrm{kW})}{H_L(\mathrm{kJ/kg}) \times \mathrm{B}(\mathrm{kg/h})} = \frac{3600 \times 25(\mathrm{kW})}{42000(\mathrm{kJ/kg}) \times 80(\mathrm{kg/h})} = 0.2678$$

따라서 열효율은 20.0%이다.

연 습 문 제

1. 다음의 용어를 간단히 설명하라.
   a) 계, 주위, 경계　　b) 상태량
   c) 유동계와 비유동계　　d) 점함수와 경로함수

2. 열역학 제0법칙에 대하여 설명하라.

3. 가역 변화와 준정적 과정에 대하여 설명하라.

4. 다음 계(system)에 대한 설명 중에서 틀린 것은 어느 것인가?
   ① 계는 열역학적으로 취급하는 주의가 집중된 영역이다.
   ② 밀폐계는 비유동계이고 개방계는 유동계이다.
   ③ 밀폐계는 계의 경계를 통하여 질량 전달이 불가능하나 개방계는 가능하다.
   ④ 밀폐계는 계의 경계를 통하여 에너지 전달이 불가능하다.

5. 다음 열역학 제0법칙에 대한 설명 중 틀린 것을 골라라.
   ① 열평형에 관한 법칙이다.　　② 온도계의 원리를 제시한 법칙이다.
   ③ 온도의 동등성을 나타낸 법칙이다.　④ 에너지 보존의 법칙이다.

6. 열역학적 절대온도의 눈금을 다음 중 가장 옳게 표현한 것은?
   ① 물질의 성질에 무관하다.
   ② 물질의 성질에 관계된다.
   ③ 물의 빙점을 기준으로 사용한다.
   ④ 물의 비등점을 기준으로 사용한다.

7. 점함수(point function)란 무엇을 말하는가?
   ① 일과 같은 것을 말한다.
   ② 열과 같은 것을 말한다.
   ③ 계의 성질을 말한다.
   ④ 상태 변화의 경로(path)에 관계되는 것을 말한다.

8. 지상 10km의 높이에서(중력가속도 $g=9.778\,m/s^2$) 어떤 물체의 무게를 잴 때 용수철저울 눈금이 $10\,kg_f$이라면 지상에서의 이 물체의 무게는 얼마인가?(단, 지상에서의 중력가속도는 $9.80665\,m/s^2$이다.)
   ① $9.03\,kg_f$ ② $10.03\,kg_f$ ③ $11.03\,kg_f$ ④ $12.03\,kg_f$

9. 화씨온도 $t_F=68°F$는 섭씨온도 t_C(℃)와 절대온도 T(K)로 각각 몇 도인가?

10. 실내 기압계가 744.8mmHg를 가리키고 있을 때 압축압력계로 실린더 압축압력을 측정했더니 $10\,kg_f/cm^2$을 나타내었다. 또 흡기다기관의 진공을 측정했더니 380 mmHg을 나타내었다. 실린더와 흡기다기관의 절대압력은 각각 얼마인가? 절대압력을 1) atm, 2) mmHg, 3) kg_f/cm^2, 4) bar, 5) Pa의 단위로 구하라.
   힌트 $1\,atm = 760\,mmHg = 1.0332\,kg_f/cm^2 = 1.01325\,bar = 101325Pa$

11. 체적 $0.4m^3$인 밀폐용기에 가스 2.0kg이 들어 있다.
   1) 가스의 비체적은 얼마인가?
   2) 용기의 밸브를 열어 가스를 1.2kg 사용하였다면 사용 후의 용기의 비체적과 밀도는 얼마로 되겠는가?

12. 열효율 20%, 출력 148PS인 기관이 있다. 여기에 사용되는 연료의 발열량이 6800kcal/kg이라면 이 연료의 1시간당 소비량은 얼마인가?

13. 기중기로 1000kg의 물체를 2분 동안에 수직으로 15m 들어 올렸다. 1) 기중기가 한 일(kJ)과 2) 동력(kW)을 구하라.

정답 4. ④ 5. ④ 6. ① 7. ③ 8. ② 9. $t_C=20℃$, $T=293.15K$
10. 실린더 절대압력 : $P_a=P_o+P_g$
1) 10.66 atm, 2) 8101 mmHg, 3) 11.0125 kg/cm^2, 4) 10.80 bar, 5) 1080000 Pa
흡기다기관 절대압력 : $P_a=P_o-P_v$
1) 0.48 atm, 2) 364.8 mmHg, 3) 0.4959 kg/cm^2, 4) 0.48637 bar, 5) 48637 Pa
11. 1) $v=0.2m^3/kg$, 2) $v=0.5m^3/kg$, $\rho=2kg/m^3$
12. $68.8kg_f/h$ 13. 147kJ, 4.9kW

Chapter 2

일과 열

2.1 일

일(work)은 물체에 힘(force)이 작용하여 힘 F와 힘의 방향으로 이동한 변위 l의 곱으로 정의된다. 그림 2.1에서 일 W는 다음과 같이 표시된다.

$$W = Fl \quad \text{(힘과 변위가 일치할 때)} \tag{2-1}$$

$$W = Fl\cos\theta \quad \text{(행과 변위가 일치하지 않을 때)}$$

일은 힘이 작용하여서 변위(displacement)가 생기는 사이에만 존재하고, 움직임이 멎으면 일도 소멸되어 다른 에너지가 증가하게 된다. 따라서 일은 계(system)에 저장되지 않는다. 열역학에서는 계와 주위와의 상호작용에 의한 외부일(external work)만을 취급하고 있기 때문에 계 내의 일부가 다른 부분에 대하여 하는 일, 즉 내부일(internal work)은 고려하지 않는다. 일의 부호규정은 일반적으로 그림 2.2와 같이 계가 일을 외부로 했을 때를 정(+)의 일, 계가 외부로부터 일을 받았을 때를 부(−)의 일로 규정하며, 기호 W는 계의 전일(total work), w는 단위질량(또는 중량)당의 일을 표시한다.

열역학적 계가 주위에 대하여 하는 일이나 받는 일은 여러 가지 형태로 존재한다. 계가 하는 일에는 기체의 팽창 또는 압축일을 포함하여 탄성막대의 신장 또는 수축에 의한 일, 액막에 의한 일, 회전축에 의한 일, 전기적인 일, 전기자 또는 자기장에 걸리는 쌍극자 모멘트에 의한 일이 있다.

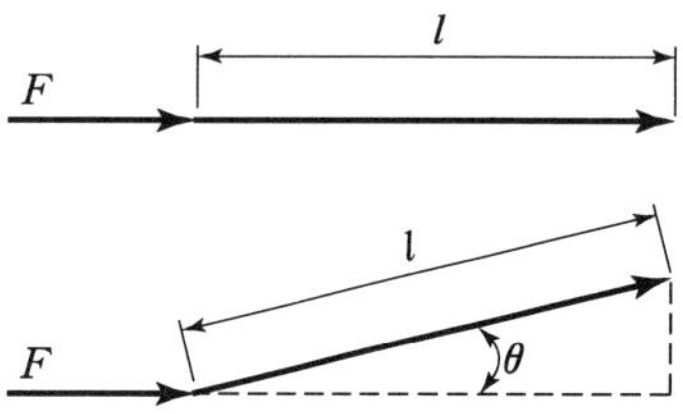

그림 2.1 힘의 방향과 일

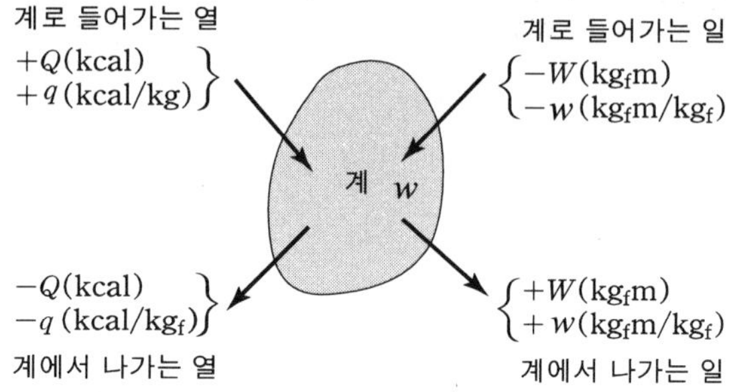

그림 2.2 열과 일의 부호

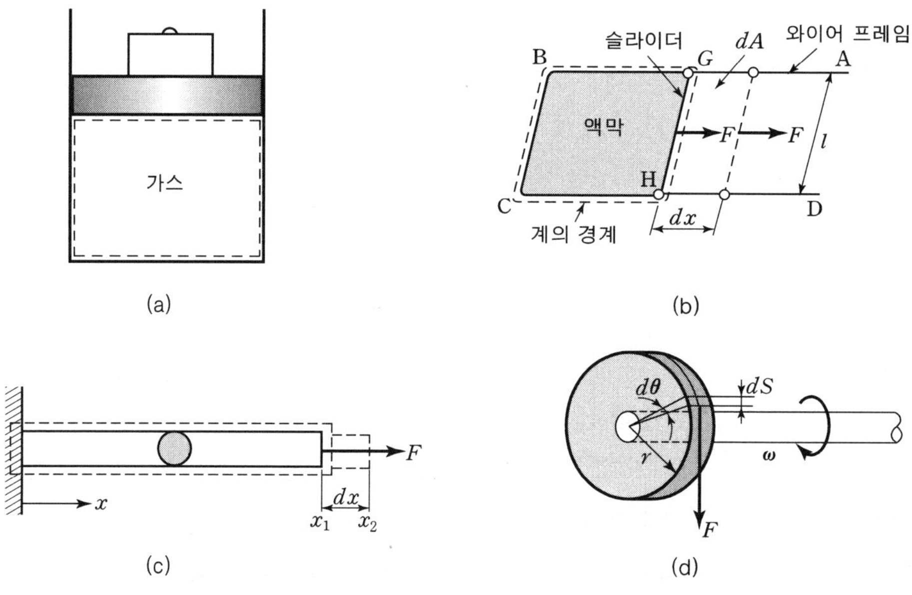

그림 2.3 일의 종류(a : 피스톤일, b : 표면장력, c : 탄성막대일, d : 회전축일)

2.1.1 가역 변화와 $P-V$ 선도

가역 변화란 항상 역학적으로 평형 상태를 유지하는 변화를 말하고 그렇지 않는 변화를 비가역 변화라고 한다. 실제로 가역 변화는 존재하지 않으며 모든 변화는 비가역적이다. 그러나 열역학에서는 일반적으로 가역 변화에 대해서 취급하고 비가역적인 요소에 대해서는 수정값을 고려하여 실제의 결과를 얻는다.

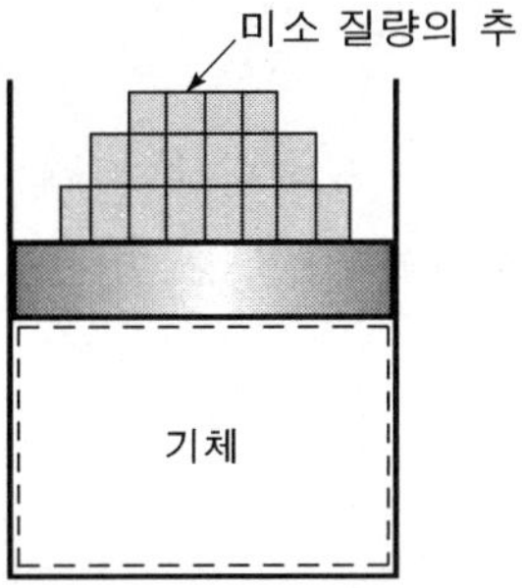

그림 2.4 피스톤-실린더 장치

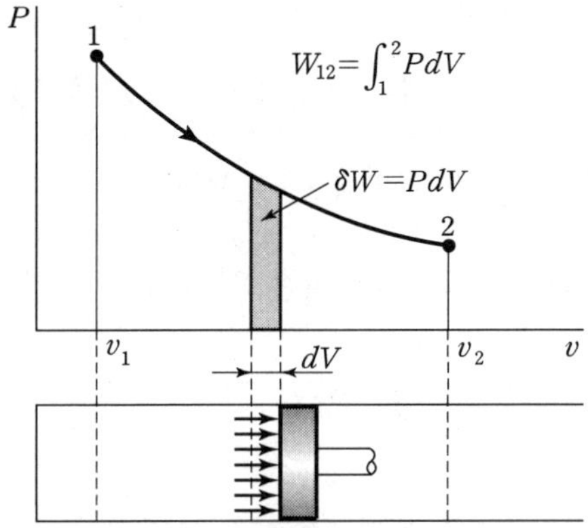

그림 2.5 압력-체적 선도

그림 2.4와 같이 한 피스톤-실린더 장치로 구성된 밀폐계(closed system)가 하는 기체의 가역팽창일을 고려해 보자.

계 내의 모든 점에서 압력은 균일하고, 계 내에 마찰 효과가 없어 계가 항상 순간적인 평형 또는 평형에 매우 가까운 상태를 유지하는 **준정적 과정**(quasi-static process)이며 또한 전기, 자기, 운동, 중력 또는 모세관의 영향이 없다고 가정한다.

그림 2.5의 $P-V$ 선도는 일정량의 동작물질에 대해서 압력 P와 체적 V를 직교좌표의 양축에 취하여 그 상태 변화를 표시한 선도를 말한다.

2.1.2 절대일과 공업일

[1] 절대일

그림 2.6과 같이 실린더(cylinder) 내에 있는 기체를 계라 하고, 처음 상태를 P_1, V_1, T_1이라면 이 상태는 $P-V$ 선도상에서 한 점으로 표시된다. 지금 피스톤(piston)에 작용하는 힘이 계의 압력과 평형을 유지하면서 최초 상태 1에서 최종 상태 2로 팽창한다. 상태 변화가 경로 $1 \rightarrow 2$인 곡선으로 표시된다면 피스톤에 걸리는 힘은 피스톤의 변위에 따라 변화되나 미소곡선을 극한값으로 잡으면 피스톤에 작용하는 힘 F는 이 점의 압력 P와 피스톤의 단면적 A를 곱한 것과 같게 된다. 그림과 같이 실린더 내의 기체가 가

역적으로 팽창할 때 피스톤이 기체의 팽창으로 미소거리 dx 만큼 이동하는 경우에 Adx 는 피스톤이 거리 dx를 움직이는 동안 계의 체적증가량 dV와 같으므로 미소곡선 사이의 일은

$$\delta W = Fdx = PAdx = PdV$$

로 쓸 수 있다. 따라서 기체가 상태 1에서 상태 2로 변화하는 동안 한 일은

$$_1W_2 = \int_1^2 PdV \tag{2-2}$$

가 된다. 이와 같이 계가 준정적 과정에서 하는 일을 **절대일**(absolute work) 또는 **밀폐일**이라 한다.

만약 계의 압력이 체적에 관계없이 일정한 경우에 한 일은 다음과 같다.

$$_1W_2 = \int_1^2 PdV = P(V_2 - V_1) \tag{2-3}$$

또한 압력과 체적을 서로 곱한 값이 일정(PV= const = C)할 때 절대일 $_1W_2$는

$$_1W_2 = \int_1^2 PdV = C\int_1^2 \frac{dV}{V} = C\,[\ln V]_1^2 = P_1V_1\ln\frac{V_2}{V_1}\ \ (\mathrm{J}) \tag{2-4}$$

로 주어진다. 이상의 관계로부터 $P-V$ 선도상에서 계의 절대일은 변화의 경로를 표시하는 곡선과 수평축(V축)에 투영시킨 면적으로 표시된다는 것을 알 수 있다. 따라서 $P-V$ 선도를 **일선도**(work diagram)라고 하기도 한다.

압력, 체적, 온도는 어느 상태에 해당하는 값만을 가지는 점함수(상태함수)이므로 **완전미분기호** d를 사용하여 표기될 수 있지만, 일과 열은 과정 1－2 사이의 경로에 따라 다른 값을 가지는 경로함수(path function)이므로 그 변화량을 **불완전미분기호**로 δ를 사용하여 δW, δQ로 표기한다.

$$\int_1^2 dV = V_2 - V_1,\quad \int_1^2 dP = P_2 - P_1,\quad \int_1^2 dT = T_2 - T_1$$

$$_1W_2 = \int_1^2 \delta W \neq W_2 - W_1,\quad {}_1Q_2 = \int_1^2 \delta Q \neq Q_2 - Q_1 \tag{2-5}$$

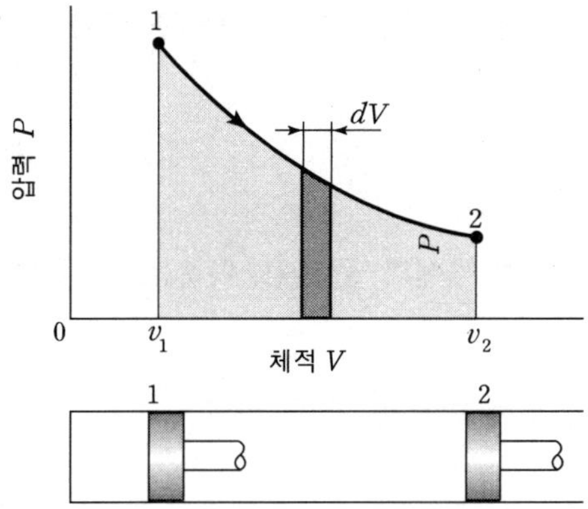

그림 2.6 절대일

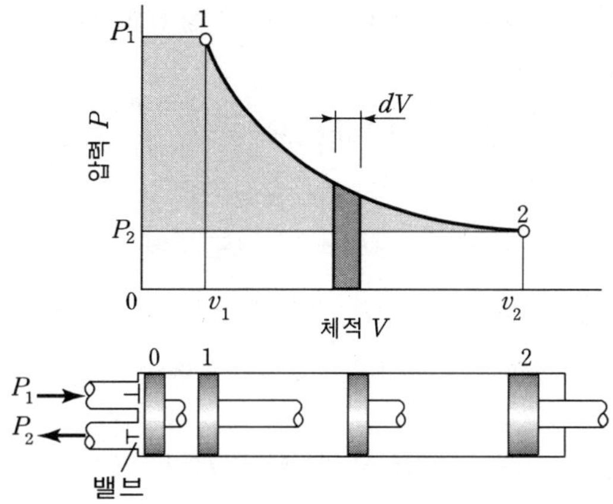

그림 2.7 공업일

예제 2-1

압력 500 kPa, 체적 $0.2\,m^3$ 인 공기가 정압하에서 팽창하여 체적 $0.8\,m^3$ 으로 되었다. 공기가 행한 일을 구하라.

풀이

정압 과정이므로 ${}_1W_2 = \int_1^2 PdV = P(V_2 - V_1)$ 에서

${}_1W_2 = P(V_2 - V_1) = (5 \times 10^5) \times (0.8 - 0.2) = 300000\ \text{J} = 300\,\text{kJ}$

[2] 공업일

작동물질이 개방계를 통과할 때 생기는 계의 외부일을 공업일(technical work)이라 한다. 그림 2.7과 같이 작동물질이 밸브를 통과할 때 피스톤이 하는 일이 공업일에 해당한다.

지금 피스톤이 0 위치에 있을 때 흡기밸브가 열려 압력 P_1인 증기가 체적 V_1만큼 계에 유입된다면 이 과정으로 피스톤은 0에서 1까지 이동되고, 압력이 일정하므로 계는 유동일 $P_1\ V_1$과 같은 외부일을 한다. 피스톤이 위치 1에 왔을 때 흡기밸브가 닫히고 작동물질이 $P_2\ V_2$ 상태까지 팽창했다면 이 사이의 외부일은 $\int_1^2 PdV$이다. 다음에 배기밸브가 열려 배압 P_2에서 피스톤은 외부로부터 일을 받아서 $2 \rightarrow 0$까지 이동하여 가스를 유출하게 된다. 이 동안에 계는 $P_2\ V_2$의 압축일을 받아들인다. 이상의 변화가 준정적으로 이루

어졌다면 전체의 일은 $P-V$ 선도상의 넓이로 표시되므로 공업일 W_t는 다음과 같이 된다.

$$W_t = (\text{면적 } c12d) = -\int_1^2 VdP \tag{2-6}$$

따라서 공업일은 $P-V$ 선도상에서 경로를 표시하는 곡선과 P축(압력축)으로 투영시킨 면적으로 표시되며 압축일이라고도 한다.

그림 2.8에서 절대일 ${}_1W_2$와 공업일 W_t 사이의 관계는 다음과 같이 된다.

$$W_t = {}_1W_2 + P_1V_1 - P_2V_2 \tag{2-7}$$

$$(\text{면적 } c12d) = (\text{면적 } a12b) + (\text{면적 } oc1a) - (\text{면적 } od2b)$$

예제 2-2

물 1kg을 압력이 100kPa인 상태에서 500kPa까지 가압하는 데 요구되는 펌프일은 얼마인가?

풀이 물의 밀도는 $\rho_w = 1000\,\text{kg/m}^3$이므로, 펌프일 즉 공업일은

$$w_t = -\int_1^2 vdP = -v(P_2 - P_1) = -\frac{1}{1000} \times (500-100) \times 10^3 = -400\,\text{J}$$

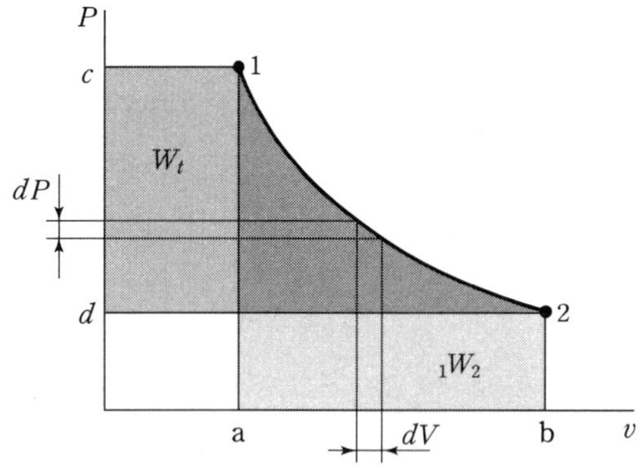

그림 2.8 절대일과 공업일의 관계

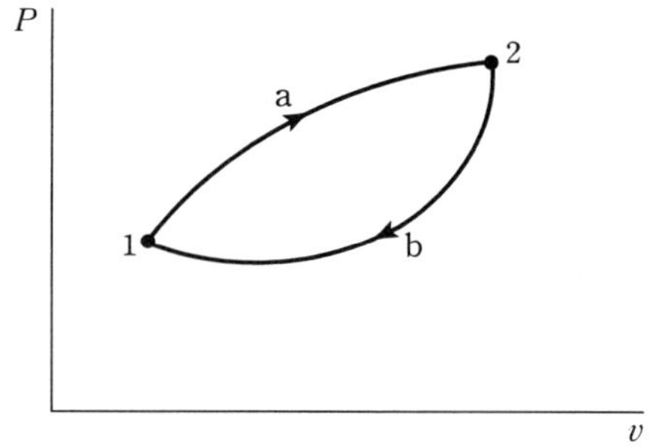

그림 2.9 사이클 과정의 참일

2.1.3 사이클에서 한 일

밀폐계가 마찰이 없는 과정으로 상태 1에서 경로(path) $1 \rightarrow a \rightarrow 2$를 따라 상태 2로 변화하였다가 $2 \rightarrow b \rightarrow 1$의 경로를 따라 다시 상태 1로 돌아오면 하나의 사이클이 완성된다. 이 사이클 과정의 일부에서는 계가 주위에 대하여 일을 하고, 또 다른 부분에서는 일을 받는다. 사이클 동안에 계가 한 참일(net work)은 사이클을 이루는 모든 과정에서 계가 한 일의 합이다. 즉

$$(\text{사이클 동안 한 일}) = \oint PdV = \int_{1\to a}^{2} PdV + \int_{2\to b}^{1} PdV \tag{2-8}$$

각 과정으로부터 한 일은 $P-V$ 선도에서 그 과정의 곡선 아래 면적으로 표시된다. 즉 그림 2.9에서 사이클의 참일은 선도의 내부 면적과 같음을 보여주고 있다. 사이클이 완성되면 계는 최초 상태로 다시 되돌아오므로 모든 성질의 값은 최초 상태의 값으로 돌아오지만, 사이클 사이에 계가 한 참일은 일반적으로 0이 아님에 주의하여야 한다.

2.2 열과 비열

2.2.1 열

열(heat)은 어느 일정 상태에 있는 계와 주위 또는 다른 계와의 온도차에 의하여 이동하는 에너지로서 Q로 표시된다. 열은 일과 같이 경로함수이므로 수학적으로 불완전 미분 δQ로 표시한다. 이것은 계에서 어느 과정 사이에 이동된 열량은 상태가 변화한 경로에 따라 다르다는 것을 뜻한다. 즉

$$\int_{1}^{2} \delta Q = {}_1Q_2 \tag{2-9}$$

이고, 여기서 ${}_1Q_2$는 상태 1과 2 사이의 임의의 과정(process) 사이에 전달되는 열량이다. 열의 부호는 그림 2.2와 같이 계에 가해졌을 때를 (+), 계에서 열이 나올 때를 (−)로

하며 일의 부호와 반대이다. 또 기호 Q는 전(total) 열량이고, 기호 q는 단위질량(또는 중량)당의 열량을 표시한다. 열과 일은 많은 점에서 비슷하다. 계가 열과 일을 포함하고 있는 경우는 없으며, 계가 상태 변화를 일으킬 때만 열과 일이 발생된다. 따라서 열과 일은 전이현상으로서 계의 경계에서만 측정되는 계의 경계를 이동하는 에너지이다.

2.2.2 비열

중량 $G\,\mathrm{kg_f}$의 물체에 열량 δQ를 가하여 온도가 dT만큼 상승되었다면, dT는 δQ에 비례하고 중량 G에 반비례한다. 따라서 이 관계를 수식으로 표현하면

$$\delta Q \propto GdT = GCdT \tag{2-10}$$

가 된다(질량 kg 기준의 SI 단위에서는 G 대신 m을 사용한다. $\delta Q = mCdT$).

이 식에서 C는 비례상수로서 물질에 따라 정해지는 상수이며 이것을 그 물질의 비열(specific heat) 또는 **열용량**이라 한다. 따라서 비열이란 단위중량의 물체 $1\,\mathrm{kg_f}$을 가열했을 때 물체의 온도를 가열하기 전의 온도보다 1℃(1K)만큼 높이는 데 필요한 열량으로 정의되며 공학단위는 kcal/kg ℃(kcal/kg K), SI 단위로는 J/ kg ℃(J/ kg K)이다.

비열은 온도가 변해도 일정한 경우와 온도에 따라 변하는 온도의 함수인 경우가 있다. 먼저 비열이 일정한 경우의 열량을 구해 보자. 열량을 가하는 동안 온도가 T_1에서 T_2로 변했다고 하면 열량은 다음과 같다.

$${}_1Q_2 = \int_1^2 \delta Q = GC\int_{T1}^{T2} dT = GC(T_2 - T_1) \tag{2-11}$$

비열 C가 온도의 함수 $C = f(T)$인 경우에는

$${}_1Q_2 = G\int_1^2 CdT = G\int_{T1}^{T2} f(T)\,dT = GC_m(T_2 - T_1) \tag{2-12}$$

로 나타낼 수 있다. 여기서 C_m은 **평균 비열**(mean specific heat)로서 다음 식과 같다.

$$C_m = \frac{1}{T_2 - T_1}\int_{T1}^{T2} f(T)dT \tag{2-13}$$

이 식들을 활용하면 서로 다른 여러 개의 물질을 혼합했을 때의 혼합 후의 평형온도를 구할 수 있다.

지금 무게가 G_1, G_2, 비열이 C_1, C_2, 온도가 T_1, T_2인 두 물체를 혼합했을 때, 화학 반응 및 열손실이 없고 초기 온도는 $T_1 > T_2$, 혼합 후의 평형온도를 T_m이라고 가정하면 고온체가 버린 열량과 저온체가 얻은 열량이 같다는 열평형($Q_H = -Q_L$)을 고려하여 혼합 후의 온도를 구할 수 있다. 이를 수식으로 표현하면

$$G_1 C_1 (T_1 - T_m) = G_2 C_2 (T_m - T_2)$$

이므로 이 식을 정리하면 식 (2-14)와 같이 된다.

$$T_m = \frac{G_1 C_1 T_1 + G_2 C_2 T_2}{G_1 C_1 + G_2 C_2} \tag{2-14}$$

일반적으로 n종류의 물체를 혼합했을 경우에도 마찬가지로 생각할 수 있으며, 이 경우의 일반식은 다음과 같다.

$$T_m = \frac{\sum G_n C_n T_n}{\sum G_n C_n} = \frac{G_1 C_1 T_1 + G_2 C_2 T_2 + G_3 C_3 T_3 + \cdots}{G_1 C_1 + G_2 C_2 + G_3 C_3 + \cdots} \tag{2-15}$$

비열은 그 물질에 열이 가해지는 조건 및 그때의 상태에 따라 값이 달라진다. 특히 기체에서는 고체나 액체와는 달리 조건에 절대적인 영향을 미친다. 예를 들면 기체를 압력이 일정한 상태에서 가열할 때와 체적을 일정하게 하고 가열할 때, 온도 상승에 차이가 생긴다. 이와 같이 체적이 일정할 때의 비열을 **정적비열**(specific heat constant volume)이라 하고, 압력이 일정할 때의 비열을 **정압비열**(specific heat constant pressure)이라 하며, 이들을 기호로 각각 C_v, C_P로 표기할 때 이들의 관계는 $C_P > C_v$이다. 또한 C_P와 C_v와의 비를 **비열비**(ratio of specific heat)라 하며 κ로 표시한다.

$$\kappa = \frac{C_P}{C_v} > 1 \tag{2-16}$$

액체와 고체에서는 C_P와 C_v값 차이가 거의 없으므로 실용상 구분하여 쓰지 않는다.

예제 2-3

물 $20l$를 온도 20℃로부터 100℃까지 상승시키는 데 필요한 열량은 SI 단위로 몇 MJ인가? 그리고 공학단위로는 몇 kcal인가?(단, 물의 비열은 SI 단위로 4.2kJ/kg℃, 공학단위로 1.0 kcal/kg_f ℃이다.)

풀이 SI 단위 : 물의 밀도는 $\rho_w = 1000\,kg/m^3 = 1\,kg/l$이다.

질량 $m = \rho \times V = 1 \times 20 = 20\,kg$, $C = 4.2\,kJ/kg℃$, $T_1 = 20℃$, $T_2 = 100℃$이므로

$Q = mC(T_2 - T_1) = 20 \times 4.2 \times 10^3 \times (100 - 20) = 6.72 \times 10^6\,J = 6.72\,MJ$가 된다.

공학단위 : 물의 비중량은 $\gamma_w = 1000\,kg_f/m^3 = 1\,kg_f/l$이므로 $G = 20 \times 1 = 20\,kg_f$

$Q = GC(T_2 - T_1) = 20 \times 1.0 \times (100 - 20) = 1600\,kcal$

예제 2-4

온도 25℃의 물 $20l$가 용기 내에 들어 있다. 이 속에 200℃의 물체 5kg을 넣었다면 물의 온도는 몇 도(℃) 상승하겠는가?(단, 물의 비열은 4.1868 kJ/kgK, 강의 비열은 0.4648 kJ/kgK 이고 용기의 질량 및 용기에서 외부로의 열손실은 없다고 가정한다.)

풀이 용기 내의 물이 흡수한 열량과 물체가 방출한 열량은 같아야 한다. 지금 물과 물체의 질량을 각각 m_1, m_2, 비열을 C_1, C_2로 한다.

물의 온도가 T_1으로부터 T_m으로, 물체의 온도가 T_2로부터 T_m으로 변화하였다면

$m_1 C_1 (T_1 - T_m) = m_2 C_2 (T_m - T_2)$에서

$$T_m = \frac{m_1 C_1 T_1 + m_2 C_2 T_2}{m_1 C_1 + m_2 C_2}$$

$$= \frac{20 \times 4.1868 \times 25 + 5 \times 0.4648 \times 200}{20 \times 4.1868 + 5 \times 0.4648} = 29.7℃$$

따라서 $\Delta T = T_m - T_1 = 29.7 - 25 = 4.7℃$

예제 2-5

1.2kW의 전열기로 물 $2l$를 20℃에서 100℃까지 가열할 때 다음을 구하라.

① 전열기의 발생열이 모두 물의 온도 상승에 이용되는 경우 가열에 소요되는 시간

② 전열기의 발생열 중 40%가 유효하게 이용되는 경우 소요시간

풀이 물의 비중량은 $\gamma_w = 1000\,kg_f/m^3 = 1\,kg_f/l$이므로 물 $2l$는 $2\,kg_f$이다.

① 전열기 발생열이 모두 물의 온도 상승에 이용되는 경우

· 가열에 필요한 열량 : $Q = GC(t_2 - t_1)$

$$Q_1 = 2\,\mathrm{kg_f} \times 1(\mathrm{kcal/kg_f\,℃}) \times (100 - 20)℃ = 160\,\mathrm{kcal}$$

· 전열기 발생열 : $1\,\mathrm{kWh} = 860\,\mathrm{kcal}$이므로

$$Q_2 = 1.2\,\mathrm{kW} \times 860\,\mathrm{kcal/h} = 1032\,\mathrm{kcal/h}$$

∴ 가열에 요하는 시간 $= \dfrac{Q_1}{Q_2} = \dfrac{160}{1032/h} = 0.155\,\mathrm{h} = 9.3\,\mathrm{min}$

② 전열기 발생열이 40%만 유효하게 이용되는 경우

· 가열에 필요한 열량 :

$$Q_1 = 2\,\mathrm{kg_f} \times 1(\mathrm{kcal/kg_f\,℃}) \times (100 - 20)℃ = 160\,\mathrm{kcal}$$

· 전열기가 발생하는 열량 :

$$Q_2 = 1.2\,\mathrm{kW} \times 860\,\mathrm{kcal} \times 0.40 = 412.8\,\mathrm{kcal/h}$$

∴ 가열에 필요한 시간 $= \dfrac{Q_1}{Q_2} = \dfrac{160\,\mathrm{kcal}}{412.8\,\mathrm{kcal/h}} = 0.388\,\mathrm{h} = 23.3\,\mathrm{min}$

2.3 열역학 제1법칙

열은 본질적으로 에너지(energy)의 일종으로서, 에너지는 일 및 열 외에도 운동 에너지, 전기 에너지, 자기 에너지, 화학 에너지 등 여러 종류가 있다. 그러나 이들 여러 가지 에너지는 단지 그 형태만 다를 뿐 본질은 동일한 것으로 한 형태에서 다른 형태로 변할 수 있다. 따라서 "**독립된 계에서 에너지의 합은 항상 일정하며 이는 창조되거나 소멸될 수 없다.**" 또한 "**에너지를 소비하지 않고 계속하여 동력을 발생시킬 수 있는 기계장치인 제1종 영구기관을 만드는 것은 불가능하다.**"라는 법칙이 에너지 보존법칙(law of conservation of energy)이다.

열역학 제1법칙(the first law of thermodynamics)은 에너지 보존법칙 중에서 열에너지와 일에너지와의 관계를 표시한 것으로서 다음과 같이 표현된다. "**열은 본질에 있어서 일과 마찬가지로 에너지의 일종이며, 열을 일로 또는 일을 열로 변환시킬 수 있다.**"

줄(Joule)의 실험결과를 살펴보자. 그림 2.10과 같이 실험장치는 원통 용기 내에 설치된 교반기와 용기 외부에 추 낙하장치로 구성되어 있다. 중량이 $G(\mathrm{kg_f})$인 추를 높이 $h(\mathrm{m})$만큼 낙하시키면, 용기 내의 교반기가 회전하여 교반에 의하여 물의 온도를 ΔT만큼 상승시킨다. 추의 낙하일과 교반에 의해서 생긴 열량은 각각 다음과 같다.

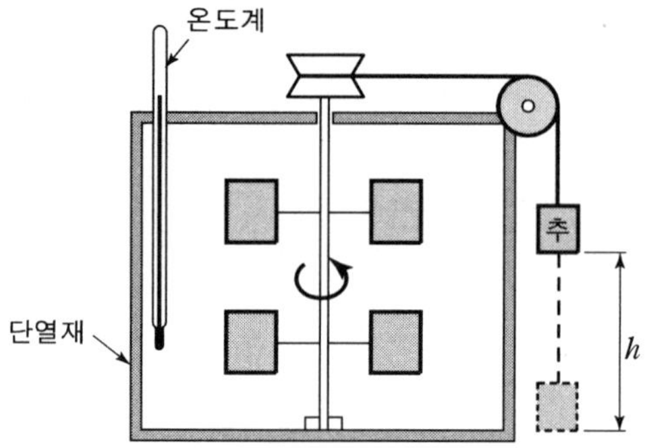

그림 2.10 줄(Joule)의 실험장치

추의 낙하에 의한 일량 : $W = Gh$ (2-17)

교반에 의해 생긴 열량 : $Q = GC\Delta T$

이때 일과 열 사이에는 일정한 비례관계가 성립한다.

공학단위에서, 기계적인 일 $W(\mathrm{kg_f\,m})$가 열량 $Q(\mathrm{kcal})$로 변하거나 열량 $Q(\mathrm{kcal})$가 일 $W(\mathrm{kg_f\,m})$로 변환될 때 이들 사이에 관계를 양적으로 표현하면 열역학 제1법칙은 다음과 같다.

$$Q = A\,W \quad (\mathrm{kcal}) \tag{2-18}$$

$$W = JQ \quad (\mathrm{kg_f\,m})$$

여기서 비례상수 A는 일의 열당량(thermal equivalent of work), J은 열의 일당량(mechanical equivalent of heat)이라고 하며, 이들 값은 줄의 실험결과로부터 다음과 같이 주어진다.

$$A = \frac{1}{427} \quad (\mathrm{kcal/kg_f\,m}) \tag{2-19}$$

$$J = 427 \quad (\mathrm{kg_f\,m/kcal})$$

SI 단위계에서는 기계적인 일 $W(\mathrm{J})$와 열량 $Q(\mathrm{J})$의 단위가 같으므로, 열량 $Q(\mathrm{J})$가 일 $W(\mathrm{J})$로 변환될 때 이들 사이에 관계를 양적으로 표현하면 열역학 제1법칙은 다음과 같다.

$$A = J = 1\,(\mathrm{J/J}) \quad \rightarrow \quad Q\,(\mathrm{J}) = W\,(\mathrm{J}) \tag{2-20}$$

사이클(cycle)을 이루는 밀폐계에서의 열역학 제1법칙은 "**밀폐계(closed system)가 임의의 사이클을 이룰 때 열전달의 총화는 이루어진 일의 총화와 같다.**"라는 표현으로 정의된다. 이를 수식으로 표현하면

$$\oint \delta Q = \oint \delta W \tag{2-21}$$

여기서 기호 $\oint$는 사이클 간의 적분(cyclic integral)을 표시한다.

열역학 제1법칙은 열역학 제2법칙과 함께 열역학의 기초를 이루는 법칙으로 열과 기계적 일 사이에 에너지 불멸의 원리를 명확히 해주고 있다. 또한 열역학 제1법칙은 하나의 자연법칙으로서 많은 실험과 관찰의 결과에서 선택적으로 얻어진 것이므로 다른 자연법칙이나 원리로부터 유도될 수 없다.

예제 2-6

시속 30 km로 주행하고 있는 중량 3060 kg_f의 자동차가 브레이크를 밟았더니 8.8 m에서 정지했다. 베어링 마찰을 무시하고 브레이크에 의해서 제동된 것으로 보았을 때 브레이크로부터 발생한 열량은 몇 kcal인가?(단, 차륜과 도로면의 마찰계수는 0.4로 한다.)

풀이 운동 에너지가 모두 열에너지로 변환된 것으로 고려한다.

$$E_k = G \cdot \frac{v^2}{2g} = \frac{3060}{2 \times 9.8} \times \left(\frac{30}{3.6}\right)^2 = 10835\,(\mathrm{kg_f\,m})$$

$$Q = AW = \frac{1}{427}(\mathrm{kcal/kg_f\,m}) \times 10835\,(\mathrm{kg_f\,m}) = 25.3\,\mathrm{kcal}$$

2.4 내부 에너지

물체가 보유하는 총 에너지는 외적 에너지(역학적 에너지, 전기·자기 에너지 등)와 내적 에너지로 대별될 수 있다. 열역학적 관점에서는 전기·자기 에너지와 같은 외적 에너지를 고려하지 않으므로 "**물체가 갖는 총 에너지 중에서 운동 에너지와 위치 에너지와 같은 역학적인 에너지를 뺀 값이 내부 에너지(internal energy)이다.**"라고 말할 수 있다.

내부 에너지 = 총 에너지 − 역학적 에너지(운동 에너지 + 위치 에너지) (2-22)

예를 들어 두꺼운 철판 위에 빵을 굽는다고 할 때 철판 밑의 버너에서 가해진 열량은 철판을 뜨겁게 하여 빵 굽는 일을 하는데, 일시적으로 버너를 제거하여 열을 제거하여도 빵 굽는 일이 계속된다면 이때 소비된 열량은 철판에 저장된 내부 에너지라고 할 수 있다.

일반적으로 물질은 분자의 집합체이므로 이들은 서로 분자력을 주면서 운동하고 있다. 고체는 분자 사이의 거리가 짧고 분자력이 크며, 기체는 분자 사이의 거리가 길고 분자력이 작다. 보통 분자력에 의하여 분자는 위치 에너지를 가지며 운동 에너지도 갖는다. 이처럼 분자 집단으로서 물질 내부에 보유된 에너지도 내부 에너지이다. 이 내부 에너지는 외부에서 열을 받으면 증가하고 반대로 계에서 열을 버리면 감소한다.

내부 에너지는 보통 기호 U로 표시되며, 단위질량당의 내부 에너지 u를 비내부 에너지(J/kg)라 한다. 내부 에너지는 온도만의 함수로서 계의 경로와는 무관하며 물질의 상태에 의하여 결정되는 상태량이다.

일반적으로 내부 에너지는 온도에 비례하여 증감하지만, 온도를 측정함으로써 내부 에너지를 반드시 구할 수 있는 것은 아니다. 그 이유는 증발열이나 융해열과 같은 잠열의 대부분은 내부 에너지로서 온도에 비례하지 않는 내부 에너지도 있기 때문이다.

2.5 밀폐계(비유동 과정)에 대한 열역학 제1법칙의 일반식

밀폐된 계에 열을 가하면 그 계는 온도의 상승과 동시에 외부에 대하여 일을 한다. 밀폐계의 한 예로서 그림 2.5와 같이 피스톤이 열을 받아 상태 1에서 상태 2로 변화할 때 에너지 보존의 식, 즉 열역학 제1법칙은 다음과 같다.

$$\delta Q = dU + \delta W \tag{2-23}$$

계가 준정적 변화를 하는 경우에 $\delta W = P\,dV\,(\mathrm{kg_f\,m})$이므로 식 (2-23)은 다음과 같다.

$$\delta Q = dU + AP\,dV \quad (\mathrm{kcal}) \tag{2-24}$$

이 식을 물질의 단위질량에 대해 정리하면 다음과 같다.

$$\delta q = du + AP\,dv \quad (\mathrm{kcal/kg_f}) \tag{2-25}$$

이 식은 열역학 제1기초식이라고 하며 열역학에서 대단히 중요한 에너지식이다.

SI 단위로는 $\delta W = PdV$ (J)이므로 열역학 제1기초식은 다음과 같다.

$$\delta Q = dU + PdV \quad (\text{J}) \tag{2-26}$$

$$\delta q = du + Pdv \quad (\text{J/kg})$$

> SI 단위에서는 열과 일 그리고 내부 에너지의 단위가 J로 동일하지만, 공학단위에서는 열과 내부 에너지의 단위는 kcal이지만 일의 단위는 $\text{kg}_\text{f}\,\text{m}$ 이므로 등식이 성립하게 하기 위해서는 단위를 kcal로 변경해주어야 한다. 따라서 공학단위에서 일을 나타낼 때에는 식 (2-24), (2-25)와 같이 일의 열당량 $A\,(\text{kcal}/\text{kg}_\text{f}\,\text{m})$을 첨가해야 한다.

계의 상태가 상태 1에서 상태 2로 변화할 때 계에 가해진 열량 및 일량은 모두 과정의 함수이므로 변화되는 경로를 모르고는 구할 수 없다. 그러나 내부 에너지는 과정과는 무관한 상태함수이므로 계가 가역인 경우는 다음과 같이 표현될 수 있다.

$$\text{공학단위}: \; {}_1Q_2 = (U_2 - U_1) + A\,{}_1W_2 = \Delta U + A\int_1^2 PdV \,(\text{kcal}) \tag{2-27}$$

$${}_1q_2 = (u_2 - u_1) + A\,{}_1w_2 = \Delta u + A\int_1^2 Pdv \,(\text{kcal/kg}_\text{f})$$

$$\text{SI 단위}: \; {}_1Q_2 = (U_2 - U_1) + {}_1W_2 = \Delta U + \int_1^2 PdV \,(\text{J})$$

$${}_1q_2 = (u_2 - u_1) + {}_1w_2 = \Delta u + \int_1^2 Pdv \,(\text{J/kg})$$

만약 계의 경계가 이동되지 않는 정적 변화일 경우에는 $dV=0$이므로 가해진 열량은 모두 내부 에너지의 변화량이다($dQ = dU$). 따라서 내부 에너지의 변화로서 열량을 구할 수가 있다.

예제 2-7

비유동 상태의 어떤 계 내의 기체의 압력이 500kPa이고 체적이 $1m^3$이다. 이 기체가 일정 압력 하에서 열을 받아 팽창하여 체적이 2배로 되었다. 이때 내부 에너지가 400kJ 증가하였다면 기체가 한 일과 받은 열량은 얼마인가?(SI 단위)

풀이

$${}_1W_2 = \int_1^2 PdV = P(V_2 - V_1) = 500 \times (2-1) = 500(\text{kJ})$$

$${}_1Q_2 = (U_2 - U_1) + {}_1W_2 = 400 + 500 = 900(\text{kJ})$$

예제 2-8

비유동 상태의 어떤 계에 12kcal를 공급하면서 4270kg_fm의 일을 하였다. 계의 내부 에너지 변화는 얼마인가?(공학단위)

풀이

$${}_1Q_2 = (U_2 - U_1) + A_1W_2(\text{kcal}), \quad A = \frac{1}{427}(\text{kcal}/\text{kg}_f\text{m})\text{에서}$$

$$\Delta U = {}_1Q_2 - A_1W_2 = 12 - \frac{4270}{427} = 2\text{kcal}\ \text{즉}\ 2\text{kcal만큼 증가했다.}$$

2.6 엔탈피와 유동 에너지

유체가 정상적으로 흐르는 개방계의 경우에는 유체가 가지는 내부 에너지 이외에도 유체를 밀어서 흐르게 하는 일의 에너지를 갖는다. 유체가 계에 유입되기 위해서는 그 유동이 계 내의 저항을 이기며 유입되어야 하고, 계에서 유출되기 위해서도 유동은 주위의 저항을 이기며 유출되어야 한다.

이와 같이 압력 P인 유체가 임의 단면을 통하여 체적 V로 흐를 때 유체는 하류의 유동에 대하여 PV의 일을 하게 되는데 이를 유동일이라고 한다. 계를 유체가 통과할 때 유동을 분류하면 유체 자체가 보유하고 있는 운동 에너지와 위치 에너지, 내부 에너지, 그리고 유체 자체가 보유하지 않고 흐름에 의해서 생기는 유동 에너지(flow energy)이다.

공업상의 응용에서는 유체의 유동 문제를 취급할 때가 많다. 유동 문제에서는 대부분 내부 에너지(U)와 유동 에너지(PV)가 항상 결합되어 나오므로 이들의 합($U+PV$)을 새로운 물리량 H로 정의하여 엔탈피(enthalpy)라 한다.

$$\text{엔탈피} = \text{내부 에너지} + \text{유동 에너지} \tag{2-28}$$

$$H = U + PV \ \text{(J)}$$

$$h = u + Pv \ \text{(J/kg)}$$

이 식에서 h는 단위질량당 엔탈피로서 비엔탈피(specific enthalpy)라 한다.

공학단위로 엔탈피 정의는 다음과 같다.

$$H = U + APV \ \text{(kcal)}, \ h = u + Pv \ (\text{kcal/kg}_f) \tag{2-29}$$

엔탈피는 u, P, v 모두 상태가 정해지면 결정되는 값으로서, h 역시 상태만에 의하여 정해지는 상태함수이다. 따라서 내부 에너지와 같이 상태 변화의 경로에는 관계없이 물체의 상태량으로 결정된다.

비엔탈피를 미분하여 가역적인 상태에 대한 엔탈피 h의 미소 변화는 다음과 같다.

$$dh = du + d(Pv) = du + Pdv + vdP \tag{2-30}$$

식 (2-25)에서 ($\delta q = du + P\,dv$)이므로 이를 대입하면 다음과 같이 변환된다.

$$dh = dq + vdP \ \text{(J/kg)} \tag{2-31}$$

$$dq = dh - vdP \ \text{(J/kg)}, \ dQ = dH - VdP \ \text{(J)}$$

식 (2-31)을 유동계에서의 열역학 제2기초식이라 한다.

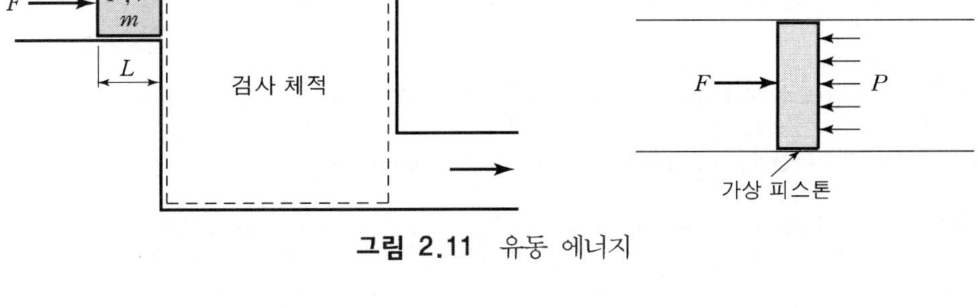

그림 2.11 유동 에너지

공학단위로 열역학 제2기초식을 표현하면 다음과 같이 주어진다.

$$dq = dh - AvdP \ (\mathrm{kcal/kg_f}), \ dQ = dH - AVdP \ (\mathrm{kcal}) \tag{2-32}$$

예제 2-9

1kg의 어떤 기체가 압력 1MPa, 비체적 $0.05\,\mathrm{m^3/kg}$에서 내부 에너지가 420kJ이라면 이 상태에서의 비엔탈피는 얼마인가?(SI 단위)

풀이 $h = u + Pv\,(\mathrm{J/kg})$에서

$h = u + Pv = 420000 + (1 \times 10^6) \times 0.05 = 425000\,\mathrm{J} = 425\,\mathrm{kJ}$

예제 2-10

$1\,\mathrm{kg_f}$의 어떤 가스가 압력 $0.5\,\mathrm{kg_f/cm^2}$, 체적 $2.4\,\mathrm{m^3}$의 상태에서, 압력 $12\,\mathrm{kg_f/cm^2}$, 체적 $0.2\,\mathrm{m^3}$의 상태로 되었다. 엔탈피 증가량을 구하라.(단, 내부 에너지는 없다고 본다.)

풀이 (공학단위) 엔탈피 $h = u + APv\,(\mathrm{kcal/kg_f})$에서

$$\Delta h = h_2 - h_1 = (u_2 - u_1) + A(P_2 v_2 - P_1 v_1)$$
$$= 0 + \frac{1}{427} \times (12 \times 0.2 - 0.5 \times 2.4) \times 10^4 = 28.1\,\mathrm{kcal}$$

2.7 개방계에 대한 열역학 제1법칙의 식

밀폐계에서는 물질은 계(system)의 경계를 이동하지 않으며, 에너지는 열과 일의 형태로서 계의 경계를 이동하였다. 한편 개방계(open system)에서는 유체가 유동하므로 물질이 계의 경계를 통과하여 출입하므로 물질과 함께 다음의 에너지들도 계의 경계를 통과한다.

① 유동 에너지(flow energy) : $APV\,(\mathrm{kcal})$, $APv\,(\mathrm{kcal/kg_f})$

② 내부 에너지(internal energy) : $U\,(\mathrm{kcal})$, $u\,(\mathrm{kcal/kg_f})$

③ 운동 에너지(kinetic energy) KE : $AG\dfrac{w^2}{2g}\,(\mathrm{kcal})$, $A\dfrac{w^2}{2g}\,(\mathrm{kcal/kg_f})$

④ 위치 에너지(potential energy) PE : AGz(kcal), Az(kcal/kg_f)

여기서 w : 속도(m/s), g : 임의점에서의 중력가속도(m/s^2)

z : 임의 기준점으로부터 높이(m)

정상 유동(steady flow)이란 동작유체의 출입이 있는 개방계에서 같은 장소에서 유동의 상태가 시간에 따라 변화하지 않는 유동을 말한다. 따라서 정상 유동에서는 동작유체의 질량이 유입 또는 유출 시 동일하여야 하며, 따라서 연속방정식에 의해 단위시간에 계에 유입하는 에너지는 계에서 유출되는 에너지와도 같아야 한다.

정상 유동 과정의 에너지 식을 구하기 위하여 그림 2.12와 같은 관로에서 단위시간당 중량 $\dot{G}$(kg_f/s)가 흐르고 있을 때 단면 입구 ①과 출구 ② 사이에서 열량 $\dot{Q}$(kcal/s)을 받고 외부에 일 $A\dot{W}_t$(kcal/s)을 하는 경우를 살펴보면 에너지 식은 다음과 같다.

$$\text{단면 ①로 유입되는 총 에너지} : E_1 = \dot{G}\left(AP_1v_1 + u_1 + A\frac{w_1^2}{2g} + Az_1\right) + \dot{Q} \quad (2\text{-}33)$$

$$\text{단면 ②로 유출되는 총 에너지} : E_2 = \dot{G}\left(AP_2v_2 + u_2 + A\frac{w_2^2}{2g} + Az_2\right) + A\dot{W}_t$$

에너지 보존의 원리에 의하여 $E_1 = E_2$이고 엔탈피의 정의식 $h = u + APv$를 적용하면 개방계에 대한 에너지방정식(열역학 제1법칙)은 다음과 같이 된다.

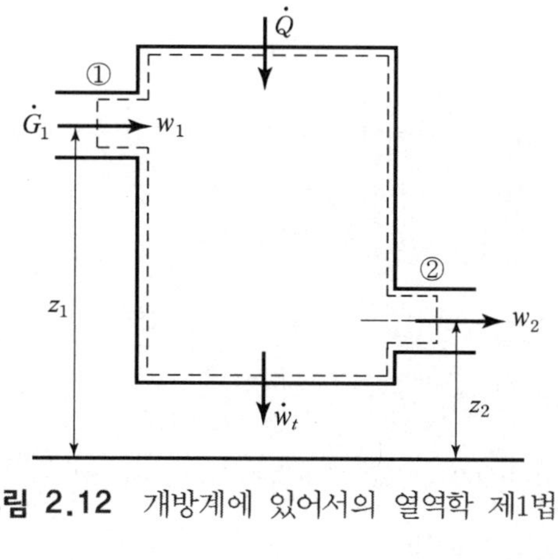

그림 2.12 개방계에 있어서의 열역학 제1법칙

$$\dot{G}\left(h_1 + A\frac{w_1^2}{2g} + Az_1\right) + \dot{Q} = \dot{G}\left(h_2 + A\frac{w_2^2}{2g} + Az_2\right) + A\dot{W}_t \quad (2\text{-}34)$$

보통 z_1과 z_2의 차가 아주 크지 않으면 위치 에너지의 차이는 무시할 수 있다. 따라서

$$\dot{G}\left(h_1 + A\frac{w_1^2}{2g}\right) + \dot{Q} = \dot{G}\left(h_2 + A\frac{w_2^2}{2g} + A\dot{W}_t\right) \quad (2\text{-}35)$$

가 되고 입출구 속도의 차가 크지 않을 경우에는 운동 에너지도 무시할 수 있다. 따라서

$$\dot{Q} = \dot{G}(h_2 - h_1) + A\dot{W}_t \ (\text{kcal/s}) \quad (2\text{-}36)$$

$$q = (h_2 - h_1) + Aw_t \ (\text{kcal/kg}_f \cdot \text{s})$$

가 되어 유동계의 열역학 제2기초식과 같게 표현된다.

또한 단열유동($\dot{Q}=0$, $q=0$)인 경우에는 개방계에 대한 일반 에너지식은

$$A\dot{W}_t = \dot{G}(h_2 - h_1) \ (\text{kcal/s}), \quad Aw_t = (h_2 - h_1) \ (\text{kcal/kg}_f \cdot \text{s}) \quad (2\text{-}37)$$

로 되어 공업일이 엔탈피의 차이로 나타난다.

SI 단위의 개방계에 대한 열역학 제1법칙의 식은 공학단위의 식에서 중량유량 $\dot{G}(\text{kg}_f/\text{s})$ 대신 질량유량 $\dot{m}(\text{kg/s})$으로 그리고 일의 열당량 $A=1$을 대입하면 일과 열의 단위를 J, J/kg로 나타낼 수가 있다.

예제 2-12

증기터빈(turbine)에 $500\,\text{kg}_f/\text{h}$의 증기가 유입할 때 출력이 50 PS이고, 증기가 유입 시 엔탈피가 $800\,\text{kcal/kg}_f$, 속도가 950 m/s이며, 유출 시 엔탈피는 $720\,\text{kcal/kg}_f$, 속도는 400 m/s가 된다고 할 때, 매 시간당 손실되는 열량(에너지)은 얼마인가?

풀이 1 PS = 632.3 kcal/hr이므로, $A W_t = 632.3 \times 50 = 31615\,\text{kcal/hr}$이다.

$$\dot{Q} = \dot{G}\cdot q = A\dot{W}_t + \dot{G}(h_2 - h_1) + \dot{G}A\left(\frac{w_2^2 - w_1^2}{2g}\right)$$

$$= 31615 + 500 \times (720 - 800) + 500 \times \frac{1}{427} \times \left(\frac{400^2 - 950^2}{2 \times 9.8}\right)$$

$$= -52744\,\text{kcal/hr}$$

부호가 (−)인 것은 방열량을 나타낸다.

예제 2-13

3500 kJ/kg의 엔탈피를 갖는 유체가 단위시간당 8 kg/s의 비율로 어떤 터빈에 유입되고 있다. 터빈에서 유출되는 엔탈피가 2500 kJ/kg이고 열량의 손실이 500 kJ/s이라면 터빈에서 발생되는 일을 구하라.(단, 터빈에 유입되고 유출되는 유체의 속도 차이와 위치 에너지는 무시한다.)

풀이 $\dot{Q} = \dot{m}(h_2 - h_1) + \dot{W}_t$ 식에서

$\dot{m} = 8$ kg/s, $h_1 = 3500$ kJ/kg, $h_2 = 2500$ kJ/kg, $\dot{Q} = -500$ kJ/s 이므로

$\dot{W}_t = \dot{m}(h_1 - h_2) + \dot{Q} = 8(3500 - 2500) - 500 = 7500$ kJ/s

연습문제

1. 열역학 제1법칙에 대하여 설명하라.

2. 공업일과 절대일에 대하여 설명하라.

3. 내부 에너지, 엔탈피, 비열에 대하여 설명하라.

4. 다음 사항 중 열역학 제1법칙을 설명한 것이 아닌 것은?
   ① 사이클 과정 중 계가 외부에 한 일량은 외부로부터 계로 들어온 열량과 같다.
   ② 열역학적 계에는 내부 에너지라는 열역학적 성질이 존재한다.
   ③ 에너지 보존의 법칙으로 일과 열의 관계를 나타낸 것이다.
   ④ 엔트로피를 설명하고 제1종 영구기관을 부정하는 법칙이다.

5. 열역학 제1법칙의 식은 다음에서 어느 것이 가장 옳은가?(단, q : 외부에서 가한 열량, u : 내부 에너지, P : 압력, v : 비체적, A : 일의 열당량)
   ① $\delta q = du + APdv$　　② $\delta q = du - APdv$
   ③ $\delta q = du + AvdP$　　④ $\delta q = du + APv$

6. 다음 중 정상 유동 상태의 경우 펌프가 하는 일을 표시하는 것은?(단, P는 압력, V는 체적을 표시한다.)
   ① $\int PdP$　　② $\int VdP$　　③ $\int PdV$　　④ $\int VdV$

7. 열역학 제1법칙에서 일의 열당량 값은?
   ① $427\,\text{kcal/kg}_\text{f}\,\text{m}$　　② $\frac{1}{427}\,\text{kcal/kg}_\text{f}\,\text{m}$
   ③ $427\,\text{kg}_\text{f}\,\text{m/kcal}$　　④ $\frac{1}{427}\,\text{kg}_\text{f}\,\text{m/kcal}$

8. 유속 100m/sec의 공기 중에 온도계를 삽입하였을 때 온도계의 지시와 실제 온도와의 어느 정도 차가 생기는가?(단, 공기의 $C_P = 0.24\,\text{kcal/kg}_f$℃이다.)

① 2.87℃ ② 3.26℃ ③ 4.97℃ ④ 5.46℃

9. 400℃인 철판을 10℃의 물에 넣어 40℃까지 냉각하고자 한다. 열교환 중 손실은 없고 물이 증발하지 않는다고 하면 $1\,\text{kg}_f$의 철판에 대하여 몇 kg_f의 물이 필요한가?(단, 철과 물의 비열은 각각 $0.120\,\text{kcal/kg}_f$℃, $1.0\,\text{kcal/kg}_f$℃이다.)

① $1.44\,\text{kg}_f$ ② $1.65\,\text{kg}_f$ ③ $1.88\,\text{kg}_f$ ④ $2.21\,\text{kg}_f$

10. 엔탈피 $h_1 = 800\,\text{kcal/kg}_f$, $w_1 = 100\,\text{m/sec}$인 증기가 $8\,\text{kg}_f/\text{s}$로 유출된다. 발생일량이 $80000\,\text{kg}_f\text{m}$이면 위치 에너지를 무시할 때의 열손실은?

① 265.5kcal/s ② −265.5kcal/s
③ 273.5kcal/s ④ −273.5kcal/s

11. 온도가 20℃인 물 $0.5\,l$를 500와트(W)의 전기히터로 가열하고자 한다. 물이 끓는 온도인 100℃가 되기까지 걸리는 시간을 구하라.(단, 물의 비열은 4.18kJ/kg K이다.)

12. 중량 $3000\,\text{kg}_f$인 자동차가 60km/h로 주행하다가 갑자기 제동을 걸어서 40m 앞에서 정지하였다면 노면과 바퀴 사이의 마찰계수(μ)를 0.3이라고 할 때 브레이크에서 발생하는 열량을 구하라.

힌트 제동일 $W = \mu \cdot F \cdot S$, $Q = A\,W$

13. 증기터빈에 $500\,\text{kg}_f/\text{h}$의 증기가 유입할 때 출력이 50Ps이고, 증기가 유입 시 엔탈피가 $800\,\text{kcal/kg}_f$, 속도가 950m/s이며, 유출 시 엔탈피는 $720\,\text{kcal/kg}_f$, 속도는 400m/s가 된다고 할 때, 매 시간당 손실되는 열량(에너지)은 얼마인가?

힌트 1PS = 632.3kcal/hr

14. 어느 완전 기체가 정압하에서 엔탈피 증가가 200kcal, 내부 에너지 증가는 120kcal이었으며 체적은 $0.5\,\text{m}^3$ 증가하였다. 이 변화에서 압력은 몇 kg_f/cm^2인가?

힌트 $dq = dh - AvdP = du + APdv$에서 $dP = 0$

15. 실린더 안에 0.8kg$_f$의 기체를 넣고 이것을 압축하기 위해서는 1300kg$_f$m의 일이 필요하며, 이때 실린더를 냉각하기 위하여 −2.4kcal의 열을 빼앗아야 한다면 이 기체의 내부 에너지 변화량은 얼마인가?

힌트 $\Delta U = {}_1Q_2 - A_1W_2$

16. 수직으로 세워진 노즐에서 30℃의 물이 15m/sec의 속도로 15℃의 공기 중에 뿜어 올려진다면 물은 얼마나 올라가겠는가?(단, 외부와의 마찰에 의한 에너지 손실은 없다.)

힌트 ${}_1q_2 + \left(h_1 + \frac{Aw_1^2}{2} + Az_1\right) = \left(h_2 + \frac{Aw_2^2}{2} + Az_2\right) + w_t$ 에서

${}_1q_2 = w_t = 0,\ h_1 = h_2,\ w_2 = 0$

17. 100마력의 디젤기관에 있어서 마찰손실이 그 출력의 15%라면 이 마찰손실에 의해서 발생되는 열량은 몇 kcal/min인가?

힌트 1PS = 75kg$_f$ · m/s = 632.3kcal/hr

18. 압력이 10^5N/m^{2}인 물을 10^6N/m^{2}까지 가압하는 데 요구되는 펌프일은 얼마인가?(단, 물의 밀도는 1000kg/m^{3}으로 일정하고, 가역단열 과정으로 한다.)

힌트 $v = 1/\rho,\ w_p = -v(P_2 - P_1)$

정답

4. ④ 5. ① 6. ② 7. ② 8. ③ 9. ① 10. ②

11. t = 5.57min 12. Q = 84.3kcal

13. $\dot{Q}$ = −52744kcal/hr (부호가 −인 것은 방열량을 나타낸다.)

14. P = 8.54kg$_f$/cm^2

15. ΔU = −0.644kcal/kg$_f$ (부호가 −인 것은 감소를 나타낸다.)

16. $z_2 - z_1$ = 11.5m

17. Q = 158.08kcal/min

18. w_p = 900J/kg

Chapter 3

이상기체의 성질

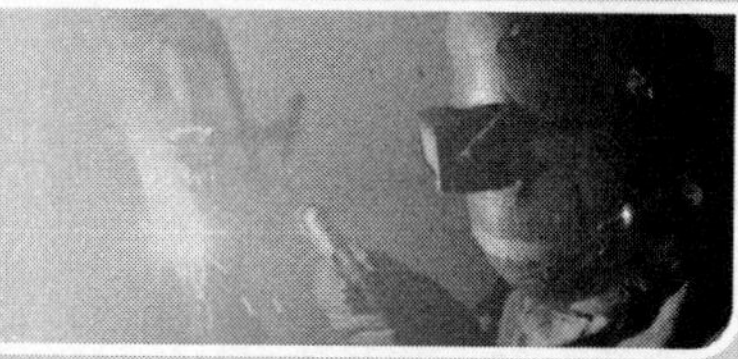

3.1 이상기체(완전 가스)

공업 분야에 사용되는 동작물질로는 열기관에 사용되는 수소, 산소, 질소, 공기, 연소가스 등의 가스와 냉동기에 사용되는 냉매(refrigerant), 증기터빈에서 쉽게 액화나 증발(vaporization)이 일어나는 증기(vapor)가 있다. 일반적으로 가스는 보통의 상태에서는 기체로 존재하며 아주 낮은 저온, 고압에서만 액화되지만, 증기는 보통의 상태에서는 약간의 압력과 온도의 변화로 쉽게 액화되거나 증발한다.

이상기체(ideal gas)란 분자 상호 간에 인력이 작용하지 않고 분자가 차지하는 공간에 비해서 분자의 크기(체적)가 무시될 수 있다는 가정하에 유도된 보일의 법칙이나 샤를의 법칙을 만족하며, 분자의 충돌은 완전 탄성체인 기체로서 실제로는 존재하지 않는 기체이다. 엄밀히 보면 모든 가스는 이상기체가 아니지만 공기, 수소, 산소, 질소 등은 상온에서 이상가스로 간주할 수 있으며, 일반적으로 어떠한 가스라도 포화온도보다 훨씬 더 고온에서 그리고 압력이 낮은 조건에서는 각 분자들이 차지하는 체적이 가스의 전체 체적에 비하여 무시될 수 있기 때문에 이상기체에 가까운 성질을 갖는다.

3.2 이상기체의 법칙

3.2.1 보일의 법칙

영국의 물리학자 보일(Robert Boyle)이 1662년에 발견한 등온의 법칙으로서 "**온도가 일정할 때, 이상기체의 압력은 체적에 반비례한다.**"라고 표현된다. 등온 시 압력과 체적과의 관계를 밝힌 것으로서 이를 수식으로 나타내면

$$T = \text{const}(\text{일정}) \quad \rightarrow \quad PV = \text{const}, \ \ Pv = \text{const} \tag{3-1}$$

그림 3.1에서와 같이 처음 상태의 압력 P_1, 체적 V_1(비체적 v_1)인 기체가 등온하에서 압력 P_2, 체적 V_2(비체적 v_2)인 상태로 변했다면 식 (3-1)로부터

$$P_1 V_1 = P_2 V_2, \ \ P_1 v_1 = P_2 v_2 \tag{3-2}$$

의 관계식을 얻으며 $P-V$ 선도상에서 등온선은 직각쌍곡선으로 된다.

3.2.2 샤를의 법칙

1782년 프랑스의 샤를(Charles)은 "**압력이 일정한 상태에서 모든 기체를 0℃에서 100℃까지 가열하면 온도가 1℃마다 기체의 체적은 0℃에서의 체적의 1/273 만큼씩 증가한다.**"는 것을 발견하였다. 이것을 샤를의 법칙 또는 게이뤼삭(Gay-Lussac)의 법칙이라 한다.

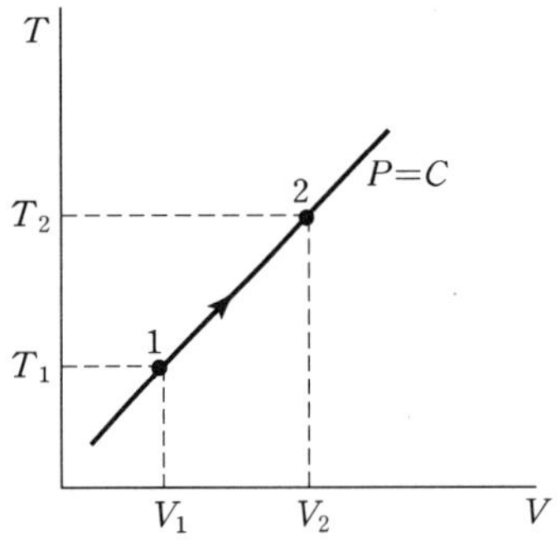

그림 3.1 보일의 법칙($P-V$ 선도)

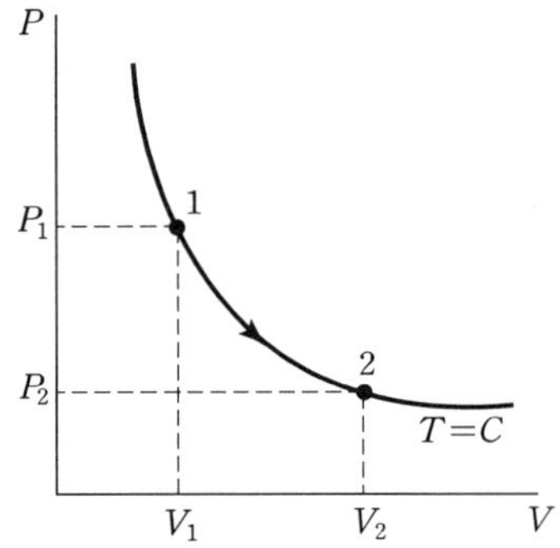

그림 3.2 샤를의 법칙($T-V$ 선도)

일정한 압력하에서 변화 전의 체적과 온도를 V_1, t_1, 변화 후의 체적과 온도를 V_2, t_2라 하고 0℃ 때의 가스의 체적을 V_0라 하면

$$V_1 = V_0 + \frac{V_0}{273.15}t_1,\ V_2 = V_0 + \frac{V_0}{273.15}t_2 \quad \rightarrow \quad \frac{V_1}{V_2} = \frac{t_1 + 273.15}{t_2 + 273.15} \tag{3-3}$$

가 된다. 절대온도 $T(\mathrm{K}) = 273.15 + t(℃)$이므로 정리하면 다음과 같이 된다.

$$P_1 = P_2 \text{ 일 때 } \frac{V_1}{V_2} = \frac{T_1}{T_2} \quad \rightarrow \quad \frac{V_1}{T_1} = \frac{V_2}{T_2} = \frac{V}{T} = \text{const(일정)} \tag{3-4}$$

즉, 샤를의 법칙은 "**모든 기체는 압력이 일정할 때 그 체적은 절대온도에 비례한다.**"고 표현되며, 이 관계는 그림 3.2와 같이 $T-V$ 선도상에서 직선으로 나타난다.

마찬가지로 체적이 일정한 경우에도 압력과 온도의 관계는 다음과 같다.

$$V_1 = V_2 \text{ 일 때 } \frac{P_1}{T_1} = \frac{P_2}{T_2} = \frac{P}{T} = \text{const(일정)} \tag{3-5}$$

3.2.3 상태방정식(보일–샤를의 법칙)

기체의 열역학적 상태는 계 내의 상태량인 압력 P, 비체적 v, 절대온도 T에 의하여 결정될 수 있으며, 이들 사이의 관계식을 특성식 또는 상태식(equation of state)이라 한다. 보일의 법칙은 이상기체의 압력 P와 비체적 v의 관계를 나타내고 샤를의 법칙은 비체적 v와 절대온도 T의 관계를 나타내므로 두 법칙으로부터 이상기체의 특성식을 유도할 수 있다.

그림 3.3에서 상태 $1(P_1,\ v_1,\ T_1)$에서 상태 $3(P_3,\ v_3,\ T_3)$로 상태 변화하는 과정을 편의상 1에서 2의 등온 과정과 2에서 3의 정압 과정으로 나누어 생각하면 $1 \rightarrow 2$ 과정(등온 과정)은 보일의 법칙을 적용하여

$$P_1 v_1 = P_2 v_2, \quad \rightarrow \quad v_2 = v_1 \frac{P_1}{P_2} \tag{①}$$

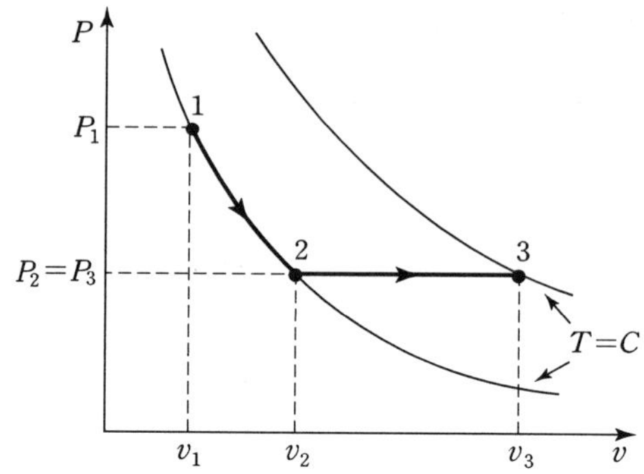

그림 3.3 이상기체의 상태 변화

2→3 과정(정압 과정)은 샤를의 법칙을 적용하여

$$\frac{v_2}{v_3}=\frac{T_2}{T_3} \quad \rightarrow \quad v_2=v_3\frac{T_2}{T_3} \qquad ②$$

따라서 ① = ②에서 $v_1\frac{P_1}{P_2}=v_3\frac{T_2}{T_3}$이고, 한편 $P_2=P_3$, $T_2=T_1$이므로

$$\frac{P_1v_1}{T_1}=\frac{P_3v_3}{T_3} \quad \rightarrow \quad \frac{Pv}{T}=\text{const} \qquad ③$$

가 됨을 알 수 있다.

식 ③은 임의 상태의 이상기체에 대한 P, v, T의 관계를 표시하는 식이며 상수를 R로 놓으면

$$Pv/T=R \quad \rightarrow \quad Pv=RT \qquad (3\text{-}6)$$

가 된다. 또한 중량 $G(\text{kg}_\text{f})$의 가스에 대해서는 $G=\frac{V}{v}$이므로

$$PV=GRT \qquad (3\text{-}7)$$

식 (3-6) 및 (3-7)을 이상기체의 상태식 또는 보일-샤를의 법칙이라고도 한다.

SI 단위계에서는 중량 대신 질량 $m(\text{kg})$이 사용되므로 식 (3-7)은 다음과 같이 된다.

$$PV=mRT \qquad (3\text{-}8)$$

상수 R은 이상기체의 종류에 따라 값이 다르므로 이를 기체상수(gas constant)라고 부르며, R의 공학단위로는 $kg_f\,m/kg_f\,K$, SI 단위로는 J/kgK이 사용된다. 공기의 기체상수는 $R = 29.27\ kg_f\,m/kg_f\,K = 0.2872\ J/kgK$이다.

예제 3-1

공기 $1\,kg_f$을 압력 $1\,kg_f/cm^2$, 온도 20℃인 상태에서 변화하여 압력 $3\,kg_f/cm^2$, 온도 100℃로 되었다면 변화 후의 체적은 변화 전의 체적의 몇 배가 되겠는가?

풀이 보일-샤를의 법칙에 따르면

$$\frac{P_1 v_1}{T_1} = \frac{P_2 v_2}{T_2} \text{에서}$$

$$\frac{v_2}{v_1} = \frac{T_2}{T_1}\frac{P_1}{P_2} = \frac{(273+100)}{(273+20)} \cdot \frac{1}{3} = 0.4243 \text{ 배}$$

예제 3-2

어떤 이상기체 $1kg_f$이 압력 $1\,kg_f/cm^2$, 온도 30℃에서 체적이 $0.8m^3$이 되었다. 이 기체의 기체상수는 얼마인가?

풀이

$$R = \frac{Pv}{T} = \frac{1\times 10^4 \times 0.8}{303} = 26.4\,kg_f\,m/kg_f\,K$$

예제 3-3

자동차 타이어에 온도가 15℃, 압력이 $2.5\,kg_f/cm^2$인 공기가 들어 있다. 타이어 내의 체적이 $0.3\,m^3$이면 타이어 내에 들어 있는 공기의 무게는 얼마인가?(단, 공기의 기체상수는 $R = 29.27\,kg_f\,m/kg_f\,K$이다.)

풀이 공기를 이상기체로 생각하고 이상기체 상태식 $PV = GRT$에서

$$G = \frac{PV}{RT} = \frac{2.5\times 10^4 \times 0.3}{29.27 \times 288} = 0.889\,kg_f$$

3.3 아보가드로 법칙과 일반기체상수

기체의 상태 변화를 취급할 때의 단위는 단위질량, 단위중량 외에도 아보가드로의 법칙(Avogadro's law)에 의해 SI 단위계에 물질량의 단위로 사용되고 있는 kmol이란 것이 있다. 아보가드로의 법칙에 의하면 "**동일 온도, 동일 압력하에서 1 kmol의 기체가 차지하는 체적은 기체의 종류와는 관계없이 일정하며, 표준 상태**(1 atm, 0℃)**에서는** 22.41 m^3**의 체적을 가지고 그 속에** 6.0221367×10^{26}**개의 분자가 존재한다.**" 다시 말하면 "**온도와 압력이 일정할 경우에는 모든 가스의 분자는 같은 체적을 가진다.**"는 것이다.

1 kmol이란 기체의 분자량을 M이라 할 때 분자량에 kg_f을 붙인 것 $M\,kg_f$을 의미하며, 기체의 중량 $G\,kg_f$을 분자량 M으로 나눈 값(G/M)을 몰수(mole number) n라 한다. 따라서 이상기체의 상태식은 식 (3-7)에서 중량 G 대신 $M\,kg_f$을 대입하면 다음과 같다.

$$PV = GRT,\ n = G/M \quad \rightarrow \quad PV = nMRT \tag{3-9}$$

1 kmol($n=1$)에 대한 이상기체의 상태식으로 표현하면

$$PV = MRT \tag{3-10}$$

로 되며 1 kmol은 표준 상태(1atm, 0℃)에서 22.41 m^3 체적을 차지하므로 식 (3-10)에서

$$R_u = MR = \frac{PV}{T} = \frac{(1.0332 \times 10^4) \times 22.41}{273} \fallingdotseq 848 \quad (kg_f m/kmol\,K) \tag{3-11}$$

이 된다. 여기서 R_u를 일반기체상수(universal gas constant)라 하며, 특정 기체의 기체상수는 분자량만 안다면 일반기체상수의 식 (3-11)로부터 구할 수 있다.

$$R = \frac{R_u}{M} = \frac{848}{M} \ (kg_f m/kg_f K) \tag{3-12}$$

따라서 기체의 몰수 $n = G/M$을 고려하여 이상기체의 특성식을 다음과 같이 나타낼 수 있다.

$$\frac{PV}{T} = GR = G\frac{848}{M} = 848\,n \quad \rightarrow \quad PV = 848\,nT \tag{3-13}$$

SI 단위계에서는 중량($G\,kg_f$) 대신 질량($m\,kg_f$)이 사용되므로 몰수 n의 정의 역시 $n = m/M$이 되며 일반기체상수 $R_u = 8.3143\,(kJ/kg_f K)$이다.

따라서 kmol 단위의 이상기체 상태식은 다음과 같이 쓸 수 있다.

$$\frac{PV}{T} = mR = m\frac{8.3143}{M} = 8.3143\,n \quad \rightarrow \quad PV = 8.3143\,nT \;\text{(SI 단위)} \qquad (3\text{-}14)$$

예제 3-4

온도 20℃, 압력 $5.4\,kg_f/cm^2$일 때, 산소 1 kmol이 차지하는 체적과 비체적은 얼마인가?

풀이 $PV = 848nT$에서

$$V = \frac{848 \times 1 \times 293}{5.4 \times 10^4} \fallingdotseq 4.60\,(m^3)$$

$$v = \frac{V}{G} = \frac{V}{M} = \frac{4.6}{32} = 0.14375\,(m^3/kg_f)$$

표 3.1 주요 기체의 분자량, 기체상수, 비중 및 비열

기체의 종류	분자 기호	원자수	분자량 M	기체상수 R $\frac{kg_f m}{kg_f K}$	비중 s (공기 기준)	비열값(0℃ 및 낮은 압력에서) kcal/kg$_f$℃ C_p	kcal/kg$_f$℃ C_v	kcal/kmol℃ C_p	kcal/kmol℃ C_v	비열비 $\kappa = \frac{C_p}{C_v}$
헬 륨	He	1	4.0030	211.9	0.1381	1.2510	0.7550	5.00	3.01	1.660
아르곤	Ar	1	39.944	21.23	1.3790	0.1250	0.0760	5.00	3.01	1.660
수 소	H_2	2	2.0160	420.3	0.0695	3.4030	2.4170	6.84	4.87	1.409
질 소	N_2	2	28.016	30.26	0.9680	0.2482	0.1774	6.96	4.97	1.400
산 소	O_2	2	32.000	26.49	1.1050	0.2184	0.1562	6.99	5.00	1.399
공 기	—	—	28.964	29.27	1.0000	0.2400	0.1710	6.95	4.96	1.402
일산화탄소	CO	2	28.010	30.28	0.9670	0.2486	0.1775	6.96	4.97	1.400
수증기	H_2O	3	18.016	47.06	0.6220	0.4440	0.3340	8.00	6.01	1.330
탄산가스	CO_2	3	44.010	19.25	1.5300	0.1957	0.1505	8.62	6.63	1.301
아산화질소	N_2O	3	44.016	19.26	1.5380	0.2131	0.1680	9.36	7.47	1.270
아황산가스	SO_2	3	64.060	13.24	2.2640	0.1453	0.1143	9.29	7.30	1.272
암모니아	NH_3	4	17.032	49.78	0.5960	0.4910	0.3740	8.36	6.37	1.313
메 탄	CH_4	5	16.042	52.89	0.5540	0.5150	0.3900	8.27	6.28	1.319

3.4 이상기체의 비열 및 줄의 실험

3.4.1 이상기체의 비열의 정의

비열은 단위중량 $1\mathrm{kg_f}$을 1℃ 올리는 데 필요한 열량으로 정의하였다. 온도를 dT만큼 올리는 데 필요한 열량은 $\delta q = CdT\,(\delta Q = GCdT)$이므로 비열 C는 수식으로 표현하면 다음과 같이 된다.

$$C \equiv \frac{\delta q}{dT} \equiv \frac{\delta Q}{GdT} \tag{3-15}$$

그러나 여기서 δq는 경로함수이므로 일정한 온도 상승 dT에 필요한 열량은 일정한 값이 되지 않고 가열 조건에 따라 변한다. 이상기체의 체적을 일정하게 유지할 때의 필요한 열량 $(\delta q/dT)_{v=C}$은 압력을 일정하게 유지했을 때의 필요한 열량 $(\delta q/dT)_{P=C}$보다 작다. 이와 같이 체적이 일정할 때의 비열을 정적비열 C_v라 하고, 압력이 일정할 때의 비열을 정압비열 C_P라고 한다.

따라서 정적비열은 열역학 제1기초식$(\delta q - du + APdv)$에서 $dv = 0$이므로

$$C_v \equiv \left(\frac{\delta q}{dT}\right)_v = \frac{du}{dT} \quad \rightarrow \quad du = C_v dT \tag{3-16}$$

로 되어 이상기체의 경우 내부 에너지는 정적비열과 온도차로 나타낼 수 있다.

한편 정압비열은 열역학 제2기초식$(\delta q = dh - Av\,dP)$에서 $dP = 0$이므로

$$C_P \equiv \left(\frac{\delta q}{dT}\right)_P = \frac{dh}{dT} \quad \rightarrow \quad dh = C_P dT \tag{3-17}$$

로 되어 이상기체의 경우 엔탈피는 정압비열과 온도차로 나타낼 수 있다.

3.4.2 정적비열(C_v)과 정압비열(C_P)의 관계식

단위중량 $1\mathrm{kg_f}$의 기체를 정압하에 가열하는 경우를 생각하면 열역학 제2기초식에서

$$\delta q = dh - AvdP = C_P\,dT \ (\because dP=0) \tag{3-18}$$

이다. 또 특성식 $Pv = RT$의 양변을 미분하면 $Pdv + vdP = RdT$이므로

$$Pdv = RdT \ (\because dP=0) \tag{3-19}$$

그러므로 열역학 1기초식 $\delta q = du + APdv$에 식 (3-18), (3-19)와 $du = C_v\,dT$를 대입하면

$$C_P\,dT = C_v\,dT + ARdT \ \rightarrow \ C_P = C_v + AR \tag{3-20}$$

$$C_P - C_v = AR \ \ (\text{단위} : \text{kcal/kg}_\text{f}\,\text{K})$$

위의 식은 가스의 C_P와 C_v의 관계를 나타내는 식이며 항상 $C_P > C_v$임을 알 수 있다.

여기서 비열비(ratio of specific heat) $\kappa = C_P / C_v$를 식 (3-20)에 대입하여 정리하면

$$C_P = \frac{\kappa}{\kappa - 1}AR, \ C_v = \frac{1}{\kappa - 1}AR \tag{3-21}$$

이 된다. 식 (3-20), (3-21)을 SI 단위계로 표현하면, SI 단위계에서는 열의 일당량 $A = 1\,(\text{kJ/kJ})$이므로 수식에서 A를 생략할 수 있다. 따라서 비열과 기체상수와의 관계는 다음과 같이 쓸 수 있다.

$$C_P - C_v = R, \ C_P = \frac{\kappa}{\kappa - 1}R, \ C_v = \frac{1}{\kappa - 1}R \ \ (\text{단위} : \text{kJ/kgK}) \tag{3-22}$$

비열비 κ는 기체분자운동론에 의하면 이상기체의 비열비는 분자를 구성하는 원자 수에 관계되며 가스 종류에 관계없이 원자 수가 같은 가스일 경우는 비열비는 거의 같다.

1원자 가스 : He, Ar, Ne, … $\kappa \fallingdotseq 1.67$ (3-23)

2원자 가스 : H_2, O_2, N_2, 공기, … $\kappa \fallingdotseq 1.40$

3원자 가스 : H_2O, CO_2, … $\kappa \fallingdotseq 1.33$

예제 3-5

수증기를 이상기체로 간주하여 정적 및 정압비열을 구하라.(단, $R = 47.06\,\text{kg}_\text{f}\,\text{m}/\text{kg}_\text{f}\,\text{K}$이다.)

풀이 $C_P - C_v = AR$이고 수증기는 3원자 가스이므로 $C_P / C_v = 1.33$이다.

$$1.33C_v - C_v = \frac{47.06}{427} = 0.1102 \quad \rightarrow \quad C_v = \frac{0.1102}{0.33} = 0.334\,\text{kcal/kg}_\text{f}\text{K}$$

$$C_P = 1.33 \times 0.334 = 0.444\,\text{kcal/kg}_\text{f}\text{K}$$

예제 3-6

질소의 비열비가 1.40일 때 C_P의 값은 얼마인가?

풀이 $R = \dfrac{R_u}{M} = \dfrac{848}{28.016} = 30.26\,\text{kg}_\text{f}\text{m/kg}_\text{f}\text{K}$이므로

$$C_P = \frac{\kappa}{\kappa - 1}AR = \frac{1.40}{1.40 - 1} \times \frac{1}{427} \times 30.26 = 0.2480\,\text{kcal/kg}_\text{f}\text{K}$$

3.4.3 줄의 실험과 내부 에너지

기체의 내부 에너지는 열역학적 상태량이며 다른 상태량과 같이 P, v, T 중 어느 상태량의 함수로 표시할 수 있다. 1844년 영국의 물리학자인 줄(James P. Joule)은 내부 에너지와 비체적, 절대온도의 관계를 밝히기 위해 그림 3.4와 같은 실험장치를 사용하였다.

실험은 단열된 큰 용기 속에 물을 넣고 물속에 밸브로 연결된 작은 두 용기 A, B를 넣어 처음에는 A 용기에만 가스를 충만시키고 B 용기는 진공으로 한 후 밸브를 열어 A 용기의 가스가 B 용기로 자유팽창(free expansion)되게 하였다. 그리고 열팽창이 이루어진 후 실험 전후의 물 온도를 측정하였다. 실험을 하는 동안 가스는 외부로부터 열의 수수가 없었고 외부에 대해 일도 없었으며 온도의 변화도 없었다. 따라서 일반 에너지 식 $dq = du + Adw$로부터 내부 에너지는 가스의 압력과 비체적이 변화하였음에도 불구하고 변하지 않았다는 사실을 알았다.

그러므로 "**내부 에너지는 완전 가스가 차지하는 비체적이나 압력과는 무관하며 절대온도만의 함수**"라는 결론을 얻었다. 이것을 이상기체에 대한 줄의 법칙이라 한다. 이상기체에 대한 줄의 법칙을 식으로 표시하면 다음과 같다.

$$u = u(T) \tag{3-24}$$

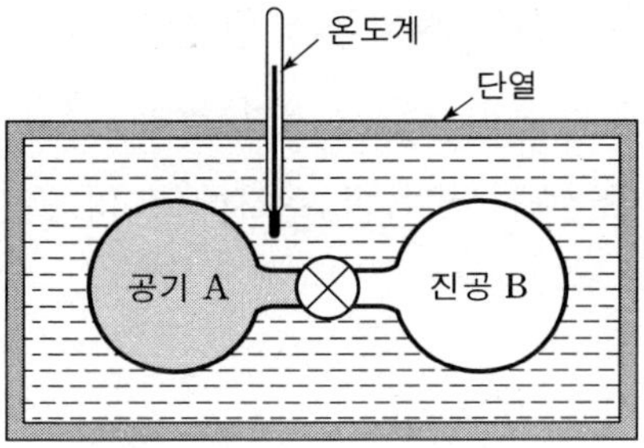

그림 3.4 줄의 실험장치

가 되어 내부 에너지는 온도만의 함수이다. 따라서 내부 에너지는 다음과 같이 표시된다.

$$du = C_v dT \tag{3-25}$$

$$dU = GC_v dT$$

따라서 등온선상의 어느 점에서나 온도가 같으면 내부 에너지의 값은 같다. 또한 엔탈피는 $h = u + APv$ 이고 이상기체 상태방정식에서 $Pv = RT$ 이므로

$$h = u + APv = u + ART \tag{3-26}$$

가 된다. 위 식에서 R은 기체상수이고 $u = u(T)$이므로 $h = h(T)$가 되어, 엔탈피 h도 역시 온도만의 함수임으로 정압비열과 열역학 제2기초식으로부터 다음과 같이 구할 수 있다.

$$dh = C_p dT \tag{3-27}$$

$$dH = GC_p dT$$

3.5 이상기체의 상태 변화

각종 열기관의 사이클을 해석하기 위해서는 기관 내에서 작동유체의 열역학적 상태 변화를 고찰하여야 한다. 이들 동작유체를 이상기체로 가정하여 상태 변화를 추적하면 상태량과 일, 열량을 쉽게 구할 수 있다. 실제로 모든 상태의 변화는 비가역 변화에 해당되나 열기관에서의 변화는 이상화된 가역 변화로 취급하여 기체의 P, v, T관계, 단위중량당

절대일 w과 공업일 w_t, 그리고 계를 출입하는 열량 q 및 내부 에너지 u와 엔탈피 h의 변화량을 알아본다. 가역 변화로 정압 변화, 정적 변화, 등온 변화, 단열 변화 및 폴리트로프 변화의 다섯 가지를 고려한다. 비가역 변화에는 비가역단열 변화, 교축(throttling), 가스의 혼합 등이 있다.

[1] 정압 변화[$P=\mathrm{C}$(일정), $dP=0$]

그림 3.5와 같이 상태 1에서 2까지 일정한 압력하에서 변화하는 것을 **정압 변화**(constant pressure change) 또는 **등압 변화**(isobaric change)라 한다.

① P, v, T 관계

특성식 $Pv=RT$로부터 $P_1v_1=RT_1$, $P_2v_2=RT_2$이므로 $P_1=P_2=\mathrm{C}$(일정)의 조건을 대입하면

$$\frac{P_1v_1}{T_1}=\frac{P_2v_2}{T_2}=R(\text{일정}) \quad \rightarrow \quad \frac{v_1}{T_1}=\frac{v_2}{T_2} \tag{3-28}$$

② 절대일 : ${}_1w_2(\mathrm{kg_f\,m/kg_f})$

$${}_1w_2=\int_1^2 Pdv=P(v_2-v_1)=R(T_2-T_1)\ (\because Pv=RT) \tag{3-29}$$

절대일은 $P-v$ 선도상에서 v축에 투영된 빗금친 면적을 나타낸다.

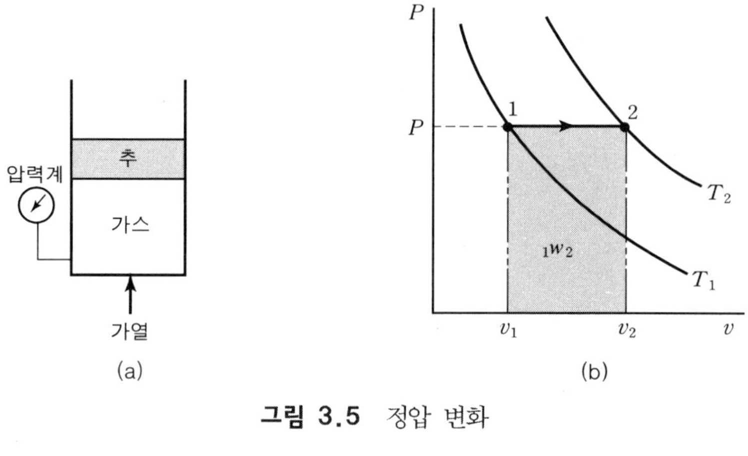

그림 3.5 정압 변화

③ 공업일 : $w_t\,(\mathrm{kg_f\,m/\,kg_f})$

$$w_t = -\int_1^2 v dP = 0 \quad (\because dP = 0) \tag{3-30}$$

공업일은 $P-v$ 선도상에서 P축에 투영된 면적으로서 정압 과정 중에 공업일은 없다.

④ 내부 에너지 변화량 : $du = C_v dT$ $(\mathrm{kcal/kg_f})$

$$u_2 - u_1 = \int_1^2 C_v\, dT = C_v (T_2 - T_1) = \frac{AR}{\kappa - 1}(T_2 - T_1) \tag{3-31}$$

⑤ 엔탈피 변화량 : $dh = C_P\, dT$ $(\mathrm{kcal/kg_f})$

$$h_2 - h_1 = \int_1^2 C_P\, dT = C_P (T_2 - T_1) \tag{3-32}$$

$$= \frac{\kappa AR}{\kappa - 1}(T_2 - T_1) = \kappa (u_2 - u_1)$$

⑥ 열량 : ${}_1q_2$ $(\mathrm{kcal/kg_f})$

열역학 제2기초식 $dq = dh - AvdP$에서 $dP = 0$이므로 $\delta q = dh$

$${}_1q_2 = \int_1^2 \delta q = \int_1^2 dh = \int_1^2 C_P\, dT = C_P (T_2 - T_1) \tag{3-33}$$

정압 과정에서 가열량은 엔탈피의 변화량과 같다.

예제 3-7

공기 0.5 $\mathrm{kg_f}$이 처음 온도가 20℃ 였다. 압력이 일정한 경우 상태 변화를 하여 체적이 처음의 2배가 되었다면 열량은 얼마나 가해야 하는가? 또한, 공기는 얼마의 일을 하는 셈인가?

풀이

정압 변화이므로 $\dfrac{T_2}{T_1} = \dfrac{V_2}{V_1}$ 에서

$T_2 = T_1 \cdot \dfrac{V_2}{V_1} = 293 \times 2 = 586\,\mathrm{K} = 313℃$

${}_1Q_2 = GC_P(T_2 - T_1) = 0.5 \times 0.24 \times 293 = 35.3\,\mathrm{kcal}$

${}_1W_2 = GR(T_2 - T_1) = 0.5 \times 29.27 \times 293 = 427\,\mathrm{kg_f\,m}$

[2] **정적 변화**[$v = \mathrm{C}$(일정), $dv = 0$]

그림 3.6과 같이 비체적(또는 체적)이 일정한 상태에서 상태 1로부터 상태 2로 변화하는 것을 **정적 변화**(constant valume change) 또는 **등적 변화**(isometric change)라 한다.

① P, v, T 관계

특성식 $Pv = RT$로부터 $P_1 v_1 = RT_1$, $P_2 v_2 = RT_2$이므로 $v_1 = v_2 = \mathrm{C}$(일정)의 조건을 대입하면

$$\frac{P_1 v_1}{T_1} = \frac{P_2 v_2}{T_2} = R\,(\text{일정}) \quad \rightarrow \quad \frac{P_1}{T_1} = \frac{P_2}{T_2} \tag{3-34}$$

② 절대일 : ${}_1w_2$ ($\mathrm{kg_f\,m/kg_f}$)

$${}_1w_2 = \int_1^2 P dv = P(v_2 - v_1) = 0 \tag{3-35}$$

③ 공업일 : w_t ($\mathrm{kg_f\,m/kg_f}$)

$$w_t = -\int_1^2 v dP = v(P_1 - P_2) = R(T_1 - T_2) \tag{3-36}$$

공업일 w_t는 그림 3.6의 빗금친 사각형의 면적과 같다.

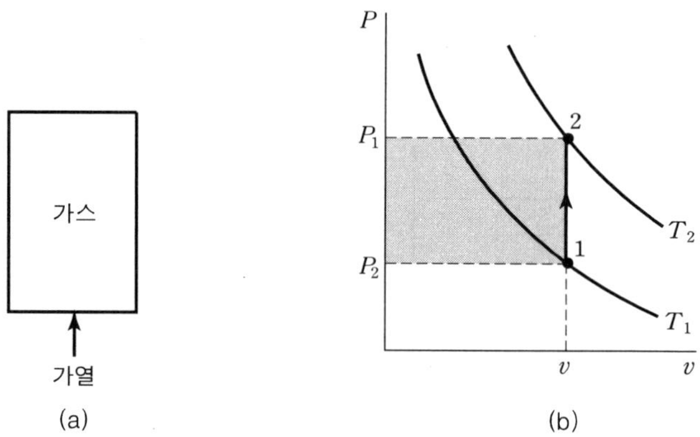

그림 3.6 정적 변화

④ 내부 에너지 변화량 : $du = C_v dT$ (kcal/kg$_f$)

$$u_2 - u_1 = \int_1^2 C_v\, dT = C_v(T_2 - T_1) = \frac{AR}{\kappa - 1}(T_2 - T_1) \tag{3-37}$$

⑤ 엔탈피 변화량 : $dh = C_P\, dT$ (kcal/kg$_f$)

$$h_2 - h_1 = \int_1^2 C_P\, dT = C_P(T_2 - T_1) \tag{3-38}$$

$$= \frac{\kappa AR}{\kappa - 1}(T_2 - T_1) = \kappa(u_2 - u_1)$$

⑥ 열량 : ${}_1q_2$ (kcal/kg$_f$)

열역학 제1기초식 $\delta q = du + APdv$에서 $dv = 0$이므로 $\delta q = du$

$${}_1q_2 = \int_1^2 \delta q = \int_1^2 du = \int_1^2 C_v\, dT = C_v(T_2 - T_1) \tag{3-39}$$

따라서 정적 변화의 경우 공급열량은 모두 내부 에너지의 변화에만 사용되며 외부에 대한 일량은 없다.

예제 3-8

온도 20℃인 공기 5kg$_f$을 정적하에서 120℃까지 가열하는 데 필요한 열량 Q(kcal), 내부 에너지 변화량 ΔU(kcal), 엔탈피 변화량 ΔH(kcal)를 구하라.(단, 공기의 정적비열은 0.171kcal/kg$_f$℃, 정압비열은 0.240kcal/kg$_f$℃이다.)

풀이 $\delta q = du + APdv$에서 정적 변화($dv = 0$)이므로 $\delta q = du$

① 가열량 : ${}_1Q_2 = U_2 - U_1 = GC_v(T_2 - T_1) = 6 \times 0.171 \times (120 - 20) = 102.6\,\text{kcal}$

② 내부 에너지 변화량 : ΔU

$\Delta U = U_2 - U_1 = {}_1Q_2 = GC_v(T_2 - T_1) = 102.6\,\text{kcal}$

③ 엔탈피 변화량 :

$\Delta H = H_2 - H_1 = GC_P(T_2 - T_1) = 6 \times 0.24 \times (120 - 20) = 144\,\text{kcal}$

[3] **등온 변화**[$T=\text{C}$(**일정**), $dT=0$]

그림 3.7과 같이 가스의 온도를 일정하게 유지시키며 상태 1에서 2로 변화하는 것을 **등온 변화**(isothermal change) 또는 **정온 변화**(constant temperature change)라 한다. 어떤 계에 열량을 가하여 등온을 유지하려면 압축 시에는 열을 방출하여야 하고, 팽창 시에는 외부로부터 열을 가해야 한다.

① P, v, T 관계

특성식 $Pv=RT$로부터 $P_1v_1=RT_1$, $P_2v_2=RT_2$이므로 $T_1=T_2=\text{C}$(일정)의 조건을 대입하면

$$\frac{P_1v_1}{T_1}=\frac{P_2v_2}{T_2}=R\,(\text{일정}) \quad \rightarrow \quad P_1v_1=P_2v_2 \tag{3-40}$$

② 절대일 : ${}_1w_2$ ($\text{kg}_\text{f}\,\text{m}/\text{kg}_\text{f}$)

$${}_1w_2=\int_1^2 Pdv=RT\int_1^2\frac{dv}{v}=RT\,[\ln v]_1^2=RT\ln\frac{v_2}{v_1}=P_1v_1\ln\frac{v_2}{v_1} \tag{3-41}$$

③ 공업일 : w_t ($\text{kg}_\text{f}\,\text{m}/\text{kg}_\text{f}$)

$$\begin{aligned} w_t &= -\int_1^2 vdP=-RT\int_1^2\frac{dP}{P}=-RT[\ln P]_1^2=RT\ln\frac{P_1}{P_2} \\ &=P_1v_1\ln\frac{P_1}{P_2}=P_1v_1\ln\frac{v_2}{v_1}={}_1w_2 \end{aligned} \tag{3-42}$$

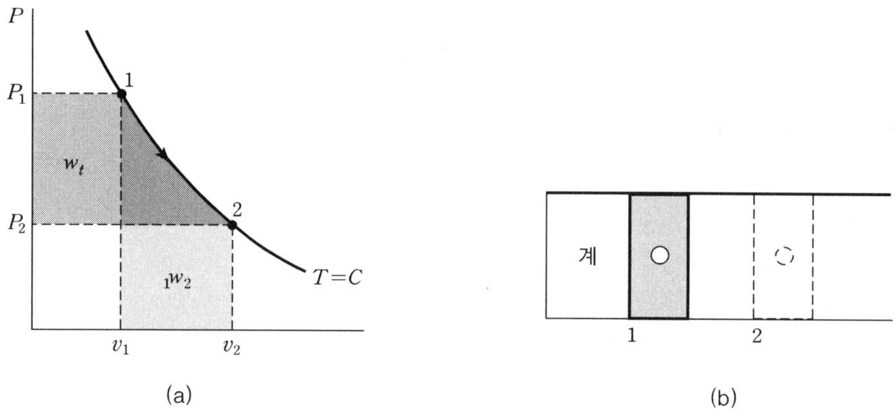

그림 3.7 등온 변화

따라서 등온 과정에서 공업일은 절대일과 크기가 같다.

④ 내부 에너지 변화량 : $du = C_v dT$ (kcal/kg$_f$)

$$u_2 - u_1 = \int_1^2 C_v\, dT = C_v (T_2 - T_1) = 0 \tag{3-43}$$

⑤ 엔탈피 변화량 : $dh = C_P dT$ (kcal/kg$_f$)

$$h_2 - h_1 = \int_1^2 C_P\, dT = C_P (T_2 - T_1) = 0 \tag{3-44}$$

등온 변화에서 내부 에너지, 엔탈피의 변화량은 없다.

⑥ 열량 : ${}_1q_2$ (kcal/kg$_f$)

열역학 제1법칙 $\delta q = du + A\delta w = C_v\, dT + A\delta w$에서 $dT = 0$이므로 $\delta q = A\delta w$

$${}_1q_2 = \int_1^2 \delta q = A\int_1^2 \delta w = A\,{}_1w_2 = A\,w_t \tag{3-45}$$

따라서 등온 과정에서 가열량은 절대일 또는 공업일과 같다. 즉, 계에 출입하는 열량은 모두 외부에 대한 일로 바뀌며 내부 에너지는 변하지 않으므로 이상적이다. 그러나 실제로 등온 변화를 하는 것은 불가능하다.

예제 3-9

압력 3ata, 체적 2.5 m^3, 온도 100℃ 인 완전 가스 5 kg$_f$을 등온하에서 외부로부터 열을 흡수하여 그 체적이 2배로 팽창하였을 때 다음을 구하라.

① 변화 후의 압력 P_2　　② 가열량 ${}_1Q_2$　　③ 팽창일 ${}_1W_2$

풀이 등온 과정이므로 $T_1 = T_2 = C$

① 변화 후의 압력 P_2 : $P_1V_1 = P_2V_2$ → $P_2 = P_1 \times \dfrac{V_1}{V_2} = P_1 \times \dfrac{V_1}{2V_1} = 3 \times \dfrac{1}{2} = 1.5\,\text{ata}$

② 가열량 ${}_1Q_2$:

$${}_1Q_2 = A\,{}_1W_2 = AP_1V_1\ln\left(\frac{V_2}{V_1}\right) = \frac{1}{427} \times 3 \times 10^4 \times 2.5 \times \ln\left(\frac{2V_1}{V_1}\right) = 121.75\,\text{kcal}$$

③ 팽창일 ${}_1W_2$: ${}_1W_2 = \dfrac{{}_1Q_2}{A} = 121.75 \times 427 = 51987.25\,\text{kg}_f\text{m}$

[4] **단열 변화**[$q=0$, $\delta q=0$]

그림 3.8에서와 같이 동작유체가 상태 1에서 2로 변화하는 동안 계에 열의 출입이 전혀 없는 상태 변화를 **단열 변화**(adiabatic change) 또는 **등엔트로피 변화**(isentropic change)라 한다. 내연기관의 압축행정이나 팽창행정 등의 과정은 상태 변화가 순간적으로 일어나지만, 열의 이동은 느리기 때문에 단열 변화에 가까운 변화를 한다고 볼 수 있다.

① P, v, T 관계

단열 변화의 경우에는 P, v, T 모두가 변하는 경우이므로 간단하지 않다. 이 경우 열역학 제1법칙 $\delta q = du + APdv$과 특성식 $Pv = RT$로부터 P, v, T 관계를 구할 수 있다.

$$0 = \delta q = du + APdv = C_v dT + APdv \qquad ①$$

이상기체의 특성식 $Pv = RT$을 미분하면 $Pdv + vdP = RdT$이므로

$$dT = (Pdv + vdP)/R \qquad ②$$

식 ②를 ①에 대입하면

$$C_v(Pdv + vdP) + ARPdv = 0 \quad \rightarrow \quad C_v vdP + (C_v + AR)Pdv = 0$$

$C_P = C_v + AR$, $\kappa = C_P / C_v$임을 고려하고 양변을 $C_v Pv$로 나누어 정리하면

$$\frac{dP}{P} + \kappa \frac{dv}{v} = 0$$

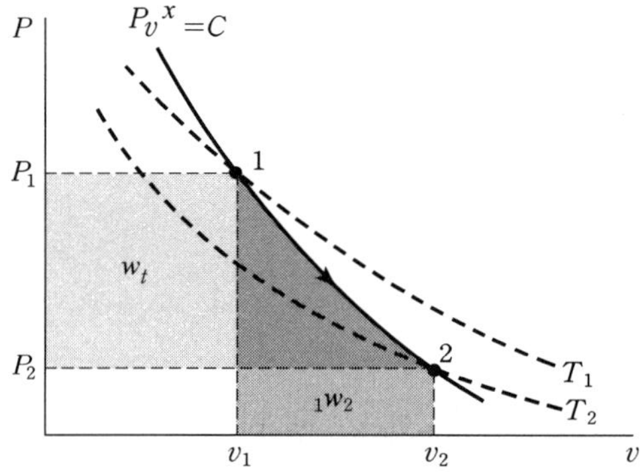

그림 3.8 단열 변화

위 식을 적분하면 $\ln P + \kappa \ln v = \ln C = \text{const}$(일정)

$$Pv^{\kappa} = \text{const} \quad \rightarrow \quad P_1 v_1^{\kappa} = P_2 v_2^{\kappa} \tag{3-46}$$

로 되어 P, v 사이의 관계를 나타낸다. 한편 식 (3-46)에서 상태식 $P = RT/v$, $v = RT/P$를 대입하여 정리하면

$$Tv^{\kappa-1} = \text{const} \quad \rightarrow \quad T_1 v_1^{\kappa-1} = T_2 v_2^{\kappa-1} \tag{3-47}$$

$$TP^{\frac{1-\kappa}{\kappa}} = \text{const} \quad \rightarrow \quad T_1 P_1^{\frac{1-\kappa}{\kappa}} = T_2 P_2^{\frac{1-\kappa}{\kappa}} \tag{3-48}$$

가 된다. 이상의 관계를 정리하면

$$\frac{P_2}{P_1} = \left(\frac{v_1}{v_2}\right)^{\kappa}, \quad \frac{T_2}{T_1} = \left(\frac{v_1}{v_2}\right)^{\kappa-1}, \quad \frac{T_2}{T_1} = \left(\frac{P_2}{P_1}\right)^{\frac{\kappa-1}{\kappa}} \tag{3-49}$$

이 되므로 P, v, T 관계식은 다음과 같이 쓸 수 있다.

$$\frac{T_2}{T_1} = \left(\frac{v_1}{v_2}\right)^{\kappa-1} = \left(\frac{P_2}{P_1}\right)^{\frac{\kappa-1}{\kappa}} \tag{3-50}$$

② 절대일 : ${}_1w_2$ ($\text{kg}_\text{f}\,\text{m}/\text{kg}_\text{f}$) 팽창일

$$ {}_1w_2 = \int_1^2 P dv = P_1 v_1^{\kappa} \int_1^2 \frac{dv}{v^{\kappa}} \quad (\because\ Pv^{\kappa} = P_1 v_1^{\kappa} = P_2 v_2^{\kappa}) \tag{3-51}$$

$$= \frac{P_1 v_1^{\kappa}}{1-\kappa}[v^{1-\kappa}]_1^2 = \frac{1}{\kappa-1}(P_1 v_1 - P_2 v_2)$$

$$= \frac{R}{\kappa-1}(T_1 - T_2) = \frac{C_v(T_1 - T_2)}{A}$$

로 되어 일을 직접 구하는 것이 복잡하다. 따라서 단열 과정에서는 내부 에너지 및 엔탈피를 구하여 일을 구하는 것이 쉽다.

열역학 제1기초식에서 $\delta q = du + A\delta w = du + APdv = 0$이므로, $APdv = -du$가 되어

$$A\,{}_1w_2 = A\int_1^2 Pdv = -\int_1^2 du = -\int_1^2 C_v dT = C_v(T_1 - T_2) \tag{3-52}$$

③ 공업일 : w_t ($\mathrm{kg_f\,m/kg_f}$) 압축일

열역학 제2기초식에서 $\delta q = dh - Av\,dP = 0$이므로, $Av\,dP = dh$가 되어

$$Aw_t = -A\int_1^2 vdP = -\int_1^2 dh = -\int_1^2 C_P dT = C_P(T_1 - T_2) = \kappa\,{}_1w_2 \tag{3-53}$$

따라서 단열 과정에서 공업일은 절대일의 κ배이다.

④ 내부 에너지 변화량 : $du = C_v dT$ ($\mathrm{kcal/kg_f}$)

$$u_2 - u_1 = \int_1^2 C_v\,dT = C_v(T_2 - T_1) = \frac{AR}{\kappa - 1}(T_2 - T_1) = -\,{}_1w_2 \tag{3-54}$$

단열 변화에서는 내부 에너지가 감소되어 절대일을 행한다.

⑤ 엔탈피 변화량 : $dh = C_P dT$ ($\mathrm{kcal/kg_f}$)

$$h_2 - h_1 = \int_1^2 C_P\,dT = C_P(T_2 - T_1) = \frac{\kappa AR}{\kappa - 1}(T_2 - T_1) = -Aw_t \tag{3-55}$$

단열 변화에서는 엔탈피가 감소되어 공업일을 하게 된다.

⑥ 열량 : ${}_1q_2$ ($\mathrm{kcal/kg_f}$)

$${}_1q_2 = \int_1^2 \delta q = 0 \tag{3-56}$$

예제 3-10

공기 $4\,\mathrm{kg_f}$이 20℃로부터 단열 압축되어 나중 압력이 처음 압력의 20배가 되었다. $\kappa = 1.4$일 때 다음을 구하라.

① 압축 후 공기 온도 T_2　② 절대일 ${}_1W_2$　③ 엔탈피 변화량 ΔH

④ 내부 에너지 변화량 ΔU　⑤ 공업일 W_t

풀이 ① 압축 후 공기 온도 T_2℃

$$T_2 = T_1\left(\frac{P_2}{P_1}\right)^{\frac{\kappa-1}{\kappa}} = 293\times\left(\frac{20P_1}{P_1}\right)^{\frac{1.4-1}{1.4}} = 689.6\,\text{K} = 416.6\,℃$$

② 절대일 $_1W_2$

$$_1W_2 = \frac{1}{\kappa-1}GR(T_1 - T_2) = \frac{1}{1.4-1}\times 4\times 29.27\times(20-416.6) = -116084.82\,\text{kg}_\text{f}\text{m}$$

③ 엔탈피 변화량 ΔH

$$\Delta H = \frac{\kappa}{\kappa-1}AGR(T_2 - T_1) = \frac{1.4}{1.4-1}\times\frac{1}{427}\times 4\times 29.27\times(416.6-20) = 380.61\,\text{kcal}$$

④ 내부 에너지 변화량 ΔU

$$\Delta U = \frac{1}{\kappa-1}AGR(T_2 - T_1) = \frac{1}{1.4-1}\times\frac{1}{427}\times 4\times 29.27\times(416.6-20) = 271.86\,\text{kcal}$$

⑤ 공업일 W_t

$$W_t = \kappa\,{_1W_2} = 1.4\times(-116084.82) = -163579.95\,\text{kg}_\text{f}\,\text{m}$$

[5] 폴리트로프 변화

내연기관과 같이 실제로 다루어지는 가스는 앞에서 설명한 4가지 기본 변화만을 하는 것이 아닌 다른 변화를 하게 되는 경우가 있다. 따라서 실제 가스의 변화를 고려하여 정적, 정압, 등온 및 단열의 네 가지 변화를 포함하는 일반적인 변화를 폴리트로프 변화(polytropic change)라 한다. 폴리트로프 변화의 경우 압력과 체적과의 관계는 단열 변화에서의 κ 대신 n을 대입하여 다음과 같이 표시한다.

$$Pv^n = \text{C (일정)} \tag{3-57}$$

여기서 n은 $-\infty < n < +\infty$의 값을 가지며 이 n을 폴리트로프 지수(polytropic exponent)라 한다.

① 상태 변화 시의 P, v, T 관계식

$$\frac{T_2}{T_1} = \left(\frac{v_1}{v_2}\right)^{n-1} = \left(\frac{P_2}{P_1}\right)^{\frac{n-1}{n}} \tag{3-58}$$

② 폴리트로트 지수 n과 P, v 관계식($Pv^n = \text{const}$)에 따른 변화 과정

$$n=0 : Pv^0 = \text{const} \;\rightarrow\; P = \text{const (정압 과정)} \tag{3-59}$$

$$n=1 : Pv^1 = \text{const} \;\rightarrow\; Pv = RT = \text{const} \;\rightarrow\; T = \text{const (등온 과정)}$$

$n=\kappa$: $Pv^{\kappa}=\text{const}$ (단열 과정)

$n=\infty$: $P^{\frac{1}{n}}v=\text{const} \rightarrow P^{\frac{1}{\infty}}v=\text{const} \rightarrow v=\text{const}$ (정적 과정)

이것을 $P-v$ 선도상에 표시하면 그림 3.9와 같다.

③ 폴리트로프 지수 n과 폴리트로픽 비열 C_n의 관계

열역학 제1기초식 $\delta q=C_v dT+APdv$과 $P,\ v,\ T$ 관계식$(Pv^n=P_1v_1^n=P_2v_2^n)$에서

$$_1q_2=\int_1^2 C_v dT+A\int_1^2 Pdv=C_v(T_2-T_1)+\frac{1}{n-1}AR(T_1-T_2) \tag{3-60}$$
$$=C_v\frac{n-\kappa}{n-1}(T_2-T_1)=C_n(T_2-T_1)$$

여기서 $C_n=C_v\dfrac{n-\kappa}{n-1}$를 폴리트로프 비열(polytropic specific heat)이라 정의한다.

폴리트로프 비열 C_n은 정적비열 C_v가 이상기체인 경우에는 일정하므로 C_n도 일정하며 n과 κ의 값에 따라 정해진다.

지수 n에 따른 폴리트로프 비열 $C_n=C_v\dfrac{n-\kappa}{n-1}$ 값이 나타내는 의미는 다음과 같다.

$n=0$: $C_n=C_v\kappa=C_p$로 정압비열이 되어 정압 변화

$n=1$: $C_n=\infty$가 되어 미소온도 변화를 위해서 무한한 열량이 소요되는 등온 변화

$n=\kappa$: $C_n=0$가 되어 온도 변화에 관계 없이 열량이 필요없는 단열 변화

$n=\infty$: $C_n=C_v$로 정적비열이 되어 정적 변화

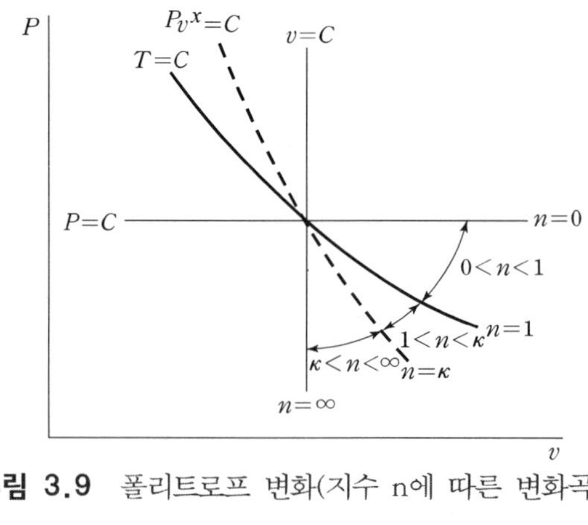

그림 3.9 폴리트로프 변화(지수 n에 따른 변화곡선)

표 3.2 이상기체의 상태 변화에 대한 상태값

과정	정압 과정 $P=C$	정적 과정 $v=C$	등온 과정 $T=C$	등엔트로피 과정 $Pv^{\kappa}=C$	폴리트로프 과정 $Pv^{n}=C$
P, v, T 관계	$\frac{T_2}{T_1}=\frac{v_2}{v_1}$	$\frac{T_2}{T_1}=\frac{P_2}{P_1}$	$\frac{P_2}{P_1}=\frac{v_1}{v_2}$	$\frac{T_2}{T_1}=\left(\frac{v_1}{v_2}\right)^{\kappa-1}=\left(\frac{P_2}{P_1}\right)^{\frac{\kappa-1}{\kappa}}$	$\frac{T_2}{T_1}=\left(\frac{v_1}{v_2}\right)^{n-1}=\left(\frac{P_2}{P_1}\right)^{\frac{n-1}{n}}$
폴리트로프 지수(n)	0	∞	1	κ	$-\infty<n<\infty$
비열(C_n)	C_P	C_v	∞	0	$C_v\left(\frac{\kappa-n}{1-n}\right)$
내부 에너지 변화Δu	$C_v(T_2-T_1)$	$C_v(T_2-T_1)$	0	$C_v(T_2-T_1)$	$C_v(T_2-T_1)$
엔탈피 변화Δh	$C_P(T_2-T_1)$	$C_P(T_2-T_1)$	0	$C_P(T_2-T_1)$	$C_P(T_2-T_1)$
엔트로피 변화 Δs	$C_P\ln\frac{T_2}{T_1}$	$C_v\ln\frac{T_2}{T_1}$	$R\ln\left(\frac{P_1}{P_2}\right)$	0	$C_n\ln\frac{T_2}{T_1}$
절대일(w) $\int Pdv$	$P(v_2-v_1)$	0	$P_1v_1\ln\frac{v_2}{v_1}$	$\frac{P_1v_1-P_2v_2}{\kappa-1}$	$\frac{P_1v_1-P_2v_2}{n-1}$
공업일(w_t) $-\int vdP$	0	$v(P_2-P_1)$	$P_1v_1\ln\frac{P_1}{P_2}$	$\frac{\kappa(P_1v_1-P_2v_2)}{\kappa-1}$	$\frac{n(P_1v_1-P_2v_2)}{n-1}$
가열량(q)	Δh	Δu	$ART\ln\left(\frac{v_2}{v_1}\right)$	0	$C_n(T_2-T_1)$

3.6 이상기체의 혼합

3.6.1 돌턴의 법칙(Dalton's law)

내연기관 사이클의 동작유체인 공기를 이상기체로서 한 종류의 단일기체로 고려하였으나 실제로 취급되는 공기는 표 3.3과 같이 산소, 질소, 이산화탄소 등의 혼합기체이고, 연소가스 역시 여러 종류의 기체가 혼합된 혼합기체(mixed gas)이므로 이에 대한 열역학적 특성을 이해하는 것이 필요하다.

서로 화학반응을 일으키지 않는 서로 종류가 다른 이상기체를 혼합하면 기체 확산에 의해서 결국 균일한 혼합기체로 된다. 한번 혼합된 가스는 처음 상태의 단일가스로 분리될 수 없으므로 비가역 과정이다. 이런 경우에는 혼합 전의 각각의 가스의 성질로부터 혼합된 후의 가스의 성질을 구할 수가 있다.

그림 3.10과 같이 압력(P)과 온도(T)가 같은 n종류의 기체를 격리판으로 구분된 용기 속에 넣고, 각각의 중량과 체적이 각각 G_1, V_1, G_2, V_2, …… G_n, V_n이라 하자. 이제 격벽을 제거하면 각각의 기체들은 확산되어 체적은 증가하고 압력은 감소한다. 즉, 각 기체의 체적은 V_1, V_2, …… V_n으로부터 용기의 체적인 $V = V_1 + V_2 + \cdots\cdots + V_n$으로 되고, 압력은 혼합 전의 압력 P보다 낮아지게 된다.

표 3.3 공기의 성분가스

조 직	N_2	O_2	Ar	CO_2	Ne	He
체적(%)	78.10	20.93	0.933	0.030	1.8×10^{-3}	5.2×10^{-4}
중량(%)	75.51	23.15	1.286	0.046	1.2×10^{-3}	0.7×10^{-4}

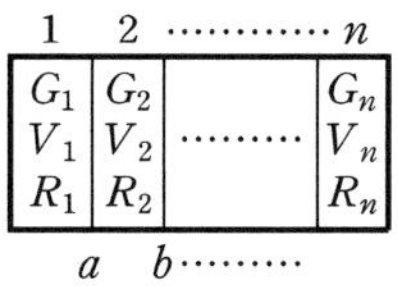

(a) 동일한 압력과 온도의 n종류의 기체

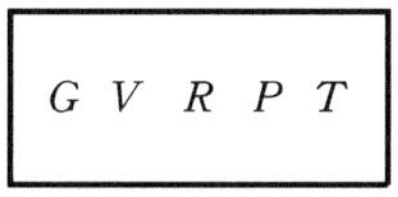

(b) 격벽을 제거한 후 혼합된 혼합기체

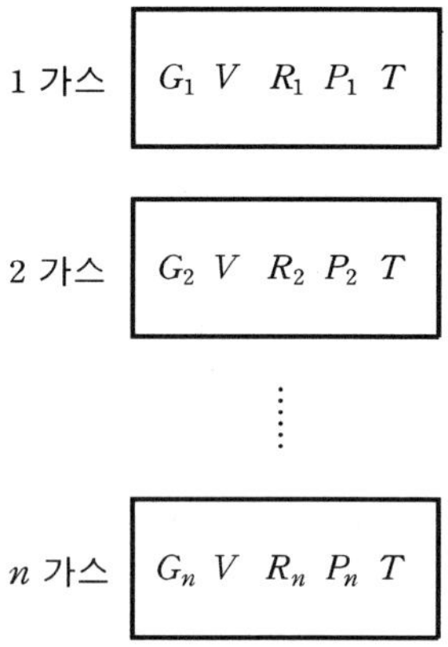

(c) 혼합가스 중의 각 기체의 상태

그림 3.10 기체의 혼합(등온, 정압하)

혼합된 후의 각 기체의 압력을 각각 P_1, P_2, …… P_n이라 하면 온도가 변하지 않으므로 보일의 법칙에 따라

$$PV_1 = P_1 V = G_1 RT \;\rightarrow P_1 = PV_1/V \tag{3-61}$$

$$PV_2 = P_2 V = G_2 RT \;\rightarrow P_2 = PV_2/V$$

$$\vdots$$

$$PV_n = P_n V = G_n RT \;\rightarrow P_n = PV_n/V$$

가 되고 위 식을 모두 합하면 다음과 같이 된다.

$$P_1 + P_2 + \cdots\cdots + P_n = \frac{P}{V}(V_1 + V_2 + \cdots\cdots + V_n) = P \tag{3-62}$$

$$\therefore \quad P = P_1 + P_2 + \cdots\cdots + P_n = \sum_{i=1}^{n} P_i$$

여기서 혼합된 후의 각 기체의 압력 P_1, P_2, …… P_n을 부분압력(partial pressure) 또는 분압이라 하며 전체의 압력 P를 전압력(total pressure)이라 한다. 따라서 식 (3-57)은 "**이상기체를 혼합할 때 혼합기체의 전압력은 각 성분기체의 부분압력의 합과 같다.**"를 의미하는데 이것을 돌턴의 분압법칙이라고 한다.

3.6.2 혼합기체의 열적 상태량

[1] 혼합기체의 비중량

압력 P, 온도 T일 때 각 기체의 비중량를 각각 γ_1, γ_2, …… γ_n이라 하면

$$\gamma_1 = \frac{G_1}{V_1},\; \gamma_2 = \frac{G_2}{V_2} \;\cdots\cdots\; \gamma_n = \frac{G_n}{V_n} \tag{3-63}$$

이다. 혼합 후의 전 중량 G는 $G = G_1 + G_2 + \cdots\cdots + G_n$이고, 비중량은 $\gamma = \dfrac{G}{V}$이므로

$$\gamma = \frac{G}{V} = \frac{1}{V}(G_1 + G_2 + \cdots\cdots + G_n) = \frac{1}{V}(\gamma_1 V_1 + \gamma_2 V_2 + \cdots\cdots + \gamma_n V_n) \tag{3-64}$$

또한 식 (3-56)에서 $\frac{V_1}{V}=\frac{P_1}{P}$, $\frac{V_2}{V}=\frac{P_2}{P}$, …… $\frac{V_n}{V}=\frac{P_n}{P}$이므로

$$\therefore\ \gamma=\frac{1}{V}\sum_{i=1}^{n}\gamma_i V_i=\frac{1}{P}\sum_{i=1}^{n}\gamma_i P_i \tag{3-65}$$

[2] 혼합기체의 기체상수 및 분자량

혼합 전후의 각 기체의 온도는 일정하므로, 혼합 후의 각 기체의 상태방정식과 혼합가스 전체를 하나의 단일기체로 간주한 혼합기체의 상태방정식($PV=GRT$)에서 다음과 같이 쓸 수 있다.

$$P_1=\frac{G_1R_1T}{V}=P\frac{G_1R_1}{GR} \tag{3-66}$$

$$P_2=\frac{G_2R_2T}{V}=P\frac{G_2R_2}{GR}$$

$$\vdots$$

$$P_1=\frac{G_nR_nT}{V}=P\frac{G_nR_n}{GR}$$

여기서 R은 혼합기체의 기체상수이다. 따라서 위 식을 모두 합하면 혼합기체의 기체상수는 다음과 같이 된다.

$$P_1+P_2+\cdots\cdots+P_n=\frac{P}{GR}(G_1R_1+G_2R_2+\cdots\cdots+G_nR_n) \tag{3-67}$$

$$\therefore\ R=\frac{1}{G}\sum_{i=1}^{n}G_iR_i$$

혼합기체의 외관상 분자량을 M이라 하고 혼합기체에 대한 아보가드로의 법칙을 적용하여보자. 1 kmol(n = 1)에 대한 이상기체의 상태식은 식 (3-7)에서 중량 G 대신 분자량 $M\,kg_f$을 대입하면 $PV=MRT$로 된다. 1 kmol은 표준 상태(1 atm, 0℃)에서 22.41 m^3의 체적을 차지하므로 일반기체상수(universal gas constant) R_u와 기체상수 R은 식 (3-9)

와 (3-10)에서 다음과 같다.

$$R_u = MR = \frac{PV}{T} = \frac{(1.0332 \times 10^4) \times 22.41}{273} \fallingdotseq 848 (\mathrm{kg_f\,m/kmol\,K})$$

$$R = \frac{R_u}{M} = \frac{848}{M} \ (\mathrm{kg_f\,m/kg_f\,K})$$

따라서 $PV = GRT = G\dfrac{848}{M}T$이고 혼합기체의 비중량 $\gamma = \dfrac{G}{V}$이므로

$$\gamma = \frac{PM}{848T} \tag{3-68}$$

또한 각 기체의 분자량을 M_1, M_2, …… M_n이라 하면 압력 P, 온도 T에서 같은 방법으로

$$\gamma_1 = \frac{PM_1}{848T},\ \gamma_2 = \frac{PM_2}{848T},\ \cdots\cdots,\ \gamma_n = \frac{PM_n}{848T}$$

이 성립한다. 따라서 혼합기체와 각 기체의 밀도는

$$\frac{\gamma_1}{\gamma} = \frac{M_1}{M},\ \frac{\gamma_2}{\gamma} = \frac{M_2}{M},\ \cdots\cdots\ \frac{\gamma_n}{\gamma} = \frac{M_n}{M} \tag{3-69}$$

식 (3-69)를 식 (3-65)에 대입하면

$$\gamma = \frac{1}{V}\sum_{i=1}^{n} \gamma_i V_i = \frac{\gamma}{MV}(M_1 V_1 + M_2 V_2 + \cdots\cdots + M_n V_n) \tag{3-70}$$

따라서 혼합가스의 분자량 M은

$$M = M_1\frac{V_1}{V} + M_2\frac{V_2}{V} + \cdots\cdots + M_n\frac{V_n}{V} = \frac{1}{V}\sum_{i=1}^{n} M_i V_i \tag{3-71}$$

이 된다. 또한 식 (3-1)에서 $\dfrac{V_1}{V} = \dfrac{P_1}{P},\ \dfrac{V_2}{V} = \dfrac{P_2}{P},\ \cdots\cdots\ \dfrac{V_n}{V} = \dfrac{P_n}{P}$이므로

$$\therefore\ M = M_1\frac{P_1}{P} + M_2\frac{P_2}{P} + \cdots\cdots + M_n\frac{P_n}{P} = \frac{1}{P}\sum_{i=1}^{n} M_i P_i \tag{3-72}$$

[3] 혼합기체의 비열

혼합기체의 비열을 C라 하고, 각 성분기체의 중량을 G_1, G_2, ……, G_n이라 하면, 혼합가스의 온도를 1℃ 올리는 데 필요한 열량은 각 성분기체의 온도를 1℃ 올리는 데 필요한 열량의 합과 같아야 하므로

$$GC = G_1C_1 + G_2C_2 + \cdots\cdots G_nC_n = \sum_{i=1}^{n}(G_iC_i)$$

이 된다. 따라서 혼합기체의 비열은

$$C = \frac{G_1C_1}{G} + \frac{G_2C_2}{G} + \cdots\cdots + \frac{G_nC_n}{G} = \frac{1}{G}\sum_{i=1}^{n} G_i\, C_i \tag{3-73}$$

가 되며, 이 식은 정압비열과 정적비열에도 적용된다.

기체가 혼합할 때는 열이나 일의 출입이 없으므로 혼합기체의 내부 에너지와 엔탈피는 혼합 전의 각 성분기체의 내부 에너지와 엔탈피의 각각의 합으로 얻어진다. 혼합가스의 정압 및 정적비열을 C_P, C_v라 하면 내부 에너지와 엔탈피 식 $u = C_vT$, $h = C_PT$으로부터

$$u = \frac{G_1u_1}{G} + \frac{G_2u_2}{G} + \cdots\cdots + \frac{G_nu_n}{G} = \frac{1}{G}\sum_{i=1}^{n} G_i\, u_i$$

$$h = \frac{G_1h_1}{G} + \frac{G_2h_2}{G} + \cdots\cdots + \frac{G_nh_n}{G} = \frac{1}{G}\sum_{i=1}^{n} G_i\, h_i$$

$$\therefore C_P = \frac{G_1}{G}C_{P1} + \frac{G_2}{G}C_{P2} + \cdots\cdots + \frac{G_n}{G}C_{Pn} = \sum_{i=1}^{n}\frac{G_i}{G}\,C_{Pi}$$

$$C_v = \frac{G_1}{G}C_{v1} + \frac{G_2}{G}C_{v2} + \cdots\cdots + \frac{G_n}{G}C_{vn} = \sum_{i=1}^{n}\frac{G_i}{G}\,C_{vi} \tag{3-74}$$

로 되어 각 성분가스의 질량비와 비열을 알면 혼합기체의 비열을 알 수 있다.

[4] 상태량이 다른 기체의 혼합

온도와 압력이 각각 다른 기체를 격벽이 설치된 용기에 넣고 격벽을 제거하여 충분히 혼합된 혼합가스의 온도를 T라 하면 외부에 대한 일이 없고 혼합 시 열의 출입이 없으

므로 혼합 전 각 가스의 내부 에너지의 합과 혼합 후 내부 에너지의 합은 같아야 한다.

각 성분기체의 정적비열을 C_{v1}, C_{v2}, ……, C_{vn}이라 하고 혼합기체의 정적비열을 C_v라 하면

혼합 전의 내부 에너지의 합 : $G_1 C_{v1} T_1 + G_2 C_{v2} T_2 + \cdots\cdots + G_n C_{vn} T_n$

혼합 후의 내부 에너지의 합 : $G_1 C_{v1} T + G_2 C_{v2} T + \cdots\cdots + G_n C_{vn} T$ (온도 동일)

따라서

$$(G_1 C_{v1} + G_2 C_{v2} + \cdots\cdots + G_n C_{vn})T = G_1 C_{v1} T_1 + G_2 C_{v2} T_2 + \cdots\cdots + G_n C_{vn} T_n$$

$$\therefore\ T = \frac{G_1 C_{v1} T_1 + G_2 C_{v2} T_2 + \cdots\cdots + G_n C_{vn} T_n}{G_1 C_{v1} + G_2 C_{v2} + \cdots\cdots + G_n C_{vn}} = \frac{\sum_{i=1}^{n}(G_i C_{vi} T_i)}{\sum_{i=1}^{n}(G_i C_{vi})} \quad (3\text{-}75)$$

또한, 혼합 후 혼합기체의 압력 P는 $PV = GRT$ 관계식에 식 (3-67)과 (3-75)를 대입하여 정리하면 다음과 같다.

$$P = \frac{\sum_{i=1}^{n}(G_i R_i)}{\sum_{i=1}^{n} V_i} \frac{\sum_{i=1}^{n}(G_i C_{vi} T_i)}{\sum_{i=1}^{n}(G_i C_{vi})} \quad (3\text{-}76)$$

$$P = P_1 + P_2 + \cdots\cdots + P_n = \sum_{i=1}^{n} P_i$$

예제 3-11

공기는 표준대기압에서 질소와 산소의 체적비가 각각 79%, 21%이다. 이 상태의 질소와 산소의 부분압력(분압)은 얼마인가?

풀이 표준 상태(0℃, 1 atm)의 공기의 압력은 $P_{air} = 1.03323\ \mathrm{kg_f/cm^2}$이므로

질소의 분압 : $P_{N_2} = P_{air}(V_{N_2}/V_{air}) = 1.03323 \times 0.79 = 0.816\ \mathrm{kg_f/cm^2}$

산소의 분압 : $P_{O_2} = P_{air}(V_{O_2}/V_{air}) = 1.03323 \times 0.21 = 0.217\ \mathrm{kg_f/cm^2}$

예제 3-12

연소가스를 분석한 결과 체적 백분율로 질소(N_2) 68%, 산소(O_2) 2%, 일산화탄소(CO) 1%, 이산화탄소(CO_2) 14%, 수증기(H_2O) 15%였다. 이 연소가스의 외관상 분자량을 구하라.

풀이 각 성분의 분자량은 $M_1(N_2)=28$, $M_2(O_2)=32$, $M_3(CO)=28$, $M_4(CO_2)=44$, $M_5(H_2O)=18$이므로 연소가스의 분자량은 식 (3-66)에서

$$M = M_1\frac{V_1}{V} + M_2\frac{V_2}{V} + \cdots\cdots + M_n\frac{V_n}{V}$$

$$= 28\times0.68+32\times0.02+28\times0.01+44\times0.14+18\times0.15=28.82$$

예제 3-13

공기 $20\,kg_f$과 수증기 $5\,kg_f$이 혼합되어 $20\,m^3$의 탱크 속에 들어 있다. 이 혼합기체의 온도를 80℃로 하고 외부로부터 500 kcal의 열량을 가했다면, 이 혼합기체의 온도는 얼마인가?(단, 공기의 $C_v = 0.171\,kcal/kg_f℃$, 수증기의 $C_v = 0.331\,kcal/kg_f℃$ 이다.)

풀이 체적이 일정($v=C$)한 상태이므로 ${}_1Q_2 = GC_v(T_2 - T_1)$

혼합기체의 정적비열은

$$C_v = \frac{G_1C_{v1}+G_2C_{v2}}{G_1+G_2} = \frac{20\times0.171+5\times0.331}{20+5} = 0.203\,kcal/kg_f℃$$

따라서 $T_2 = T_1 + \frac{{}_1Q_2}{GC_v} = 80 + \frac{500}{25\times0.203} = 178.5℃$

연 습 문 제

1. 보일-샤를의 법칙에 대하여 설명하라.

2. 단열 변화에서 $Tv^{\kappa-1} = const.$(일정)으로 표시됨을 증명하라. κ는 비열비이다.

3. 기체의 가역 변화 중에 절대일을 나타낸 것이다. 올바른 것은?

   ① 단열팽창 : $W = C_V \ln \dfrac{T_2}{T_1}$　　② 단열압축 : $W = R \ln \dfrac{V_2}{V_1}$

   ③ 등온팽창 : $W = RT \ln \dfrac{V_2}{V_1}$　　④ 등온압축 : $W = RT \ln \dfrac{P_2}{P_1}$

4. 실제 가스가 어떤 조건에서 이상기체의 상태식을 가장 잘 만족하는가?

   ① 고온고압일 때　　② 고온저압일 때

   ③ 저온고압일 때　　④ 저온저압일 때

5. 혼합기체에 관한 돌턴(Dalton)의 법칙을 가장 올바르게 설명한 것은?

   ① 혼합기체의 온도는 일정하다.

   ② 혼합기체의 체적은 각 성분의 체적의 합과 같다.

   ③ 혼합기체의 압력은 각 성분의 분압의 합과 같다.

   ④ 혼합기체의 비중량은 각 성분의 비중량과 그 분압을 곱하여 합한 값과 같다.

6. 가스의 중량을 G, 몰(mol)수를 n이라 하면, n은 다음과 같이 표시된다. 옳은 것은?(단, M은 분자량, V는 체적이다.)

   ① $n = GM$　　② $n = \dfrac{G}{MV}$　　③ $n = \dfrac{G}{M}$　　④ $n = \dfrac{M}{G}$

7. 이상기체의 가역 과정에 있어서 공업일(W_t)과 절대일 ${}_1W_2$의 관계를 잘못 표현한 것은?(단, κ=비열비, n=폴리트로프 지수이다.)

   ① 등온 과정 : $W_t = {}_1W_2$　　② 가역단열 과정 : $W_t = \kappa\, {}_1W_2$

   ③ 정적 과정 : $W_t = {}_1W_2 = 0$　　④ 폴리트로프 과정 : $W_t = n\, {}_1W_2$

8. 기체의 단열압축과 등온압축 때 엔탈피의 증가는 어느 쪽이 큰가?
   ① 등온압축 ② 단열압축 ③ 모두 같다. ④ 알 수 없다.

9. 이상기체에 대한 설명 중에서 틀리게 기술된 것은 어느 것인가?
   ① 단열 변화를 나타내는 공식은 $Pv^{\kappa}=C$(단 P : 압력, v : 비체적, C : 정수)이다.
   ② 정적비열(C_v)과 정압비열(C_P)과의 관계는 $\dfrac{C_P}{C_v}=R$이다.(단, R : 기체상수)
   ③ 일반 기체상수 R_u의 값과 그 단위는 848 $\text{kg}_\text{f}\,\text{m}/\text{kg}_\text{f}\,\text{mol K}$이다.
   ④ 공학상의 표준 상태(1 $\text{kg}_\text{f}/\text{cm}^2$, 0℃)에서 1kmol이 차지하는 체적은 22.40 m^3이다.

10. 이상기체의 폴리트로프(polytropic) 과정에 대한 다음 사항 중 틀린 것은?
   ① 폴리트로프 지수(n)가 무한대(∞)이면 정적 과정이다.
   ② $0<n<1$ 범위에서는 기체를 가열하여도 온도가 내려간다.
   ③ 공업일($-\int v\,dP$)이 절대일($\int P\,dv$)의 n배가 된다.
   ④ n는 $P-v$ 대수선도에서 직선의 기울기를 나타낸다.

11. 다음의 가역 과정 중에 동작유체에 출입하는 열량이 가장 큰 것은?
   ① 등온 과정 ② 정압 과정 ③ 정적 과정 ④ 단열 과정

12. 1 kg_f의 공기를 7 $\text{kg}_\text{f}/\text{cm}^2$, 300℃ 상태로부터 1.5 $\text{kg}_\text{f}/\text{cm}^2$, 0.56 m^3의 상태로 변화하였다. 변화 후의 온도는 몇 ℃인가?

13. 분자량이 44인 CO_2 가스의 정압비열 C_P가 0.201 $\text{kcal}/\text{kg}_\text{f}$℃일 때 정적비열 C_v는 얼마인가?(단, CO_2를 이상기체로 간주한다.)

14. 온도 30℃, 압력 8 ata(= 8 $\text{kg}_\text{f}/\text{cm}^2$)인 상태의 공기 5 kg_f의 체적이 일정한 용기에 채워져 있다. 이를 20℃, 3 ata인 상태로 하기 위하여 몇 kg_f의 공기를 빼내야 하는가?

15. 공기 $1\,kg_f$가 압력 $0.7\,kg_f/cm^2$, 체적 $2.5\,m^3$의 상태에서 압력 $10\,kg_f/cm^2$, 체적 $0.2\,m^3$의 상태로 변화하였다. 이때 내부 에너지 변화가 없다면 엔탈피의 증가는 몇 kcal인가?

16. 체적 $4\,m^3$인 탱크 내에 30℃, $2.5\,kg_f/cm^2$ 상태의 공기가 들어 있다. 이 탱크 내의 공기의 압력을 일정하게 유지하면서 온도가 50℃가 되도록 하려면 몇 kg_f의 공기를 빼내야 하는가?(단, 공기의 기체상수는 $29.27\,kg_f\,m/kg_f\,K$이다.)

힌트 $P_1 V_1 = G_1 R T_1,\ P_2 V_2 = G_2 R T_2\ (V_1 = V_2,\ P_1 = P_2)$

17. $2.0\,kg_f/cm^2$, 100℃ 상태의 공기 $2\,kg_f$을 300℃까지 정압 과정으로 가열한 후 다시 정적 과정으로 처음 온도까지 냉각시키는 계가 있다. 이 과정 동안 계에 수수된 열량은 얼마나 되겠는가?(단, 공기의 $C_v = 0.17\,kcal/kg_f℃$, $C_P = 0.24\,kcal/kg_f℃$로 계산한다.)

힌트 100℃ $\xrightarrow{p=c}$ 300℃ $\xrightarrow{v=c}$ 100℃, $dq = dh - AvdP = du + APdv$에서

$${}_1Q_3 = {}_1Q_2 + {}_2Q_3 = Q_P + Q_V = GC_P(T_2 - T_1) + GC_V(T_3 - T_2)$$

18. 산소 $3\,kg_f$과 질소 $2\,kg_f$이 혼합되어 $2\,m^3$의 용기 내에 온도가 80℃인 상태로 있을 때 용기 내의 압력은 몇 kg_f/cm^2가 되겠는가?(단, 산소와 질소는 완전기체로 취급하고, 산소와 질소의 기체상수는 각각 $26.5\,kg_f\,m/kg_f\,K$, $30.3\,kg_f\,m/kg_f\,K$이다.)

힌트 $R = G_1 R_1 + G_2 R_2 / (G_1 + G_2),\ P = GRT/V$

19. 20℃의 공기($R = 29.27\,kg_f\,m/kg_f\,K$, $C_P = 0.24\,kcal/kg_f℃$) $3\,kg_f$이 압력 $1\,kg_f/cm^2$에서 등온팽창하여 부피가 2배가 되었다. 이때 공급된 열량은 얼마인가?

힌트 ${}_1Q_2 = A\,{}_1W_2 = AP_1 V_1 \ln\left(\dfrac{V_2}{V_1}\right) = AGRT_1 \ln\left(\dfrac{V_2}{V_1}\right)$

20. 밀폐된 용기 속에 들어 있는 어떤 완전가스(이상기체) $1\,kg_f$을 20℃ 상태에서 100℃까지 가열하는 데 200 kcal 열량이 소요되었다. 이 기체의 분자량을 2라 하면 정압 비열은 몇 $kcal/kg_f$℃ 되겠는가?

   힌트 $dq = du + APdv$에서 $dv = 0$이므로 $dq = du$

   ${}_1q_2 = C_v(T_2 - T_1)$, $C_P = C_V + AR$, $R = 848/M$

21. $1\,kg_f/cm^2$, 15℃의 공기 $1\,kg_f$이 $Pv^{1.25} = C$의 폴리트로픽 변화를 하여 내부 에너지 25 kcal만큼 증가하였다. 변화 후의 온도는 몇 ℃인가?

   힌트 $\Delta u = C_V(T_2 - T_1)$

22. 온도 10℃, 압력 $1\,kg_f/cm^2$, 체적 $3.4\,m^3$ 상태의 공기를 압력 $30\,kg_f/cm^2$까지 단열압축시키려면 압축에 필요한 일은 몇 $kg_f\,m$인가?(단, 비열비 $\kappa = 1.4$이다.)

   힌트 $${}_1W_2 = \frac{1}{\kappa - 1}(P_1V_1 - P_2V_2) = \frac{P_1V_1}{\kappa - 1}\left(1 - \frac{P_2V_2}{P_1V_1}\right) = \frac{P_1V_1}{\kappa - 1}\left[1 - \left(\frac{P_2}{P_1}\right)^{\frac{\kappa - 1}{\kappa}}\right]$$

정답
3. ③ 4. ② 5. ③ 6. ③ 7. ③ 8. ② 9. ② 10. ③ 11. ②
12. 14℃ 13. $C_v = 0.1548\,kcal/kg_f$℃ 14. $3.04\,kg_f$ 15. 5.85 kcal
16. $1.08\,kg_f$ 17. 28 kcal(흡수) 18. $2.47\,kg_f/cm^2$ 19. $41.8\,kcal/kg_f$
20. $C_P = 3.49\,kcal/kg_f$℃ 21. $T_2 = 160.3$℃ 22. $-139622.7\,kg_f\,m$

Chapter 4

열역학 제2법칙

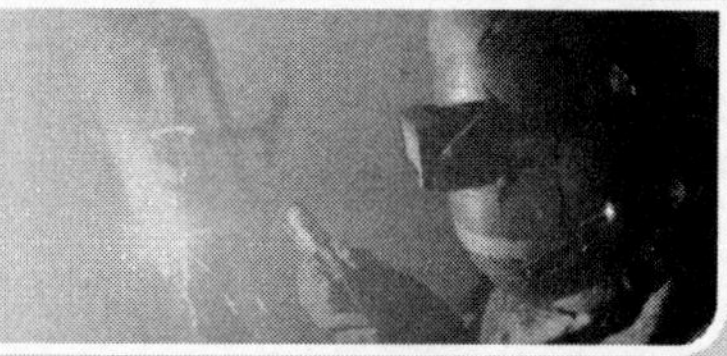

4.1 열역학 제2법칙

4.1.1 열역학 제2법칙의 개요

열역학 제1법칙은 에너지 보존의 원리에 의해 열과 일의 양적관계를 설명한 것으로서 열에서 일로, 일에서 열로 서로 변환될 수 있으며, 그 변환의 방향성에 대해서는 제한을 두지 않았다. 그러나 실제의 경우에 있어서는 일을 열로 변환시키기는 용이하나 열은 일로 변환시키는 데 있어서는 제한이 있음을 경험을 통해 알고 있다.

예를 들어보면 그림 2.10의 줄(Joule)의 실험 장치에서 물속에서 프로펠러를 회전시키면 물의 온도가 상승한다. 이것은 열역학 제1법칙에 따라 일이 열로 바뀌는 것이다. 이번에는 반대로 상승된 물을 냉각하여 온도를 감소시켜도 프로펠러를 반대로 회전시켜 줄 수가 없다. 따라서 일은 열로 쉽게 변환하지만 열을 일로 변환시키는 것은 용이하지 않으므로 열에너지와 기계적인 일 사이에는 방향성이 있음을 알 수 있다. 또한 열에너지 자체의 경우에도 열 이동은 반드시 고온의 물체에서 저온의 물체로 이동하는 방향성이 있다. 이것은 어떤 과정이 한 방향으로만 진행되고 반대 방향으로는 진행이 어려운 비가역성과 관련이 있다.

이와 같이 열역학 제1법칙은 열과 일의 변환에 대한 방향성이 없이 에너지의 양적인 측면만을 고려하여 이를 설명하기 위해 내부 에너지(internal energy)라는 물리량이 도입되었지만, 열역학 제2법칙은 열과 일의 에너지 변환의 실현 가능성(비가역성) 및 방향성을 규제하여, 비가역 과정의 존재를 자연과학의 한 법칙으로 설명한 것으로서, 이 법칙에서 자연현상의 비가역성을 표시하는 새로운 물리량인 **엔트로피**(entropy)가 나타난다.

4.1.2 가역 과정과 비가역 과정

계가 어떤 상태 변화를 하였을 때 한번 진행된 과정이 역으로 진행되어 계를 처음 상태로 되돌릴 수 있고, 이때 계나 주위에 아무런 변화를 남기지 않는 과정을 **가역 과정**(reversible process)이라 하고, 그렇지 않는 과정을 **비가역 과정**(irreversible process)이라고 한다. 자연계에서 일어나는 현상에는 방향성이 있으므로 비가역 과정이다. 과정을 비가역적으로 만드는 자연계의 주요 인자로서는 다음과 같은 것들이 있다.

① 마찰(friction)에 의해 일이 열로 변환
② 고온에서 저온으로의 열 이동(heat transfer)
③ 기체의 자유(불구속)팽창(unrestrained expansion)
④ 서로 다른 물체의 혼합(mixing)
⑤ 흐름의 교축(throttling)

가역 과정을 실제로 존재하지 않는 이상적인 과정이지만 다음의 두 가지 경우는 극한적인 경우로 준정적 변화라 가정하여 가역 과정으로 볼 수 있다.

[1] 온도차가 무한히 적은 변화에서의 열 이동(가역등온 변화)

그림 4.1과 같이 온도 T_A인 물체 A와 무한한 온도차를 가진 물체 B$(T_B = T_A \pm dT)$를 서로 접촉시키면 $T_A > T_B$이면 물체 A에서 물체 B로 열이 흐르고 $T_A < T_B$이면 물체 B에서 물체 A로 열이 흐른다. 온도차 dT를 무한으로 0에 접근시키면 열의 출입은 준정적이며, 온도의 무한소의 변화에 의하여 과정을 역행시킬 수가 있다. 따라서 무한히 완만하게 열 이동이 이루어지는 극한의 경우를 가역등온 과정으로 볼 수 있다.

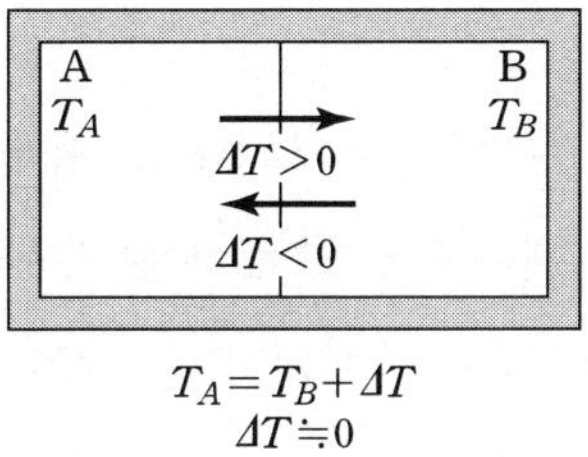

그림 4.1 가역등온 변화

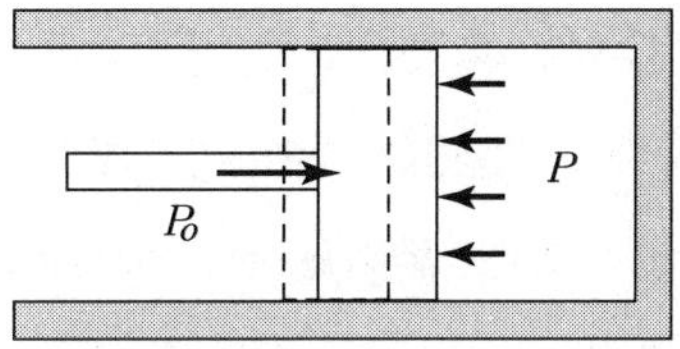

그림 4.2 가역단열 변화

[2] **단열실 내에서의 가스의 압축과 팽창(가역단열 과정)**

그림 4.2와 같이 기밀이 유지되고 마찰이 없는 피스톤과 실린더 사이에 가스를 넣고 그 압력을 P라 한다. 피스톤과 실린더 면이 단열되어 있다고 가정한다. 피스톤에 $P+dP$가 되는 외부압력 (P_0)을 작용시키면 가스는 압축되고, 반대로 외부 압력을 $P_0=P-dP$로 내리면 가스는 팽창한다. 이와 같이 외부의 미소한 압력 변화에 의해서 미소 변화를 하고, 그 과정은 역행시킬 수가 있으므로 단열실 내에서의 극한적으로 평형상태를 유지하면서 가스의 압축과 팽창이 이루어지는 과정은 가역단열 과정으로 볼 수 있다.

4.1.3 열역학 제2법칙의 표현

열역학 제2법칙은 에너지 변환의 비가역성 현상의 존재 및 방향성을 제시하는 법칙으로서 경험으로부터 사실로 인정되어 얻은 법칙이므로 이를 표현하는 방법도 많으나 그 중에서 몇 가지만 소개하면 다음과 같다.

[1] **클라우지우스의 표현**

독일의 물리학자인 클라우지우스(Clausius)는 "**열은 그 자체만으로는 저온 물체로부터 고온 물체로 이동할 수 없다.**"라고 표현하였다. 이 표현은 열이란 고온 물체에서 저온 물체로 이동하는 것은 자연의 순리이나 이와 반대로 저온 물체로부터 고온 물체로 이동시키려면 다른 에너지가 필요하다는 점을 지적한다.

따라서 클라우지우스의 표현은 열에너지 이동의 방향성을 제시하는 것이며 비가역 변화에 대한 설명이다. 냉동기의 경우는 외부에서 에너지(전력)를 공급받아 저열원에서 고열원열으로 열을 이동시킨다.

[2] 켈빈-플랑크의 표현

영국의 물리학자인 켈빈(Kelvin)과 독일의 물리학자인 플랑크(Planck)는 "**외부에 아무 변화도 남기지 않고 어느 열원(heat source)의 열을 계속해서 일로 바꿀 수는 없다.**"라고 표현하였다. 이 뜻은 열손실, 즉 저온 물체가 있어야 고온 물체의 열을 계속해서 일로 바꿀 수 있다는 것으로서 그 변환은 비가역적이라는 것이다.

따라서 열기관(heat engine)에 대하여 적용해 보면 "**사이클로 작동하는 열기관에서 고온의 열원에서 받은 열량을 계속해서 일로 변환하기 위해서는 이보다 낮은 저온의 열원이 있어야 한다.**"는 것이다.

위의 두 표현은 그 방법이 서로 다를 뿐 열역학 제2법칙에 대한 설명이 같음을 알 수 있다. 즉, 그림 4.3을 보면 클라우지우스는 왼쪽과 같이 열 이동의 방향이 저온 물체에서 고온 물체로 이루어지는 것에 대하여 표현하였으나 켈빈은 그와 반대로 하였다.

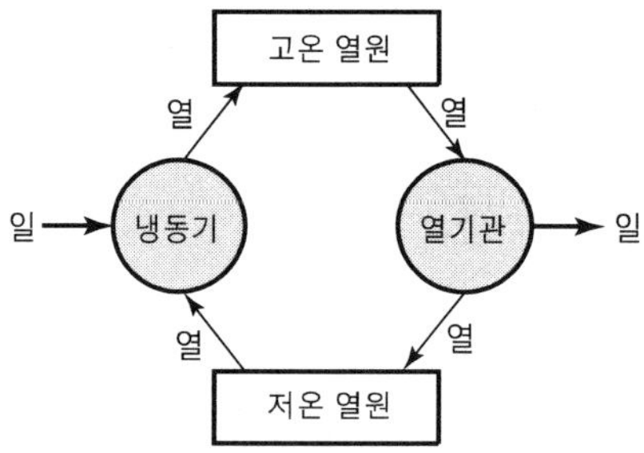

그림 4.3 켈빈-플랑크와 클라우지우스 표현의 동등성

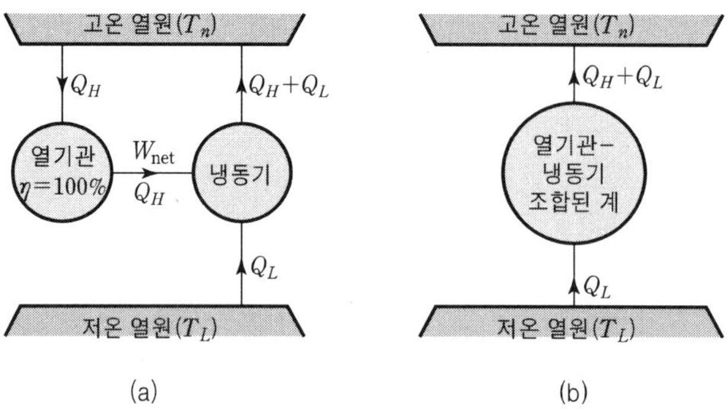

그림 4.4 열역학 제2법칙의 표현

[3] 오스트발트의 표현

열역학 제2법칙의 증명은 제1법칙과 마찬가지로 매우 힘들며, 이를 부정하려고 많은 학자들이 노력하였으나 그 결과는 오히려 이 법칙이 옳다는 것을 역으로 증명하는 결과가 되었다. 여기서 열역학 제2법칙을 부정하기 위해 이 법칙에 모순되는 기계를 생각해 보자. 즉 켈빈의 표현을 부정하는 기관이 있다면 이 기관은 한 열원으로부터 에너지를 공급받아 아무 변화도 남기지 않고 계속해서 이 에너지를 모두 일로 바꿀 수 있다. 제2종영구기관(perpetual machine of the second kind)이란 이와 같은 기관을 말하며 오스트발트(Ostwald)는 "**어느 열원의 열을 온도 강하 없이(자연계에 아무 변화도 남기지 않고) 계속해서 일로 바꾸는 제2종 영구기관은 존재하지 않는다.**"라고 표현하였다.

제1종 영구기관과 제2종 영구기관의 차이는 다음과 같다.

① 제1종 영구기관은 입력보다 출력이 더 큰 기관(열효율이 100% 이상인 기관)으로 열역학 1법칙을 위반하는 기관이다. 따라서 제1종 영구기관은 에너지 공급 없이 계속적으로 영구운동을 하는 기관이다.

② 제2종 영구기관은 입력과 출력이 같은 기관(열효율이 100%인 기관)으로 열역학 2법칙을 위반하는 기관이다. 즉, 제2종 영구기관은 열을 버리지 않고 계속적으로 영구운동을 하는 기관이다.

4.2 열기관의 열효율

물질이 가지고 있는 열에서 일로 변환하기 위해서, 고열원에서 저열원으로 열이 이동하는 동안에 이 열을 동작유체에 가하여 상태 변화를 일으켜 일을 얻는 방법이 있다. 그러나 동작유체에 열을 가하는 방법, 상태 변화의 형태, 저열원에 열을 버리는 수단 등은 여러 가지가 있고 이를 이용한 사이클도 많다.

일반적으로 계 내의 동작유체가 한 상태로부터 여러 가지 상태 변화를 거쳐 다시 처음의 상태로 되돌아오는 과정을 반복하는 상태 변화를 사이클(cycle)이라 정의하며 이를 $P-v$ 선도상에 나타내면 그림 4.5와 같이 폐곡선이 된다. 또한 사이클을 구성하는 모든 상태 변화가 가역적인 사이클을 가역 사이클(reversible cycle)이라 한다.

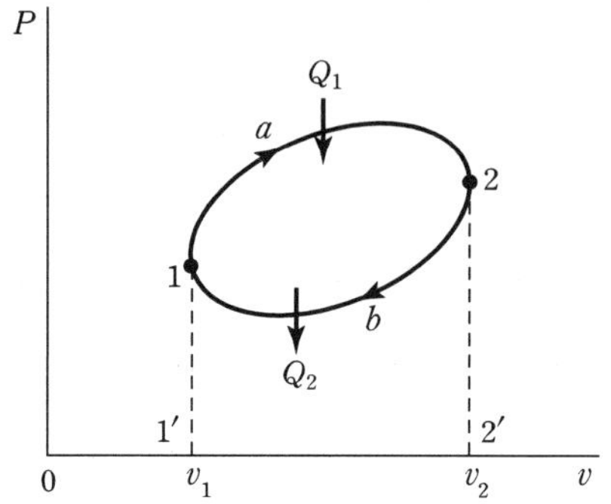

그림 4.5 사이클

그림 4.5에서 사이클 $1a2b$는 가역 사이클을 표시하며 $1a2$와 $2b1$의 두 개의 과정으로 나누어 생각하면, $1a2$는 팽창 과정으로 외부로부터 열량 Q_1을 공급받아 외부에 일 $W_{1\to a\to 2}$을 하고, $2b1$은 압축 과정으로 외부로부터 $W_{2\to b\to 1}$의 일을 받아 동작유체를 압축시키고 열량 Q_2를 방출함으로써 한 사이클을 완성한다고 하자. 사이클을 하는 동안의 열량 Q_1, Q_2는 열역학 제1법칙으로부터

$$Q_1 = (U_2 - U_1) + A\int_{1\to a}^{2} PdV = (U_2 - U_1) + AW_{1\to a\to 2} \text{(−부호는 방열 의미)}$$

$$-Q_2 = (U_1 - U_2) + A\int_{2\to b}^{1} PdV = (U_1 - U_2) + AW_{2\to b\to 1}$$

위의 두 식을 더하면

$$Q_1 - Q_2 = A\int_{1\to a}^{2} PdV + A\int_{2\to b}^{1} PdV = A\oint PdV \tag{4-1}$$

식 (4-1)은 한 사이클 동안 에너지의 대수합으로 일과 열의 관계를 표시하며 열역학 제2법칙에 대한 켈빈의 표현과 같이 고열원에서 열량 Q_1을 공급받아 저열원으로 열량 Q_2를 방출하고 나머지 $\oint PdV$ 만큼이 일로 바뀌는 것을 말한다. 한 사이클 동안 동작유체가 한 일은

$$\oint PdV = \int_{1\to a}^{2} PdV + \int_{2\to b}^{1} PdV = \int_{1\to a}^{2} PdV - \int_{1-b}^{2} pdV$$

$$= (\text{면적 } 1a2V_2V_1) - (\text{면적 } 1b2V_2V_1) = (\text{면적 } 1a2b1)$$

위 식에서 팽창일($W_{1\to a\to 2}$)과 압축일($W_{2\to b\to 1}$)의 합은 사이클의 폐곡선의 면적과 같으며, 이것을 **참일**(net work) 또는 **유효일**(effective)이라 하며 W_{net}로 표시하면

$$W_{net} = \oint PdV = (\text{면적}1a2b1)$$

이므로 한 사이클 동안의 열역학 제1법칙($\oint \delta Q = \oint dU + A\oint \delta W$)에서 식 (4-1)은 다음과 같이 된다

$$Q_1 - Q_2 = AW_{net} \quad (\because \oint dU = 0) \tag{4-2}$$

따라서 한 사이클 동안에 행한 일은 $P-V$ 선도상의 밀폐곡선으로 이루어진 면적으로 나타나고, 이것은 사이클 동안의 수열량(Q_1)과 방열량(Q_2)의 차이와 같다.

열기관(heat engine)이란 이와 같이 고열원에서 열을 받아 사이클 과정을 하여 저열원으로 열을 방출하면서 흡수된 열에너지를 일로 변환시키는 원동기를 총칭하는 것이므로, 열기관의 경우는 W_{net}가 클수록 경제적이므로 경제성 여부를 표시하는 방법으로 **열효율**(thermal efficiency)을 정의하며 η로 표시한다.

$$\text{열효율} = \frac{\text{계가 한 유효일의 열당량}}{\text{고열원으로부터 공급받는 열량}}$$

$$\eta = \frac{AW_{net}}{Q_1} = \frac{Q_1 - Q_2}{Q_1} = 1 - \frac{Q_2}{Q_1} \tag{4-3}$$

예제 4-1

어느 열기관이 100 PS의 동력을 얻기 위하여 시간당 300,000 kcal/h의 열량이 소비된다면 이 열기관의 열효율은 얼마인가?

풀이 1 PSh = 632.3 kcal에서 $AW = 100 \times 632.3 = 63230$ kcal/h이므로

$$\eta = \frac{AW_{net}}{Q_1} = \frac{63230}{300{,}000} = 0.2108 \quad \text{따라서} \quad \eta = 21.08\ \%$$

4.3 카르노 사이클

열기관의 열효율을 크게 하려면 고열원으로부터 공급받은 열량 Q_1을 될 수 있는 한 많이 유효한 일 W_{net}로 변환시켜야 하므로 저열원으로 방출되는 열량 Q_2은 최소가 되어야 하고, 사이클의 구성은 손실이 없는 가역 변화로 구성되는 가역 사이클이어야 한다.

이러한 점에 착안하여 1824년 프랑스의 카르노(Sadi Carnot)는 두 개의 가역등온 변화와 두 개의 가역단열 변화로 구성된 가역 사이클을 발표하였는데 열효율이 최대가 되는 이상적인 이 사이클을 카르노 사이클이라 부른다. 그림 4.6은 카르노 사이클을 나타내며, 이 가역 사이클의 동작유체는 이상기체라 가정한다.

① 1→2 과정 : 가역등온팽창 과정($T_H = \text{const},\ dT = 0$)

온도가 T_H인 고열원으로부터 Q_1의 열량을 흡수하여 팽창일을 한다. 흡수열량 Q_1은 식 (3-41)로부터

$$Q_1 = AGR\, T_H \ln\left(\frac{V_2}{V_1}\right) \qquad ①$$

② 2→3 과정 : 가역단열팽창 과정($\delta Q = 0,\ S = \text{const}$)

동작유체의 내부 에너지가 감소되어 외부에 대해 일을 하므로 온도는 T_H에서 T_L로 강하한다. T_H와 T_L의 비는 식 (3-49)로부터

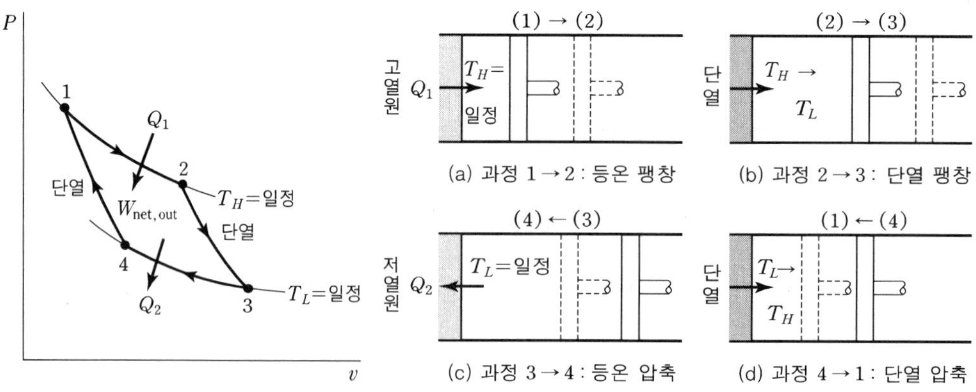

그림 4.6 카르노 사이클 및 그 과정

$$\frac{T_L}{T_H} = \left(\frac{V_2}{V_3}\right)^{\kappa - 1} \qquad ②$$

③ 3 → 4 과정 : 가역등온압축 과정($T_L = \text{const}$, $dT = 0$)

외부로부터 압축일을 공급받아 동작유체가 압축되며 온도가 T_L인 저열원으로 Q_2의 열을 방출한다. 외부로 방출되는 열량 Q_2는 $T_2 = \text{const}$이므로 식 (3-41)로부터

$$Q_2 = AGRT_L \ln\left(\frac{V_3}{V_4}\right) \qquad ③$$

④ 4 → 1 과정 : 가역단열압축 과정($\delta Q = 0$, $S = \text{const}$)

외부로부터 압축일을 공급받아 동작유체를 압축하며 내부 에너지가 증가하여 T_L로부터 T_H으로 온도가 상승한다. T_H과 T_L의 비는 식 (3-49)로부터

$$\frac{T_L}{T_H} = \left(\frac{V_1}{V_4}\right)^{\kappa - 1} \qquad ④$$

따라서 한 사이클을 완성하면 내부 에너지 변화량은 $\Delta U = 0$이 되므로, $Q_1 - Q_2 = AW_{net}$가 성립한다. 따라서 카르노 사이클의 열효율을 η_c라 하면

$$\eta_c = \frac{AW_{net}}{Q_1} = 1 - \frac{Q_2}{Q_1} = 1 - \frac{AGRT_L \ln(V_3/V_4)}{AGRT_H \ln(V_2/V_1)} \qquad (4\text{-}4)$$

그런데 ②, ④에서 $\dfrac{T_L}{T_H} = \left(\dfrac{V_2}{V_3}\right)^{\kappa - 1} = \left(\dfrac{V_1}{V_4}\right)^{\kappa - 1}$

가 성립되어 $(V_2/V_1) = (V_3/V_4)$을 위 식에 대입하면 η_c는 다음과 같다.

$$\eta_c = 1 - \frac{Q_2}{Q_1} = 1 - \frac{T_L}{T_H} \qquad (4\text{-}5)$$

식 (4-5)에서 가역 사이클인 카르노 사이클의 열효율은 두 열원의 절대온도에만 관계되며 앞에서 가정한 동작유체의 종류와는 전혀 관계가 없음을 알 수 있다.

따라서 카르노 사이클에 대한 특징을 요약하면 다음과 같다.

① 동일한 온도 범위의 두 열원 사이에서 작동하는 열기관 중에서 가역 사이클로 작동하는 카르노 사이클이 가장 효율이 좋은 이상적인 사이클이다.

② 동일한 온도 범위의 열원 사이에서 작동하는 가역 사이클인 카르노 사이클의 열효율은 동작유체의 종류와 관계없이 두 열원의 절대온도에만 관계된다. 따라서 모두 같은 열효율을 갖는다.

예제 4-2

카르노 열기관이 다음 그림과 같이 700℃의 고열원으로부터 600 kcal의 열량을 받아서 30℃인 저열원에 방열하는 경우 다음 사항을 구하라.
① 열효율 η_c ② 저열원에 방열하는 열량 Q_2

풀이 ① 카르노 기관의 열효율

$$\eta_c = 1 - \frac{Q_2}{Q_1} = 1 - \frac{T_2}{T_1} = 1 - \frac{30+273}{700+273} = 0.689$$

이다. 따라서 이 기관은 공급받은 열량의 68.9%를 일로 변환시킨다.

② 방열량 Q_2

$$\eta_c - 1 - \frac{Q_2}{Q_1} \quad \rightarrow \quad Q_2 = Q_1(1-\eta_c) = 600(1-0.689) = 186.6\,\text{kcal}$$

따라서 고열원으로부터 받은 열량 600 kcal 중 186.6 kcal을 방열한 결과가 된다.

예제 4-3

카르노 사이클 기관이 0℃와 200℃에서 작동될 때와 200℃와 400℃ 사이에서 작동할 때 열효율은 처음 기관과 나중 기관의 어느 쪽이 더 높은가?

풀이 0℃와 200℃에서 작동될 때 열효율은

$$\eta_1 = 1 - \frac{T_2}{T_1} = 1 - \frac{273}{473} = 0.42 \quad \rightarrow \quad 42\%$$

200℃와 400℃ 사이에서 작동될 때 열효율은

$$\eta_2 = 1 - \frac{T_2}{T_1} = 1 - \frac{473}{673} = 0.297 \quad \rightarrow \quad 29.7\%$$

따라서 낮은 열원체의 효율이 높은 열원체의 효율보다 높다.

예제 4-4

고온체 열원 327℃ 저온체 열원 27℃에서 작동하는 카르노 사이클이 1사이클당 20 kcal의 열을 공급받는다면 이 카르노 기관의 1사이클당 일량은 얼마인가?

풀이

$$\eta = 1 - \frac{T_2}{T_1} = 1 - \frac{300}{600} = 0.5$$

그런데 $AW = \eta \cdot Q_1 = 0.5 \times 20 = 10\,\text{kcal}$

따라서 $W = 427 \times 10 = 4270\ \text{kg}_\text{f}\,\text{m}$

예제 4-5

어느 발명가가 그림 4.7과 같이 고열원으로부터 1000 kcal의 열량을 받아서 450 kcal의 일을 하는 동력사이클을 개발하였다고 한다. 이 계는 500 K의 고온가스로부터 열을 받아 일을 하고 300 K인 대기 중에 방열한다. 이 동력사이클 개발자의 주장이 옳은지 판단하라.

풀이 발명가가 주장하는 기관의 계통도를 그리면 그림과 같다.

이 동력사이클의 효율은

$$\eta = \frac{AW}{Q_H} = \frac{450}{1000} = 0.45 \quad \rightarrow \quad 45\%$$

이 사이클이 고저 두열원 사이에 작동되므로 사이클이 낼 수 있는 최대효율은 카르노 사이클로 작동될 경우이므로

$$\eta_{\max} = \eta_c = 1 - \frac{T_2}{T_1} = 1 - \frac{300}{500} = 0.40 \quad \rightarrow \quad 40\%$$

따라서 이 기관의 실제 열효율은 최대효율 $\eta_{\max} = 40\%$를 초과($\eta_{\max} < \eta$)하므로 카르노의 원리, 즉 열역학 제2법칙에 위배되어 이 기관 개발자의 주장은 타당하지 않다.

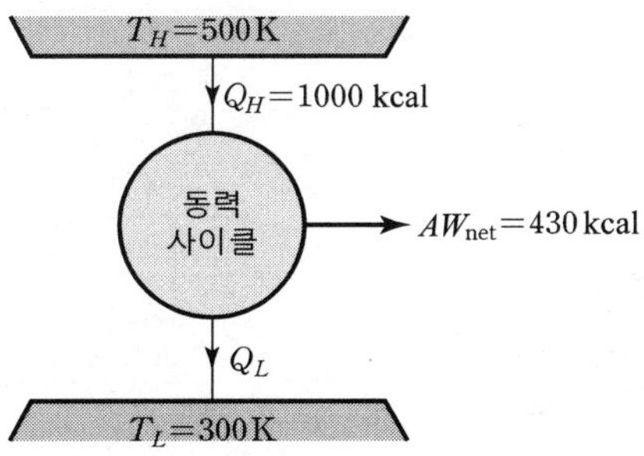

그림 4.7

4.4 열역학적 절대온도

물질의 열팽창을 이용하여 온도를 측정하는 일반적인 온도계에서, 물질에 따라 열팽창률은 온도에 따라 다르기 때문에 온도계에 어떤 물질을 사용하느냐에 따라 측정되는 온도 스케일(scale)이 약간씩 달라진다. 따라서 온도계에 사용되는 동작물질의 종류와 관계없이 항상 일정한 온도눈금을 정의할 필요가 있다.

카르노 사이클은 동작물질과 관계없이 두 열원의 온도만 같으면 열효율이 같으므로 이 원리를 이용하면 온도계에 사용되는 물질의 종류와 관계없는 일정한 온도눈금을 얻을 수 있다.

이렇게 정해진 온도를 **열역학적 절대온도**(thermodynamic absolute temperature) 또는 켈빈의 절대온도라 한다.

그림 4.8과 같이 $P-v$ 선도상에 임의의 두 단열선 aa' 및 bb'을 그리고, 등온선 $11'$을 기준으로 등온선 $22'$을 그은 다음 사각형 $11'2'2$ 의 면적과 같도록 등온선, $33'$, $44'$, ……, nn'을 그은 다음 각 등온선에 해당하는 온도를 각각 τ_1, τ_2, τ_3, ……, τ_n이라 한다. 이렇게 하면 사각형 $11'2'2$, $22'2'3$, ……, $(n-1)(n-1)'n'n$은 모두 카르노 사이클이 된다. 각 카르노 사이클의 흡열량을 위로부터 Q_1, Q_2, Q_3, ……, Q_{n-1}이라 하면 방열량은 바로 아래에 인접한 사이클의 흡열량과 같이 Q_2, Q_3, ……, Q_n이 된다.

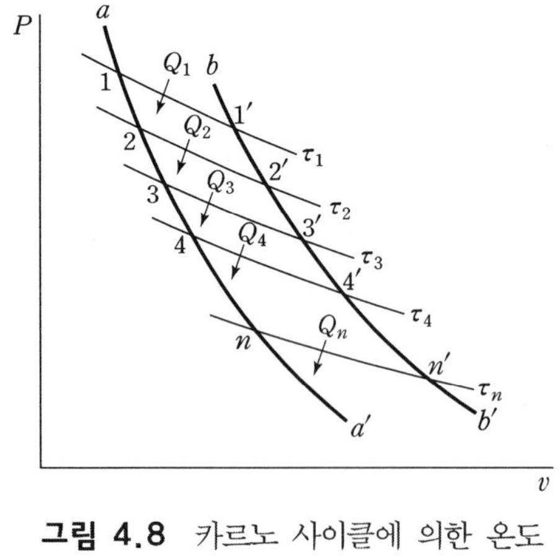

그림 4.8 카르노 사이클에 의한 온도

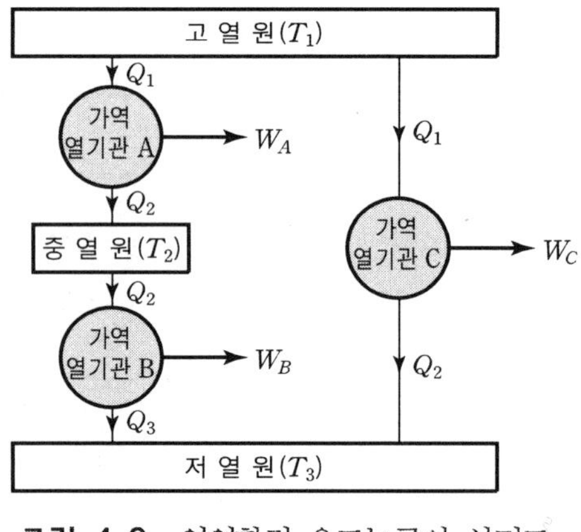

그림 4.9 열열학적 온도눈금의 설명도

사각형의 면적을 모두 같게 잡았으므로 각 사이클의 일량은 모두 같다. 즉,

$A_1W_2 = A_2W_3 = \cdots\cdots A_{n-1}W_n$이므로

$Q_1 - Q_2 = Q_2 - Q_3 \cdots\cdots = Q_{n-1} - Q_n$이다.

여기서 τ_1과 τ_2 사이에서 작동되는 카르노 사이클의 일량을 AW라 하면 열효율 η_c은

$$AW = A_1W_2 = Q_1 - Q_2 \quad \rightarrow \quad \eta_c = AW/Q_1$$

τ_1과 τ_3 사이에서 작동되는 카르노 사이클의 일량은

$$Q_1 - Q_3 = (Q_1 - Q_2) + (Q_2 - Q_3) = 2AW$$

이므로 τ_1과 τ_n 사이에서 작동되는 카르노 사이클의 일량은

$$Q_1 - Q_n = A(n-1)W \qquad ①$$

이 된다. 따라서 τ_1과 τ_3 사이에서 작동되는 사이클의 효율은 τ_1과 τ_2 사이에서 작동되는 카르노 사이클의 2배의 열효율$(2AW/Q_1)$을 가지게 되며, τ_1과 τ_n 사이에서 작동하는 카르노 사이클의 열효율 η_c는

$$\eta_c = \frac{Q_1 - Q_n}{Q_1} = \frac{A(n-1)W}{Q_1} \qquad ②$$

가 된다. 그런데 카르노 사이클에서 일량은 온도차에 비례하므로 식 ①은

$$Q_1 - Q_n = A(n-1)W = k(\tau_1 - \tau_n) \qquad ③$$

여기서 k는 임의의 상수

그러므로 식 ②는

$$\eta_c = \frac{Q_1 - Q_n}{Q_1} = \frac{k}{Q_1}(\tau_1 - \tau_n) = C(\tau_1 - \tau_n) \qquad (4\text{-}6)$$

여기서 $C(=k/Q_1)$는 τ_1만의 함수이며 τ_n과는 무관하다. C를 카르노 함수(carnot's function)라 한다.

이제 τ_n에 관하여 사이클의 열효율이 100%($\eta_c = 1$)가 되는 기준 온도를 고려해 보자. 이때 공급열량 Q_1이 모두 일로 변환되므로 $Q_n = 0$, $\tau_n = 0$이 된다. 이와 같이 기준 온도 τ_n을 0(zero)으로 정하면 되지만 이 온도는 자연계에서 존재할 수 없는 최저 온도(절대영도)가 된다. 만일 이 절대영도보다 더 낮은 온도가 존재한다면 열효율 η_c가 1보다 커지므로 공급열량 Q_1보다 더 많은 에너지가 일로 바뀌는 결과가 되어 에너지 보존법칙을 위반하므로 기준 온도 τ_n을 절대영도보다 더 낮출 수는 없다.

식 (4-6)에서 $\eta_c = 1$인 경우를 생각하면 $\tau_n = 0$이므로

$$C = \frac{1}{\tau_1}$$

여기서 $n = 2$인 사이클을 생각하면 열효율은 식 (4-6)으로부터

$$\eta_c = \frac{Q_1 - Q_2}{Q_1} = 1 - \frac{Q_2}{Q_1} = 1 - \frac{\tau_2}{\tau_1} \tag{4-7}$$

보통 사용되는 절대온도는 이상기체를 사용한 온도계의 온도이며, 이것은 이상기체가 일정한 체적하에서 압력이 0이 되는 점, 또는 일정한 압력하에서 체적이 0이 되는 점을 가상하여 이 점을 온도의 기준점으로 한 온도이다. 이와 같은 절대온도를 T로 표시하고 열역학적 절대온도 τ와 비교해 보면 식 (4-8)과 같이 된다.

$$\frac{Q_2}{Q_1} = \frac{T_2}{T_1} = \frac{\tau_2}{\tau_1} \tag{4-8}$$

즉, 이상기체 온도계의 절대온도와 열역학적 절대온도는 서로 비례한다. 따라서 같은 크기의 눈금으로 잡아주면 모든 온도에서 두 눈금은 서로 일치한다. 열역학적으로는 열역학적 절대온도 τ를 사용해야 하나 이상기체 온도계의 절대온도와 일치하므로 편의상 T를 사용한다. 이상기체에 가장 가까운 성질을 갖는 수소를 사용한 수소온도계의 눈금은 열역학적 절대온도 눈금과 근사하여 수소온도계를 표준온도계로 사용한다.

4.5 클라우지우스의 부등식

4.5.1 가역 사이클

그림 4.10과 같이 일반적인 가역 사이클 ABC를 수많은 미소 카르노 사이클로 나누어 각 사이클의 고온 측 온도를 T_1, T_1', T_1'', ……, 저온 측 온도를 T_2, T_2', T_2'', ……, 흡열량을 δQ_1, $\delta Q_1'$, $\delta Q_1''$, ……, 방열량을 δQ_2, $\delta Q_2'$, $\delta Q_2''$, ……이라 하면, 사이클 I에 대하여 카르노 사이클의 열효율은

$$\eta_c = 1 - \frac{\delta Q_2}{\delta Q_1} = 1 - \frac{T_2}{T_1} \quad \rightarrow \quad \frac{\delta Q_1}{T_1} = \frac{\delta Q_2}{T_2} \tag{①}$$

사이클 Ⅱ에 대하여

$$\eta_c = 1 - \frac{\delta Q_2'}{\delta Q_1'} = 1 - \frac{T_2'}{T_1'} \quad \rightarrow \quad \frac{\delta Q_1'}{T_1'} = \frac{\delta Q_2'}{T_2} \tag{②}$$

다른 사이클에 대해서도 같은 관계가 성립하므로 같은 방법으로

$$\frac{\delta Q_1^n}{T_1^n} = \frac{\delta Q_2^n}{T_2^n} \tag{③}$$

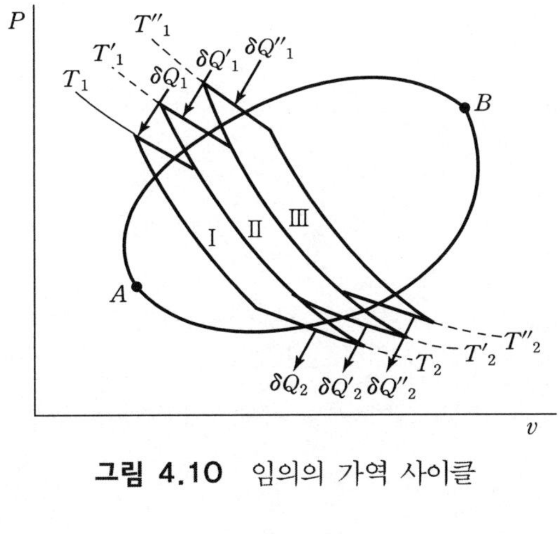

그림 4.10 임의의 가역 사이클

전체 사이클에 대해서는

$$\sum \frac{\delta Q_1}{T_1} = \sum \frac{\delta Q_2}{T_2} \qquad ④$$

여기서 동작유체에 가한 열량을 +라 하면 방출열량은

$$\sum \frac{\delta Q_1}{T_1} - \sum \frac{\delta Q_2}{T_2} = \sum \frac{\delta Q}{T} = 0 \qquad ⑤$$

로 간단히 표시되며 이것을 적분의 형태로 표시하면

$$\oint \frac{\delta Q}{T} = 0 \qquad (4\text{-}9)$$

식 (4-9)는 모든 가역 사이클에 대한 적분치가 항상 0이 됨을 뜻하며 이를 클라우지우스의 적분(Clausius integral)이라 한다.

4.5.2 비가역 사이클

비가역 사이클의 경우에는 마찰 등에 의한 열손실로 방열량이 가역 사이클의 방열량보다 더 크므로 그 적분치는 0보다 작다.

여기서 가역 사이클과 비가역 사이클의 열효율을 각각 η_R, η_I라 하면

$$\eta_R = 1 - \frac{Q_2}{Q_1} = 1 - \frac{T_2}{T_1},\ \eta_I = 1 - \frac{Q_2}{Q_1} \qquad (4\text{-}10)$$

이며 $\eta_R > \eta_I$이므로 다음과 같이 표시된다.

$$1 - \frac{T_2}{T_1} > 1 - \frac{Q_2}{Q_1} \quad \rightarrow \quad \frac{Q_1}{T_1} < \frac{Q_2}{T_2} \qquad (4\text{-}11)$$

$$\sum \frac{\delta Q_1}{T_1} - \sum \frac{\delta Q_2}{T_2} < 0$$

$$\oint \frac{dQ}{T} < 0$$

이 식을 클라우지우스의 부등식(inequality Clausius)이라 하며, 비가역 사이클에 대한 클라우지우스의 적분은 0보다 작게 됨을 의미한다.

4.6 엔트로피

가역 사이클의 클라우지우스의 적분은 0이므로 그림 4.11과 같이 임의의 가역 사이클 $1a2b$에 대하여 두 개의 경로로 나누어 생각하면

$$\oint \frac{\delta Q}{T} = \int_{1\to a}^{2} \frac{\delta Q}{T} + \int_{2\to b}^{1} \frac{\delta Q}{T} = \int_{1\to a}^{2} \frac{\delta Q}{T} - \int_{1\to b}^{2} \frac{\delta Q}{T} = 0$$

$$\therefore \int_{1\to a}^{2} \frac{\delta Q}{T} = \int_{1\to b}^{2} \frac{\delta Q}{T} \tag{4-12}$$

위 식에서 상태 1에서 상태 2까지 가역 변화의 경우에는 경로($1\to a\to 2$, $1\to b\to 2$)에는 관계없이 항상 한 값이 되는 상태량임을 알 수 있다. 즉,

$$\int_{1}^{2} \frac{\delta Q}{T} = \text{일정} \tag{4-13}$$

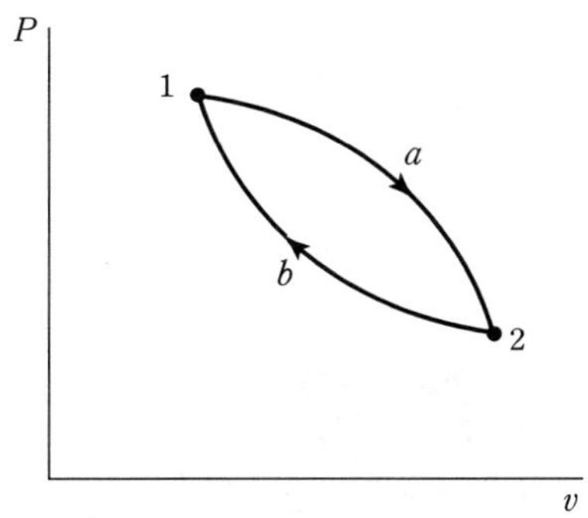

그림 4.11 임의의 가역 사이클

따라서 식 (4-13)으로부터 새로운 상태량을 클라우지우스는 다음과 같은 관계식으로 표시하고 엔트로피(entropy) S라 정의하였다.

$$dS = \frac{\delta Q}{T} \tag{4-14}$$

S는 $G(\mathrm{kg_f})$에 대한 것으로 단위는 kcal/K이다. 단위중량($1\mathrm{kg_f}$)에 대해서는

$$ds = \frac{\delta q}{T} \tag{4-15}$$

로 되며, 단위중량당 엔트로피 s를 비엔트로피(specific entropy)라 하고 단위는 $\mathrm{kcal/kg_f K}$를 사용한다.

가역 과정에서의 엔트로피 변화는 식 (4-14)를 상태 1에서 2까지 적분하여 구한다.

$$\Delta S = S_2 - S_1 = \int_1^2 \frac{\delta Q}{T} \tag{4-16}$$

비가역 과정의 엔트로피 변화는 그림 4.11에서 $1 \to a \to 2$는 비가역 변화이며 $2 \to b \to 1$이 가역 변화라 하면 사이클 $1a2b$는 비가역 사이클이 되어 이 사이클의 클라우지우스 적분은 식 (4-11)에 의해 0보다 작다. $\oint \frac{\delta Q}{T} < 0$이므로

$$\int_{1\to a}^{2} \frac{\delta Q}{T} + \int_{2\to b}^{1} \frac{\delta Q}{T} < 0 \quad \rightarrow \quad \int_{1\to a}^{2} \frac{\delta Q}{T} - \int_{1\to b}^{2} \frac{\delta Q}{T} < 0$$

그런데 $2 \to b \to 1$은 가역 변화이므로

$$\int_{1\to a}^{2} \frac{dQ}{T} - \int_1^2 dS < 0 \tag{4-17}$$

$$\therefore (S_2 - S_1) = \int_1^2 dS > \int_{1\to a}^{2} \frac{\delta Q}{T}$$

식 (4-17)을 미분형으로 표시하면

$$dS > \frac{\delta Q}{T} \tag{4-18}$$

이는 비가역 변화에 대한 엔트로피의 일반식을 나타낸다.

$\delta Q = 0$인 단열 변화의 경우, 가역단열 변화이면 $dS = 0$이므로 $S = \text{const}$가 되어 엔트로피는 변하지 않으나 비가역단열 변화에서는 $dS > 0$이므로 엔트로피가 증가하게 된다. 따라서 엔트로피의 증가는 비가역성임을 뜻하며 가역 변화가 없는 "**자연계에서는 그 엔트로피가 항상 증가**"함을 알 수 있다. 이렇게 자연계의 엔트로피가 증가하는 것을 엔트로피 증가의 원리라 한다.

엔트로피는 상태 변화 전후의 변화량만을 다루는 물질량이므로 그 비교치가 사용되며 일반적으로는 표준 상태를 0으로 하여 다른 상태의 엔트로피 값을 정한다.

4.6.1 이상기체의 엔트로피 일반식

엔트로피는 점함수(point function)이므로 엔트로피 변화량은 변화 전후의 상태가 결정되면 그 양을 계산할 수 있다. 이상기체에 대한 엔트로피의 일반식을 유도해 보자.

열역학 제1기초식 $\delta q = du + APdv = C_v dT + APdv$이므로

$$ds = \frac{\delta q}{T} \equiv C_v \frac{dT}{T} + AP\frac{dv}{T} \tag{4-19}$$

이상기체의 특성식 $Pv = RT$에서 $\dfrac{P}{T} = \dfrac{R}{v}$이므로 식 (4-19)는

$$ds = C_v \frac{dT}{T} + AR\frac{dv}{v} \tag{4-20}$$

적분하면

$$\Delta s = s_2 - s_1 = C_v \ln\frac{T_2}{T_1} + AR\ln\left(\frac{v_2}{v_1}\right) \quad (\text{kcal/kg}_\text{f}\,\text{K}) \tag{4-21}$$

$G\,\text{kg}_\text{f}$에 대해서는

$$\Delta S = S_2 - S_1 = GC_v \ln\left(\frac{T_2}{T_1}\right) + AGR\ln\left(\frac{V_2}{V_1}\right) \quad (\text{kcal/ K}) \tag{4-22}$$

열역학 제2기초식 $\delta q = dh - AvdP = C_p dT - AvdP$에서

$$ds = \frac{\delta q}{T} = C_P \frac{dT}{T} - Av\frac{dP}{T} \tag{4-23}$$

이상기체의 특성식 $Pv = RT$에서 $\frac{v}{T} = \frac{R}{P}$이므로 식 (4-23)은

$$ds = C_P \frac{dT}{T} - AR\frac{dP}{P} \tag{4-24}$$

$$\Delta s = s_2 - s_1 = C_P \ln\left(\frac{T_2}{T_1}\right) - AR\ln\left(\frac{P_2}{P_1}\right) \ (\text{kcal/kg}_\text{f}\text{K}) \tag{4-25}$$

$$\Delta S = S_2 - S_1 = GC_P \ln\left(\frac{T_2}{T_1}\right) - AGR\ln\left(\frac{P_2}{P_1}\right) \ (\text{kcal/K})$$

P, v의 항으로 표시하기 위해서는 식 (4-25)에 $T_1 = (P_1 v_1)/R$, $T_2 = (P_2 v_2)/R$을 대입하면

$$\Delta s = s_2 - s_1 = C_v \ln\left(\frac{P_2 v_2}{P_1 v_1}\right) + AR\ln\left(\frac{v_2}{v_1}\right) \tag{4-26}$$

$$= C_v \ln\left(\frac{P_2}{P_1}\right) + C_v \ln\left(\frac{v_2}{v_1}\right) + AR\ln\left(\frac{v_2}{v_1}\right)$$

$$= C_v \ln\left(\frac{P_2}{P_1}\right) + C_P \ln\left(\frac{v_2}{v_1}\right)$$

$G\text{kg}_\text{f}$에 대해서는

$$\Delta S = s_2 - s_1 = GC_v \ln\left(\frac{P_2}{P_1}\right) + GC_P \ln\left(\frac{v_2}{v_1}\right) \tag{4-27}$$

4.6.2 비가역 변화의 원인 및 엔트로피

[1] 열 이동(전달)의 경우

온도가 다른 두 물체를 접촉시키면 고열원(T_1)으로부터 저열원(T_2)으로 Q의 열이 이

동하였다면 고열원은 열을 방출하였으므로 엔트로피가 감소한다. 고열원의 엔트로피 변화량을 Δs_1이라 하면

$$\Delta s_1 = -\frac{Q}{T_1} < 0 \quad (\text{부호 } - \text{는 감소를 뜻함})$$

한편, 저열원은 그 열을 흡수하였으므로 엔트로피가 증가하게 되며, 엔트로피 변화량을 Δs_2라 하면

$$\Delta s_2 = \frac{Q}{T_2} > 0$$

따라서 물체 전체의 엔트로피 변화량 Δs는

$$\Delta s = \Delta s_1 + \Delta s_2 = Q\left(\frac{1}{T_2} - \frac{1}{T_1}\right) = Q\left(\frac{T_1 - T_2}{T_1 T_2}\right) > 0 \quad (\because T_1 > T_2)$$

즉 엔트로피가 증가한다.

[2] 마찰의 경우

유체가 관 속을 흐를 때 관 내벽과의 접촉에 의해 생기는 마찰열은 손실일이며 이 열은 유체에 전달되어 유체의 엔트로피가 증가한다. 여기서 마찰로 인한 일의 손실이 열량으로 변화하고($AW_f \rightarrow Q_f$), 그때 유체의 온도 T가 일정하면 엔트로피 변화는 $Q_f > 0$이므로

$$\Delta S = \frac{Q_f}{T} > 0$$

[3] 교축의 경우

이상기체가 교축에 의해 상태 P_1, T_1으로부터 상태 P_2, T_2로 변화하였다고 가정하면 교축 전후의 엔탈피는 일정하므로 온도도 일정하며 압력만 감소하므로 식 (4-25)로부터 엔트로피 변화량 Δs는

$$\Delta s = C_P \ln\left(\frac{T_2}{T_1}\right) - AR\ln\left(\frac{P_2}{P_1}\right)$$

여기서 $T_1 = T_2$이므로 $\ln(T_2/T_1) = 0$이며 $P_1 > P_2$이므로 $\ln(P_2/P_1) < 0$

$$\therefore\ \Delta s = -AR\ln\left(\frac{P_2}{P_1}\right) > 0$$

이상 위의 세 가지 모두 엔트로피는 증가하며 이 외에도 가스의 혼합과 같은 비가역 변화에서 항상 엔트로피는 증가한다.

4.7 온도 엔트로피($T-s$) 선도

압력과 비체적을 좌표축으로 선택한 $P-v$ 선도에서 상태 변화 곡선과 좌표축 사이의 면적이 계가 행한 일량($\delta w = Pdv$)을 표시하기 때문에 실용적으로 가치 있는 선도인 것처럼, 절대온도 T를 종축으로, 엔트로피 s를 횡축으로하는 선도를 **온도-엔트로피 선도**($T-s$ diagram)라 한다. 이 $T-s$ 선도를 살펴보면, $\delta q = Tds$인 관계로부터 $T-s$ 선도상의 면적이 상태 변화 중의 열량을 표시하므로 **열선도**(heat diagram)라고도 부른다.

그림 4.12와 같이 상태 1에서 2로 상태 변화 시, 변화 중의 미소 부분(빗금친 면적)은 Tds로 주어진다. 그런데 식 (4-15)에서 $\delta q = Tds$이므로 빗금친 면적$= Tds = \delta q$이 된다. 따라서

$$[\text{면적 } 12s_2s_1] = \int_1^2 Tds = \int_1^2 \delta q = {}_1q_2 \tag{4-28}$$

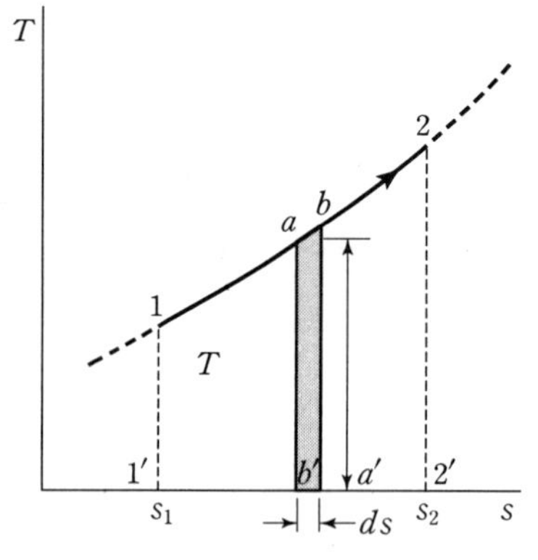

그림 4.12 $T-s$ 선도

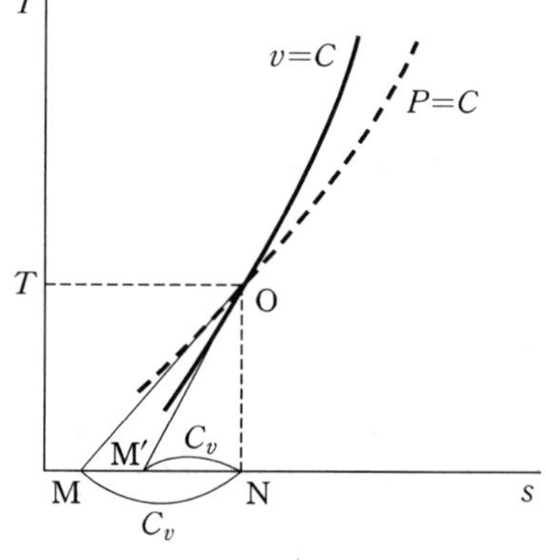

그림 4.13 C_P와 C_v의 관계

가 된다. 여기서 ${}_1q_2$는 $1 \rightarrow 2$ 상태 변화 중 동작유체에 가해진 열량이다. 이번에는 그림 4.13과 같이 $T-s$ 선도상의 임의의 한 점(O)에서의 기울기를 고려해 보자. 점점 O에서 접선을 그어 s축과 만나는 점을 M(정압선) M'(정적선)이라 하고, 수직선과 s축과 만나는 점을 N라 하면, 정압선의 경우 접선의 기울기는

$$\frac{dT}{ds} = \frac{\overline{ON}}{\overline{MN}} = \tan\theta \text{이므로}$$

$$\text{선분 } \overline{MN} \text{는} \quad \overline{MN} = \overline{ON}\frac{ds}{dT} = T\frac{ds}{dT} = \frac{\delta q}{dT}$$

가 된다. 따라서 비열의 정의식 $C \equiv \dfrac{\delta q}{dT}$으로부터 정압비열 C_P는 $T-s$ 선도상의 s축의 선분 $\overline{MN}$으로 나타낼 수 있다. 마찬가지로 정적비열 C_v 역시 $T-s$ 선도상의 s축의 선분 $\overline{M'N}$으로 나타낼 수 있다.

이번에는 정압선의 기울기가 정적선의 기울기보다 완만($C_P > C_v$)함을 살펴보자.

정압 변화인 경우에 $\delta q = dh - AvdP$에서

$$dP = 0,\ dh = C_P\,dT,\ \delta q = Tds \text{이므로}$$

$$Tds = C_P\,dT$$

가 된다. 따라서 정압선의 기울기 dT/ds는

$$\frac{dT}{ds} = \frac{T}{C_P} \tag{4-29}$$

이다. 또한 $\delta q = du + APdv$에서 정적 변화인 경우에는 $dv = 0$이고, $du = C_v\,dT$이므로

$$Tds = C_v\,dT$$

그러므로 정적선의 기울기 dT/ds는

$$\frac{dT}{ds} = \frac{T}{C_v} \tag{4-30}$$

식 (4-29)와 (4-30)을 비교해 보면 항상 $C_P > C_v$(이상기체)가 되므로 정적선의 기울기가 정압선의 기울기보다 급하다.

4.8 이상기체의 엔트로피 변화량

이상기체 1kg$_f$이 상태 1에서 상태 2로 변화할 때 엔트로피 변화량은 엔트로피의 정의식 $ds = \dfrac{\delta q}{T}$에서 다음과 같이 주어지며, 상태 변화에 따라 그 변화량을 구할 수 있다.

$$\Delta s = s_2 - s_1 = \int_1^2 ds = \int_1^2 \frac{\delta q}{T} \tag{4-31}$$

[1] **정압 변화**($dP = 0$)

정압 변화하는 이상기체의 경우 $\delta q = C_P\, dT$이므로 식 (4-31)로부터

$$\Delta s = s_2 - s_1 = C_P \int_1^2 \frac{dT}{T} = C_P \ln\left(\frac{T_2}{T_1}\right) = C_P \ln\left(\frac{v_2}{v_1}\right) \tag{4-32}$$

[2] **정적 변화**($dv = 0$)

이상가스가 상태 1로부터 상태 2로 정적하에 팽창할 때 $\delta q = C_v dT$이므로

$$\Delta s = s_2 - s_1 = C_v \ln\left(\frac{T_2}{T_1}\right) = C_v \ln\left(\frac{P_2}{P_1}\right) \tag{4-33}$$

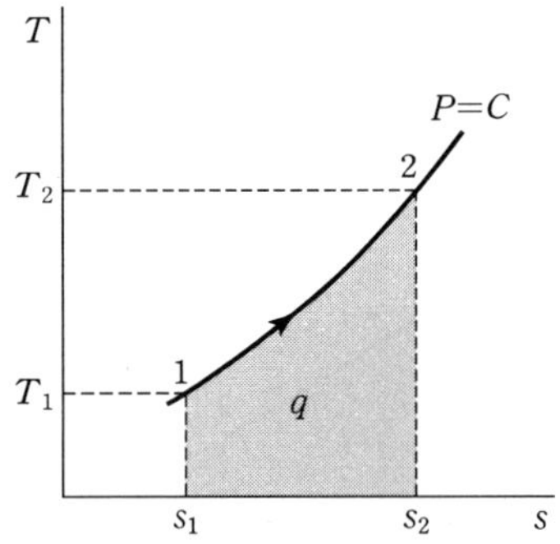

그림 4.14 정압 변화

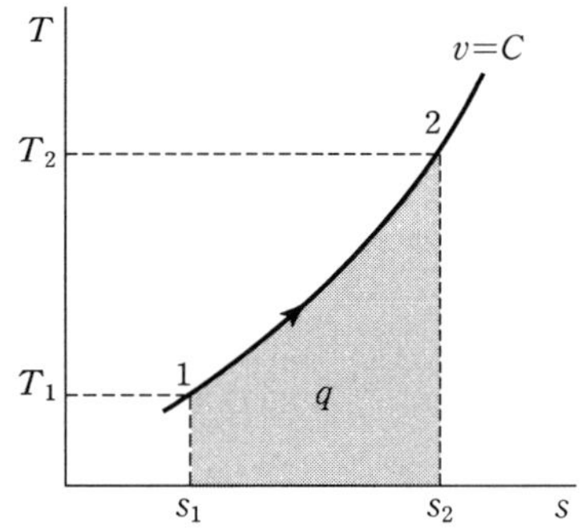

그림 4.15 정적 변화

[3] 등온 변화($dT=0$)

이상기체 상태 1에서 2로 등온하에 상태 변화하면 열량 q는 식 (4-21), (4-25)로부터

$$_1q_2 = ART\ln\left(\frac{v_2}{v_1}\right) = ART\ln\left(\frac{P_1}{P_2}\right)$$

이므로 식 (4-31)에 $ds = dq/T$를 적분하여 대입하면

$$\Delta s = s_2 - s_1 = AR\ln\left(\frac{v_2}{v_1}\right) = AR\ln\left(\frac{P_1}{P_2}\right) \tag{4-34}$$

[4] 단열 변화($\delta q = 0 \rightarrow ds = 0$)

가역단열 변화를 할 경우에는 $\delta q = 0$이므로 $\delta q = Tds$에서 $ds = 0$이다. 따라서 변화 전후의 엔트로피가 같은 **등엔트로피 변화**(isentropic change)가 된다.

$$\Delta s = s_2 - s_1 = 0,\ \ s_1 = s_2 \tag{4-35}$$

가역단열 변화할 때의 $T-s$ 선도상에는 수직선으로 표시된다. 그러나 마찰이나 와류 등에 의한 손실이 발생하는 비가역단열 변화는 등엔트로피 변화가 아니므로 엔트로피는 증가한다.

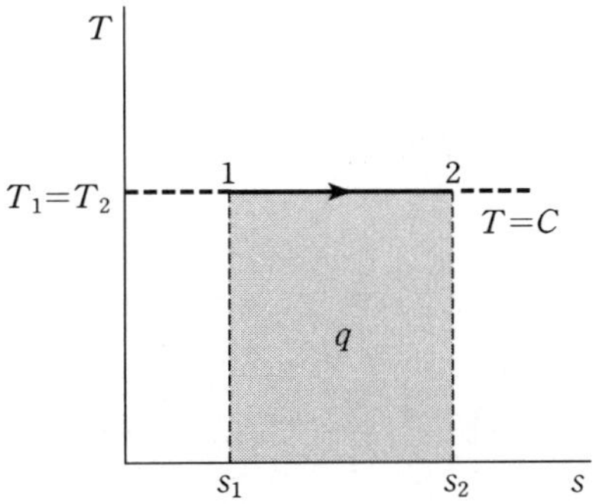

그림 4.16 등온 변화

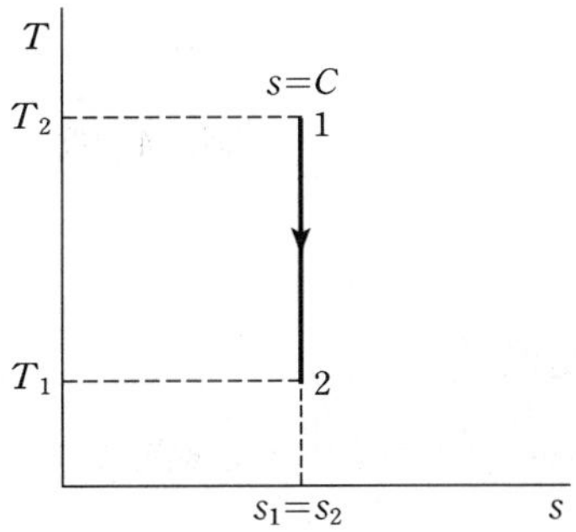

그림 4.17 단열 변화

[5] 폴리트로프 변화

이상기체가 폴리트로프 변화를 하는 경우 가열량은 폴리트로프 비열을 사용하여 식 (3-55)로부터

$$\delta q = C_n dT = C_v \frac{n-\kappa}{n-1} dT$$

으로 주어지므로 엔트로피의 변화는 $ds = \frac{\delta q}{T} = \frac{C_n dT}{T}$ 에서

$$\Delta s = s_2 - s_1 = C_n \ln\left(\frac{T_2}{T_1}\right) = C_v \frac{n-\kappa}{n-1} ln\left(\frac{T_2}{T_1}\right) \tag{4-36}$$

그림 4.18은 폴리트로프 지수 n에 따른 각 상태 변화 곡선을 $T-s$ 선도상에 그린 것이다.

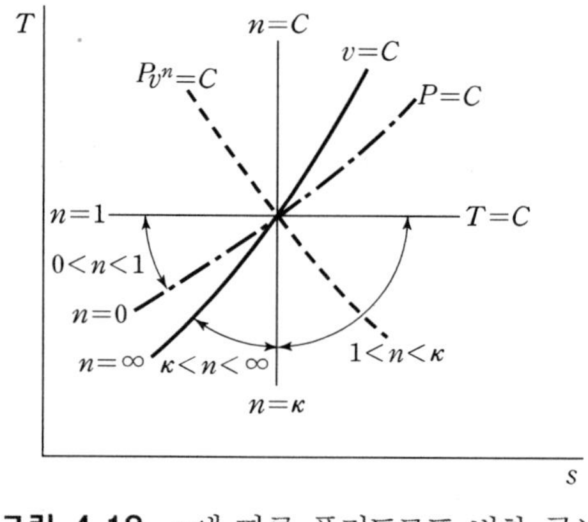

그림 4.18 n에 따른 폴리트로프 변화 곡선

예제 4-6

공기 $1\,kg_f$을 120℃ 에서 200℃ 까지 가열 시 정압, 정적 과정인 경우 엔트로피 증가량을 구하라.

풀이 식 (4-32)와 식 (4-33)에서 구하면 된다.

$$\Delta S_P = C_P \ln \frac{T_2}{T_1} = 0.240 \times \ln \frac{473}{393} = 0.0445\,\mathrm{kcal/kg_f K}$$

$$\Delta S_v = C_v \ln \frac{T_2}{T_1} = 0.171 \times \ln \frac{473}{393} = 0.0317\,\mathrm{kcal/kg_f K}$$

예제 4-7

공기 $1\,kg_f$의 온도 25℃, 압력 $3\,kg_f/cm^2$에서 정압가열되어 온도가 280℃로 되었을 때 다음을 구하라.(단, $C_P = 0.24\,kcal/kg_f\,℃$, $R = 29.27\,kg_f m/kg_f K$, $\kappa = 1.4$이다.)

① 가열량 $_1Q_2$ ② 절대일 $_1W_2$ ③ 내부 에너지 변화량 ΔU
④ 엔탈피 변화량 ΔH ⑤ 엔트로피 변화량 ΔS

풀이 ① 가열량 $_1Q_2$

정압가열이므로 $dq = dh - AvdP = C_P dT$

$$_1Q_2 = GC_P(T_2 - T_1) = 1 \times 0.24 \times (553 - 298) = 61.2\,kcal$$

② 절대일 $_1W_2$

$$_1W_2 = P(V_2 - V_1) = GR(T_2 - T_1) = 1 \times 29.27 \times (553 - 298) = 7463.85\,kg_f m$$

③ 내부 에너지 변화량 ΔU

$$C_P = \kappa C_v \rightarrow C_v = \frac{C_P}{\kappa} = \frac{0.24}{1.4} = 0.171\,kcal/kg_f℃$$

$$\Delta U = GC_v(T_2 - T_1) = 1 \times 0.171 \times (553 - 298) = 43.605\,kcal$$

④ 엔탈피 변화량 ΔH

$$\Delta H = {_1Q_2} = 61.2\,kcal$$

⑤ 엔트로피 변화량 ΔS

$$\Delta S = GC_P \ln\frac{T_2}{T_1} = 1 \times 0.24 \times \ln\frac{553}{298} = 0.148\,kcal/kg_f K$$

예제 4-8

체적 $0.6\,m^3$인 용기에 1.5 MPa, 200℃인 공기를 충전하였다. 정적 상태에서 압력을 0.9 MPa까지 내릴 때 열량과 엔트로피 변화를 구하라.(단, 공기의 정적비열은 $C_v = 0.719\,kJ/kgK$, 기체상수 $R = 0.287\,kJ/kgK$로 한다.)

풀이 SI 단위계에 대한 이상기체식 $P_1V_1 = mRT_1$에서

$$m = \frac{P_1V_1}{RT_1} = \frac{1.5 \times 10^3 \times 0.6}{0.287 \times 473.15} \fallingdotseq 6.628\,kg$$

정적 변화이므로 방열량 $_1Q_2$는

$$_1Q_2 = mC_v(T_2 - T_1) = 6.628 \times 0.719 \times (304.168 - 473.15) = -805.29\,kJ$$

상태 변화 후의 온도 T_2는

$$T_2 = T_1\left(\frac{P_2}{P_1}\right) = 473.15 \times \frac{0.9}{1.4} = 304.168\,K$$

엔트로피 변화량 ΔS는

$$\Delta S = m\,C_v \ln\frac{P_2}{P_1} = 6.628 \times 0.719 \times \ln\frac{0.9}{1.5} = -2.434\ \mathrm{kJ/K}$$

여기서 (−)부호는 엔트로피가 감소하였음을 나타낸다.

예제 4-9

다음 $P-V$ 선도를 $T-S$ 선도로 표시하라.

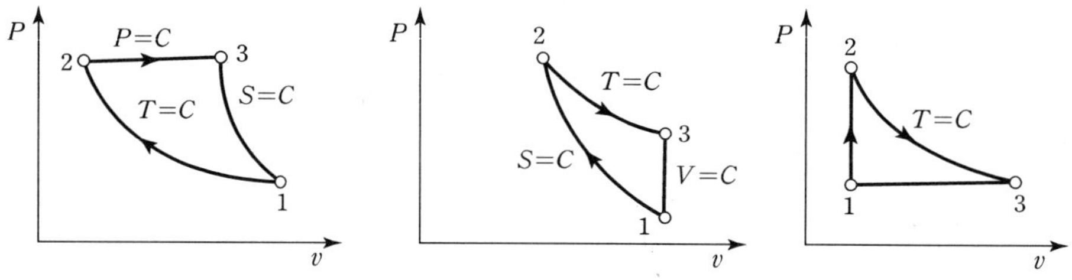

(a) (b) (c)

풀이

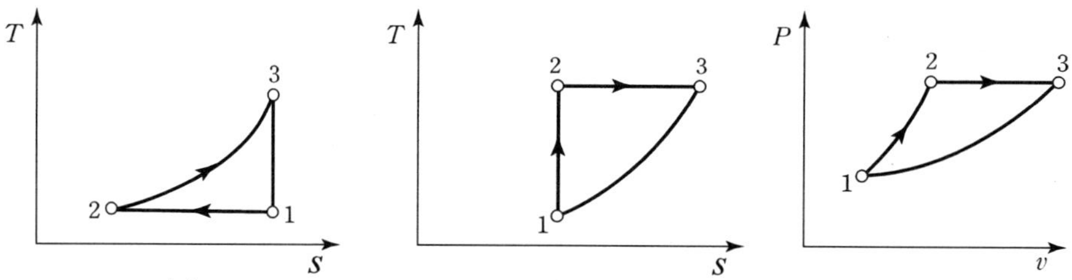

(a) (b) (c)

4.9 유효 에너지와 무효 에너지

열역학 제2법칙에 의하면 고열원의 열을 기계적인 일로 바꾸려면 공급열량의 일부를 저열원으로 버리지 않으면 안 된다. 또한 공급열량 중 가장 많은 부분을 유효한 일로 바꾸기 위해서는 주어진 두 열원 사이에서 효율이 가장 좋은 가역 카르노 사이클을 이용하여야 한다는 점을 알고 있다.

유효 에너지(available energy)란 그림 4.19와 같이 고열원 T_1(K)과 저열원 T_2(K) 사

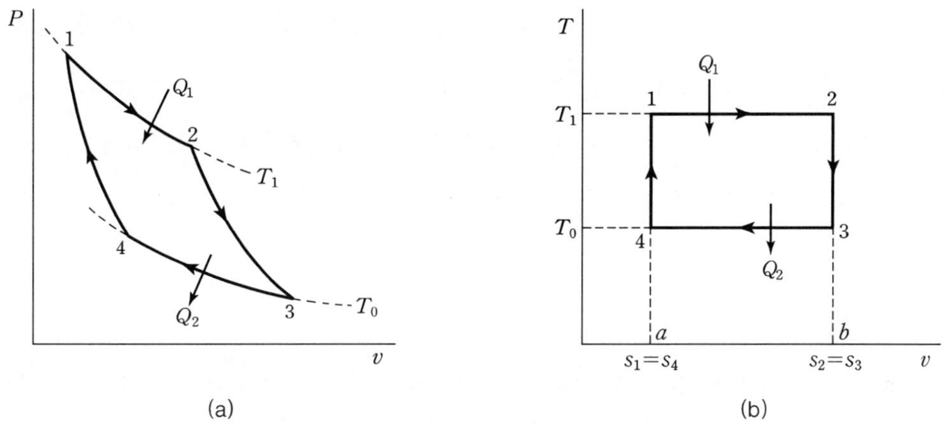

그림 4.19 유효 에너지와 무효 에너지

이에서 작동하는 카르노 사이클에서 고열원으로부터 Q_1의 열량을 공급받고 Q_2의 열량을 방출하면서 유효하게 일을 생산하는 에너지를 말한다.

$Q_a = Q_1 - Q_2$로 일을 한다고 생각하면 열효율은 $\eta = \dfrac{Q_1 - Q_2}{Q_1} = 1 - \dfrac{T_2}{T_1}$이므로

$$Q_a = Q_1 - Q_2 = Q_1\left(1 - \frac{T_2}{T_1}\right) \quad \left(\because Q_2 = Q_1\frac{T_2}{T_1}\right) \tag{4-37}$$

여기서 Q_a를 유효 에너지라 하고 방열량 Q_2를 무효 에너지(unavailable energy)라 한다.

무효 에너지는 계에 가해지거나 계에 방출된 열량 중에서 외부의 가역기관에 의하여 변환될 수 없는 이용할 수 없는 에너지이다.

그림 4.19에서 등온 과정 $1 \rightarrow 2$와 $3 \rightarrow 4$의 엔트로피 변화량을 각각 ΔS_1, ΔS_2라 하면

$$\Delta S_1 = \frac{Q_1}{T_1}, \; -\Delta S_2 = \frac{Q_2}{T_2} \quad (-\text{부호는 감소를 의미함}) \tag{4-38}$$

그런데 가역 사이클에서 $\Delta S_1 - \Delta S_2 = 0$이므로 $\Delta S_1 = \Delta S_2 = \Delta S$이다.

따라서 식 (4-37)과 (4-38)은

$$Q_a = Q_1 - T_2 \Delta S \tag{4-39}$$

$$Q_2 = T_2 \Delta S \tag{4-40}$$

식에서 고열원의 온도 T_1(K)가 높을수록, 저열원의 온도 T_2(K)가 낮을수록 유효 에너지 Q_a는 증가하고, 무효 에너지 Q_2는 감소한다.

또한 엔트로피 증가 시 유효 에너지는 감소하고, 무효 에너지는 증가함을 알 수 있다. 이로부터 엔트로피는 에너지의 무효성을 나타내는 척도로 고려될 수 있다.

예제 4-10

공기 1 kg_f을 정적하에서 10℃에서 100℃까지 가열한 후 다시 정압하에서 100℃에서 200℃까지 가열했다. 저열원의 온도가 0℃일 때 무효 에너지는 얼마인가?

풀이 정적비열 $C_v = 0.171\,kcal/kg_f℃$, 정압비열 $C_P = 0.24\,kcal/kg_f℃$ 이면

$$\Delta S_1 = S_2 - S_1 = C_v \ln\frac{T_2}{T_1} = 0.171 \times \ln\frac{373}{283} = 0.0472\,kcal/kg_f K$$

$$\Delta S_2 = S_3 - S_2 = C_v \ln\frac{T_3}{T_2} = 0.240 \times \ln\frac{473}{373} = 0.057\,kcal/kg_{fK}$$

$$\Delta S = \Delta S_1 + \Delta S_2 = 0.1042\,kcal/kg_f K$$

무효 에너지 Q_2는

$$Q_2 = T_2 \cdot \Delta S = 273 \times 0.1042 = 28.45\,kcal/kg_f$$

4.10 열역학 제3법칙(네른스트의 열정리)

카르노 사이클의 열효율 $\eta_c = 1 - \frac{Q_2}{Q_1} = 1 - \frac{T_2}{T_1}$에서 무효 에너지가 0(zero), 즉 저열원의 온도 T_2가 절대영도(0 K)이면 카르노 사이클의 효율은 100%가 된다. 그러나 **"어떠한 이상적인 방법에 의해서도 물체(어떤 계)의 온도를 절대영도(−273.15℃)에 이르게 할 수 없다."**라는 법칙을 얻었다. 만약 저열원의 온도 T_2가 절대영도(0 K)이면 $\delta Q = TdS$에서 $\delta Q = 0$가 되어 방출열량이 없으므로 단일 고열원(T_1)과 열교환을 하는 결과가 되므로 열역학 제2법칙에도 위배된다.

따라서 네른스트(Nernst)는 **"어떠한 방법으로도 절대영도까지 온도를 내릴 수 없다."**라는 결론을 얻었고 플랑크는 **"순수물질의 엔트로피는 절대영도 부근에서는 T^3에 비례하며 영에**

접근한다."고 표현하였다.

이것을 열역학 제3법칙(the third law of thermodynamics) 또는 네른스트의 열정리(Nernst's heat theorem)라 한다. 이 법칙에 따르면 절대영도(0 K)에서 모든 순수한 고체 또는 액체의 엔트로피와 정압비열의 증가량은 0이 된다. 즉 물체의 온도가 절대영도 부근에 가까워지면 엔트로피도 거의 0에 가깝다.

그러므로 TK에서 어떤 물질의 엔트로피 절대치는 0 K의 값을 기준으로 다음 식으로 구할 수 있다.

$$s_T = \int_0^T C_p \frac{dT}{T} \tag{4-41}$$

여기서 s_T는 임의 온도 T(K)에서 물질의 엔트로피 절대치이다.

연습문제

1. 클라우지우스 부등식에 대하여 설명하라.

2. 열역학 제2법칙을 설명하라.

3. 제1종 영구기관과 제2종 영구기관에 대하여 설명하라.

4. 엔트로피의 증가원리에 대해 설명하라.

5. 열역학 제3법칙을 설명하라.

6. 다음은 열역학 제2법칙에 대한 설명이다. 틀린 것을 골라라.
   ① 열역학 제1법칙의 성립방향성을 규제한 법칙이다.
   ② 열역학 제2법칙으로부터 정의되는 상태량(성질)은 엔트로피이다.
   ③ 열효율이 100 %인 열기관을 제작할 수 없음을 밝힌 법칙이다.
   ④ 제2종 영구기관의 존재 가능성을 제시한 법칙이다.

7. 가역 과정과 비가역 과정에 대한 설명이다. 틀린 것을 골라라.
   ① 비가역 과정의 원인으로 온도 차이에 의한 열전달, 마찰에 의한 손실 에너지 등이다.
   ② 배기가스의 확산, 연료-공기 혼합기의 확산은 비가역 과정의 원인이 된다.
   ③ 모든 가역 사이클에서 클라우지우스 적분값은 항상 0과 같다.
   ④ 비가역 과정에 대한 사이클의 적분값은 항상 0보다 크다.

8. 다음은 영구기관에 대한 설명이다. 틀리게 설명한 것을 골라라.
   ① 제1종 영구기관은 에너지 공급 없이 계속적으로 영구운동을 하는 기관이다.
   ② 제1종 영구기관은 열을 버리지 않고 계속적으로 영구운동을 하는 기관이다.
   ③ 제1종 영구기관의 존재를 부정하는 법칙이 열역학 제1법칙이다.
   ④ 제2종 영구기관의 존재를 부정하는 법칙이 열역학 제2법칙이다.

9. 어떤 사람이 자기가 만든 열기관이 80℃와 10℃ 사이에서 100 kcal의 열을 받아 30 kcal의 유용한 일을 할 수 있다고 주장한다. 이 주장은?
① 열역학 제1법칙에 어긋난다. ② 열역학 제2법칙에 어긋난다.
③ 실험을 해보아야 판단할 수 있다. ④ 이론적으로 모순이 없다.

10. 유효 에너지와 무효 에너지에 대한 설명이다. 다음 중 옳게 표현한 것은?(단, Q_1는 공급열량, T_1는 고열원 온도, Q_2는 방출열량, T_2는 저열원 온도이다.)

힌트 유효 에너지 : $Q_a = Q_1 - Q_2 = Q_1 - T_2 \dfrac{Q_1}{T_1}$, 무효 에너지 : $Q_2 = Q_1 \dfrac{T_2}{T_1}$

① $\dfrac{Q_1}{T_1}$이 클수록 무효 에너지는 유효 에너지로 전환된다.
② $\dfrac{Q_1}{T_1}$이 클수록 무효 에너지는 적게 된다.
③ $\dfrac{Q_1}{T_1}$이 적을수록 무효 에너지는 적게 된다.
④ $\dfrac{Q_1}{T_1}$이 적을수록 유효 에너지는 적게 된다.

11. 카르노(carnot) 사이클에서 열이 방출되는 과정은?
① 등온팽창 과정 ② 단열팽창 과정
③ 등온압축 과정 ④ 단열압축 과정

12. 카르노 사이클에 대한 설명 중 틀린 것은?
① 열효율은 압축비의 함수로 구성된다.
② 두 개의 등온 변화와 두 개의 단열 변화 과정으로 구성된다.
③ 열기관의 이상 사이클로서 최고의 열효율을 갖는다.
④ 열효율은 동작물질에 관계없다.

13. 바다의 물이 가지고 있는 무한히 많은 열량을 이용해서 추진하는 선박을 만들었다면 이 열기관은 어떠한 기관인가?
① 제1종 영구기관 ② 제2종 영구기관
③ 내연기관과 같은 열기관 ④ 열역학 제2법칙에 따르는 열기관

14. 표준 대기압의 공기 1 kg_f을 절대압력 15 kg_f/cm^2까지 가역 단열적으로 압축할 때의 엔트로피 변화는?
① 증가한다. ② 감소한다. ③ 변화 없다. ④ 증가 후 감소한다.

15. 다음 중 열역학 제3법칙과 가장 관계 깊은 사항은?
① 0 K에서의 엔트로피는 "0"이다.
② 273 K에서의 엔트로피는 "0"이다.
③ 엔트로피는 그 변화량만이 문제이므로 절대치는 없다.
④ 0 K에 근접하면 엔트로피는 "0"에 근접한다.

16. 20℃의 물 1 kg_f과 60℃의 물 1 kg_f을 대기압 상태에서 혼합하였더니 열손실이 없이 40℃의 물 2 kg_f이 되었다. 이때 이 과정에 따른 엔트로피의 변화량은 어떻게 되겠는가?

17. 공기 1 kg_f이 표준 대기압하에서 18℃로부터 60℃로 가열되는 동안 체적이 0.824 m^3으로부터 0.943 m^3이 되었다면 이 과정 중 엔트로피 변화량은 얼마인가? 단, 공기의 정적비열 $C_v = 0.172\,kcal/kg_f℃$, 기체상수는 $R = 29.27\,kg_f/kg_f K$이다.

18. 공기 10 kg_f이 20℃ 상태의 정적하에서 열을 공급받아 온도 250℃인 상태로 변하였다면 이 경우 엔트로피의 변화량은 얼마인가?
힌트 $\Delta S = S_2 - S_1 = GC_v \ln\left(\frac{T_2}{T_1}\right)$

19. 어떤 카르노 사이클로 작동되는 열기관이 200 kcal의 열을 200℃에서 공급받아 20℃에서 열을 방출한다면, 이 기관이 하는 일은 얼마인가?

20. 공기 10 kg_f이 일정한 압력하에서 열을 공급받아 체적이 2배가 되었다. 공기에 가해진 열량이 500 kcal이라면 엔트로피의 변화는 몇 $kcal/kg_f K$인가? 단, 공기의 정압비열 $C_v = 0.240\,kcal/kg_f℃$이다.

21. 카르노 기관의 실린더 내의 공기 $10\,kg_f$이 온도 100℃하에서 열량 25 kcal을 공급받아 등온팽창하였다고 하면 공기에 가해진 열량 중의 무효 에너지와 엔트로피의 변화량은 얼마인가?(단, 저열원 온도는 0℃이다.)

힌트 $\Delta S = S_2 - S_1 = \frac{{}_1Q_2}{T}$, 무효 에너지 : $Q_2 = T_2 \Delta S$

22. $1\,kg_f/cm^2$, 10℃의 공기 $1\,kg_f$을 $PV^{1.25} = C$에 따라서 150℃까지 압축할 경우 엔트로피의 변화(ΔS)를 구하라.(단, 공기의 정적비열 $C_V = 0.171\,kcal/kg_f$이며, 비열비 $\kappa = 1.4$이다.)

힌트 $\Delta s = s_2 - s_1 = C_n \ln\left(\frac{T_2}{T_1}\right) = C_v \frac{n-\kappa}{n-1} ln\left(\frac{T_2}{T_1}\right)$

23. 이상기체가 그림과 같은 사이클을 하고 있다. 이 사이클을 $T-s$ 선도로 나타내라.

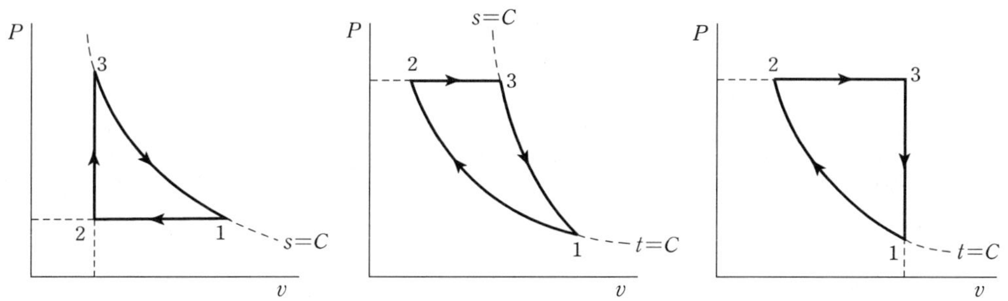

(a) (b) (c)

정답
6. ④ 7. ④ 8. ② 9. ② 10. ③ 11. ③ 12. ①
13. ① 14. ③ 15. ④
16. 단열 과정이므로 엔트로피의 변화량은 0이다.
17. $\Delta s = 0.032\,kcal/kg_f K$
18. $\Delta S = 0.997\,kcal/kg_f K$
19. $W = 32500\,kg_f m$
20. $\Delta S = 1.67\,kcal/kg_f K$
21. $\Delta S = 0.067\,kcal/kg_f K$, $Q_2 = 18.3\,kcal$
22. $\Delta S = -0.942\,kcal/kg_f K$

Chapter 5

증기의 성질

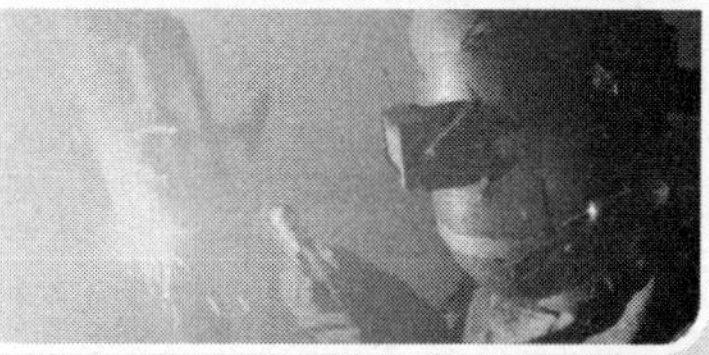

5.1 증기(실제가스)의 개요

증기원동기(steam prime mover)의 동작물질인 수증기는 열에너지를 제거하면 쉽게 액화(liquefaction)되어 액상의 물이 되고, 열을 가하면 증발(vaporization)이 일어나 기상의 증기가 된다. 가스와 증기의 차이점은 그 한계를 명확히 구분하기는 어려우나 일반적으로 쉽게 액화나 증발이 일어나는 것을 증기(vapour), 그렇지 않은 것을 가스(gas)라 한다. 공업적으로 널리 이용되는 증기에는 수증기, 냉동기의 암모니아, 할로겐화 탄화수소(일명 Freon) 등 각종 냉매, 알코올 등 그 종류가 수없이 많이 있다. 그러나 가스에 속하는 기체도 상당한 저온고압에서는 액화시킬 수 있으므로 상온에서 쉽게 액화, 증발이 가능한 기체를 증기라 생각하면 된다.

일반적으로 가스는 이상기체로 취급하여도 무방하지만 증기는 분자의 체적과 분자력이 이상기체에 비해 매우 큰 실제 가스이므로 상당한 고온저압인 경우를 제외하고는 가스와 같이 이상기체의 간단한 상태식 $Pv = RT$으로 나타낼 수 없다. 따라서 실험에 기초를 둔 근사식이나 또는 실용적으로 각종의 증기에 대하여 실험결과를 토대로 한 온도, 압력, 비체적, 엔탈피, 엔트로피의 값을 증기표나 증기선도를 이용하여 열역학적인 계산을 하는 것이 통례이다.

공업적으로 이용되는 증기들의 종류는 많으나 이들의 특성은 유사한 점이 많으므로 이 장에서는 증기원동소의 가장 대표적인 동작물질인 수증기(H_2O)를 예를 들어 설명하기로 한다.

5.2 증기의 성질

5.2.1 증발현상

액체의 증발 과정을 쉽게 이해하기 위하여 그림 5.1과 같이 순수한 물을 실린더 내에 넣고, 마찰 없이 움직이는 피스톤과 밀폐된 상태에서 실린더 내 압력이 항상 일정(편의상 표준대기압, 1atm)하게 유지될 수 있도록 한 상태에서 가열하였을 때의 증발 과정(정압 가열)을 도시한 것이다.

물을 처음 넣은 상태[그림 5.1(a)]에 외부로부터 열을 가하면 물의 온도가 상승되며 체적도 약간 증가하여 피스톤을 위로 약간 밀어 올리므로 일을 한다. 그러나 물의 체적 증가에 따른 일량은 매우 작으므로 가열량이 모두 물의 온도 상승을 위한 내부 에너지로 저장된다고 생각하여도 무방하다.

물의 온도가 계속 상승하여 100℃가 되면 물의 내부 에너지는 액체로서 저장할 수 있는 최대한도, 즉 포화(飽和) 상태에 도달[그림 5.1(b)]하게 된다. 포화 상태인 물에 조금이라도 열을 가하면 증발이 시작되며 가열량은 모두 증발에 소비되어 증발이 완료[그림 5.1(d)]될 때까지 온도는 일정하며 체적은 증가한다. 증발이 완료된 후 계속 가열하면 온도는 다시 증가하여 과열증기 가스로 변한다. 이상과 같은 물의 증발 과정을 구체적으로 설명하면 다음과 같다.

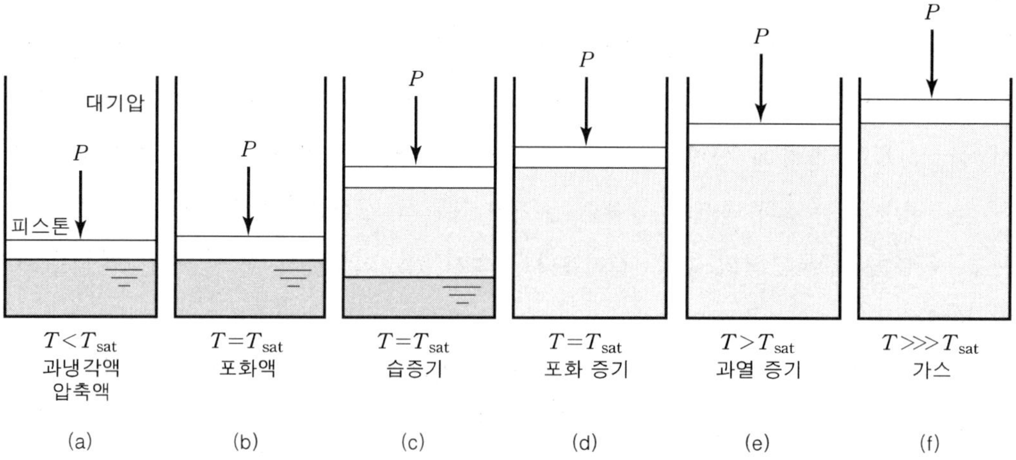

그림 5.1 가열 시 정압하의 증발 과정

[1] 압축수(불포화수), 압축액

그림 5.1(a)와 같이 액체로서 내부 에너지가 포화 상태에 도달하지 못한 물을 **압축수**(compressed water)라 하며 **불포화수**(unsaturated water)라고도 한다. 물이 아닌 액체는 불포화액(unsaturated liquid) 또는 압축액(compressed liquid)이라 한다. 이때 공급된 열에너지는 대부분 내부 에너지의 증가에 사용되어 내부 에너지가 포화 상태에 도달할 때까지 온도가 계속 증가하며 약간의 열량에 의한 미소한 체적 증가가 있다.

[2] 포화수, 포화액

그림 5.1(a)의 압축수를 계속 가열하면 온도의 상승이 멈추고 증발이 일어나기 시작되는 상태에 도달한다. 이 온도는 액체의 성질 및 압력에 따라 정해지는 것으로서, 정해진 압력에 대한 **포화온도**(saturated temperture)라 한다. 물의 경우를 예로 들면 압력이 1atm일 때 포화온도는 100℃이다. 압력이 변하면 포화온도도 변하게 되고 양자 사이에는 일정한 관계가 성립한다. 따라서 역으로 온도가 정해지면 그 온도에 대응하는 압력이 정해지는데 이 압력을 **포화압력**(saturated pressure)이라고 한다.

그림 5.1(b)는 내부 에너지가 포화 상태에 도달한 물(액체)로서 증발 직전의 상태이며 **포화수**(saturated water)라 한다.

[3] 습포화증기(습증기)

포화수에 열을 공급하면 증발이 일어나기 시작된다. 증발이 완료될 때까지 포화온도는 변하지 않고 포화수(액체)가 증기(기체)로 바뀌면서 체적이 급격히 증가한다. 따라서 포화수의 양이 감소하므로 증발이 완료되기 전까지는 그림 5.1(c)처럼 포화수와 증기가 동시에 존재하게 되는데 이러한 혼합체를 **습포화증기**(wet saturated vapour) 또는 **습증기**(wet vapour)라 한다.

[4] 건포화증기(포화증기, 건증기)

습포화증기에 계속 열을 가하면 그림 5.1(d)와 같이 포화수(액체)가 완전히 증발하여 증기만이 존재한다. 이와 같이 동일한 포화온도에서 증발이 완료된 상태의 증기를 **건포화증기**(dry saturated vapour), **포화증기**(saturated vapour) 또는 **건증기**(dry vapour)라 한다. 일반적으로 1kg_f의 포화수가 모두 건포화증기로 증발하는 데 소요된 열량을 **증발잠열**

(heat of vapourization)이라 한다.

[5] 과열증기

건포화증기를 다시 가열하면 증기의 온도는 포화온도보다 높아지며 체적은 더욱 증가한다. 그림 5.1(e)와 같이 포화온도 이상으로 가열된 증기를 **과열증기**(superheated vapour)라 하고 정압하에서 과열증기의 온도와 포화온도와의 차를 **과열도**(degree of superheat)라 한다. 과열도가 커질수록 증기는 이상기체의 성질에 점점 가까워진다.

5.2.2 증기의 일반적 성질

물의 증발 과정(정압가열)을 $P-v$ 선도와 $T-s$ 선도에 표시하면 그림 5.2에서 a, b, c, d, e로 표시된다. 여기서 a, b, c, d, e는 각각 불포화액, 포화액, 습증기, 건포화증기, 과열증기를 나타내는 점들이다.

이번에는 압력을 변화시켜 정압하에 증발 과정을 표시하면 $a_1b_1c_1d_1e_1$, $a_2b_2c_2d_2e_2$, $a_3b_3c_3d_3e_3$와 같게 되며 $bb_1b_2b_3$는 포화액, $dd_1d_2d_3$는 건포화증기를 나타내는 점들이다. 압력을 더 많이 변화시켜 이 점들을 구하면 포화액을 나타내는 점들을 이은 선 $bb_1b_2b_3\cdots$과 건포화증기를 나타내는 점들을 이은 선 $dd_1d_2d_3\cdots$은 점점 그 간격이 좁아져 K점에서 만나게 된다.

이와 같이 포화액을 나타내는 점들을 이은 선 $Bbb_1b_2 \cdots K$를 **포화액선**(saturated liquid line), 건포화증기를 나타내는 점들을 이은 선 $Ddd_1d_2d_3 \cdots K$를 **건포화증기선**(dry saturated vapour line)이라 하고 $B\cdots K\cdots D$를 **포화한계선**(saturation line or boundary line)이라 한다.

한편, 포화액선과 건포화증기선이 만나는 점 K를 **임계점**(critical point)이라 하며 임계점에서는 포화액체와 포화증기가 공존하는 최고의 온도와 압력을 갖는다. 이때의 압력, 온도를 각각 **임계압력**(critical pressure), **임계온도**(critical temperature)라 한다.

임계압력 이상의 압력을 초임계압력(supercritical pressure)이라 하고, 그 압력에서는 불포화액을 가열하면 증발 과정 없이 과열증기로 변한다.

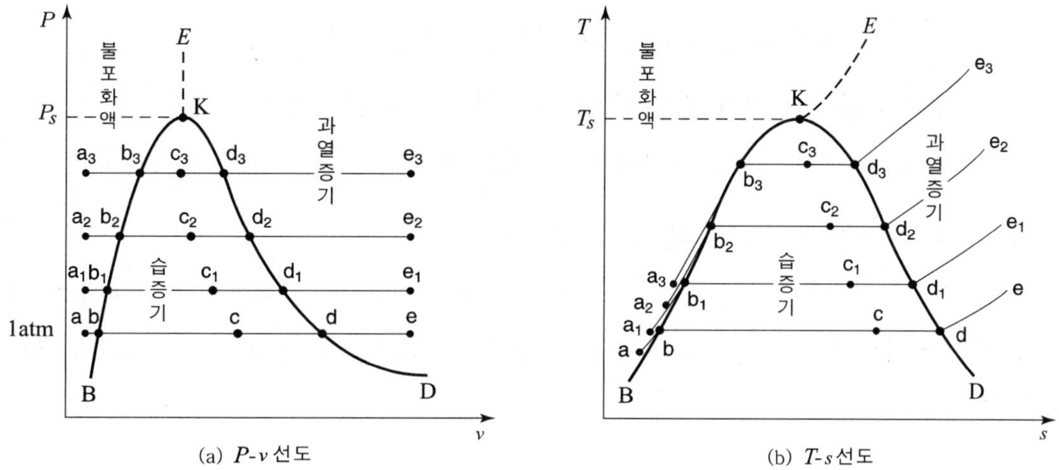

그림 5.2 증기의 정압 증발 과정에 대한 $P-v$ 및 $T-s$ 선도

5.3 증기의 상태방정식

실제 가스나 증기의 성질은 대단히 복잡하여 이상기체의 상태식 $Pv=RT$를 적용할 수 없다. 이상기체의 상태식을 적용하려면 기체 분자의 상호 간 인력이 없고 분자의 크기가 없는 질점이라는 가정이 선행되었다. 그러나 증기는 분자 간 인력도 작용하며 또 분자의 크기를 무시할 수 없어 그동안 많은 학자들은 상태식 $Pv=RT$에 증기의 성질을 적용시키려 많은 연구를 하였다. 즉 $Pv=RT$ 식을 적당히 수정하여 증기의 상태를 구하는 것으로 여기에 대표적인 식 몇 가지를 소개한다.

[1] 반데르발스 상태식

네델란드의 물리학자 반데르발스(J.D. Van der Waals)에 의하여 분자의 운동학적 고찰을 통하여 증기의 성질에 적용할 수 있는 $Pv=RT$를 수정한 식이다.

$$\left(P+\frac{a}{v^2}\right)(v-b)=RT \tag{5-1}$$

여기서 a, b : 기체의 종류에 따라 정해지는 상수

$\dfrac{a}{v^2}$: 분자 간의 인력이 압력에 미치는 영향을 수정하는 합

v : $1 kg_f$의 기체 중에 포함하는 분자가 차지하는 체적

$v-b$: 분자가 자유로이 운동할 수 있는 체적

[2] 클라우지우스 상태식과 베르틀로 상태식

반데르발스의 상태식의 상수 a, b는 실제로는 상수가 아니며 압력과 온도의 함수가 되므로 이를 압력과 온도의 함수로 수정한 다음 식이 있으며 식 중에 a', b', a, b, R는 상수이다.

(1) 클라우지우스 상태식

$$\left(P+\frac{a'}{T(v+b')^2}\right)(v-b)=RT \tag{5-2}$$

(2) 베르틀로(Berthelot) 상태식

$$\left(P+\frac{a}{Tv^2}\right)(v-b)=RT \tag{5-3}$$

5.4 증기의 열적 상태량

증기의 열적 상태량들은 증기의 상태식으로부터 구할 수도 있으나 이 절에서는 기준에 의한 상대치를 구하는 것을 설명하기로 한다.

증기가 갖는 에너지와 관계되는 열적 상태량인 엔탈피 h, 엔트로피 s, 내부 에너지 u는 압력, 비체적, 절대온도와는 달리 그 절대치를 구하지 않고 일정한 기준을 정하여 어떤 상태의 값을 기준에 대한 상대치로 구한다.

물의 경우 종전에는 0℃의 포화수를 기준으로 정하여 엔탈피와 엔트로피를 0이라고 설정하였지만, 1963년 이후로는 물의 3중점(tripple point, 0.0100℃)을 기준으로 엔탈피와 엔트로피를 0으로 하였다. 그러나 0℃와 0.0100℃와는 실용상 동일하다고 보아도 지장이 없으므로 앞으로는 편의상 0℃를 기준으로 삼고 설명하도록 한다. 한편 냉매의 경우

는 0℃인 포화액의 엔탈피를 $100\,\text{kcal/kg}_\text{f}$, 엔트로피 $1\,\text{kcal/kg}_\text{f}\text{K}$을 기준으로 하고 있다. 0℃의 포화수의 엔탈피와 엔트로피를 0이라 하고 내부 에너지를 구하면

$$h'_0 = 0,\ s'_0 = 0$$

여기서 아래첨자 0은 기준 상태를 표시하며, 위첨자 ′는 포화수, ″는 건포화증기 상태를 의미한다. 엔탈피 정의식 $h = u + APv$로부터 0℃ 포화수의 내부 에너지는

$$u'_0 = h'_0 - AP'v' = 0 - \frac{1}{427} \times 0.006228 \times 10^4 \times 0.001 = -0.000146\ \text{kcal/kg}_\text{f}$$

이 되므로 $u'_0 \fallingdotseq 0$으로 볼 수 있다. 즉,

$$h'_0 = 0,\ s'_0 = 0,\ u'_0 = 0 \qquad (5\text{-}4)$$

[1] 압축수와 포화수

① 포화수의 액체열(내부 에너지)

임의의 압력하에서 0℃의 압축액 1kg_f을 그 압력에 상당하는 포화온도(t_s℃로 표기)까지 높이는 데 필요한 열량을 액체열(heat of liquid)이라 한다. 액체열을 q_l이라 하고 비열을 C라 하면

$$q_l = \int_0^{t_s} C\,dt \quad (\text{kcal/kg}_\text{f}) \qquad (5\text{-}5)$$

으로 표시 가능하다. 한편, 압력 P에서 0℃ 물의 비체적과 내부 에너지를 v_0, u_0, 동일한 압력에 상당하는 포화수의 비체적과 내부 에너지를 v', u'이라 하면 열역학 제1기초식 $\delta q = du + APdv$로부터 액체열 q_l은 $q_l = \int_0^{t_s} du + AP\int_0^{t_s} dv$이므로

$$q_l = (u' - u_0) + AP(v' - v_0) \qquad (5\text{-}6)$$

로 된다. 그러나 액체의 경우에는 체적 변화를 무시($v' - v_0 \fallingdotseq 0$)할 수 있으므로 위 식은 다음과 같이 된다.

$$q_l \fallingdotseq u' - u_0\ (\text{kcal/kg}_\text{f}) \qquad (5\text{-}7)$$

따라서 액체열 대부분은 내부 에너지의 증가에 사용된다.

② 포화수의 엔탈피

열역학 제2기초식 $\delta q = dh - AvdP$로부터 정압$(dP=0)$하에서는 $\delta q = dh$이므로 적분하면 액체열은

$$q_l = \int_0^{t_s} dh = h' - h_0 \tag{5-8}$$

이 된다. 압력이 아주 높지 않은 경우 0℃ 물의 내부 에너지는 $u_0 \approx 0$으로 볼 수 있고 APv_0도 거의 0에 가까우므로 엔탈피의 정의식으로부터 $h_0(=u_0 + APv_0)$도 0이 된다. 따라서 액체열은 포화수의 내부 에너지, 엔탈피로 근사적으로 구할 수 있다.

$$q_l \fallingdotseq u' \fallingdotseq h' \ (\mathrm{kcal/kg_f}) \tag{5-9}$$

물의 경우 액체열 q_l은 실제로 200℃까지는 포화수의 엔탈피와 내부 에너지의 값과 거의 일치한다.

③ 포화수의 엔트로피

0℃의 포화수 엔트로피 s_0를 기준으로 하므로 $s_0=0$으로 한다. 엔트로피 정의식인 $ds = \delta q / T$를 0℃로부터 t_s까지 적분하고 식 (5-5)를 적용시키면,

$$s' - s_0 = \int_{273}^{T_s} \frac{dq}{T} = C\int_{273}^{T_s} \frac{dT}{T} \quad (\text{여기서 } T_s = t_s + 273) \tag{5-10}$$

포화수의 비열 C가 온도에 따라 변화하지 않거나 평균 비열일 때는 다음과 같이 된다.

$$\therefore\ s' = C \ln \frac{T_s}{273} \ (\mathrm{kcal/kg_f K})$$

예제 5-1

25 $\mathrm{kg_f/cm^2}$인 포화수의 비엔트로피는 몇 $\mathrm{kcal/kg_f K}$ 인가?(단, 포화온도 t_s = 223℃ 이고 평균 비열 C_m = 1.0187 $\mathrm{kcal/kg_f K}$ 이다.)

풀이 $s' - s_o = C\ln\left(\frac{T_s}{273}\right) = 1.0187\ln\left(\frac{273+223}{273}\right) = 0.616\ \text{kcal/kg}_\text{f}\text{K}$

예제 5-2

표준 상태에서 포화수 $1\,\text{kg}_\text{f}$의 엔탈피는 $100.04\,\text{kcal/kg}_\text{f}$, 비체적이 $0.0010435\,\text{m}^3/\text{kg}_\text{f}$이다. 이때 내부 에너지는 얼마인가?

풀이 $h' = u' + APv'$에서

$$u' = h' - APv' = 100.04 - \frac{1.0332\times 10^4}{427}\times 0.0010435 = 100.015\,\text{kcal/kg}_\text{f}$$

[2] 습증기 또는 습포화증기

습증기는 포화수와 건포화증기의 혼합체이므로 $1\,\text{kg}_\text{f}$의 습증기 중에 건포화증기가 $x\,\text{kg}_\text{f}$이면 포화수는 $(1-x)\,\text{kg}_\text{f}$이 된다. 이때 x를 습증기의 건조도(dryness fraction) 건도 또는 질(quality)이라 하고, $(1-x)$를 습도(wetness fraction)라 한다.

$$\text{습증기의건조도}(x) = \frac{\text{습증기 중에 건포화증기의 무게}}{\text{습증기의 무게}}$$

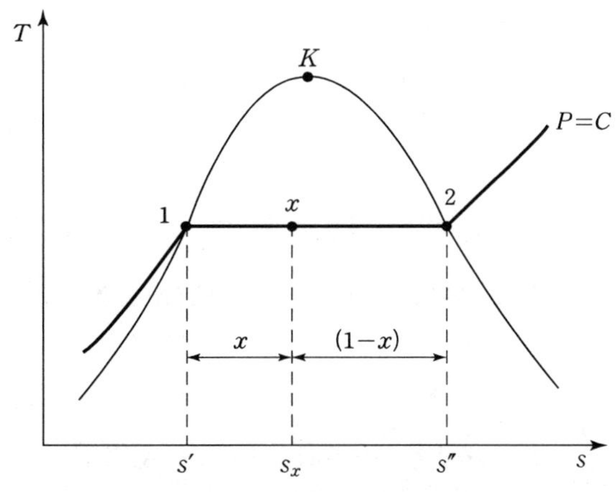

그림 5.3 습증기의 상태점

건조도가 x인 습증기의 비체적, 비엔탈피, 비내부 에너지, 비엔트로피는 다음 식으로 구한다.

$$v_x = (1-x)\,v' + xv'' = v' + x(v'' - v'') \tag{5-11}$$

$$h_x = (1-x)h' + xh'' = h' + x(h'' - h')$$

$$u_x = (1-x)u' + xu'' = u' + x(u'' - u')$$

$$s_x = (1-x)\,s' + x\,s'' = s' + x(s'' - s')$$

여기서 v', h', u', s' : 포화액의 상태치, v'', h'', u'', s'' : 건포화증기의 상태치.

예제 5-3

체적 400l 탱크 속에 50 kg_f의 습포화증기가 들어 있다. 온도가 350℃ 이면 건조도는 얼마인가?
(단, 350℃에서의 $v' = 0.0017468\,m^3/kg_f$, $v'' = 0.008811\,m^3/kg_f$ 이다.)

풀이

먼저 비체적을 구하면 $v_x = \dfrac{V}{G} = \dfrac{400\times10^{-3}}{50} = 0.008\,m^3/kg_f$

$v_x = v' + x(v'' - v')$이므로

$$x = \frac{v_x - v'}{v'' - v'} = \frac{0.008 - 0.0017468}{0.008811 - 0.0017468} = 0.885$$

[3] 건포화증기

① 정압하에서 증발열(γ)

단위중량(1 kg_f)의 포화수가 정압하에 건포화증기가 되기 위해 필요한 열량을 증발열이라 하고 γ로 표시한다. 열역학 제1법칙 $\delta q = du + APdv$으로부터 증발열을 구하면 다음과 같다.

$$\gamma = \int_1^2 \delta q = \int_1^2 du + AP\int_1^2 dv = (u'' - u') + AP(v'' - v') \tag{5-12}$$

$$= (u'' + APv'') - (u' + APv') = h'' - h'$$

따라서 증발열 γ은 포화수로부터 건포화증기까지의 엔탈피 변화와 같다.

식 (5-12)를 내부증발열(ρ)과 외부증발열(ψ)로 표시하면 다음과 같다.

$$r = (u'' - u') + AP(v'' - v') = \rho + \psi \tag{5-13}$$

내부증발열은 포화액이 완전히 증발할 때까지 내부 에너지의 증가량을 뜻하며, 외부증발열은 증발에 따른 체적의 증가(팽창)로 외부에 하는 일의 열상당량을 의미한다.

② 건조도가 x인 습증기의 엔탈피, 내부 에너지, 엔트로피

정압하에 증발이 일어나는 동안 증기의 온도는 포화온도로 일정하므로 $ds = \delta q / T_s$에서 $\delta q = T_s ds$이다. 이것을 식 (5-12)와 같이 적분하면

$$r = \int_1^2 T_s ds = T_s \int_1^2 ds = T_s (s'' - s') \tag{5-14}$$

따라서 건도가 x인 습증기의 엔탈피, 내부 에너지, 엔트로피를 증발열로서 나타내면 다음과 같다.

$$h_x = h' + x(h'' - h') = h' + x\gamma \tag{5-15}$$

$$u_x = u' + x(u'' - u') = u' + x\rho$$

$$s_x = s' + x(s'' - s') = s' + x\frac{\gamma}{T_s}$$

한편 0℃의 압축수 $1\,kg_f$을 정압하에 모두 건포화증기로 만드는 데 필요한 열량을 전열량(total heat)이라 하고, λ로 표시하면

$$\lambda = q_l + \gamma = h' + \gamma = h'' \tag{5-16}$$

로 되어 액체열과 증발열의 합이 전열량이며 이는 건포화증기의 엔탈피와 같다.

예제 5-4

물 $1\,kg_f$이 압력 $2\,kg/cm^2$하에서 증발하여 체적변화량이 $0.9\,m^3$이 되었다. 이때 증발열이 520 kcal이라면 외부증발열과 내부증발열을 구하라.

풀이

외부증발열 : $\psi = AP(v'' - v') = \frac{1}{427} \times (2 \times 10^4) \times 0.9 = 42.2\,kcal/kg_f$

내부증발열 : $\rho = \gamma - \psi = 520 - 42.2 = 477.8\,kcal/kg_f$

예제 5-5

건도 $x=0.9$인 증기 $1\,kg_f$을 압력 $8\,kg_f m/cm^2$에서 건포화증기로 만들려면 공급열량은 얼마인가?(단, $h'=210\,kcal/kg_f K$, $h''=610\,kcal/kg_f K$이다.)

풀이 $_1q_2=(x_2-x_1)\gamma=(x_2-x_1)(h''-h')$

$$=(1.0-0.9)(610-210)=40\,kcal/kg_f$$

[4] 과열증기

① 과열량

단위중량 ($1\,kg_f$)의 건포화 증기를 정압하에서 더욱 가열하면 과열증기(過熱蒸氣)가 된다. 포화온도 T_s로부터 정압하에 임의의 온도 T까지 과열시키는 데 필요한 열량을 과열의 열(heat of superheating) 또는 **과열량**이라 하며, 과열증기는 이상기체로 볼 수 있어 상태방정식을 적용할 수 있다. 과열증기의 정압비열 C_P가 주어지면 비열방정식 $\delta q=C_P dT$를 적분하여 구할 수 있다. 과열의 열을 q_s라 하면

$$q_s=\int_{T_s}^{T} C_P dT \tag{5-17}$$

여기서 T : 과열증기 온도, T_s : 포화증기 온도.

② 과열증기의 엔탈피 및 엔트로피

과열증기의 엔탈피를 h라 하면 정압 과정이므로

$$\int_{T_s}^{T} dh=\int_{T_s}^{T}\delta q \quad\rightarrow\quad h-h''=q_s \tag{5-18}$$

$$h=h''+q_s=h''+\int_{T_s}^{T} C_P dT$$

과열증기의 엔트로피 s는 $ds=\delta q/T=C_P dT/T$를 적분하면

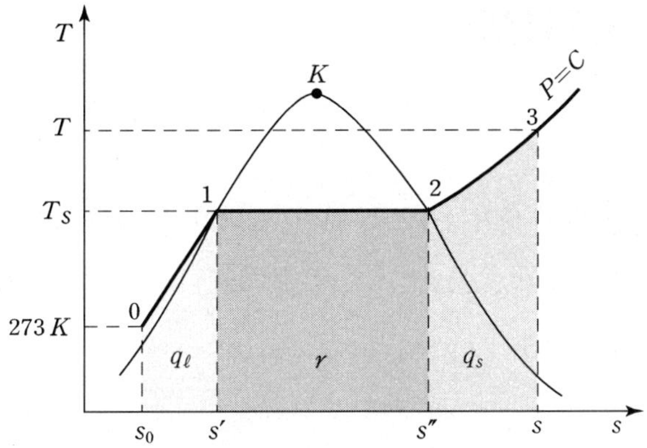

그림 5.4 물을 과열증기까지 정압가열 시 필요한 열량

$$\int_{T_s}^{T} ds = \int_{T_s}^{T} \frac{C_P\, dT}{T} \quad \rightarrow \quad s - s'' = \int_{T_s}^{T} C_P \frac{dT}{T} \tag{5-19}$$

$$s = s'' + \int_{T_s}^{T} C_P \frac{dT}{T}$$

0℃의 압축액 $1\,kg_f$을 임의 온도 T인 과열증기로 만드는 데 필요한 열량은 $q_l + \gamma + q_s$이며 그림 5.4의 $T-s$ 선도상에서 열량을 나타내면 0~1 사이의 빗금친 면적은 액체열 q_l, 1~2 사이의 빗금 친 면적은 증발열, 그리고 2~3 사이의 빗금 친 면적은 과열의 열을 나타낸다.

예제 5-6

압력 $50\,kg_f/cm^2$의 물의 포화온도는 263℃이고, 건포화증기의 비체적은 $0.04\,m^3/kg_f$이다. 동일 압력에서 80℃만큼 과열시키는 데 필요한 열량은 몇 $kcal/kg_f$인가?(단, 정압비열은 $0.8\,kcal/kg_f$ ℃이다.)

풀이

$$q_s = \int_{T_s}^{T} C_P dT = C_P(T - T_s) = 0.8 \times 80 = 64\,kcal/kg_f$$

5.5 증기표 및 증기선도

[1] 증기표

물질에 대한 증발 과정에서 생기는 각 상태의 열역학적 상태량을 실험적으로 계측하고, 기초 유도식의 계산을 종합하여 도표화한 것이 증기표이다. 증기표에는 포화 증기표와 과열 증기표가 있다(부록 2 참조).

① 포화 증기표

포화액 및 건포화증기의 포화온도 및 포화압력에 대한 비체적(v), 엔탈피(h), 증발잠열(γ), 엔트로피(s) 등의 값을 나타내고 있다. 증기의 값은 주어지지 않으므로 다음 식으로 구할수 있다.

$$v_x = v' + x(v'' - v'),\ h_x = h' + x(h'' - h') \tag{5-20}$$

$$u_x = u' + x(u'' - u'),\ s_x = s' + x(s'' - s')$$

표 5.1 온도 기준 포화 증기표의 예

온도	포화압력	비체적 m^3/kg_f		엔탈피 $kcal/kg_f$			엔트로피 $kcal/kg_f\,K$	
℃	kg_f/cm^2	v'	v''	h'	h''	γ	s'	s''
·	·	·	·	·	·	·	·	·
75	0.393 13	0.001 026	4.132	74.94	629.1	554.1	0.242 4	1.834 0
80	0.482 97	0.001 029	3.407	79.95	631.1	551.1	0.256 8	1.817 3
85	0.584 47	0.001 032	2.828	84.96	633.0	548.1	0.270 8	1.801 1
90	0.714 93	0.001 036	2.360	89.9	635.0	545.0	0.284 7	1.785 5
·	·	·	·	·	·	·	·	·

② 과열 증기표

각각의 압력에 대한 온도를 기준으로 과열증기의 성질을 표시하고 있다. 과열 증기표에는 내부 에너지의 값이 주어지지 않으므로 $u = h - APdv$의 식으로 구할 수 있다.

표 5.2 압력 기준 과열 증기표의 예

온도℃	비체적 v m^3/kg_f	엔탈피 h $kcal/kg_f$	엔트로피 s $kcal/kg_f\,K$
압력 P =$10kg_f/cm^2$ (포화온도 179.0℃)			
200	0.210 3	675.7	1.601 5
250	0.237 6	703.0	1.656 5
300	0.263 3	728.9	1.703 8
·	·	·	·

③ 증기표의 보간

증기표(부록 2 참조)는 필요한 부분만 수록한 것이므로 증기표에 나타나 있지 않은 값은 그 온도나 압력에 대하여 가장 가까운 값들을 이용하여 보간법(補間法)으로 구하면 된다. 만일 독립변수의 증분이 작은 경우는 선형보간을 통해서 비교적 만족할 만한 값을 구할 수 있다.

증기표에서 온도 T_1에서의 상태량 X_1, 온도 T_2에서의 상태량 X_2일 때 온도 T에서의 상태량 X를 보간법에 의해 다음과 같이 구할 수가 있다.

$$\frac{X-X_1}{X_2-X_1}=\frac{T-T_1}{T_2-T_1} \quad \rightarrow \quad X=X_1+(X_2-X_1)\frac{T-T_1}{T_2-T_1}$$

그러나 만일 과열 증기표와 같이 독립변수의 증분이 클 경우에는 s와 같은 특정상태량은 선형보간으로는 높은 정도의 보간을 얻을 수 없다.

주어진 압력에서 비체적 v는 온도에 비례하므로 v의 결정에 선형보간을 사용할 수 있으나, 엔트로피 s는 온도비의 대수(logarithm)에 비례하므로 다음과 같이 대수보간을 사용하여 구한다.

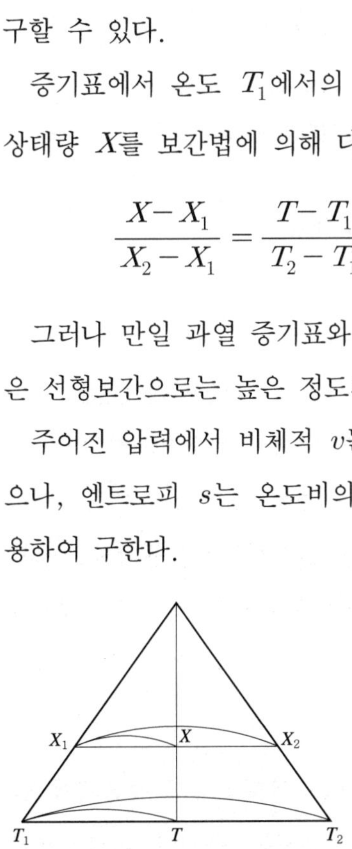

$$\frac{v-v_1}{v_2-v_1}=\frac{T-T_1}{T_2-T_1} \tag{5-21}$$

$$\frac{s-s_1}{s_2-s_1}=\frac{\ln T/T_1}{\ln T_2/T_1}$$

예제 5-7

압력 $50\,kg_f/cm^2$의 포화증기를 동일 압력하에서 비체적이 $0.05311\,m^3/kg_f$인 과열증기 상태가 될 때까지 과열시켰다. 이 상태에서의 증기의 포화온도, 과열도, 과열량, 과열에 의한 엔트로피 및 내부 에너지 변화를 구하라.(단, 과열증기의 평균 정압비열은 $C_P = 0.62\,kcal/kg_f K$으로서 일정하다.)

풀이 1) 포화온도 : 과열 증기표로부터 압력 $50\,kg_f/cm^2$에서 비체적 $0.05311\,m^3/kg_f$이 되는 상태점은 온도가 350℃임을 알 수 있다. 이때 압력 $50\,kg_f/cm^2$에서의 포화온도는 262.7℃이다.

2) 과열도 : 과열도는 과열증기의 온도와 포화증기에 대응하는 포화온도의 차로 정의되므로

과열도 $= T - T_s = 350 - 262.7 = 87.3$℃

3) 과열량 : $q_s = \int_{T_s}^{T} C_P dT = C_{Pm}(T - T_s) = 0.62 \times 87.3 = 54.1\,kcal/kg_f$

4) 엔트로피 변화 : $s - s'' = \int_{T_s}^{T} C_P \frac{dT}{T} = C_{Pm} \ln \frac{T}{T_s}$

$$= 0.62 \ln \frac{350 + 273.15}{262.3 + 273.15} = 0.0936\,kcal/kg_f K$$

5) 내부 에너지 변화 : 포화 증기표에서 262.7℃에서의 포화증기의 비체적을 구하면 $v'' = 0.04025\,m^3/kg_f$이다. 따라서 내부 에너지 변화는 엔탈피와의 관계식에서

$$u - u'' = (h - h'') - AP(v - v'') = q_s - AP(v - v'')$$

$$= 54.1 - \frac{50 \times 10^4}{427} \times (0.05311 - 0.04025) = 39.0\,kcal/kg_f$$

[2] 증기선도

증기원동기, 냉동기 등을 설계할 때 동작유체에 대한 열계산을 할 경우, 증기표를 사용하기도 하지만 사이클의 열역학적 상태 변화를 쉽게 알기 위해서는 증기선도(부록 2 참조)를 이용하여 상태량을 구하는 것이 더욱 편리하다. 상태량 중에서 P, v, T, h 및 s 중에서 임의의 두 상태량을 좌표축으로 하여 다른 상태량들을 표시한 것이 증기선도이다. 증기기관에는 $P-v$ 선도, $T-s$ 선도, $P-T$ 선도, 증기터빈에서는 $h-s$ 선도, $T-s$ 선도, 냉동기에서는 $P-h$ 선도가 활용된다.

① $P-v$ 선도

증기의 상태 변화 과정을 압력과 비체적의 변화로서 나타내는 선도로서 동작유체의 일량을 면적으로 표시할 수 있는 편리한 선도이다. 따라서 이 선도는 증기나 이상기체에

대한 열역학적 해석에 가장 중요한 선도이다. 특히 증기에 대해 이 선도를 잘 이용하려면 선도에 표시되는 등성곡선(等性曲線 : 정압선, 정적선, 등온선, 등엔탈피선, 등엔트로피선, 등건조도선)을 잘 이해하여야 한다.

그림 5.5(a)에 등성곡선을 나타내었다. 여기서 $B \cdots K$는 포화액선, $D \cdots K$는 건포화증기선이며 점 K는 임계점이다. 임계점은 포화액선과 건포화 증기선이 만나는 점으로서 이 점에 이르면 증발 과정이 없이 액체에서 바로 과열 증기로 변화하는데 이때의 압력, 온도, 비체적 등을 임계압력, 임계온도, 임계비체적이라 한다.

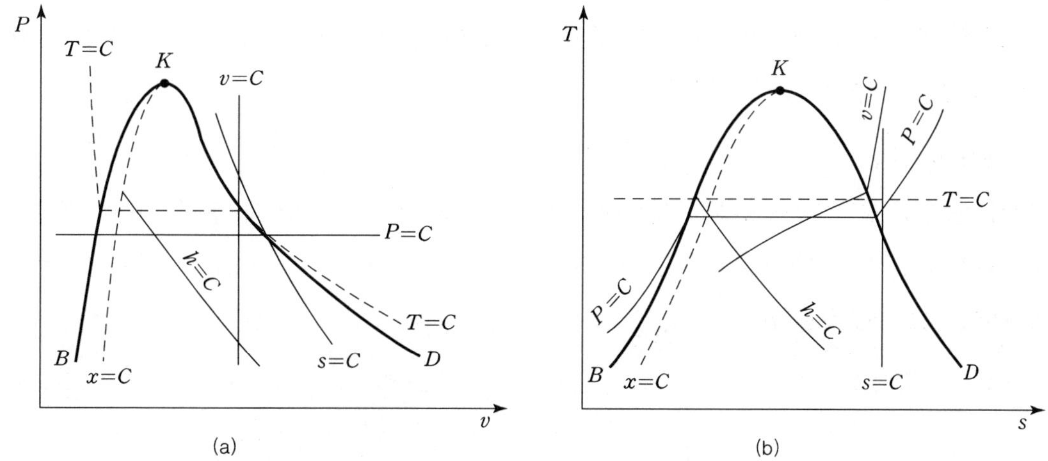

그림 5.5 $P-v$ 선도와 $T-s$ 선도

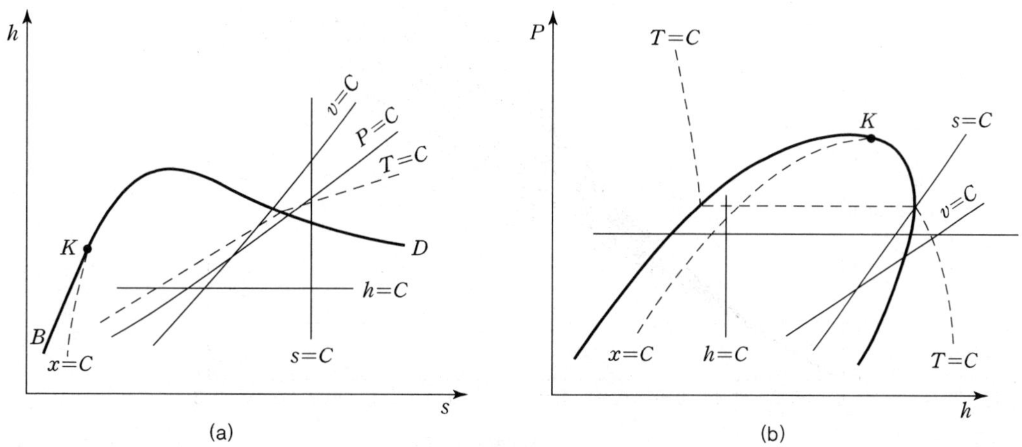

그림 5.6 $h-s$ 선도와 $P-h$ 선도(몰리에 선도)

② $T-s$ 선도

온도-엔트로피 선도는 상태 변화 중 동작유체가 주고받는 열량을 면적으로 표시할 수 있어 $P-v$ 선도와 더불어 가장 중요한 선도이다. 그림 5.5(b)에 $T-s$ 선도의 등성곡선을 표시하였다.

③ $h-s$ 선도(몰리에 선도)

몰리에 선도는 세로축에 엔탈피 h, 가로축에 엔트로피 s를 취한 $h-s$ 선도로 독일의 몰리에 교수가 고안한 선도이며 Mollier diagram이라고도 한다.

증기원동소의 증기터빈이나 보일러, 응축기 등의 에너지 수수량을 면적이 아닌 선도상의 선분의 길이로서 계산할 수 있어 증기 사이클에 가장 유용한 선도이다. 그림 5.6에 $h-s$ 선도의 등성곡선을 표시하였다.

④ $P-h$ 선도

역시 몰리에 선도라고도 하며 암모니아나 프레온과 같은 냉동기의 동작유체인 냉매의 상태 변화를 구하는 데 매우 유용하여 냉매선도라고도 한다. 이 선도는 보통 세로축을 log P로 하고 가로축을 h로 한다.

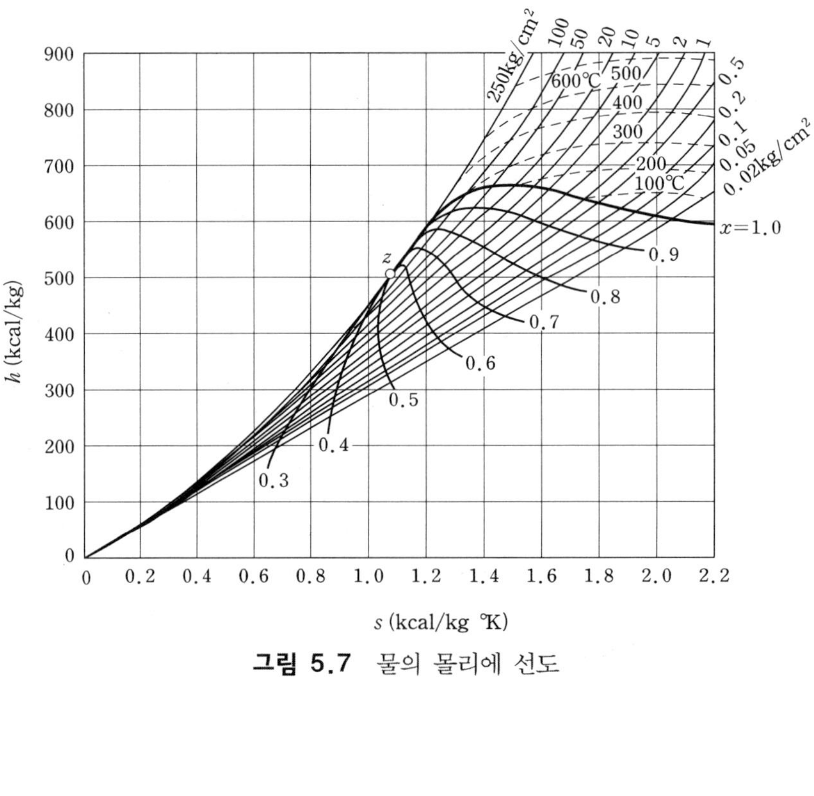

그림 5.7 물의 몰리에 선도

⑤ $P-T$ 선도(증기압 선도)

물질의 상태 변화 과정을 압력과 온도로서 나타내는 선도이다. 습증기 구역에서는 증기의 압력과 온도와는 일정한 관계가 있으며 이 관계를 나타내는 선도가 증기압곡선(vapour pressure curve)이다. 이 선도는 습증기 구역에서 압력과 온도와의 관계를 나타내므로 임계점에서 곡선이 끝난다.

물질의 상(相)의 평형에 대하여 생각해 보면, 그림 5.8에서 액체와 그때의 증기와는 평형을 유지하므로 열을 빼앗아 온도를 내리면 액체가 응고하기 시작하는 온도에 달하게 되고 마침내 증기, 액체, 고체의 3상이 동시에 공존하여 서로 평형을 유지하는 상태로 된다. 이때의 온도와 이에 대응하는 압력에 따라 결정되는 상태점 T를 3중점(tripple point)이라 한다. 3중점은 고체, 액체, 기체상이 공존되는 점을 말하며 액체에서 기체로 상태변화는 융해, 고체에서 기체로 상변하는 승화라 한다.

각 상태곡선을 보면 3중점을 기준으로 TK는 증발곡선, TA 및 TB는 융해곡선이고 OT는 승화곡선이다. 그런데 융해곡선의 경사는 정(正), 부(負)의 구별이 있어 보통 물질은 융해할 때 팽창하므로 융해곡선은 TA와 같다.

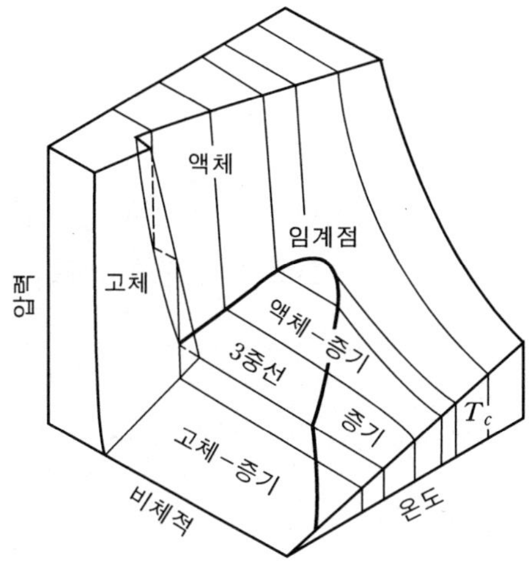

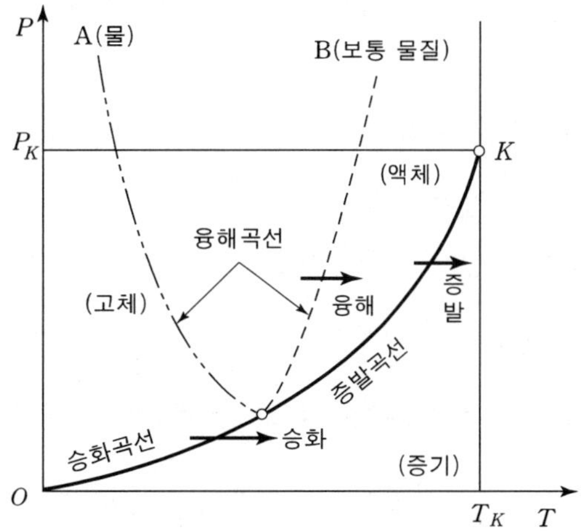

그림 5.8 물의 3중점

표 5.3 각종 물질의 3중점

물 질	기 호	온 도(℃)	압 력	
			mmHg	kg_f/cm^2
물	H_2O	0.01	4.579	0.006228
이산화유황	SO_2	−72.7	16.3	0.02216
이산화탄소	CO_2	−56.6	800	5.275
산 소	O_2	−218.4	2.0	0.00272
아 르 곤	Ar	−189.2	512.2	0.6963
질 소	N_2	−209.8	96.4	0.1311
수 소	H_2	−259.1	51.4	0.0699

5.6 증기의 상태 변화

증기의 상태 변화를 조사할 때 증기표와 증기선도를 동시에 활용하여 상태량을 구하는 것이 보통이다. 즉 습증기 구역에서는 증기선도보다는 증기표를 이용하여 계산하고 과열 증기 구역에는 증기선도를 이용하는 것이 더 편리하다.

[1] 정압 변화($dP=0,\ P_1=P_2=\text{const}$)

증기의 정압 변화는 그림 5.9와 같이 표시되며 습증기 구역에서는 정압선과 등온선이 일치한다. 증기의 정압 변화는 보일러, 복수기, 냉동기의 증발기, 응축기 등에서 일어난다.

① 가열량

$\delta q = du + APdv$를 상태 1에서 2까지 적분하면 가열량 q는

$$ {}_1q_2 = \int_1^2 du + A\int_1^2 Pdv = (u_2 - u_1) + AP(v_2 - v_1) \tag{5-22}$$

$$ = (u_2 - APv_2) - (u_1 + APv_1) = h_2 - h_1 $$

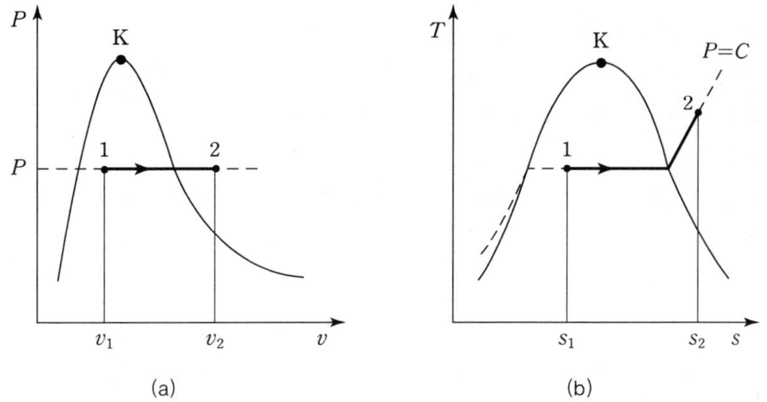

그림 5.9 정압 변화

이 되고 만일 습증기 구역에서 상태 변화가 이루어지면 다음과 같이 된다.

$$_1q_2 = h_2 - h_1 = (x_2 - x_1)(h'' - h') = (x_2 - x_1)r \tag{5-23}$$

② 절대일

$$_1w_2 = \int_1^2 Pdv = P(v_2 - v_1) \tag{5-24}$$

③ 공업일

$$w_t = -\int_1^2 vdP = 0 \tag{5-25}$$

예제 5-8

습증기 $1\,kg_f$이 압력 20 ata, 건조도 90%(상태 1)에서 정압하에 45℃의 과열증기(상태 2)가 될 경우 가열량, 팽창일 및 내부 에너지 변화량을 구하라.

압력기준 포화 증기표	20 ata 포화온도 211.4℃	$v' = 0.001175$ $v'' = 0.1015$	$h' = 215.82$ $h'' = 668.5$	$s' = 0.582$ $s'' = 1.5161$
과열 증기표	20ata, 450℃	$v = 0.1669$	$h = 802$	$s = 1.7422$

풀이 1) 가열량 : 건조도 90%인 상태의 엔탈피를 구하면

$h_1 = h'_1 + x_1(h''_1 - h'_1) = 215.82 + 0.9 \times (668.5 - 215.82) = 623.25$

가열량 ${}_1q_2 = h_2 - h_1 = 802 - 623.25 = 178.75\,\text{kcal/kg}_\text{f}$

2) 팽창일(절대일) :

$v_1 = v'_1 + x_1(v''_1 - v'_1) = 0.001175 + 0.9 \times (0.1015 - 0.001175) = 0.09147$

팽창일 ${}_1w_2 = P(v_2 - v_1) = (20 \times 10^4) \times (0.1669 - 0.09147) = 15086\,\text{kg}_\text{f}\text{m/kg}_\text{f}$

3) 내부 에너지 변화 :

$u_2 - u_1 = (h_2 - h_1) - AP(v_2 - v_1) = {}_1q_2 - AP(v_2 - v_1)$

$= 178.75 - \dfrac{1}{427} \times 15086 = 143.4\,\text{kcal/kg}_\text{f}$

[2] 정적 변화($dv = 0,\ v_1 = v_2 = \text{const}$)

보일러와 같이 밀폐된 일정한 체적의 용기에 습증기를 넣고 가열할 때의 상태 변화로서 그림 5.10과 같은 변화 과정을 갖는다.

만일 변화 전후의 상태가 습증기이면 $v_1 = v_1' + x_1(v_1'' - v_1'),\quad v_2 = v_2' + x_2(v_2'' - v_2')$ 에서 $v_1 = v_2$이므로 변화 후 증기의 건도 x_2는

$$x_2 = x_1 \frac{v_1'' - v_1'}{v_2'' - v_2'} + \frac{v_1' - v_2'}{v_2'' - v_2'} \tag{5-26}$$

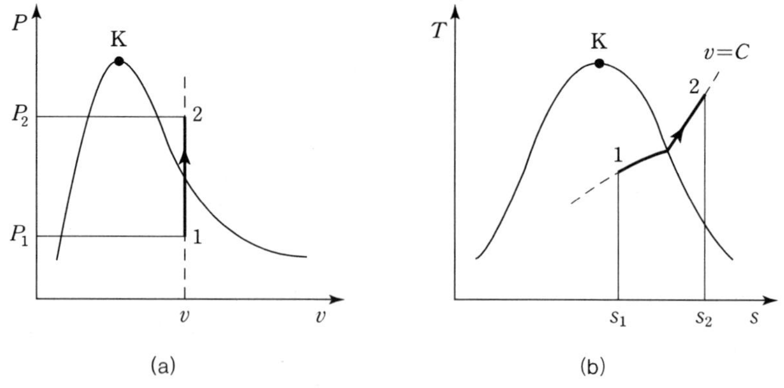

그림 5.10 증기의 정적 변화

일반적으로 포화액의 비체적은 큰 변화가 없으므로 $v_1' \fallingdotseq v_2'$로 보면

$$x_2 \fallingdotseq x_1 \frac{v_1'' - v_1'}{v_2'' - v_2'} \tag{5-27}$$

① 가열량

$\delta q = du + APdv$에서 $dv = 0$이므로 $\delta q = du$

$$q = \int_1^2 du = u_2 - u_1 = (h_2 - h_1) - Av(P_2 - P_1) \tag{5-28}$$

② 절대일

$${}_1w_2 = \int_1^2 Pdv = 0 \quad (\text{정적 변화이므로 } dv = 0\ ) \tag{5-29}$$

③ 공업일

$$w_t = -\int_1^2 vdP = -v(P_2 - P_1) = v(P_1 - P_2) \tag{5-30}$$

예제 5-9

일정 용기 속에 압력이 8 ata에서 건조도 $x_1 = 0.90$인 습증기가 압력이 5 ata로 떨어지면 건조도는 어떻게 되는가?

풀이 정적 변화이므로 $v_1 = v_2$이다. 증기표로부터

압력	v'	v''
5 *ata*	0.0010918	0.3817
8 *ata*	0.0011139	0.2448

$v_1 = v'_1 + x_1(v''_1 - v'_1)$, $v_2 = v'_2 + x_2(v''_2 - v'_2)$에서 $v'_1 \fallingdotseq v'_2$이므로

$$x_2 = \frac{v''_1 - v'_1}{v''_2 - v'_2} x_1 = \frac{0.2449 - 0.0011139}{0.3818 - 0.0010918} \times 0.90 = 0.576$$

[3] 등온 변화($dT = 0,\ T_1 = T_2 = \text{const}$)

등온하에서 증기의 상태 변화의 경우 습증기 구역에서는 정압선과 등온선이 일치한다.

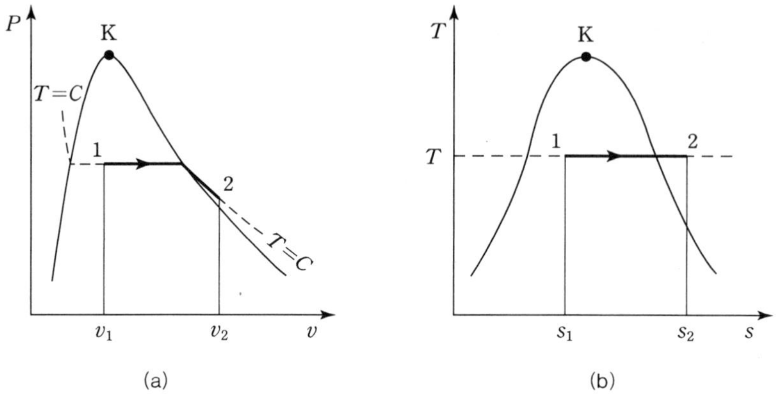

그림 5.11 등온 변화

① 가열량

엔트로피 정의식 $ds = \delta q / T$에서 $\delta q = Tds$이므로

$$ {}_1q_2 = (u_2 - u_1) + A\int_1^2 Pdv \tag{5-31}$$

$$ {}_1q_2 = T(s_2 - s_1) = (u_2 - u_1) + A\int_1^2 Pdv $$

② 절대일

$\int_1^2 Pdv = {}_1q_2 - (u_2 - u_1) = T(s_2 - s_1)$이므로

$$ A_1w_2 = A\int_1^2 Pdv = {}_1q_2 - (u_2 - u_1) \tag{5-32}$$

$$ = T(s_2 - s_1) - (u_2 - u_1) $$

$$ = T(s_2 - s_1) - \ [(h_2 - h_1) - A(P_2v_2 - P_1v_1)] $$

③ 공업일

$dh = dq + AvdP$이므로

$$ Aw_t = -\int_1^2 vdP = {}_1q_2 - (h_2 - h_1) = T(s_2 - s_1) - (h_2 - h_1) \tag{5-33}$$

만일 습증기 구역에서의 변화라면 정압 변화와 같아지므로

$$_1q_2 = h_2 - h_1 = (x_2 - x_1)\gamma \tag{5-34}$$

$$w = P(v_2 - v_1) = P(x_2 - x_1)(v'' - v')$$

$$w_t = 0$$

예제 5-10

온도 300℃, 체적 $V_1 = 0.015\,\mathrm{m^3}$인 증기 $1\,\mathrm{kg_f}$이 등온팽창하여 체적 $V_2 = 0.02\,\mathrm{m^3}$이 되었다. 이 증기에 공급된 열량을 구하라.

온도기준 포화 증기표	300℃ 포화압력 37.6 ata	비체적 $\mathrm{m^3/kg_f}$	엔탈피 $\mathrm{kcal/kg_f}$	엔트로피 $\mathrm{kcal/kg_f K}$
		$v_1' = 0.0014036$	$h' = 320.98$	$s' = 0.7769$
		$v'' = 0.02163$	$h'' = 656.3$	$s'' = 1.3620$

풀이 1) 체적을 알고 있으므로 먼저 건조도를 구한다.

$v = v' + x_1(v'' - v')$에서

$$x_1 = \frac{v_1 - v'_1}{v''_1 - v'_1} = \frac{0.015 - 0.0014036}{0.02163 - 0.0014036} = 0.67$$

$$x_2 = \frac{v_2 - v'_2}{v''_2 - v'_2} = \frac{0.02 - 0.0014036}{0.02163 - 0.0014036} = 0.919$$

2) $_1q_2 = T(s_2 - s_1)$에서 s_1, s_2를 구한다.

$$s_1 = s'_1 + x_1(s''_1 - s'_1)$$

$$= 0.7769 + 0.67\,(1.362 - 0.7769) = 1.169\,\mathrm{kcal/kg_f K}$$

$$s_2 = s'_2 + x_2(s''_2 - s'_2)$$

$$= 0.7769 + 0.919\,(1.362 - 0.7769) = 1.32\,\mathrm{kcal/kg_f K}$$

$$_1q_2 = T(s_2'' - s_2') = (300 + 273)(1.32 - 1.169) = 86.523\,\mathrm{kcal/kg_f}$$

[4] 가역단열 변화($\delta q = 0,\ ds = 0 \rightarrow s_1 = s_2 = \mathrm{const}$)

가역단열 변화는 $T-s$ 선도나 $h-s$ 선도에서 수직선(등엔트로피 변화)으로 나타난다. 그림 5.12에서 과열증기를 단열팽창시키면 습증기가 되며, 이것은 증기터빈의 단열팽창이 이에 해당되고, 이와 반대 현상은 냉동기의 압축기가 냉매를 압축할 때에도 단열압축 과

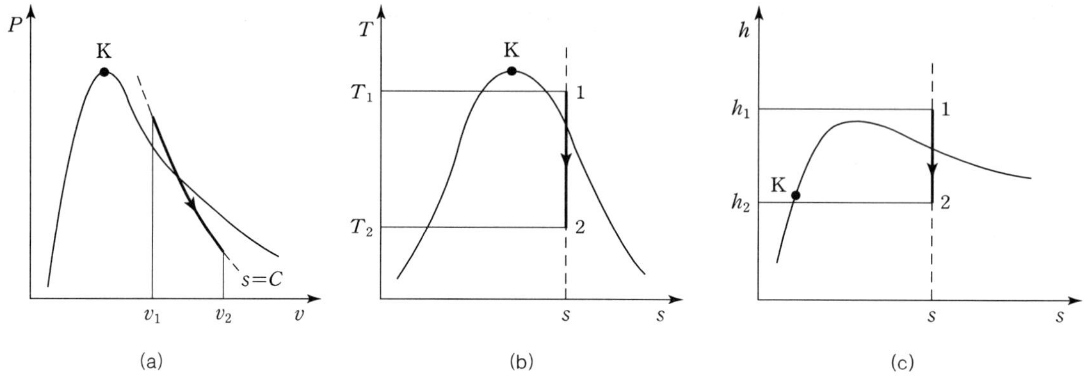

그림 5.12 단열 변화

정으로 생각한다.

① 가열량

$$ {}_1q_2 = 0 \tag{5-35}$$

② 절대일

$\delta q = du + APdv = 0$에서

$$A\,{}_1w_2 = -\int_1^2 du = (u_1 - u_2) = (h_1 - h_2) - A(P_1v_1 - P_2v_2) \tag{5-36}$$

③ 공업일

$$Aw_t = -A\int_1^2 vdP = -\int_1^2 dh = (h_1 - h_2) \tag{5-37}$$

한편 습증기 구역에서 단열 변화에 의한 건조도의 변화는

$$s_1 = s_1' + x_1(s_1'' - s_1') = s_1' + x_1\frac{r_1}{T_1}$$
$$s_2 = s_2' + x_2(s_2'' - s_2') = s_2' + x_2\frac{r_2}{T_2}$$

로부터 $s_1 = s_2$이므로 변화 후 증기의 건도 x_2는

$$x_2 = x_1 \frac{s_1'' - s_1'}{s_2'' - s_2'} + \frac{s_1' - s_2'}{s_2'' - s_2'} = \frac{T_2\{x_1 r_1 + T_1(s_1' - s_2'')\}}{T_1 r_2} \tag{5-38}$$

예제 5-11

20 ata의 건포화증기를 0.5 ata까지 단열팽창시킨 경우에 건도를 구하라.

압력	포화온도	비체적 m^3/kg_f		엔탈피 $kcal/kg_f$			엔트로피 $kcal/kg_f\,K$	
kg_f/cm^2	℃	v'	v''	h'	h''	γ	s'	s''
20	211.38	0.0011749	0.1015	215.82	668.5	452.7	0.5820	1.5161
0.5	80.86	0.0010296	3.299	80.81	631.4	550.6	0.2592	1.8145

풀이 포화 증기표에서 20 ata의 건포화증기의 엔트로피는 $s_1 = 1.5161\,kcal/kg_f K$

$s_2 = s_2' + x_2(s_2'' - s_2') = s_2' + x_2 \dfrac{r_2}{T_2}$ 이고 $s_2 = s_1$ 이므로

$x_2 = \dfrac{T_2}{\gamma_2}(s_1 - s'_2) = \dfrac{353.86}{550.6}(1.5161 - 0.2592) = 0.808$

[5] 교축 변화($dh = 0,\ h_1 = h_2 = \mathrm{const}$)

증기가 밸브나 노즐, 오리피스(orifice) 등의 작은 단면을 통과할 때는 외부에 대해서 하는 일 없이 다만 압력 강하가 일어난다. 이와 같은 현상을 교축(throttling)이라고 한다.

교축 과정의 특징을 보면, 유체가 교축되면 유체의 마찰이나 와류(eddy current) 등의 현상이 일어나 압력의 감소와 더불어 속도가 감소하는데 이때 속도 에너지의 감소는 열에너지로 바뀌어 유체에 회수되므로 엔탈피는 원래의 상태로 복귀되어 등엔탈피 과정이 된다.

교축 전후의 엔탈피는 일정하므로 이 변화는 $h-s$ 선도에서는 수평선으로 표시된다. 또한 교축 과정은 비가역 변화이므로 압력이 감소되는 방향으로 일어나므로 엔트로피는 항상 증가한다.

한편 습증기를 교축하면 건도가 증가하고, 드디어는 건도가 1인 건증기가 된다. 그리고 이 건증기를 또 교축하면 과열증기가 된다. 이러한 현상을 이용하여 습포화증기의 건도를 측정하는 계기를 교축열량계(throttling calorimeter)라 한다. 그림 5.13은 교축열량계의 기본 구조를 보인 것이다.

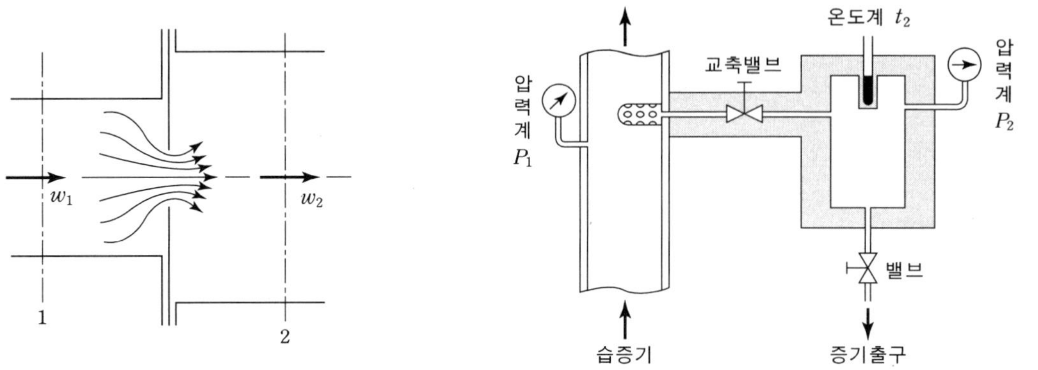

그림 5.13 교축 현상 및 교축열량계의 구조

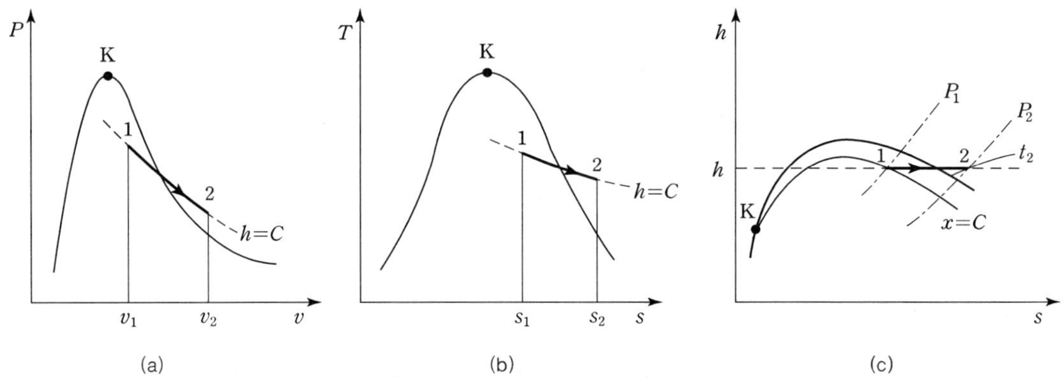

그림 5.14 등엔탈피 변화(교축 과정)

① 습증기의 교축

교축 과정 시에는 엔탈피가 일정하므로 다음과 같은 관계식을 얻을 수 있다.

$$(h_1' + x_1\gamma_1 =)\ h_1 = h_2\ (= h_2' + x_2\gamma_2) \tag{5-39}$$

$$x_2 = x_1\frac{\gamma_1}{\gamma_2} + \frac{h_1' - h_2'}{\gamma_2}$$

x_1 : 처음 건도　　　　x_2 : 나중 건도

h_1' : 교축 전의 엔탈피　　　　h_2' : 교축 후의 엔탈피

γ_1 : 교축 전의 증발잠열　　　　γ_2 : 교축 후의 증발잠열

특히 수증기의 경우 포화액의 엔탈피는 그때의 포화온도와 근사하므로 다음과 같이 쓸 수 있다.

$$h_1' - h_2' \cong t_1 - t_2 \quad \rightarrow \quad x_2 = \frac{\gamma_1}{\gamma_2}x_1 + \frac{t_1 - t_2}{\gamma_2} \tag{5-40}$$

② 과열증기의 교축

과열증기는 이상기체로 생각하여 상태식을 적용한다.

과열증기의 단열 변화는 $Pv^{\kappa} = \mathrm{C}(\kappa = 1.3)$이고, 교축 과정 중 엔탈피가 일정하므로 $dh = C_P\,dT = 0(dT = 0,\ T = \mathrm{const})$이 되어 등온 과정$(Pv = \mathrm{const})$이 된다.

따라서 교축의 결과는 유체에 따라 다르게 된다. 즉, 이상기체의 경우는 교축 과정이 등엔탈피 과정이 되고, 교축에 의하여 온도도 변하지 않는다. 그러나 습증기, 냉동기의 냉매인 암모니아와 같이 실제 가스는 교축이 일어나면 압력의 강하와 함께 온도도 낮아진다. 이런 현상은 줄 및 톰슨에 의하여 발견되었으므로 **줄-톰슨의 효과**(Joule-Thomson effect) 또는 **냉각 효과**(cooling effect)라 한다.

예제 5-12

교축열량계에 의하여 습포화증기의 건도를 측정하고자 한다. 입구의 압력은 10 ata이고, 출구는 압력 1 ata, 온도 120℃ 이다. 이때 증기의 건도는 얼마인가?

풀이 교축은 등엔탈피 과정이므로 열량계의 입구 및 출구의 엔탈피를 구하면 건도를 구할 수 있다. 증기표로부터

입구조건	10 ata 압력기준	$h'_1 = 181.19$, $h''_1 = 663.2$, $\gamma_1 = 482.0\,\mathrm{kcal/kg_f}$
출구조건	압력 1 ata, 온도 120℃	$h_2 = 648.8\,\mathrm{kcal/kg_f}$

$h_1 = h_1' + x_1\gamma_1 = h_2$에서 $181.19 + 482x = 648.8$

$$x = \frac{648.8 - 181.19}{482} = 0.97$$

연습문제

1. 용기 내에서 액체를 넣고 가열할 때 상태 변화의 순서로 맞는 것은?
   ① 압축액－포화액－습증기－포화증기－과열증기
   ② 압축액－포화액－습증기－과열증기－포화증기
   ③ 압축액－습증기－건포화증기－과열증기
   ④ 압축액－습증기－과열증기－포화증기

2. 습증기를 가역 단열압축시키면 어떻게 되는가?
   ① 압력과 온도가 변하지 않는다.
   ② 온도는 변하지 않지만 압력은 올라간다.
   ③ 온도는 떨어지고 압력은 올라간다.
   ④ 압력과 온도가 높아져 과열증기가 된다.

3. 건조도 x가 0으로 되면 다음 어느 것으로 표시하게 되는가?
   ① 건포화증기 ② 습포화증기 ③ 포화수 ④ 과열증기

4. 건포화 증기를 정적하에서 압력을 낮추면 건도는 어떻게 되는가?
   ① 증가한다. ② 일정하다.
   ③ 감소한다. ④ 증가할 수도 있고 감소할 수도 있다.

5. 습증기의 건도가 x라면 이 증기의 엔트로피 s는 어떻게 표시되겠는가?(단, s', s''는 각각 포화액체, 포화증기의 엔트로피이다.)
   ① $s=s''+x(s''-s')$ ② $s=s'+x(s''-s')$
   ③ $s=s'+x(s'-s'')$ ④ $s=s''+x(s'-s'')$

6. 압력 14ata, 건도 0.8인 습증기 $5\,\mathrm{m^3}$의 중량은 얼마인가?(단, 14ata에서 포화액 및 건포화증기의 비체적은 각각 $v'=0.0011476\,\mathrm{m^3/kg_f}$, $v''=0.1436\,\mathrm{m^3/kg_f}$이다.)

   힌트 $v_x = v' + x(v''-v')$, $G=\dfrac{V}{v_x}$

7. 25℃의 물 1500 kg_f 속에 100℃의 건포화증기를 도입하여 50℃로 하였을 때 도입된 증기량은 몇 kg_f인가?(단, 증발열은 539 kcal/kg_f이다.)

8. 체적 400 l의 탱크 안에 습포화증기 64 kg_f이 들어 있다. 온도가 350℃일 경우 포화수 및 포화증기의 비체적이 $v' = 0.0017468\,m^3/kg_f$, $v'' = 0.008811\,m^3/kg_f$이라면 건조도는 몇 %인가?

9. 물 5 kg_f을 압력 3 kg_f/cm^2에서 증발시킬 때 엔트로피 변화는 얼마인가? 압력 3 kg_f/cm^2에서 물의 증발열이 517.1 kcal이며 포화온도는 132℃이다.

10. 205℃에서 수증기의 질(quality)이 0.56이며 비체적이 0.06503 m^3/kg_f이다. 포화수의 비체적이 0.00116 m^3/kg_f이라면 이 온도에서 포화수 1 kg_f이 포화증기로 변할 때 그 부피는 몇 배나 팽창되는가?

11. 압력 17 kg_f/cm^2에서 건포화증기의 비체적은 $v'' = 0.119\,m^3/kg_f$, 엔탈피는 $h'' =$ 667.5 kcal/kg_f이다. 이때 증기의 내부 에너지는 몇 kcal/kg_f인가?

힌트 $u'' = h'' - APv''$

12. 다음의 과열 증기표를 이용하여 압력 16 kg_f/cm^2, 온도 410℃일 때 과열증기의 정압비열은 몇 kcal/kg_f인가?

힌트 과열증기는 이상기체로 취급할 수 있기 때문에 압력 일정 상태에서

$${}_1q_2 = h_2 - h_1 = C_P(T_2 - T_1)$$

압력	온도	비체적	엔탈피
kg_f/cm^2	℃	m^3/kg_f	kcal/kg_f
16	400	0.1938	777.6
16	420	0.2000	787.9

13. 표준 대기압하에서 물 1 kg_f이 0℃에서 100℃의 포화증기로 될 때, 이 계의 엔트로피 변화는 얼마인가?(단, 물의 증발잠열은 529 kcal/kg_f이다.)

힌트 $\Delta s_1 = \int_{T_1}^{T_2} C_P \frac{dT}{T} = C_P \ln \frac{T_2}{T_1}$, $\Delta s_2 = \frac{\gamma}{T}$, $\Delta s = \Delta s_1 + \Delta s_2$

14. 온도 300℃, 건도 0.98의 증기가 단열 변화에 의해서 100℃가 되었다. 부록의 증기표를 이용하여 다음을 구하라.
    1) 최종건도
    2) 최종 비체적
    3) 외부에 한 일

15. 일정 압력 $18 \mathrm{kg_f/cm^2}$에서 포화수를 증발시켜 건포화증기로 만들었다. 부록의 증기표를 이용하여 다음을 구하라.
    1) 공급열량
    2) 외부에 한 일
    3) 내부 에너지 증가

16. 압력 $12 \mathrm{kg_f/cm^2}$에서 $1.4 \mathrm{m^3}$의 체적을 점유하고 있는 습증기 $10 \mathrm{kg_f}$이 정적 변화를 하여 $6 \mathrm{kg_f/cm^2}$로 되었다. 부록의 증기표를 이용하여 다음을 구하라.
    1) 초기건도
    2) 최종건도
    3) 방출열량

정답

1. ① 2. ④ 3. ③ 4. ③ 5. ② 6. $G = 43.44 \mathrm{kg_f}$ 7. $G = 63.7 \mathrm{kg_f}$
8. $x = 0.637$ (63.7%) 9. $\Delta S = 6.37 \mathrm{kcal/K}$ 10. $\frac{v_2}{v_1} = 56.1$배
11. $u'' = 620.12 \mathrm{kcal/kg_f}$ 12. $C_P = 0.515 \mathrm{kcal/kg_f℃}$ 13. $\Delta s = 1.73 \mathrm{kcal/kg_f K}$
14. 1) $x_2 = 71.9\%$, 2) $v_2 = 1.2032 \mathrm{m^3/kg_f}$, 3) $A {}_1w_2 = 147.7 \mathrm{kcal/kg_f}$
15. 1) ${}_1q_2 = 457.7 \mathrm{kcal/kg_f}$, 2) ${}_1w_2 = 20060 \mathrm{kg_f m/kg_f}$, 3) $\Delta u = 410.7 \mathrm{kcal/kg_f K}$
16. 1) $x_1 = 84.1\%$, 2) $x_2 = 43.3\%$, 3) ${}_1q_2 = 1945 \mathrm{kcal}$

Chapter 6

가스동력 사이클

6.1 가스동력 사이클의 개요

가스동력 사이클이란, 동작유체의 상변화를 수반하는 증기동력 사이클과 달리 동작유체의 단일상(가스)만으로 이루어진 사이클을 말한다. 이러한 가스동력 사이클은 대부분 연료의 가스를 동작유체로 하는데 연소 과정이 기관 내부에서 행해지므로 내연기관의 일반적인 사이클이 된다. 실용적인 가스동력기관으로서 가솔린기관, 디젤기관, 로터리기관, 그리고 개방 사이클의 가스터빈 및 제트기관 등이 있다. 한편 증기동력기관은 외부에서 연소가 행해지므로 외연기관이라 하며, 보일러, 기타 열교환기를 통하여 열을 공급받는 형식의 열기관인 증기원동기 및 밀폐 사이클의 가스터빈 등을 들 수 있다.

6.2 가스동력 사이클의 해석

가스동력 사이클을 해석하기 위해서는 실제 연소 과정 등의 복잡한 과정을 단순화하여 이상 사이클(ideal cycle)로 취급하여 해석하고, 여기에 실제적인 인자를 추가하여 실제 사이클에 접근하는 것이 편리하다.

내연기관의 동작물질은 연소 전에는 공기와 연료 그리고 실린더 내에 남아 있는 잔류가스 등의 혼합가스이고, 연소한 후에는 연소가스이므로 이들의 화학적 변화를 고려하는 것은 복잡하다. 하지만 여기서는 그 열역학적 기본 특성을 파악하는 것이 목적이므로 동작물질인 연소가스를 완전 가스인 공기로 취급하면 아주 단순화된 사이클로 된다.

이와 같이 단순화된 이상 사이클을 **공기표준 사이클**(air standard cycle)이라고 하며 다음과 같은 가정 아래 해석한다.

① 동작물질은 이상기체로 취급되는 순수한 공기만으로 되어 있으며 비열은 일정하다.

② 비유동계의 가역 과정으로 고려한다.(동작물질의 열의 공급은 연소에 의한 것이 아니라, 외부 열원으로부터 밀폐된 계로 주어지며, 열의 방출 역시 계로부터 주위로 방출된다.)

③ 압축 및 팽창 과정은 가역단열(등엔트로피) 과정이다.

④ 연소 과정 중 열해리(thermal dissociation) 및 기체유동 중 와류 등의 열손실이 없는 것으로 가정한다.

열기관 사이클 중 카르노(carnot) 사이클이 가장 효율이 좋지만 실제로는 실현하기가 불가능하므로 실제 사이클의 효율 정도를 비교하는 판단기준으로 사용한다.

카르노기관의 사이클 열효율 : $\eta_c = 1 - T_2/T_1$

실제 열기관의 사이클 열효율 : $\eta_a = 1 - Q_2/Q_1$

으로 표시된다. 따라서 이들 사이의 열효율의 비를 η_{th}라 하면 $\eta_{th} = \eta_a/\eta_c$가 되며 이를 **열역학적 열효율**(thermodynamics efficiency) 또는 **효율비**라고 한다.

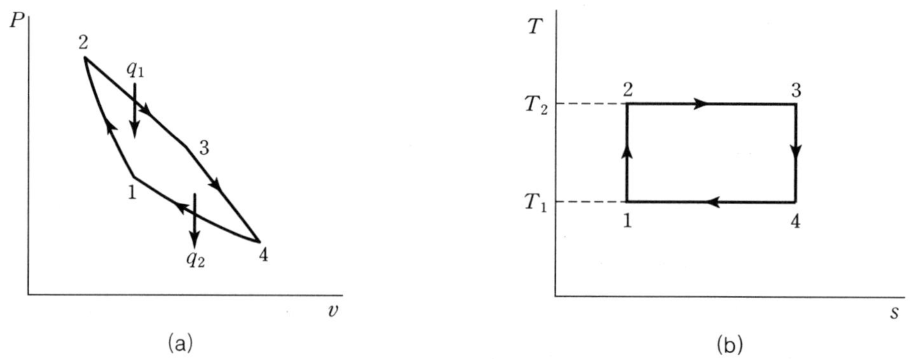

그림 6.1 카르노 사이클의 $P-v$, $T-s$ 선도

현재 널리 사용되는 왕복식 내연기관의 기본 사이클에는 오토(Otto) 사이클, 디젤(Diesel) 사이클, 사바테(Sabathe) 사이클과 회전식 내연기관인 가스터빈의 기본 사이클인 브레이턴(Brayton) 사이클이 있으며, 이 외에도 실용가치는 적으나 가스기관 사이클로 취급되는 기타 사이클들이 있다.

6.3 공기표준 내연기관의 기본 사이클

6.3.1 오토 사이클

공기표준 오토 사이클(Otto cycle)은 두 개의 단열 과정과 두 개의 정적 과정으로 이루어지며, 가솔린기관의 기본이 되는 이론 사이클이다. 동작유체에 대한 열 공급 및 방출은 일정한 체적하에서 이루어지므로 정적 사이클(constant volume cycle)이라고 한다.

[1] 변화 과정

1 → 2 : 단열압축(등엔트로피) 과정

2 → 3 : 정적가열(폭발) 과정

3 → 4 : 단열팽창(등엔트로피) 과정

4 → 1 : 정적방열 과정

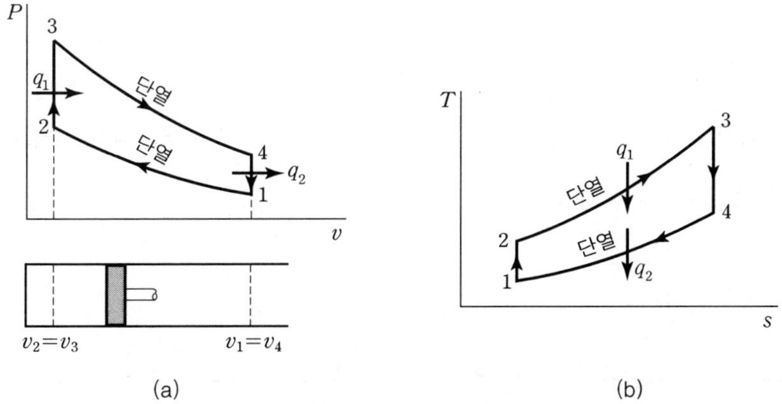

그림 6.2 오토 사이클

[2] **열효율**

그림 6.2에서 1kg의 동작유체에 대하여 각 과정을 설명하면

① 1→2 : 단열압축(등엔트로피) 과정이므로

$$T_1 v_1^{\kappa-1} = T_2 v_2^{\kappa-1} \qquad \therefore \frac{T_2}{T_1} = \left(\frac{v_1}{v_2}\right)^{\kappa-1} = \epsilon^{\kappa-1} \tag{6-1}$$

여기서 $\epsilon = \frac{v_1}{v_2}\left(= \frac{v_4}{v_3}\right)$을 **압축비**(compression ratio)로 정의한다.

② 2→3 : 정적가열(폭발) 과정이므로, $v_2 = v_3$이고 가열량을 q_1라 하면

$$q_1 = C_v(T_3 - T_2) \tag{6-2}$$

③ 3→4 : 단열팽창(등엔트로피) 과정에서

$$T_3 v_3^{\kappa-1} = T_4 v_4^{\kappa-1} \qquad \therefore \frac{T_3}{T_4} = \left(\frac{v_4}{v_3}\right)^{\kappa-1} = \epsilon^{\kappa-1} \tag{6-3}$$

④ 4→1 : 정적방열 과정이므로, $v_1 = v_4$이고 방열량을 q_2라 하면

$$q_2 = C_v(T_4 - T_1) \tag{6-4}$$

따라서 유효일에 해당하는 열량은 $Aw = q_1 - q_2$이므로 이론 열효율은

$$\eta_0 = \frac{Aw}{q_1} = \frac{q_1 - q_2}{q_1} = 1 - \frac{T_4 - T_1}{T_3 - T_2} \tag{6-5}$$

식 (6-1), (6-3)에서 $T_2 = T_1 \epsilon^{\kappa-1}$, $T_3 = T_4 \epsilon^{\kappa-1}$이므로 이를 위 식에 대입하면 오토 사이클의 이론 열효율은 다음과 같다.

$$\eta_0 = 1 - \left(\frac{1}{\epsilon}\right)^{\kappa-1} \tag{6-6}$$

식 (6-6)에서 오토 사이클의 이론 열효율은 공급열량에는 관계없고, 단지 압축비 ϵ와 비열비 κ의 함수로서, 이들이 크면 클수록 그 효율은 증가한다. 공기의 κ의 값은 1.4이

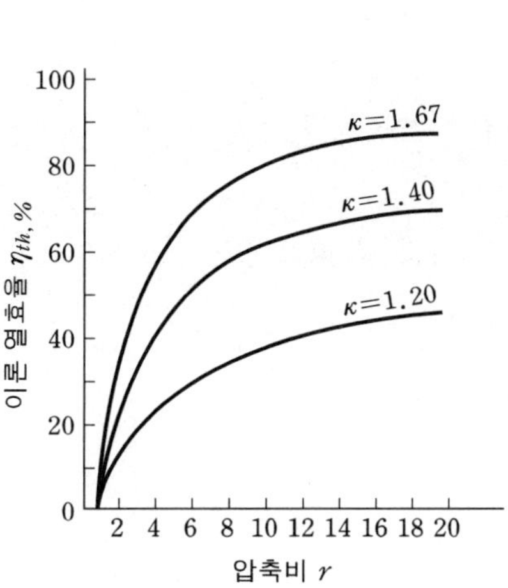

그림 6.3 오토 사이클의 이론 열효율

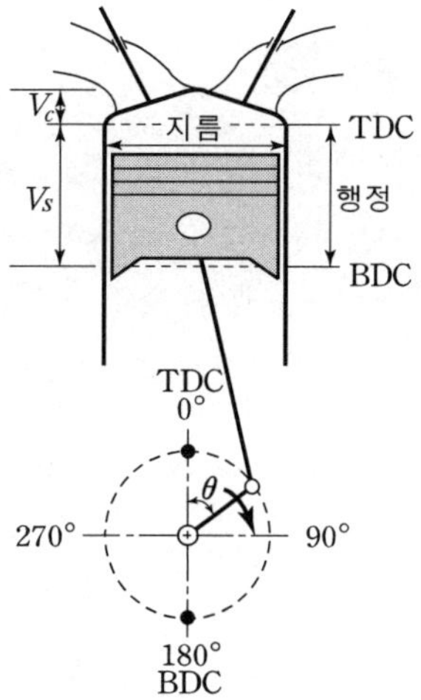

그림 6.4 왕복식 내연기관의 개략도

므로 $\kappa = 1.4$로 취하고 ϵ의 여러 값에 따라 η_0를 계산하면, 그림 6.3에 나타낸 것과 같이 압축비가 증가할수록 열효율은 증가한다. 그러나 실제의 오토 사이클 기관에서는 ϵ이 클 경우에는 노킹(knocking)이라는 이상폭발현상이 일어나므로 압축비는 제한을 받게 된다. 현재 사용되고 있는 가솔린기관의 압축비는 일반적으로 $\epsilon = 8 \sim 11$ 정도이다.

실제 기관의 열효율이 공기표준 사이클보다 낮은 중요한 원인은 압축비의 제한뿐만 아니라 실제 기체의 비열은 온도가 상승함에 따라 증가하고, 기관 실린더 벽을 통한 열전달 손실, 불완전한 연소 및 불꽃 전파기간 손실, 흡배기 밸브에서의 유체유동에 따르는 압력 강화 및 소요일, 압력 및 온도 구배로 인한 비가역 과정에 의해 발생한다.

[3] 평균 유효압력

1사이클당의 압력 변화의 평균치, 즉 1사이클 중에 이루어지는 일을 행정체적(stroke volume : $v_s = v_1 - v_2$)으로 나눈 값을 평균 유효압력(mean effective pressure)이라고 한다.

오토 사이클의 이론평균 유효압력 P_{mo}는 다음과 같이 된다.

$$P_{mo} = \frac{w}{v_s} = \frac{Aw}{A(v_1 - v_2)} = \frac{\eta_0 q_1}{Av_1\left(1 - \frac{1}{\epsilon}\right)} = \frac{q_1 P_1\left\{1 - \left(\frac{1}{\epsilon}\right)^{\kappa - 1}\right\}}{ART_1\left\{1 - \left(\frac{1}{\epsilon}\right)\right\}} \tag{6-7}$$

예제 6-1

간극비가 25% 인 오토기관이 최저 압력 $1\,kg_f/cm^2$, 최저 온도 300K, 최고 온도 2500K에서 작동된다. 다음 값을 구하여라. ($\kappa = 1.3$)

① 압축비 ϵ, 행정 체적 V_s　　② 압축 후 온도, 압력 및 최고 압력

③ 공급 열량 q_1, 이론 열효율 η_0　　④ 이론평균 유효압력 P_{m0}

풀이 ① 간극비란 행정체적에 대한 간극체적으로 정의된다. 그림 6.4를 참조하면

$$\text{간극비}(\epsilon_o) = \frac{\text{간극체적}(V_c)}{\text{행정체적}(V_s)},\ \text{따라서}$$

$$\epsilon = \frac{V_1}{V_2} = \frac{V_c + V_s}{V_c} = \frac{1+\epsilon_0}{\epsilon_0} = \frac{1.25}{0.25} = 5$$

$$V_1 = \frac{GRT_1}{P_1} = \frac{29.27 \times 300}{10^4} = 0.878\,m^3$$

$$V_2 = \frac{V_1}{\epsilon} = \frac{0.878}{5} = 0.176\,m^3$$

$$V_s = V_1 - V_2 = 0.878 - 0.176 = 0.702\,m^3$$

② $$T_2 = T_1\left(\frac{V_1}{V_2}\right)^{\kappa-1} = 300(5)^{0.3} = 213℃$$

$$P_2 = P_1\left(\frac{V_1}{V_2}\right)^{\kappa} = 5^{1.3} = 8.1\,\text{ata}(= kg_f/cm^2)$$

$$P_3 = P_{\max} = P_2\left(\frac{T_3}{T_2}\right) = 8.1 \times \frac{2500}{486} = 41.7\,\text{ata}$$

③ $$q_1 = C_v(T_3 - T_2) = \frac{AR}{\kappa - 1}(T_3 - T_2)$$

$$= \frac{29.27}{427 \times 0.3}(2500 - 486) = 460.2\,kcal/kg_f$$

$$\eta_0 = 1 - \left(\frac{1}{\epsilon}\right)^{\kappa-1} = 1 - \left(\frac{1}{5}\right)^{0.3} = 0.383(38.3\%)$$

④ $$\text{압력비}\ \alpha = \frac{P_3}{P_2} = \frac{T_3}{T_2} = \frac{2500}{486} = 5.14$$

$$\therefore\ P_{m0} = P_1\frac{\alpha - 1}{\kappa - 1} \times \frac{\epsilon^{\kappa} - \epsilon}{\epsilon - 1} = \frac{4.14}{0.3} \times \frac{5^{1.3} - 5}{4} = 10.71\,kg_f/cm^2$$

6.3.2 디젤 사이클

디젤 사이클(Diesel cycle)은 독일의 디젤(Rudolf Diesel)이 창안한 것으로 두 개의 단열 과정과 한 개의 정압 과정, 1개의 정적 과정으로 이루어진 사이클로서 저속디젤기관의 기본 사이클이다. 에너지 교환이 정압 과정 중에 이루어지므로 정압 사이클(constant volume cycle)이라고도 한다.

[1] 변화 과정

$1 \rightarrow 2$: 단열압축 과정(등엔트로피 과정)

$2 \rightarrow 3$: 정압가열 과정

$3 \rightarrow 4$: 단열팽창 과정(등엔트로피 과정)

$4 \rightarrow 1$: 정적방열 과정

[2] 열효율

그림 6.5에서 압축비와 체절비 또는 차단비(cut-off ratio)를 다음과 같이 정의한다.

$$\text{압축비} : \epsilon = \frac{v_1}{v_2}, \quad \text{차단비(체절비, 단절비)} : \sigma = \frac{v_3}{v_2} \tag{6-8}$$

① $1 \rightarrow 2$: 단열압축 과정

$$T_1 v_1^{\kappa-1} = T_2 v_2^{\kappa-1} \rightarrow T_2 = T_1\left(\frac{v_1}{v_2}\right)^{\kappa-1} = T_1 \epsilon^{\kappa-1}$$

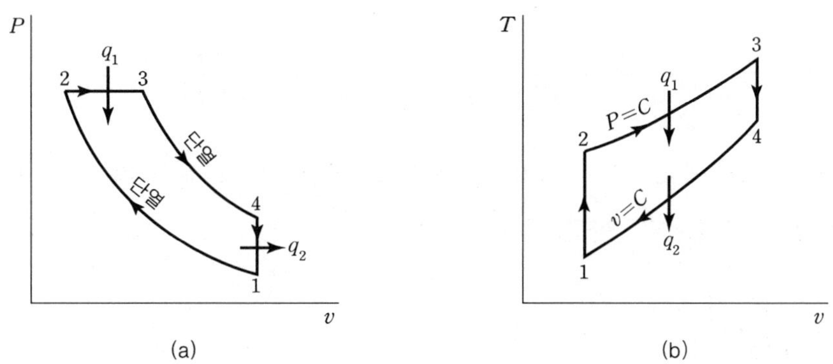

그림 6.5 디젤 사이클

② 2→3 : 정압가열 과정

$\delta q = dh - AvdP = C_P dT$에서 가스 $1\,kg_f$당의 가열량을 q_1이라 하면

$$\text{가열량} : q_1 = h_3 - h_2 = C_P(T_3 - T_2) \tag{6-9}$$

$$\text{정압변화} : \frac{v_2}{T_2} = \frac{v_3}{T_3},\ \frac{T_3}{T_2} = \frac{v_3}{v_2} = \sigma \quad \rightarrow \quad T_3 = T_2\,\sigma = T_1\,\sigma\,\epsilon^{\kappa-1}$$

③ 3→4 : 단열팽창 과정

$$\frac{T_4}{T_3} = \left(\frac{v_3}{v_4}\right)^{\kappa-1} \quad \rightarrow \quad T_4 = T_3\left(\frac{v_3}{v_4}\right)^{\kappa-1} \quad \because \left(\frac{v_3}{v_4} = \frac{v_3}{v_1} = \frac{v_2 v_3}{v_1 v_2} = \frac{\sigma}{\epsilon}\right)$$

$$= T_3\left(\frac{\sigma}{\epsilon}\right)^{\kappa-1} = T_1\sigma\epsilon^{\kappa-1}\left(\frac{\sigma}{\epsilon}\right)^{\kappa-1} = T_1\sigma^{\kappa}$$

④ 4→1 : 정적방열 과정

$\delta q = du + APdv = C_v dT$에서 가스 $1\,kg_f$당의 방열량을 q_2이라 하면

$$\text{방열량} : q_2 = u_4 - u_1 = C_v(T_4 - T_1) \tag{6-10}$$

따라서 디젤 사이클의 이론 열효율 η_D는

$$\eta_D = 1 - \frac{q_2}{q_1} = 1 - \frac{C_v(T_4 - T_1)}{C_p(T_3 - T_2)} = 1 - \frac{T_4 - T_1}{\kappa(T_3 - T_2)} \tag{6-11}$$

이상에서 구한 T_2, T_3 및 T_4를 식 (6-11)에 대입하면

$$\eta_D = 1 - \frac{T_1\sigma^{\kappa} - T_1}{\kappa(T_1\sigma\epsilon^{\kappa-1} - T_1\epsilon^{\kappa-1})} = 1 - \left(\frac{1}{\epsilon}\right)^{\kappa-1}\frac{\sigma^{\kappa} - 1}{\kappa(\sigma - 1)} \tag{6-12}$$

디젤 사이클의 이론 열효율은 비열비, 압축비 및 차단비에 의해 영향을 받는다. 차단비 σ가 클수록 η_D는 감소된다. 한편 식 (6-12)에서

$$F = \frac{\sigma^{\kappa} - 1}{\kappa(\sigma - 1)}$$

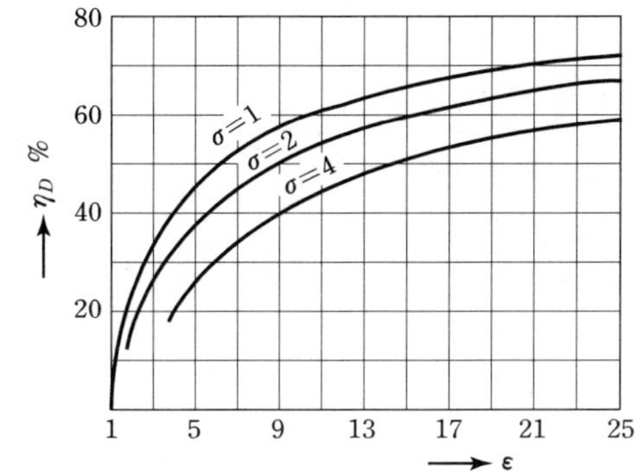

그림 6.6 디젤 사이클의 열효율

이라 하면, F는 항상 1보다 크므로 만약 압축비(ϵ)가 같다고 하면 디젤 사이클의 열효율은 오토 사이클의 열효율보다 작아진다.

디젤기관에서는 압축비를 높여도 노킹의 염려가 없으므로 가솔린기관보다 훨씬 더 높게 취할 수 있다. 그러나 압축비를 너무 높이면 최대압력이 높아져 구조나 강도보강을 위해 질량이 커지는 문제가 생기므로 보통 디젤기관의 압축비는 12 ~ 22 정도에서 사용되고 있다. 그림 6.6은 압축비, 차단비(체절비)에 따른 디젤 사이클의 열효율을 나타내고 있다.

[3] 평균 유효압력

디젤 사이클의 이론평균 유효압력 p_{md}는 다음과 같이 표현된다.

$$p_{md} = \frac{w}{v_1 - v_2} = \frac{\eta_D\ q_1}{A(v_1 - v_2)} = \frac{P_1 \epsilon^{\kappa}\ \kappa(\sigma - 1) - \epsilon(\sigma^{\kappa} - 1)}{(\kappa - 1)(\epsilon - 1)} \qquad (6\text{-}13)$$

예제 6-2

공기표준 사이클로 작동하는 디젤 사이클의 작동조건이 $\kappa = 1.3$, 최고 온도 2500K, 최저 온도 300K, 최고 압력 $40\,\text{kg}_f/\text{cm}^2$, 최저 압력 $1\,\text{kg}_f/\text{cm}^2$일 때, 다음 값을 각각 구하라.

① 압축비 ϵ, 차단비 σ ② 이론 열효율 η_d

③ 동일 압축비인 오토 사이클의 열효율 η_0 ④ 이론평균 유효압력 P_{md}

풀이

① $\epsilon = \dfrac{V_1}{V_2} = \left(\dfrac{P_2}{P_1}\right)^{\frac{1}{\kappa}} = (40)^{\frac{1}{1.3}} = 17$

$T_2 = T_1 \epsilon^{\kappa - 1} = 300 \times 17^{0.3} = 702°K$

$\therefore \ \sigma = \dfrac{V_3}{V_2} = \dfrac{T_3}{T_2} = \dfrac{2500}{702} = 3.6$

② $\eta_d = 1 - \left(\dfrac{1}{\epsilon}\right)^{\kappa-1} \left\{ \dfrac{\sigma^\kappa - 1}{\kappa(\sigma - 1)} \right\}$

$= 1 - \left(\dfrac{1}{17}\right)^{0.3} \left\{ \dfrac{3.6^{1.3} - 1}{1.3 \times (3.6 - 1)} \right\} = 0.458(45.8\%)$

③ $\eta_0 = 1 - \left(\dfrac{1}{\epsilon}\right)^{\kappa-1} = 1 - \left(\dfrac{1}{17}\right)^{0.3} = 0.573(57.3\%)$

※ 압축비가 동일할 경우 오토기관이 디젤기관보다 11.5% 열효율이 좋으나 오토기관에서는 압축비가 10 이상일 경우 노킹 현상이 발생한다.

④ $P_{md} = P_1 \dfrac{\epsilon^\kappa \kappa(\sigma - 1) - \epsilon(\sigma^\kappa - 1)}{(\kappa - 1)(\epsilon - 1)}$

$= \dfrac{17^{1.3} \times 1.3 \times 2.6 - 17(3.6^{1.3} - 1)}{0.3 \times 16} = 12.824\,\text{ata}$

6.3.3 사바테 사이클

사바테 사이클(Sabathe cycle)은 열공급이 정적 폭발 과정 후 정압 연소 과정이 되도록 합성한 사이클로서 고속디젤 사이클의 기본 사이클이다. 정적 및 정압의 두 부분에서 행해지므로 정적-정압 사이클(constant volume-constant pressure cycle)이라고도 부르며, 또한 이 사이클은 오토 사이클과 디젤 사이클을 합성한 것이므로 혼합 또는 합성 사이클(combined cycle)이라고도 부른다.

[1] 변화 과정

$1 \rightarrow 2$: 단열압축 과정(등엔트로피 과정)

$2 \rightarrow 2'$: 정적가열 과정

$2' \rightarrow 3$: 정압가열 과정

$3 \rightarrow 4$: 단열팽창 과정(등엔트로피 과정)

$4 \rightarrow 1$: 정적방열 과정

[2] 열효율

먼저 그림 6.7에서 압축비, 차단비, 압력비를 다음과 같이 정의한다.

$$압축비 : \epsilon = \frac{v_1}{v_2} \left(= \frac{v_4}{v_2{}'}\right), \quad 차단비(체절비, 단절비) : \sigma = \frac{v_3}{v_2{}'} \left(= \frac{v_3}{v_2}\right)$$

$$압력비(폭발비) : \rho = \frac{P_2{}'}{P_2} \left(= \frac{P_3}{P_2}\right) \tag{6-14}$$

① 1→2 : 단열압축 과정

$$T_1 v_1^{\kappa-1} = T_2 v_2^{\kappa-1} \quad \rightarrow \quad T_2 = T_1 \left(\frac{v_1}{v_2}\right)^{\kappa-1} = T_1 \epsilon^{\kappa-1}$$

② 2→2′ : 정적가열(폭발) 과정

$$정적가열량 : q_{1v} = C_v (T_2{}' - T_2) \tag{6-15}$$

$$정적 \ 변화 : \frac{P_2}{T_2} = \frac{P_2{}'}{T_2{}'}, \quad \frac{T_2{}'}{T_2} = \frac{P_2{}'}{P_2} = \rho \quad \rightarrow \quad T_2{}' = T_2 \rho = T_1 \rho \epsilon^{\kappa-1}$$

③ 2′→3 : 정압가열(연소) 과정

$$정압가열량 : q_{1P} = C_P (T_3 - T_2{}')$$

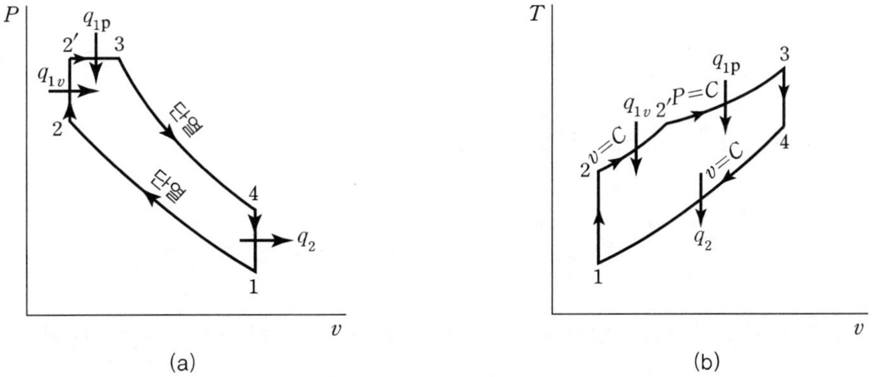

그림 6.7 사바테 사이클

$$\text{정적 변화 : } \frac{v_2'}{T_2'} = \frac{v_3}{T_3},\ \frac{T_3}{T_2'} = \frac{v_3}{v_2'} = \sigma \quad \rightarrow \quad T_3 = T_2' \sigma = T_1 \sigma \rho \epsilon^{\kappa-1}$$

$$\text{총 공급열량 : } q_1 = q_{1v} + q_{1P} = C_v(T_2' - T_2) + C_P(T_3 - T_2') \qquad (6\text{-}16)$$

④ 3 → 4 : 단열팽창 과정

$$\frac{T_4}{T_3} = \left(\frac{v_3}{v_4}\right)^{\kappa-1} \quad \rightarrow \quad T_4 = T_3\left(\frac{v_3}{v_4}\right)^{\kappa-1} \quad \because \left(\frac{v_3}{v_4} = \frac{v_2' v_3}{v_4 v_2'} = \frac{\sigma}{\epsilon}\right)$$

$$= T_3\left(\frac{\sigma}{\epsilon}\right)^{\kappa-1} = T_1 \sigma^{\kappa} \rho$$

⑤ 4 → 1 : 정적방열 과정

$$\text{정적방열량 : } q_2 = C_v(T_4 - T_2) \qquad (6\text{-}17)$$

[3] 열효율

따라서 이론 열효율은

$$\eta_S = \frac{Aw}{q_1} = 1 - \frac{q_2}{q_1} = 1 - \frac{q_2}{q_v + q_p} \qquad (6\text{-}18)$$

$$= 1 - \frac{C_P(T_4 - T_1)}{C_v(T_2' - T_2) + C_P(T_3 - T_2')}$$

$$= 1 - \frac{T_4 - T_1}{(T_2' - T_2) + \kappa(T_3 - T_2')}$$

이상에서 구한 T_2, T_2', T_3 및 T_4를 식 (6-18)에 대입하면

$$\eta_S = 1 - \left(\frac{1}{\epsilon}\right)^{\kappa-1}\left[\frac{\rho\sigma^{\kappa} - 1}{(\rho - 1) + \kappa\rho(\sigma - 1)}\right] \qquad (6\text{-}19)$$

따라서 사바테 사이클의 이론 열효율은 압축비(ϵ), 차단비(σ), 압력비(ρ), 비열비(κ)의 함수이고 κ가 같을 때는 압축비 ϵ와 압력비 ρ가 클수록, 차단비 σ가 작을수록 열효율이 높아진다.

또한 사바테 사이클 열효율식 (6-15)에서 특별한 경우로서

① 차단비 $\sigma = 1(v_2{}' = v_3)$인 경우에는 η_S와 η_0가 같아진다.

② 압력비 $\rho = 1(P_2{}' = P_3)$인 경우에는 η_S와 η_D가 같아진다.

[4] 평균 유효압력

사바테 사이클의 이론평균 유효압력 p_{ms}는 다음과 같이 표현된다.

$$p_{ms} = \frac{w}{v_s} = \frac{q_1 - q_2}{A(v_1 - v_2)} = \frac{\eta_s q_1}{A(v_1 - v_2)} \tag{6-20}$$

$$= P_1 \frac{\epsilon^{\kappa}\{(\rho - 1) + \kappa\rho(\sigma - 1)\} - \epsilon(\sigma^{\kappa}\rho - 1)}{(\kappa - 1)(\epsilon - 1)}$$

6.3.4 각 기본 사이클의 비교

오토 사이클, 디젤 사이클 및 사바테 사이클의 열효율을 두 가지 관점에서 비교해 보면 그림 6.8과 같다.

[1] 초기 온도, 압축비 및 공급열량이 일정할 때

이 조건을 만족시키는 오토 사이클, 디젤 사이클, 사바테 사이클을 $T-s$ 선도상에 표시하면 그림 6.8(a)에서 오토 사이클은 1-2-3-4-1이고, 디젤 사이클은 1-2-3'-4'-1, 사바테 사이클은 1-2-3''-4''-1이다. 초기 온도와 압축비가 같으므로 두 점은 공통이다. 공급열량이 일정하기 위해서는 (면적23652) = (면적23'6'52) = (면적23''6''52)이어야 한다.

사이클은 공급열량은 같으나 방출열량은 디젤 사이클이 가장 크므로 열효율의 비교는 다음과 같이 된다.

$$\eta_0 > \eta_S > \eta_D \tag{6-21}$$

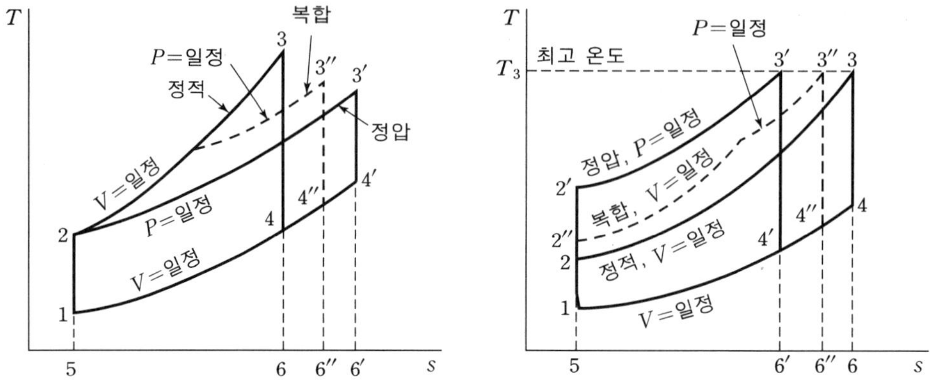

(a) 압축비 일정의 경우 (b) 최고 온도 일정의 경우

그림 6.8 각 사이클의 비교

[2] 초기 온도, 최고 온도 및 공급열량이 일정할 때

이 조건을 만족시키는 오토 사이클, 디젤 사이클, 사바테 사이클을 $T-s$ 선도상에 표시하면 그림 6.8(b)에서 오토 사이클은 1-2-3-4-1이고, 디젤 사이클은 1-2'-3'-4'-1, 사바테 사이클은 1-2''-3''-4''-1이다. 사이클은 공급열량과 최고 온도가 같도록 작도하면 방출열량은 오토 사이클이 가장 크므로 열효율의 비교는 다음과 같이 된다.

$$\eta_D > \eta_S > \eta_0 \tag{6-22}$$

이상에서와 같이 각 기본 사이클을 비교해 볼 때 압축비가 같을 때는 오토 사이클의 효율이 가장 좋으며 최고 온도가 같을 때는 디젤 사이클의 효율이 가장 높음을 알 수 있다.

6.3.5 실제 내연기관 사이클의 성능

실제의 내연기관에서 연소가스는 그 성분이 매우 복잡하며, 비열도 온도와 더불어 변화하고 높은 온도에서는 열해리 현상을 일으킨다. 또 압축과 팽창 과정이 완전한 단열이 아니다. 동작유체는 가솔린기관에서는 혼합기와 연소 후에는 연소가스이고, 디젤기관에서는 압축 과정에서는 공기이지만 압축 후의 연료분사에 의한 연소가스 등 그 동작유체의 성질이 복잡하므로 실제 사이클에서는 열효율이 이론 사이클보다 낮게 나타난다.

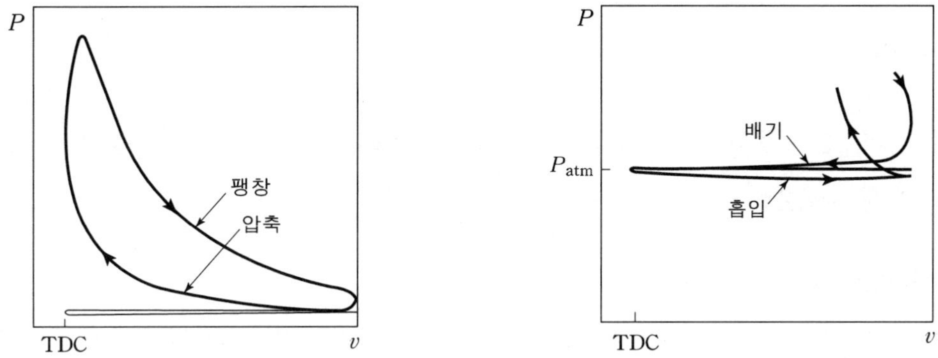

(a) $P-v$ 선도 (b) 흡 · 배기 과정

그림 6.9 지압선도

내연기관 실린더 내의 압력은 지압기(indicator)에 의하여 측정되며, 실린더 내의 압력-체적과의 관계를 나타낸 선도를 지압선도(indicator diagram)라 한다.

[1] 도시평균 유효압력과 도시출력(지시동력)

지압선도의 면적은 사이클당 도시일(W_i)을 나타내므로 이것을 행정체적 V_s으로 나눈 것을 **도시평균 유효압력**(indicated mean effective pressure)이라고 한다.

$$P_{mi} = \frac{\text{사이클당 도시일}}{\text{행정체적}} = \frac{W_i}{V_s} = \frac{W_i}{LA}$$

여기서 L은 행정, A는 단면적이다.

1분에 n회전하는 1기통 기관의 하는 동력은 $P_{mi} \times V_s \times (n/60)$이므로 기통수가 z인 4사이클기관(1사이클당 2회전)의 도시출력(N_i)은 다음 식과 같이 주어진다.

$$N_i = \frac{P_{mi} V_s n z}{75 \times 60 \times 2} = \frac{P_{mi} LAnz}{75 \times 60 \times 2} \text{ (PS)}$$

[2] 제동평균 유효압력과 제동출력

기관의 출력축에서의 일량은 지시선도의 일보다 피스톤이나 다른 기계 부분의 마찰손실만큼 감소한다. 따라서 기계효율 η_m은 다음과 같이 정의된다.

$$\eta_m = \frac{P_{me}}{P_{mi}} = \frac{N_e}{N_i} = \frac{W_e}{W_i}$$

여기서 P_{me}를 제동평균 유효압력(brake mean effective pressure), W_e를 제동일(brake work), N_e를 제동출력(brake horse power)이라 한다.

[3] 열효율 및 연료소비율

연료의 공급열은 연료소비량 $B(\mathrm{kg_f/h})$과 연료의 저위발열량 $H_L(\mathrm{kcal/kg_f})$의 곱으로 표시되므로 도시출력 $N_i(\mathrm{PS})$으로부터 도시 열효율(indicated thermal efficiency) η_i을 구하면 다음과 같으며 제동 열효율 η_e은 도시 열효율에 기계효율을 곱하여 구할 수 있다.

$$\eta_i = \frac{632.3 \times N_i(\mathrm{PS})}{H_L \times B}$$

$$\eta_e = \eta_m \times \eta_i$$

도시출력당 연료소비량을 도시연료소비율(indicated specific fuel consumption) f_i라 한다.

$$f_i = \frac{B_i}{N_i} \ (g/\mathrm{PSh})$$

예제 6-3

행정 체적 1500 cc의 4사이클 가솔린기관이 4000 rpm 에서 출력 50 PS, 연료소비율 230 g/PSh, 기계효율 78% 일 때 도시 및 제동 열효율을 구하고, 도시 및 제동 평균 유효압력을 구하라.(저위발열량은 10500 kcal/$\mathrm{kg_f}$이다.)

풀이

제동 열효율 $\eta_e = \dfrac{632.3 \times 1000}{10500 \times 230} \fallingdotseq 0.262 = 26.2\%$

도시 열효율 $\eta_i = \dfrac{\eta_e}{\eta_m} = \dfrac{0.262}{0.78} \fallingdotseq 0.336 = 33.6\%$

제동평균 유효압력은 $P_{me} = \dfrac{75 \times 60 \times 2 \times N_e}{V_s n} = \dfrac{75 \times 60 \times 2 \times 50}{1500 \times 10^{-6} \times 4000} = 7.5\,\mathrm{kg_f/cm^2}$

도시평균 유효압력은 $P_{im} = \dfrac{P_{em}}{\eta_m} = \dfrac{7.5}{0.78} = 9.62\,\mathrm{kg_f/cm^2}$

6.4 공기표준 가스터빈의 기본 사이클

가스터빈은 터빈 날개(turbine blade)의 직접 고온, 고속의 연소가스를 분사시켜 직접 회전일을 얻어 동력을 발생시키는 열기관이다.

단순 가스터빈 사이클은 3대 기본 요소인 공기를 압축시키는 압축기(compressor), 연료분사로 가스를 연소시키는 연소기(combustor), 연소된 가스로 출력을 얻는 터빈으로 구성되어 있다. 가스터빈의 기본 사이클에는 정압연소 사이클과 정적연소 사이클이 있으나 현재 실용화되고 있는 것은 정압연소 사이클이다.

6.4.1 브레이턴 사이클

브레이턴 사이클(Brayton cycle)은 가스터빈의 이상적인 사이클로서, 두 개의 정압 과정과 두 개의 가역 단열 과정으로 형성된 정압연소 사이클이다. 브레이턴 사이클로서 실용되고 있는 것은 그림 6.10과 같이 개방 사이클(open cycle)과 밀폐 사이클(closed cycle)이다. 밀폐 사이클이며, 재생기나 배기열을 이용하지 않는 정압연소 사이클에서의 이론 열효율을 구해 보자.

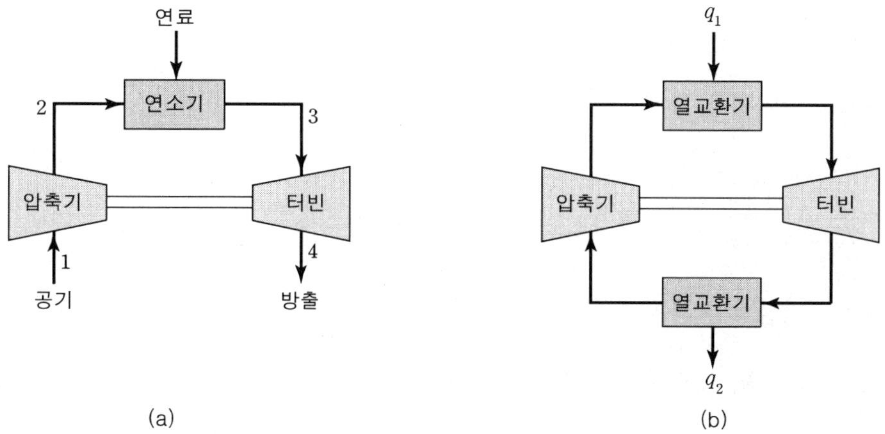

그림 6.10 가스터빈 사이클

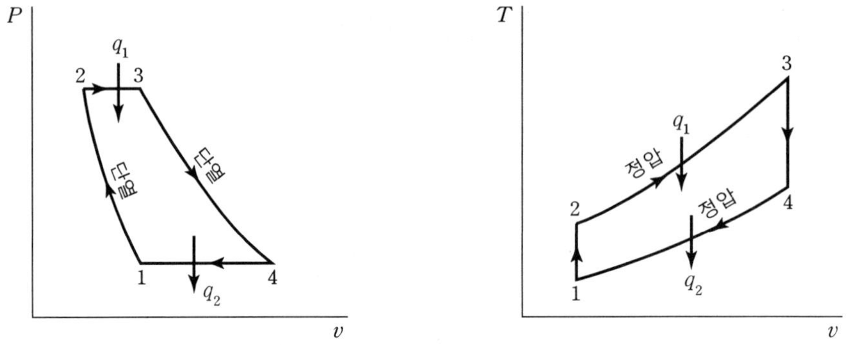

(a) (b)

그림 6.11 브레이턴 사이클

[1] 변화 과정

① 1 → 2 : 단열압축 과정

압축압력비(compression pressure ratio) $\varphi = \dfrac{P_2}{P_1} \left(= \dfrac{P_3}{P_4} \right)$라고 정의하면

$$\frac{T_2}{T_1} = \left(\frac{P_2}{P_1} \right)^{\frac{\kappa - 1}{\kappa}} = \phi \frac{\kappa - 1}{\kappa} \quad \rightarrow \quad T_2 = T_1 \, \phi^{\frac{\kappa - 1}{\kappa}}$$

② 2 → 3 : 정압가열 과정

$$q_1 = h_3 - h_2 = C_P (T_3 - T_2) \tag{6-23}$$

③ 3 → 4 : 단열팽창 과정

$$\frac{T_4}{T_3} = \left(\frac{P_4}{P_3} \right)^{\frac{\kappa - 1}{\kappa}} = \phi^{\frac{\kappa - 1}{\kappa}} \quad \rightarrow \quad T_4 = T_3 \, \phi^{\frac{\kappa - 1}{\kappa}}$$

④ 4 → 1 : 정압방열 과정

$$q_2 = h_4 - h_1 = C_P (T_4 - T_1) \tag{6-24}$$

[2] 열효율

따라서 브레이턴 사이클의 이론 열효율 η_B는

$$\eta_B = \frac{Aw}{q_1} = 1 - \frac{q_2}{q_1} = 1 - \frac{C_P(T_4 - T_1)}{C_P(T_3 - T_2)} \tag{6-25}$$

$$= 1 - \frac{T_4 - T_1}{T_3 - T_2} = 1 - \frac{T_4 - T_1}{T_4 \phi^{\frac{\kappa-1}{\kappa}} - T_1 \phi^{\frac{\kappa-1}{\kappa}}}$$

$$= 1 - \left(\frac{1}{\phi}\right)^{\frac{\kappa-1}{\kappa}}$$

이 된다. 따라서 브레이턴 사이클의 특징은 열효율이 압축압력비 ϕ만의 함수이며, ϕ가 클수록 열효율은 증가한다.

예제 6-4

브레이턴 사이클에서 $P_1 = 1.0\,\text{kg}_\text{f}/\text{cm}^2$, $P_2 = 3.8\,\text{kg}_\text{f}/\text{cm}^2$, $T_1 = 100℃$, $T_3 = 800℃$ 인 경우 공급한 열량과 열효율을 구하라.(단, $\kappa = 1.4$, $C_P = 0.24\,\text{kcal/kg}_\text{f}\,℃$ 이다.)

풀이

$$T_2 = T_1\left(\frac{P_2}{P_1}\right)^{\frac{\kappa-1}{\kappa}} = 373 \times 3.8^{\frac{0.4}{1.4}} = 346\ °\text{K}$$

$$T_4 = T_3\left(\frac{P_1}{P_2}\right)^{\frac{\kappa-1}{\kappa}} = 1073 \times \left(\frac{1}{3.8}\right)^{\frac{0.4}{1.4}} = 734\ °\text{K}$$

따라서 압축일은 $AW_c = C_P(T_2 - T_1) = 0.24(546 - 373) = 41.5\,\text{kcal/kg}_\text{f}$

터빈일은 $AW_t = C_p(T_3 - T_4) = 0.24(1073 - 734) = 81.4\,\text{kcal/kg}_\text{f}$

유효일은 터빈일에서 압축기 일을 빼면 된다. 즉,

$AW_{net} = AW_t - AW_c = 81.4 - 41.5 = 39.9\,\text{kcal/kg}_\text{f}$

공급한 열량 $q_1 = C_P(T_3 - T_2) = 0.24 \times (1073 - 546) = 126.5\,\text{kcal/kg}_\text{f}$이다.

열효율은 $\eta_B = \dfrac{AW_{net}}{q_1} = \dfrac{39.9}{126.5} \fallingdotseq 0.318 = 31.8\%$

6.4.2 재생 사이클

단순 가스터빈에서 배출되는 가스의 온도는 압축기의 출구, 즉 연소실에 들어가는 공기 온도보다 매우 높다. 따라서 이 열을 회수하는 열교환기(heat exchanger)를 압축기와 연소실 사이에 설치하여 공기를 예열함으로써 열효율을 증진시킬 수가 있는데, 이 열교환기를

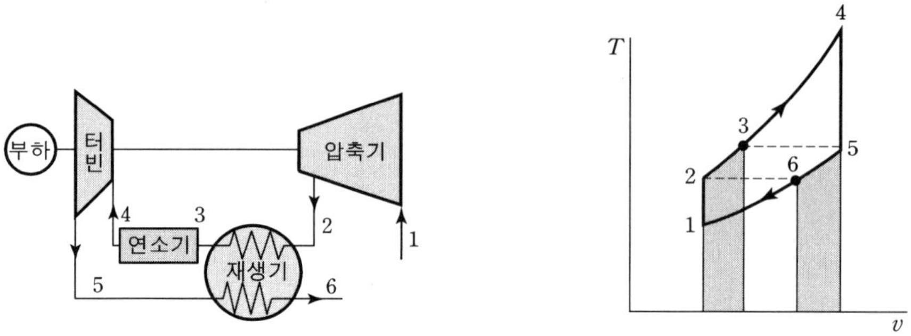

(a) 재생 터빈 (b) 재생 사이클

그림 6.12 재생 사이클의 구성과 $T-s$ 선도

재생기(regenerator)라고 하고 이와 같은 구성품으로 이루어진 사이클을 재생 사이클(regenerative cycle)이라 한다. 그림 6.12는 재생 사이클의 구성과 $T-s$ 선도이다.

재생기에서 배기의 온도는 T_5에서 T_6으로 내려가고, 압축공기의 온도는 T_2에서 T_3까지 상승하였다고 하면 재생열량은 이상적인 경우에 다음과 같이 된다.

$$q_{reg} = h_3 - h_2 = h_5 - h_6 \quad \rightarrow \quad (T_3 - T_2) = (T_5 - T_6) \tag{6-26}$$

따라서 재생 사이클에서 가열량, 방열량은 모두 식 (6-26)에 상당하는 열량만큼 적어진다.

$$\text{가열량 : } q_1 = C_P\{(T_4 - T_2) - (T_3 - T_2)\} = C_P(T_4 - T_3) \tag{6-27}$$

$$\text{방열량 : } q_2 = C_P\{(T_5 - T_1) - (T_5 - T_6)\} = C_P(T_6 - T_1) \tag{6-28}$$

그러나 무한한 열교환기를 사용하지 않는 한 $T_5 > T_3$이므로 일반적으로는 다음과 같이 쓸 수 있으며, 여기서 η_{ex}를 재생 열교환기의 효율이라고 한다.

$$T_3 - T_2 = \eta_{ex}\,(T_5 - T_2) \tag{6-29}$$

식 (6-29)를 (6-27)에 대입하면

$$q_1 = C_P\{(T_4 - T_2) - \eta_{ex}(T_5 - T_2)\} \tag{6-30}$$

$$Aw = Aw_T - Aw_c = (h_4 - h_5) - (h_2 - h_1) = C_P\{(T_4 - T_5) - (T_2 - T_1)\}$$

따라서 재생 사이클의 이론 열효율 η_{reg}는

$$\eta_{reg} = \frac{Aw}{q_1} = \frac{(T_4 - T_5) - (T_2 - T_1)}{(T_4 - T_2) - \eta_{ex}(T_5 - T_2)} \tag{6-31}$$

한편 과정 1→2 및 과정 4→5는 가역단열 과정이라 하면

$$T_2 = T_1\left(\frac{P_2}{P_1}\right)^{\frac{\kappa-1}{\kappa}} = T_1\phi^{\frac{\kappa-1}{\kappa}}$$

$$T_5 = T_4\left(\frac{P_5}{P_4}\right)^{\frac{\kappa-1}{\kappa}} = T_4\left(\frac{P_1}{P_2}\right)^{\frac{\kappa-1}{\kappa}} = T_4\phi^{\frac{1-\kappa}{\kappa}}$$

이것들을 대입하여 정리하면 재생기효율 $\eta_{ex} = 1$일 때, 즉 이상적인 재생 사이클의 열효율은

$$\eta_{reg} = 1 - \frac{T_1}{T_4}\phi^{\frac{\kappa-1}{\kappa}} \tag{6-32}$$

이 된다. 따라서 이상적인 재생 사이클의 열효율은 압력비 $\phi = \dfrac{P_2}{P_1}$와 온도비 $\dfrac{T_1}{T_4}$의 함수이다. 그림 6.13은 비열비 $\kappa = 1.4$일 때 재생 사이클의 효율을 도시한 것이다. 기본 브레이턴 사이클에서와는 달리 압력비가 증가함에 따라 효율은 감소하는 특성이 있다.

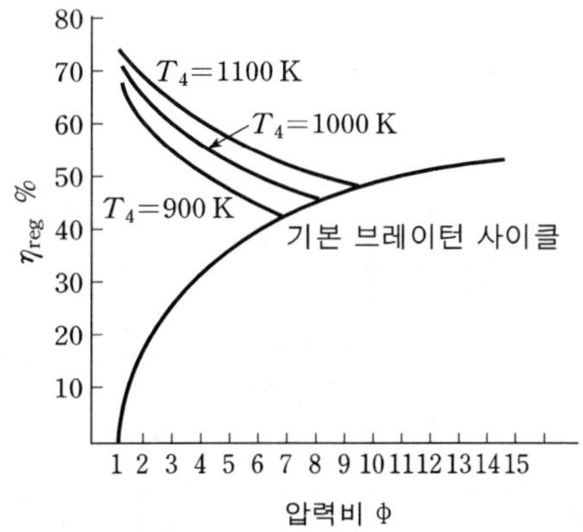

그림 6.13 재생 사이클의 열효율

6.4.3 중간냉각 및 재열 사이클

가스터빈의 정미일은 $w = w_T - w_c$이므로 압축일을 감소시키는 것은 터빈의 유효일을 증가시키는 결과를 가져온다. 압축기에서 공기를 단열압축하면 압축공기의 온도 상승을 초래해 공기의 체적이 커지게 되어 그만큼 압축기의 일량이 증가한다. 따라서 압축일을 감소시키는 방법으로 1개의 압축기에서 최종 압력까지 압축을 하지 않고, 2단 이상으로 압축하고 각 단 사이에 중간냉각기(intercooler)를 장치하여 중간냉각을 하는 사이클을 중간냉각 사이클(intercooling cycle)이라고 한다.

한편 사이클의 열효율을 향상시키는 방법으로 터빈을 2단 이상으로 하고, 그 중간에 재열기(reheater)를 장치하고, 같은 압력하에서 가열하여 사이클의 최고 온도를 변경시키지 않고도 유효일을 증가시킬 수 있는 것을 재열 사이클(reheat cycle)이라고 한다.

또한 재열기나 중간냉각기를 재생기와 병용한 사이클을 재생-재열 사이클, 재생-중간냉각 사이클, 재생-재열-중간냉각 사이클이라 한다.

6.4.4 기타 사이클

[1] 에릭슨 사이클(Ericsson cycle)

브레이턴 사이클의 단열압축, 단열팽창 과정을 각각 등온압축, 등온팽창 과정으로 바꾸어 놓은 사이클로서 두 개의 등온 과정과 두 개의 정압 과정으로 구성된다. 가스터빈의

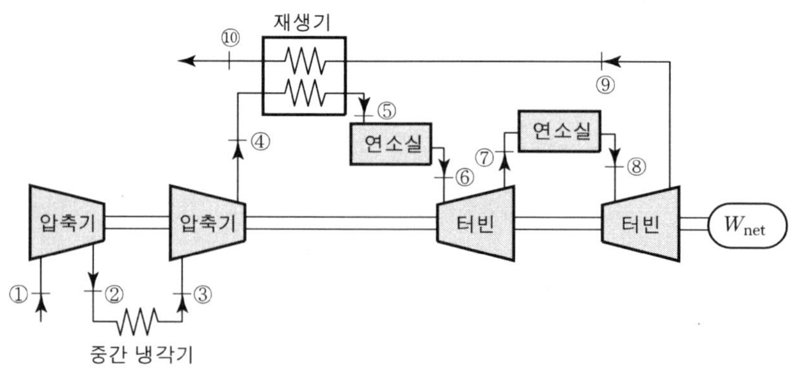

그림 6.14 중간냉각, 재열 및 재생 사이클

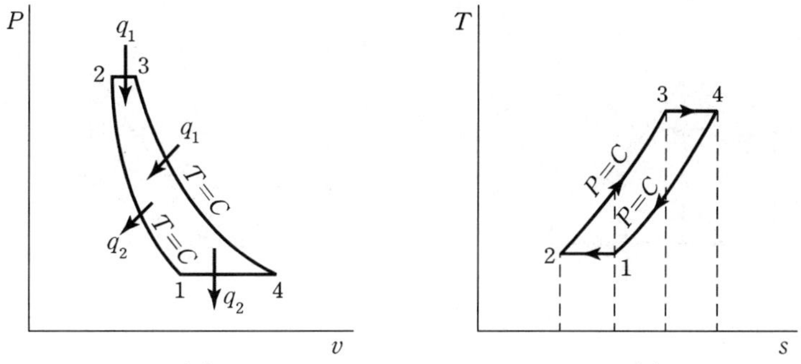

그림 6.15 에릭슨 사이클

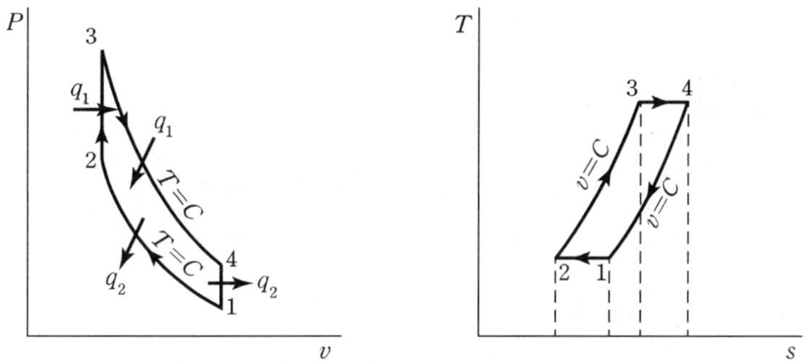

그림 6.16 아트킨슨 사이클

이상적인 사이클이지만 등온 과정 중 에너지 전달이 어려워 실현하기 힘든 사이클이다.

[2] 아트킨슨 사이클(Atkinson cycle)

오토 사이클과 정압방열 과정만 다르며 오토 사이클의 배기가스의 열량을 이용하여 운전되는 가스터빈의 이상 사이클로서 한 개의 정압 과정과 정적 과정 및 두 개의 단열 과정으로 구성되며 정적가스터빈 사이클이라고도 한다. 아트킨슨 사이클은 오토 사이클에서의 팽창비보다 크게 함으로써 더 많은 일을 할 수 있도록 수정한 것으로 생각할 수 있다.

[3] 르누아 사이클(Lenior cycle)

동작물질의 압축 과정이 없으며, 정적하에서 가열되어 압력이 상승한 후 기체가 팽창하면서 일을 하고 정압하에서 배열된다.

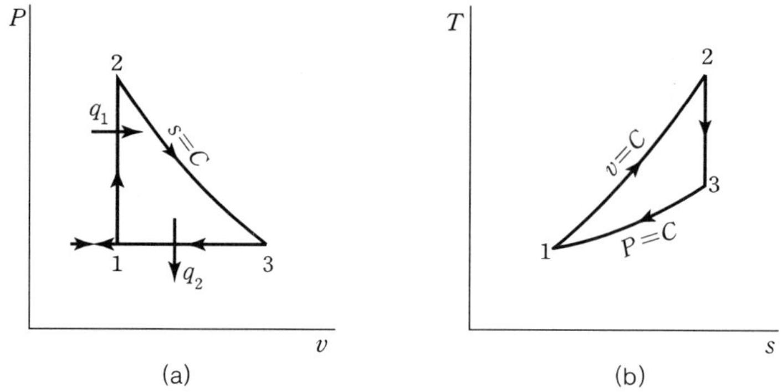

그림 6.17 르누아 사이클

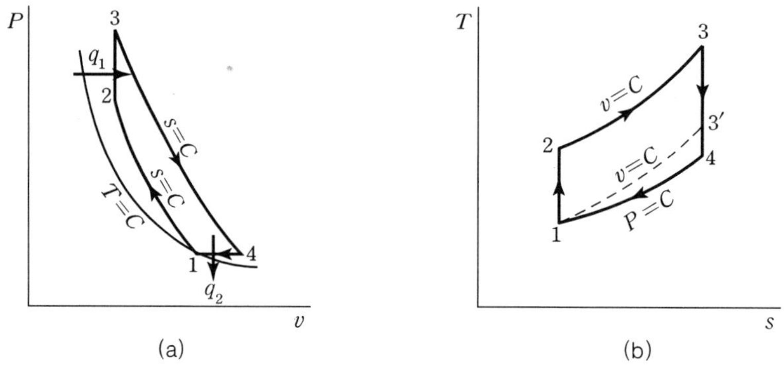

그림 6.18 스털링 사이클

[4] 스털링 사이클(Stirling cycle)

두 개의 등온 과정과 두 개의 정적 과정으로 이루어진 밀폐된 재생 사이클로서 그림 6.18에서 동작물질과 주위와의 열교환은 카르노 사이클에서와 마찬가지로 두 개의 등온 과정 $1 \rightarrow 2$, $3 \rightarrow 4$에서 이루어지며, 열교환에 의하여 압력이 변한다.

증기원동소의 기본 사이클인 랭킨(Rankine) 사이클에서 만약 이상적인 재생기가 있다면 스털링 사이클에 접근이 된다. 그리고 역스털링 사이클은 헬륨(He)을 냉매로 하는 극저온용의 가스냉동기의 기본 사이클이 된다.

연습문제

1. 오토 사이클의 $P-v$, $T-s$ 선도를 그리고 열효율을 구하라.

2. 사바테 사이클의 $P-v$, $T-s$ 선도를 그리고 열효율을 구하라.

3. 브레이턴 사이클의 $P-v$, $T-s$ 선도를 그리고 이론 열효율을 구하라.

4. 가스동력 사이클에 대한 설명 중 틀린 것은?
   ① 오토 사이클의 열효율은 압축비의 함수로 구성된다.
   ② 오토 사이클은 두 개의 정적 과정과 두 개의 단열 과정으로 구성된다.
   ③ 디젤 사이클은 두 개의 단열 과정, 한 개의 정압 과정 및 정적 과정으로 구성된다.
   ④ 디젤 사이클의 열효율은 압축비가 작을수록 차단비가 클수록 증가한다.

5. 초온, 초압, 압축비 및 공급열량이 일정할 때 가스동력 사이클의 열효율이 올바른 것은?(η_O : 오토 사이클, η_D : 디젤 사이클, η_S : 사바테 사이클)
   ① $\eta_D > \eta_S > \eta_O$　　② $\eta_O > \eta_S > \eta_D$
   ③ $\eta_S > \eta_D > \eta_O$　　④ $\eta_S > \eta_D > \eta_O$

6. 카르노 사이클(Carnot cycle)의 구성과 과정의 순서가 올바른 것은?
   ① 등온팽창 → 단열압축 → 단열팽창 → 등온압축
   ② 등온팽창 → 단열팽창 → 등온압축 → 단열압축
   ③ 등온팽창 → 등온압축 → 단열압축 → 단열팽창
   ④ 등온팽창 → 단열팽창 → 단열압축 → 등온압축

7. 복합 사이클(Sabathe cycle)의 이론 열효율은 어느 경우에 디젤 사이클의 이론 열효율과 일치되는가?(단, ϵ=압축비, ρ=압력비, σ=연료 차단비, κ=비열비이다.)
   ① $\rho=1$　　② $\kappa=1$　　③ $\epsilon=1$　　④ $\sigma=1$

8. 다음 중 두 개의 등온 과정과 두 개의 정적 과정으로 구성된 사이클은?
   ① 에릭슨 사이클　② 사바테 사이클
   ③ 스텔링 사이클　④ 르누아 사이클

9. 브레이턴 사이클은?
   ① 압축점화기관의 이상 사이클이다.　② 가솔린기관의 이상 사이클이다.
   ③ 증기원동기의 이상 사이클이다.　④ 가스터빈의 이상 사이클이다.

10. 정적 사이클로 작동하는 가솔린기관에서 실린더의 간극체적이 피스톤 행정 체적의 20%이다. 이 기관의 이론 열효율은 몇 %인가?(단, $\kappa=1.4$이다.)

    힌트 $\eta_0=1-\left(\dfrac{1}{\epsilon}\right)^{\kappa-1}$

11. 디젤 사이클에 있어서 열효율이 60%, 체절비 $\sigma=3$일 때 압축비(ϵ)는 얼마인가?(단, $\kappa=1.4$이다.)

    힌트 $\eta_D=1-\left(\dfrac{1}{\epsilon}\right)^{\kappa-1}\dfrac{\sigma^\kappa-1}{\kappa(\sigma-1)}$

12. 압축비 $\epsilon=14$, 체절비 $\sigma=1.8$, 압력비 $\rho=1.2$인 복합 사이클(sabathe cycle)의 열효율 및 평균 유효압력을 구하라.(단, $\kappa=1.4$이고, 최저 압력 $1.033\,\text{kg}_\text{f}/\text{cm}^2$이다.)

    힌트 $\eta_S=1-\left(\dfrac{1}{\epsilon}\right)^{\kappa-1}\left[\dfrac{\rho\sigma^\kappa-1}{(\rho-1)+\kappa\rho(\sigma-1)}\right]$

    $$p_{ms}=P_1\frac{\epsilon^\kappa\{(\rho-1)+\kappa\rho(\sigma-1)\}-\epsilon(\sigma^\kappa\rho-1)}{(\kappa-1)(\epsilon-1)}$$

13. 출력 70 Ps의 디젤기관을 1시간 운전하여 $14\,\text{kg}_\text{f}$의 연료를 소비하였다. 연료의 저발열량이 $9000\,\text{kcal}/\text{kg}_\text{f}$이라면 이 기관의 열효율은 약 몇 %인가?

    힌트 $\eta_i=\dfrac{632.3\times N_i(\text{PS})}{H_L\times B}$

14. 실린더 직경 $d=60\,\text{mm}$, 행정 $l=75\,\text{mm}$인 가솔린기관의 연소실 체적이 $V_c=23\,\text{cm}^3$로 주어졌을 때 이 기관이 공기표준 사이클로 운전될 경우에 압축비와 열효율은 얼마나 되겠는가?

    힌트 행정체적 $V_s=\dfrac{\pi d^2}{4}$, 압축비 $\epsilon=\dfrac{V_c+V_s}{V_c}$, 열효율 $\eta_0=1-\left(\dfrac{1}{\epsilon}\right)^{\kappa-1}$

15. 공기를 작업유체로 하는 오토 사이클 기관의 최고 온도는 2000℃, 최저 온도는 200℃이다. 압축비 $\epsilon=10$, 단열압축 초기의 압력 1 ata, 비열비 $\kappa=1.4$인 경우에 다음 값을 구하라.
 1) 오토 사이클의 이론 열효율
 2) 동일한 온도 범위에서 작동하는 카르노 사이클의 효율
 3) 열역학적 열효율(효율비)

 힌트 $\eta_0=1-\left(\frac{1}{\epsilon}\right)^{\kappa-1}$, $\eta_c=1-T_2/T_1$, $\eta_{th}=\eta_o/\eta_c$

16. 공기를 작업유체로 하는 브레이턴 사이클 기관의 최고 압력을 5 ata, 최저 압력을 1 ata, 최저 온도를 50℃, 최고 온도를 632℃, 비열비 $\kappa=1.4$라고 하자. 공기 $1\,kg_f$에 대해 1사이클당 얻은 일량(Aw)이 $35\,kcal/kg_f$일 때 다음 값을 구하라.
 1) 이론 열효율
 2) 공급열량
 3) 동일한 온도 범위에서 작동하는 카르노 사이클의 효율
 4) 열역학적 열효율(효율비)

 힌트 $\eta_B=\frac{Aw}{q_1}=1-\left(\frac{1}{\phi}\right)^{\frac{\kappa-1}{\kappa}}$, $\eta_c=1-T_2/T_1$, $\eta_{th}=\eta_B/\eta_c$

정답
4. ④ 5. ② 6. ④ 7. ① 8. ③ 9. ④
10. $\eta_0=51.3\%$ 11. $\epsilon=19.24$ 12. $\eta_s=61.0\%$, $p_{ms}=7.52\,kg_f/cm^2$
13. $\eta_D=35.1\%$ 14. $\epsilon=10.2$, $\eta_0=60.5\%$
15. 1) $\eta_o=60.2\%$, 2) $\eta_c=79.2\%$, 3) $\eta_{th}=0.76$
16. 1) $\eta_B=36.9\%$, 2) $q_1=74.8\,kcal/kg_f$, 3) $\eta_c=64.3\%$, 4) $\eta_{th}=0.574$

Chapter 7

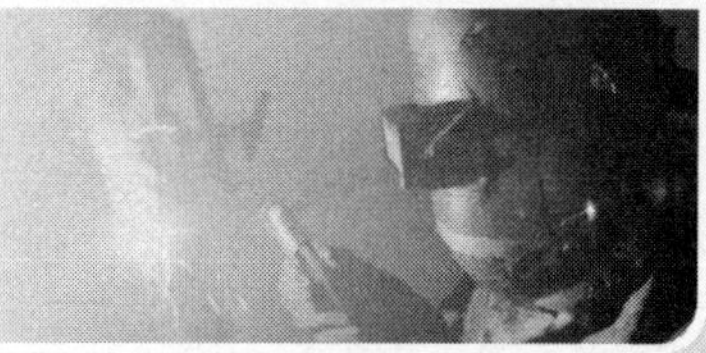

증기동력 사이클

7.1 증기동력 사이클의 개요

증기동력 사이클은 증기원동소에서 작동유체가 열을 받으면 상변화(액체→기체)가 발생하고, 이때 작동유체가 팽창하게 되는데 이 팽창력을 이용하여 동력기를 구동하고 유효한 일을 발생시키는 사이클이다.

증기를 동작유체로 사용하는 증기원동소는 기본적으로 보일러(boiler), 터빈(turbine), 복수기(condenser) 및 급수펌프(feed water pump)로 구성되어 있으며, 보일러를 고열원으로 하고 복수기를 저열원으로 하는 열기관이다.

그림 7.1은 간단한 증기원동소(steam power plant)를 나타낸 것으로 각 과정을 설명하면, 우선 복수(응축)된 물은 급수펌프에 의하여 증기보일러로 압송된다. 물이 보일러에 급수되면 일정 압력하에서 증발하여 포화증기가 된다. 포화증기는 다시 과열기에 들어가 보일러의 압력과 동일한 압력에서 필요한 상태로 과열되며 고온고압의 과열증기가 터빈으로 들어가 팽창하여 일을 한다. 이때 발생된 일이 발전기나 기타 소요의 부하를 구동하게 된다. 한편 터빈에서 배출된 증기는 복수기(응축기)에 유입되어 방열함으로써 복수된다.

이때 복수기는 진공 상태이므로 배압이 낮아 터빈 내에서 증기가 충분히 팽창하게 된다. 복수기 내에서 증기를 냉각응축하기 위한 냉각장치에 의해 증발열이 제거되어 복수된다. 복수된 물은 다시 위와 같은 과정으로 되풀이한다.

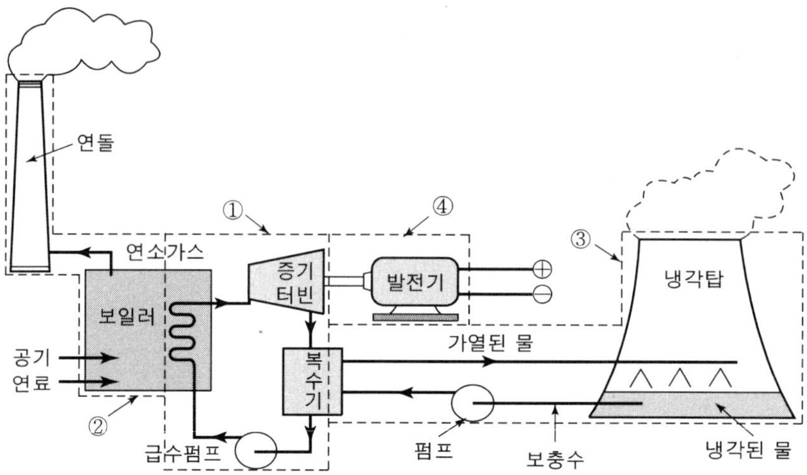

그림 7.1 단순 증기원동소의 구성

여기서 복수기는 증기의 응축을 위한 냉각장치로서 일종의 열교환기(heat exchanger)로 다수의 관으로 되어 있으며, 관 내에는 저온의 냉각수가 흐르고, 관 외부는 증기가 복수되므로 증기와 냉각수는 혼합되지 않는다. 이러한 증기원동소 중에서 열효율이 가장 좋은 사이클은 이상적으로는 카르노 사이클이지만 실현성이 있는 증기동력 사이클(vapour power cycle)로는 랭킨에 의하여 제안된 랭킨 사이클과 이 사이클의 열효율을 증대시키기 위하여 부가적 장치에 따라 재생 사이클, 재열 사이클 및 이들을 종합한 재생-재열 사이클 등의 개량 사이클이 널리 채용되고 있다.

7.2 랭킨 사이클

랭킨 사이클(Rankine cycle)은 증기원동소의 이상적인 사이클이며, 두 개의 단열 변화와 두 개의 정압 변화로 이루어진 사이클이다. 랭킨 사이클은 효율이 좋은 카르노 사이클에서 실현 불가능한 등온팽창 및 등온압축 과정을 정압팽창 및 정압압축 과정으로 대치함으로써 실현 가능한 상태로 만든 사이클이다.

[1] 상태 변화

① 1→2 : 급수펌프에서 가역단열압축 과정(포화수 → 압축수)

② 2→3 : 보일러에서 정압가열 과정(압축 → 건포화증기)

③ 3→4 : 과열기에서 정압가열 과정(건포화증기 → 과열증기)

④ 4→5 : 터빈에서 가역단열팽창 과정(과열증기 → 습증기)

⑤ 5→1 : 복수기에서 정압방열 과정(습증기 → 포화수)

[2] 열량과 일

랭킨 사이클의 증기유량 1kg_f에 대해서 각 부분의 유입 상태를 i, 유출 상태를 e라 하면 정상 유동에 대한 에너지방정식은 운동 에너지와 위치 에너지를 무시하게 되면 다음과 같이 된다.

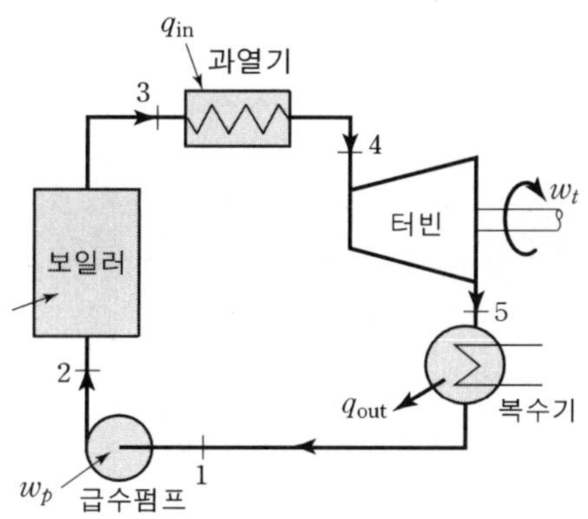

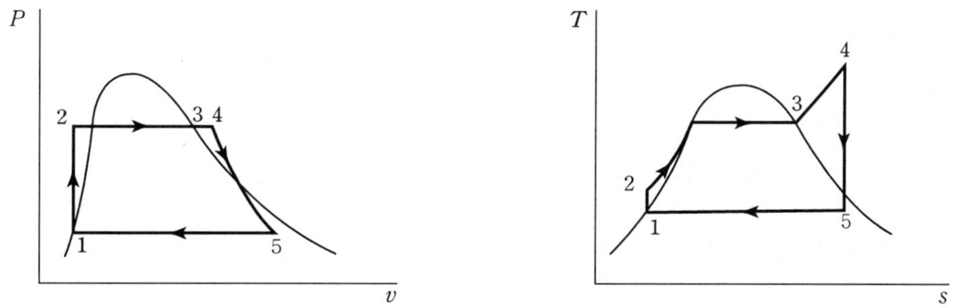

(a) $P-v$선도 (b) $T-s$선도

그림 7.2 랭킨 사이클

$$q + h_i = h_e + Aw_t \quad \rightarrow \quad q = (h_e - h_i) + Aw_t \tag{7-1}$$

여기서 공업일 $Aw_t = -A\int vdP$이므로

이는 열역학 제2기초식($\delta q = dh + A\delta w_t = dh - AvdP$)과 동일하다.

① 공급열량(보일러, 과열기) : q_1

정압 과정에서의 열량 변화는 엔탈피 변화와 같으므로 공급열량 q_1는

q_1 = 보일러에서의 가열량 + 과열기에서의 가열량

$$= (h_3 - h_2) + (h_4 - h_3) = h_4 - h_2 \tag{7-2}$$

② 방출열량(복수기) : q_2

정압 과정이므로 열량 변화량은 엔탈피 변화량과 같다.

$$q_2 = h_5 - h_1 \tag{7-3}$$

③ 터빈의 팽창일량 : Aw_T

실제 랭킨 시스템이 유효한 기계적 일을 하는 과정으로 단열 과정이므로 공업일은 엔탈피 감소량과 같다.(4 - 5 과정)

$$Aw_T = h_4 - h_5 \tag{7-4}$$

④ 급수펌프의 압축일량 : Aw_P

급수펌프의 압축일량은 시스템이 손실된 일량으로 효율을 감소시키는 원인이 되고 단열 과정이므로 공업일은 엔탈피 증가량과 같다.

$$Aw_P = h_2 - h_1 = Av_1(P_2 - P_1) \tag{7-5}$$

비압축성 유체의 경우 체적의 변화가 거의 없으므로 정적압축 과정으로 볼 수 있다.

[3] 랭킨 사이클의 이론 열효율

① 펌프일을 고려한 경우

랭킨 사이클에서 급수펌프가 소비하는 압축일을 고려하면 랭킨 사이클의 열효율은 다

음 식으로 구한다.

$$\eta_R = \frac{q_1 - q_2}{q_1} = \frac{Aw_{net}}{q_1} = \frac{Aw_T - Aw_P}{q_1} = \frac{(h_4 - h_5) - (h_2 - h_1)}{h_4 - h_2} \tag{7-6}$$

② 펌프일을 무시한 경우

$$\eta_R = \frac{Aw_T}{q_1} = \frac{(h_4 - h_5)}{(h_4 - h_2)} \tag{7-7}$$

[4] 랭킨 사이클의 열효율에 영향을 미치는 인자

랭킨 사이클의 열효율 향상 방법으로는 그림 7.3과 같이 보일러의 증기온도를 높여서 최고 온도를 높이는 경우와 복수기의 방열온도를 저하시켜 압력을 낮추는 방법이 있다.

① 복수기의 압력을 저하시키는 경우

복수기 내의 압력을 저하시키면 이에 상응하여 복수기의 방열온도도 저하되므로, $T-s$ 선도에서 보는 것처럼 사이클의 유효일이 증가하여 효율이 증가한다. 그러나 이 경우에 건도가 감소하여 습도가 증가하므로 습증기에 의한 터빈 부식을 야기시키는 문제가 있다.

② 터빈의 입구 온도를 높이는 경우

보일러의 압력 변화 없이 보일러 출구, 즉 터빈 입구의 과열증기의 온도를 상승시키면 사이클의 유효일이 증가하여 열효율이 증가한다. 이때 건도도 증가하는 특성이 있으나 고온에 의한 터빈의 기계적 성질(재료)에 제한을 받는다.

③ 보일러 압력을 상승시키는 경우

증기의 온도를 상승시키는 방법으로 보일러의 압력을 높이는 경우가 있는데 보일러의 압력이 상승하면 비등하는 온도도 높아지게 된다. 만약 터빈 입구 온도를 일정하게 제한하는 경우에는 터빈 출구의 건도가 저하하여 성능 향상에 바람직하지 못하다. 이런 결점을 보완한 것으로서 재열 사이클이 있다.

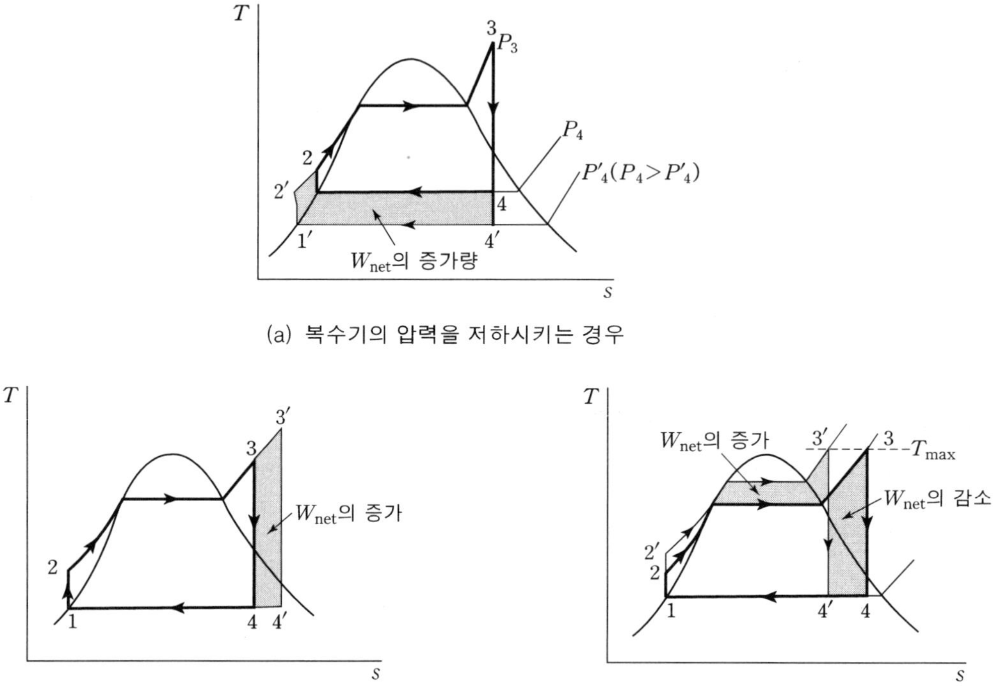

(a) 복수기의 압력을 저하시키는 경우

(b) 터빈의 입구 온도를 높이는 경우(압력 일정)

(c) 보일러 압력을 상승시키는 경우

그림 7.3 랭킨 사이클의 효율 개선

예제 7-1

그림 7.2(b)의 다음의 랭킨 사이클의 $T-s$ 선도에서 각 점의 엔탈피가 다음과 같을 때 이 사이클의 열효율은?($h_1 = 50$, $h_2 = 51$, $h_3 = 674$, $h_4 = 781$, $h_5 = 585$)

풀이

$$\eta = \frac{q_1 - q_2}{q_1} = 1 - \frac{q_2}{q_1} = 1 - \frac{(h_5 - h_1)}{(h_4 - h_2)}$$

$$= 1 - \frac{(585 - 50)}{(781 - 51)} = 1 - \frac{535}{730}$$

$$= 1 - 0.733 = 0.267 \ (26.7\%)$$

예제 1-8

초압 50 ata, 초온 500℃ 의 증기가 원동기에 공급되고 복수기 압력(내압)이 0.05 ata인 랭킨 사이클의 열효율을 증기표를 이용하여 구하라.(단, 그림 7.2(b)와 같은 랭킨 사이클의 $T-s$ 선도에서 $h_1 = 32.55$, $h_4 = 820.6$이다.)

과열 증기표	50 ata, 500℃	$v = 0.06998$	$h = 820.6$	$S = 1.6689$
압력 기준	0.05 ata	$v' = 0.0010052$	$h' = 32.55$	$S' = 0.1126$
포화 증기표	32.55℃	$v'' = 28.9$	$h'' = 611.3$, $\gamma = 578.7$	$S'' = 2.0059$

풀이 1) 압축일 $h_2 - h_1 = Aw_P = Av(P_2 - P_1)$

$$h_2 = h_1 + Av(P_2 - P_1) = 32.55 + \frac{0.0010052}{427}(50 - 0.05) \times 10^4 = 33.73\,\text{kcal/kg}_f$$

2) 4→5는 등엔트로피 과정이므로 $s_5 = s_4 = 1.6689$

$$s_5 = 1.6689 = s' + x(s'' + s') = 0.1126 + x(2.0058 - 0.1126)$$

$$x = 0.822$$

$$h_5 = h' + x(h'' + h') = 32.55 + 0.822(611.3 - 32.55) = 508.3\,\text{kcal/kg}_f$$

$$\eta_R = \frac{Aw_T - Aw_P}{q_1} = \frac{(h_4 - h_5) - (h_2 - h_1)}{(h_4 - h_2)}$$

$$= \frac{(820.6 - 508.3) - (33.73 - 32.55)}{(820.6 - 33.73)} = 0.395\ (39.5\%)$$

7.3 재열 사이클

랭킨 사이클에서 터빈에서 팽창 시에 습도가 증가하여 터빈의 손실 증가 및 터빈 블레이드 부식 등의 결점을 보완하기 위하여, 랭킨 사이클의 팽창 도중에 증기를 터빈으로부터 뽑아 재열기에서 재가열하여 과열도를 높여 다시 터빈으로 보내는 사이클을 재열 사이클(reheating)이라 한다.

[1] 상태 변화

① 1→2 급수펌프에서 가역단열압축 과정(포화수 → 압축수)

② 2→2 보일러에서 정압가열 과정(압축수 → 건포화증기)

③ 2′→3 과열기에서 정압가열 과정(건포화증기 → 과열증기)

④ 3→4 고압터빈에서 가역단열팽창 과정(과열증기 → 건포화증기)

⑤ 4→5 재열기에서 정압가열 과정(건포화증기 → 과열증기)

⑥ 5→6 저압터빈에서 단열팽창 과정(과열증기 → 습증기)

⑦ 6→1 복수기에서 정압방출 과정(습증기 → 포화수)

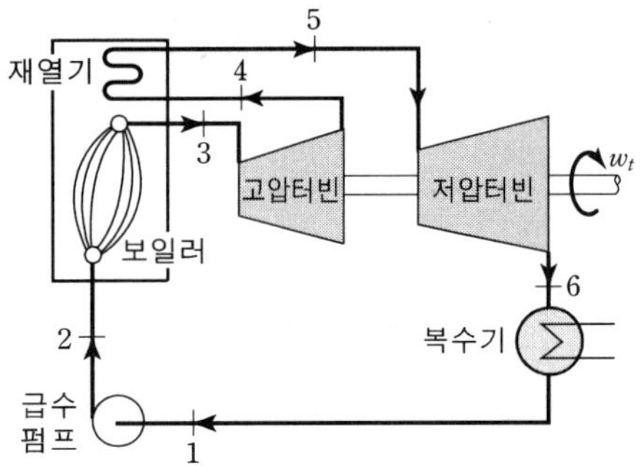

(a) 재열 사이클의 계통도

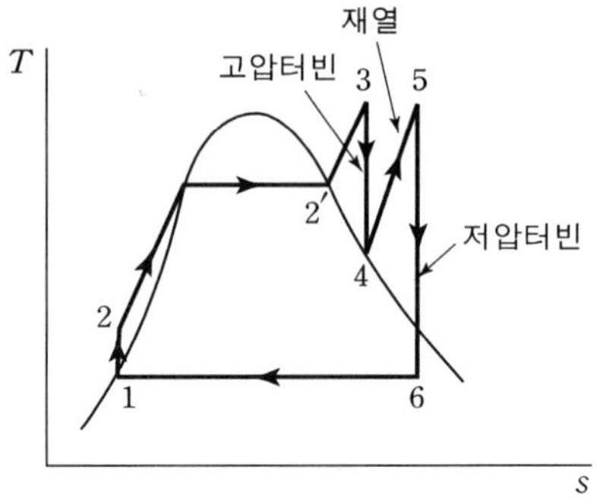

(b) 재열 사이클의 $T-s$ 선도

그림 7.4 재열 사이클

[2] 열량과 일

① 공급열량(보일러, 과열기, 재열기) : q_1

$$q_1 = \text{보일러 열량} + \text{과열기 열량} + \text{재열기 열량} \tag{7-8}$$

$$= (h_{2'} - h_2) + (h_3 - h_{2'}) + (h_5 - h_4)$$

$$= (h_3 - h_2) + (h_5 - h_4)$$

② 방출열량(복수기) : q_2

$$q_2 = h_6 - h_1 \tag{7-9}$$

③ 터빈의 팽창일량

$$Aw_T = \text{고압 터빈 팽창일량} + \text{저압 터빈 팽창일량} \tag{7-10}$$

$$= (h_3 - h_4) + (h_5 - h_6)$$

④ 급수펌프의 압축일량

$$Aw_P = h_2 - h_1 \tag{7-11}$$

[3] **재열 사이클의 이론 열효율**

① 펌프일을 고려한 경우

$$\eta_{RH} = 1 - \frac{q_2}{q_1} = \frac{Aw_{net}}{q_1} = \frac{Aw_T - Aw_P}{q_1} \tag{7-12}$$

$$= \frac{(h_3 - h_4) + (h_5 - h_6) - (h_2 - h_1)}{(h_3 - h_2) + (h_5 - h_4)}$$

② 펌프일을 무시한 경우

$$\eta_{RH} = \frac{Aw_T}{q_1} = \frac{(h_3 - h_4) + (h_5 - h_6)}{(h_3 - h_2) + (h_5 - h_4)} \tag{7-13}$$

7.4 재생 사이클

랭킨 사이클에서는 보일러에서의 가열량에 비해 증기가 복수기에서 복수할 때 냉각수에 버리는 열량이 너무 크다. 이는 증기가 갖는 증발열이 팽창에 의한 일에 비해 크기 때문이다. 그래서 복수기에서 냉각수로 버려지는 손실열량의 일부를 재회수하기 위해 증기터빈의 팽창 도중 증기의 일부를 추기(bleed)하여 이 증기의 열에너지(엔탈피)로 보일러에 공급되는 물을 예열(preheating)하는 데 사용함으로써 연료량을 절감시키고 열효율을 향상시킨 사이클을 **재생 사이클**(regenerative cycle)이라 한다. 재생 사이클의 종류에는 터빈에서 추기된 증기가 급수를 가열하는 급수가열기(bleeder heaterer)에 따라 (a) 밀폐형(closed) 또는 표면식 급수가열기(surface bleeder heater)와 (b) 개방형(open) 또는 혼합식 급수가열기(mixed bleeder heater)가 있다.

7.4.1 개방형 급수가열기

개방형 급수가열기(open-bleeder heater)는 혼합식 급수가열기라고도 하며 급수가열기 내부에서 터빈의 팽창 도중 일부 추기(bleed)된 증기와 혼합하여 열교환을 하고 모두 포화수가 되어 펌프에 의해 급수와 함께 보일러로 압송된다.

[1] 상태 변화 과정

① $1 \to a$: 급수펌프에서 단열압축 과정(포화수 → 압축수)

② $a \to 2$: 보일러에서 정압가열 과정(압축수 → 건포화증기)

③ $2 \to 3$: 과열기에서 정압가열 과정(건포화증기 → 과열증기)

④ $3 \to 4$, $3 \to 6$: 터빈에서 단열팽창 과정(과열증기 → 습증기)

⑤ $4 \to 5$: 복수기에서 증기$(1-m)$kg이 정압방열 과정(습증기 → 포화수)

⑥ $5 \to b$: 저압펌프에서 단열압축 과정(포화수 → 압축수)

⑦ $b \to 1$: 급수가열기에서 정압하에서 $(1-m)+m$이 되는 과정(압축수 → 포화수)

⑧ $6 \to 1$: 급수가열기에서 추기량 m이 정압방열 과정(포화수)

여기서 추기량은 $m = \dfrac{h_1 - h_4}{h_6 - h_b}$

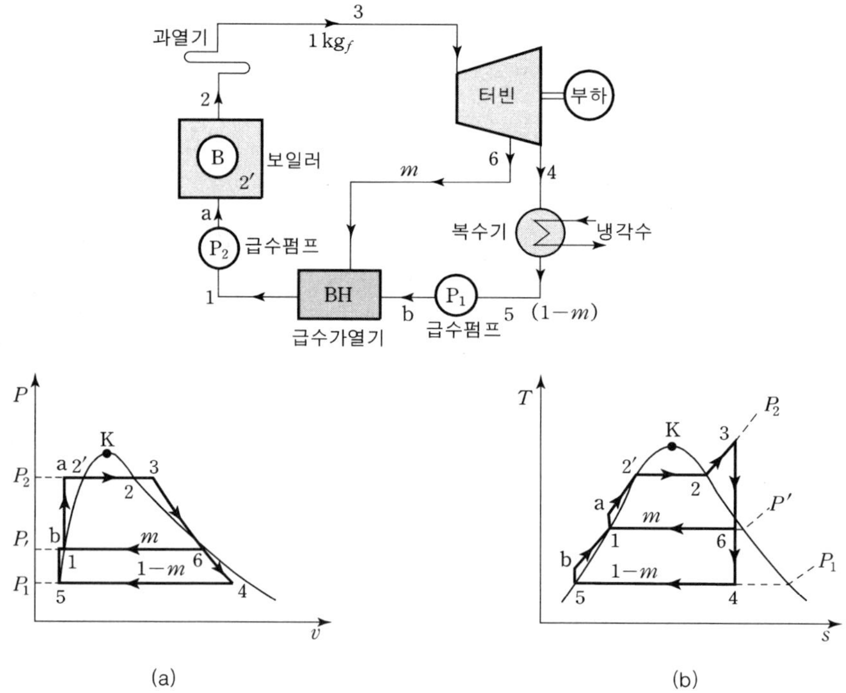

그림 7.5 개방계 급수가열기를 갖는 1단 재생 사이 2개

[2] 열량 및 일량

① 급수펌프의 압축일량

$$Aw_P = \text{저압펌프의 압축일량} + \text{고압펌프의 압축일량} \quad (7\text{-}14)$$

$$= (1-m)(h_b - h_5) + (h_a - h_1)$$

② 공급열량(보일러, 과열기)

$$q_1 = \text{보일러에서의 흡입열량} + \text{과열기에서의 흡입열량} \quad (7\text{-}15)$$

$$= (h_2 - h_a) + (h_3 - h_2) = h_3 - h_a$$

③ 터빈의 팽창일량

$$Aw_T = (h_3 - h_4) - m(h_6 - h_4) \quad (7\text{-}16)$$

④ 방출열량(복수기)

$$q_2 = (1-m)(h_4 - h_5) \quad (7\text{-}17)$$

[3] 개방형 재생 사이클의 열효율

① 펌프일을 고려한 경우

$$\eta_{RG} = \frac{Aw_{net}}{q_1} = \frac{Aw_T - Aw_P}{q_1} \quad (7\text{-}18)$$

$$= \frac{(h_3 - h_4) - m(h_6 - h_4) - (1-m)(h_b - h_5) - (h_a - h_1)}{h_3 - h_a}$$

② 펌프일을 무시한 경우

$$\eta_{RG} = \frac{Aw_T}{q_1} = \frac{(h_3 - h_4) - m(h_6 - h_4)}{h_3 - h_a} \quad (7\text{-}19)$$

펌프일을 무시할 경우 $h_1 = h_a$, $h_5 = h_b$이 되므로 추기량은 다음과 같이 된다.

$$m = \frac{(h_1 - h_6)}{(h_6 - h_5)} \quad (7\text{-}20)$$

7.4.2 밀폐형 급수가열기

밀폐형 급수가열기(close bleeder heater)는 표면식 급수가열기라고도 한다. 증기터빈에서 팽창 도중의 증기 일부를 추기(bleed)하여 가열기로 보내어진다. 가열기 내부에는 급수관이 설치되어 있어 추기된 습증기가 방열하면서 급수관 내 급수를 가열하여 포화수로 만든다. 가열기 내에서 방열된 습증기는 포화수로 되고 교축밸브를 지나 복수기로 보내어진다.

[1] 상태 변화 과정

① $1 \rightarrow a$: 급수펌프에 의한 단열압축 과정(포화수 → 압축수)

② $a \rightarrow 2$: 보일러에서 정압가열 과정(압축수 → 건포화증기)

③ $2 \rightarrow 3$: 과열기에서 정압가열 과정(건포화증기 → 과열증기)

④ $3 \rightarrow 4$: 터빈에서 단열팽창 과정(과열증기 → 포화수)

⑤ $4 \rightarrow 5$: 복수기에서 정압방열 과정(습증기 → 포화수)

⑥ $5 \rightarrow b$: 저압펌프에 의한 정압가열 과정(포화수 → 압축수)

⑦ $b \rightarrow 1$: 가열기에 의한 정압가열 과정(압축수 → 포화수)

⑧ $6 \rightarrow 1$: 가열기로 추기량 m의 정압방열 과정(습증기 → 포화수)

⑨ $1 \rightarrow 7$: 교축밸브에 따른 등엔탈피 과정(포화수 → 포화수)

[2] 열량 및 일량

① 급수펌프의 압축일량

$$Aw_P = \text{저압펌프의 압축일량} + \text{고압펌프의 압축일량} \tag{7-21}$$

$$= (h_b - h_5) + (h_a - h_1)$$

② 공급열량(보일러, 과열기)

$$q_1 = \text{보일러에서의 흡입열량} + \text{과열기에서의 흡입열량} \tag{7-22}$$

$$= (h_2 - h_a) + (h_3 - h_2) = h_3 - h_a$$

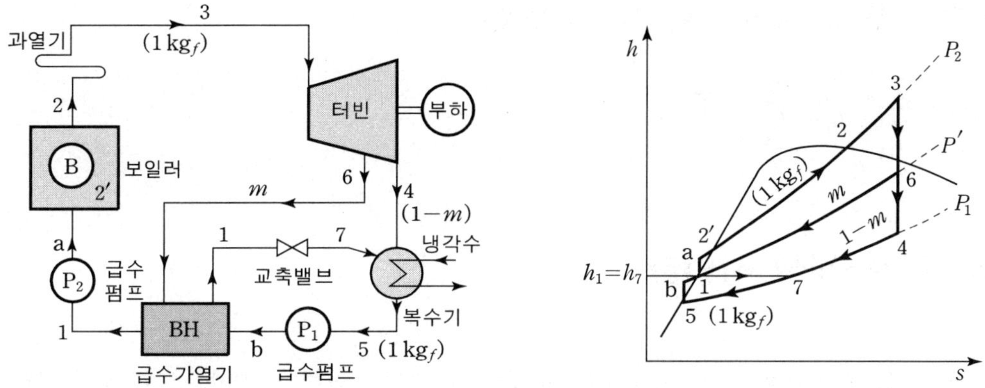

(a) (b)

그림 7.6 밀폐형 급수가열기를 갖는 1단 재생 사이클

③ 터빈의 팽창일량

$$Aw_T = (h_3 - h_4) - m(h_6 - h_4) \tag{7-23}$$

④ 방출열량(복수기)

$$q_2 = (h_4 - h_5) + m(h_4 - h_7) \tag{7-24}$$

[3] 밀폐형 재열 사이클의 열효율

① 펌프일을 고려할 경우

$$\eta_{RG} = \frac{Aw_{net}}{q_1} = \frac{Aw_T - Aw_P}{q_1} \tag{7-25}$$

$$= \frac{(h_3 - h_4) - m(h_6 - h_4) - (h_b - h_5) - (h_a - h_1)}{h_3 - h_a}$$

② 펌프일을 무시한 경우

$$\eta'_{RG} = \frac{Aw_T}{q_1} = \frac{(h_3 - h_4) - m(h_6 - h_4)}{h_3 - h_a} \tag{7-26}$$

펌프일을 무시할 때 $h_1 = h_a$, $h_5 = h_b$이 된다.

따라서 $m = \dfrac{h_1 - h_5}{h_6 - h_1}$가 된다.

7.5 재열-재생 사이클

재생 및 재열 사이클은 모두 열효율을 증가시키는 데 목적이 있지만 그 방법은 서로 다르다. 재열 사이클은 터빈의 팽창 도중 증기를 뽑아내어 다시 가열함으로써 실제에서 생기는 내부손실을 줄여서 이론 열효율과 실제 열효율과의 비를 증대시키기 위한 목적이 있고, 재생 사이클은 터빈에서 팽창 도중 증기를 추기하여 급수를 예열함으로써 열역학적인 열효율을 증대시키는 데 목적이 있다. 이 두 사이클의 특성을 살려 전체적인 사이클을 증대시키도록 한 것이 재열-재생 사이클이다.

[1] 상태 변화 과정

① $1 \rightarrow a$: 고압 급수 펌프로 단열압축 과정(포화수 → 압축수)

② $a \rightarrow 2$: 보일러에서 정압가열 과정(압축수 → 건포화증기)

③ $2 \rightarrow 3$: 과열기에서 정압가열 과정(건포화증기 → 과열증기)

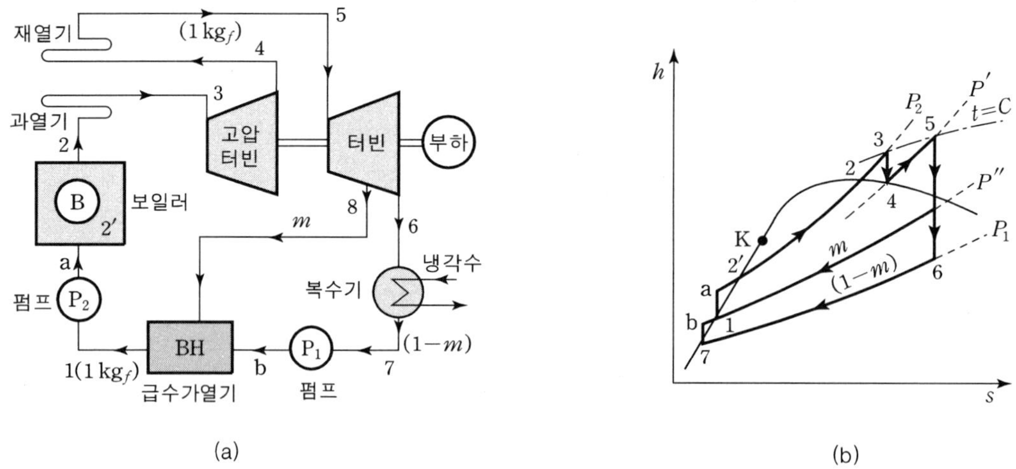

그림 7.7 개방형 급수가열기를 갖는 1단 재생재열 사이클

④ $3 \rightarrow 4$: 고압터빈에서 단열팽창 과정(과열증기 → 건포화증기)

⑤ $4 \rightarrow 5$: 재열기에서 정압가열 과정(건포화증기 → 과열증기)

⑥ $5 \rightarrow 6$: 저압터빈에서 단열팽창 과정(과열증기 → 습증기)

⑦ $6 \rightarrow 7$: 복수기에서 증기$(1-m)$의 정압방열 과정(습증기 → 포화수)

⑧ $7 \rightarrow b$: 저압 급수 펌프에서 단열압축 과정

⑨ $b \rightarrow 1$: 급수가열기에서 정압가열 과정

⑩ $8 \rightarrow 1$: 저압터빈에서 추기량 m의 열교환 과정

[2] 열량 및 일량

① 공급열량

$$q_1 = \text{보일러에서의 흡입열량} + \text{과열기에서의 흡입열량} + \text{재열기에서의 흡입열량}$$

$$= (h_2 - h_a) + (h_3 - h_2) + (h_5 - h_4) = (h_3 - h_a) + (h_5 - h_4) \tag{7-27}$$

② 터빈의 팽창일량

$$Aw_T = \text{고압터빈에서 행한 일량} + \text{고압펌프에서 행한 일량} \tag{7-28}$$

$$= (h_3 - h_4) + (h_5 - h_6) = h_3 - h_6$$

③ 급수펌프의 압축일량

$$Aw_P = \text{저압펌프에서 행한일량} + \text{고압펌프에서 행한일량} \tag{7-29}$$

$$= (1-m)(h_b - h_7) + (h_a - h_1)$$

④ 복수기의 방출열량

$$q_1 = (1-m)(h_6 - h_7),\ \text{추기량}\ m = \frac{h_1 - h_b}{h_8 - h_b} \tag{7-30}$$

[3] 이론 열효율

① 펌프일을 고려한 경우

$$\eta_{RGH} = \frac{Aw_{net}}{q_1} = \frac{Aw_T - Aw_P}{q_1} \tag{7-31}$$

$$= \frac{(h_3 - h_b) + [(h_5 - h_6) - m(h_8 - h_6)] - (1-m)(h_b - h_7) - (h_a - h_1)}{(h_3 - h_a) + (h_5 - h_4)}$$

② 펌프일을 무시한 경우

$$\eta_{RGH} = \frac{Aw_T}{q_1} = \frac{(h_3 - h_4) + [(h_5 - h_6) - m(h_8 - h_6)]}{(h_3 - h_1) + (h_5 - h_4)} \tag{7-32}$$

7.6 실제 사이클

실제의 사이클은 이론 사이클에서 고려하지 않은 여러 손실들, 즉 마찰 및 열이동에 따른 손실, 난류 등에 따른 유동손실을 고려한 사이클로서, 실제 사이클의 열효율은 이상적인 사이클보다 손실만큼 열효율을 감소시킨다.

[1] 마찰손실

작동유체인 증기가 보일러와 터빈 사이의 관 내에서 유동할 때 배관 내의 거칠기 정도에 의해 마찰손실이 생기고, 교축 및 와류 등이 발생하여 압력이 감소되고 관 주위로의 열전달에 의한 손실이 있다. 이러한 열손실로 인한 온도 감소로 실제 사이클의 열효율은 감소된다.

[2] 터빈손실

고온·고압 등의 증기가 터빈에 유입하여 단열팽창할 때 터빈 외부로의 열손실이 있으나 열손실은 무시할 정도로 적지만, 마찰 및 난류 등에 의해 생기는 비가역 단열팽창으로 인한 손실이 있다. 그림 7.8에서 터빈이 $3 \rightarrow 4s$로 등엔트로피 팽창되어야 하나 마찰

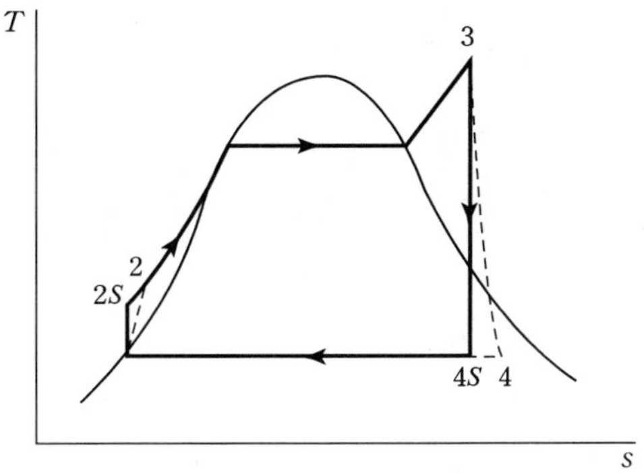

그림 7.8 랭킨 사이클의 실제 사이클

손실로 인하여 3→4로 엔트로피가 증가하여 터빈일이 감소되어 열효율이 감소한다.

$$\eta_T = \frac{\text{실제 터빈일량}}{\text{이론적인 터빈일량}} = \frac{(Aw_T)_{act}}{Aw_T} = \frac{h_3 - h_4}{h_3 - h_{4s}} \tag{7-33}$$

여기서 η_T를 터빈효율(turbine efficiency)이라 한다.

[3] 펌프손실

급수펌프에서의 손실도 터빈과 비슷하게 주로 마찰손실이며 그림 7.8에서 이상적인 펌프는 $1 \rightarrow 2s$로 압축하나 실제는 비가역적인 유체의 유동에 의해 1→2로 엔트로피가 증가한다. 따라서 실제 펌프의 소요동력이 증가하므로 열효율이 감소한다.

$$\eta_p = \frac{\text{이론적인 펌프일량}}{\text{실제 펌프일량}} = \frac{Aw_p}{A(w_p)_{act}} = \frac{h_{2s} - h_1}{h_2 - h_1} \tag{7-34}$$

여기서 η_p를 펌프효율(pump efficiency)이라 정의한다.

[4] 응축기(복수기) 손실

응축기 출구의 작동 유체의 온도가 포화온도 이하로 되는 경우 응축기 출구 온도를 포화온도까지 높이는 데 필요한 열량이 응축기 손실이며, 이 양은 미소하므로 실제로는 무시된다. 따라서 랭킨 사이클의 실제 사이클의 열효율을 η_T와 η_p를 고려하면

$$(\eta_R)_{act} = \frac{A(w_T)_{act} - A(w_p)_{act}}{q_1} \tag{7-35}$$

$$= \frac{Aw_T\eta_T - Aw_p/\eta_p}{q_B + q_S} = \frac{(h_3 - h_4) - (h_2 - h_1)}{(h_3 - h_1)}$$

펌프일을 무시하면 다음 식과 같이 된다.

$$(\eta_R)_{act} = \frac{A(w_T)_{act}}{q_1} = \frac{h_3 - h_4}{h_3 - h_1} = \eta_T \cdot \eta_R \tag{7-36}$$

연 습 문 제

1. 증기 사이클에 관한 다음 사항 중 옳지 않은 것은?
   ① 랭킨 사이클의 열효율은 초온과 초압이 높을수록 커진다.
   ② 재열 사이클은 증기의 초온을 높여서 열효율을 상승시킨 것이다.
   ③ 재생 사이클은 터빈에서 팽창 도중의 증기를 추출하여 급수를 가열한다.
   ④ 팽창 과정의 습증기를 줄이고, 저압부에서 공기용량을 줄이도록 한 것이 재열·재생 사이클이다.

2. 증기터빈에서 터빈효율이 커지면 어떻게 되겠는가?
   ① 터빈 출구에서 엔트로피가 증가한다.
   ② 터빈 출구에서 엔탈피가 증가한다.
   ③ 터빈 출구에서 건조도가 작아진다.
   ④ 터빈 출구에서 온도가 상승한다.

3. 증기터빈의 입구 증기가 과열증기이고 터빈 출구의 증기는 습증기이며, 터빈에서 단열팽창할 때 터빈의 단열 효율이 커지면 어떻게 변화하겠는가?
   ① 터빈 출구의 온도가 올라간다.
   ② 터빈 출구의 온도가 떨어진다.
   ③ 터빈 출구의 습증기 건도가 감소한다.
   ④ 터빈 출구의 습증기 건도가 증가한다.

4. 다음 랭킨 사이클의 효율에 대한 설명 중 옳지 않은 것은?
   ① 초압 및 배압을 일정하게 할 때 초온의 상승과 더불어 열효율은 증가한다.
   ② 초온과 배압이 일정할 때 초압이 높아지면 열효율은 저하한다.
   ③ 초압 및 초온을 일정하게 할 때 배압을 저하시키면 효율은 상승한다.
   ④ 랭킨 사이클의 효율은 초압, 배압, 초온의 상태에 따라서 다르다.

5. 랭킨 사이클에서 단열팽창이 이루어지는 곳은 어디인가?
   ① 보일러　　② 터빈　　③ 복수기　　④ 펌프

6. 랭킨 사이클로 가동하는 증기 원동소에서 재열 과정(reheat process)을 채택하는 제일 큰 목적은 다음 중 어느 것인가?
   ① 사이클의 열효율을 높인다.
   ② 증기터빈 저압단에서의 증기의 건도를 높인다.
   ③ 복수기에서의 열방출량을 감소시킨다.
   ④ 급수펌프의 열효율을 높인다.

7. 이상적인 랭킨 사이클에서 동작유체가 보일러로부터 열을 공급받는 과정은 다음 중 어떤 과정으로 해석하겠는가?(단, q는 계가 받은 열량, h는 엔탈피, u는 내부 에너지, w는 축압이다.)
   ① 정상 유동, 정압 과정 $q=\Delta h$ ② 정상 유동, 등엔트로피 과정 $q=\Delta u$
   ③ 비유동, 정적 과정 $q=\Delta u$ ④ 비유동, 단열 과정 $w=\Delta h$

8. 랭킨 사이클에서 높은 압력으로 열효율을 증가시키고 저압축에서 과도한 습도를 피하는 한편 터빈열을 증가시키는 목적으로 고안된 사이클은 어느 것인가?
   ① 브레이턴 사이클 ② 재생 사이클
   ③ 재열 사이클 ④ 카르노 사이클

9. 랭킨 사이클의 각 점에서 증기의 엔탈피가 다음과 같다. 열효율은 얼마인가?(단, 펌프일은 무시한다.)

보일러 입구	터빈 입구	복수기 입구	복수기 출구
$69.4\,kcal/kg_f$	$830.6\,kcal/kg_f$	$626.4\,kcal/kg_f$	$68.4\,kcal/kg_f$

10. 초압이 $150\,kg_f/cm^2$이고 복수기 압력이 $0.12\,kg_f/cm^2$인 증기 원동소의 펌프일은 몇 $kg_f\,m$인가?(단, 물의 비체적은 $0.001\,m^3/kg_f$이다.)

11. 랭킨 사이클에서 압력이 $50\,kg_f/cm^2$이고, 온도가 300℃인 증기를 터빈에서 배압이 $0.05\,kg_f/cm^2$되게 단열팽창시켰다면 이 사이클에서의 펌프일은 몇 $kcal/kg_f$인가?(단, 물의 비체적은 $0.001\,m^3/kg_f$이다.)

12. 초압 $100\,kg_f/cm^2$, 초온 300℃과 배압 $0.05\,kg_f/cm^2$ 사이에서 작동하고, 추기압력 $5\,kg_f/cm^2$인 재생 사이클에서 다음 값을 구하라.

    1) 증기 $1\,kg_f$당 추기량 m
    2) 급수펌프의 압축일량
    3) 공급열량
    4) 이론 열효율

13. 랭킨 사이클에서 보일러의 압력이 $48\,kg_f/cm^2$이고, 복수기의 압력이 $0.04\,kg_f/cm^2$ 사이에 작동하고 있다. 다음 경우에 대하여 사이클 효율, 터빈 일과 정미일의 비율을 각각 구하라.

    1) 습증기를 사용한 카르노 사이클인 경우
    2) 건포화증기를 포함한 랭킨 사이클의 경우

정답

1. ② 2. ③ 3. ④ 4. ② 5. ③ 6. ① 7. ① 8. ③

9. $\eta_R = 26.8\%$ 10. $Aw = 3.51\,kcal/kg_f$ 11. $Aw_p = 1.17\,kcal/kg_f$

12. 1) $m = 0.1932\,kg_f$ 2) $Aw_p = 2.518\,kcal/kg_f$ 3) $q_1 = 682.83\,kcal/kg_f$
    4) $\eta_{RG} = 45.7\%$

13. 1) $\eta_C = 42.7\%$, $AW/AW_t = 169.5/232.1 = 0.730$
    2) $\eta_R = 36.4\%$, $AW/AW_t = 169.5/232.1 = 0.995$

Chapter 8

냉동 및 냉동 사이클

8.1 냉동의 개요

냉동(Refrigeration)이란 외부로부터 일을 받아서 그 일량에 대응하는 열량을 저온체 열원에서 흡수하여 고온체 열원으로 방열하는 조작을 말한다. 열역학 제2법칙에 의하면 열은 그 자신이 저온 물체에서 고온 물체로 스스로 이동할 수 없으므로 특별한 장치가 필요하게 되는데 저온체에서 열을 빼앗아 냉동 효과를 얻는 것을 주목적으로 하는 장치를 냉동기(Refrigerator)라 하고, 고온체로 난방 효과를 주는 것을 주목적으로 하는 장치를 열펌프(heat pump)라 한다. 그리고 이와 같은 장치에 사용되는 사이클을 냉동 사이클(refrigeration cycle)이라 한다. 또한 냉동기에서는 외부에서 공급된 에너지에 의해서 상변화를 하면서 저온체 열원의 열량을 흡수해서 고온체 열원으로 열을 방열하는 역할을 동작유체가 하는데 이를 냉매(refrigerant)라 한다.

8.1.1 냉매의 종류 및 구비 조건

냉매의 종류로는 할로겐화 탄화수소(일명 프레온계), 탄화수소(메탄, 에탄, 프로판 등) 및 암모니아(NH_3), 물(H_2O), 탄산가스(CO_2) 등이 있다. 이들 냉매가 갖추어야 할 물리적인 측면과 화학적 구비 조건은 표 8.1과 같다.

표 8.1 냉매의 물리적 화학적 구비 조건

물리적 측면	화학적 측면
• 냉동 효과에 대하여 소요동력이 작을 것 • 압축압력이 낮고 증발압력이 높을 것 • 응고점은 낮고 증발열은 클 것 • 비열은 크고 비체적은 가능한 작을 것 • 냉매의 임계온도는 상온보다 높을 것	• 인체에 대해 해가 없을 것 • 불활성이고 취급 시 안정성이 있을 것 • 장치의 구성요소를 부식시키지 않을 것 • 상변화에 무관하게 점성이 작을 것

8.1.2 냉동 능력 및 성적계수

냉동 사이클은 냉매가 냉동기 내를 순환하면서 열역학적 과정을 반복하는 것으로서 냉동기의 냉동 능력은 1시간에 냉동기가 저온체 열원에서 흡수하는 열량(kcal/h)으로 나타내고 있다. 냉매의 냉동 효과(cooling effect)는 냉매 $1\,kg_f$이 흡수하는 열량($kcal/kg_f$)으로 나타내며, 압축기 입구에서 냉매의 건포화증기가 단위체적당 흡수할 수 있는 열량($kcal/m^3$)을 체적 냉동 효과라 한다.

또한 냉동기의 냉동 능력을 나타내는 방법으로 냉동톤(ton of refrigeration)이 있는데 **1 냉동톤의 정의는 0℃의 물 $1\,ton(1000\,kg_f)$을 1일간(24시간)에 0℃의 얼음으로 냉동시키는 능력이다.** 물 $1\,kg_f$의 융해열은 $79.68\,kcal/kg_f$이므로 1 냉동톤(RT)은 다음과 같이 나타낼 수 있다.

$$1\text{냉동톤}(RT) = 79.68 \times \frac{1000}{24} = 3320 \quad (kcal/h) \tag{8-1}$$

냉동 사이클에서 저온체의 열원에서 흡수열량을 q_L, 고온체의 열원으로 방출하는 열량을 q_H이라 하고, 열역학 제2법칙에 의하여 저온체에서 고온체로 열을 이동하기 위해서는 외부일이 필요하며 이를 w_c라고 하면 다음과 같은 식이 성립된다.

$$q_L + Aw_c = q_H \tag{8-2}$$

여기서 q_H : 방출열량(난방 효과), q_L : 흡입열량(냉동 효과), w_c : 압축기의 일.

냉동기의 성능을 나타내는 데는 성적계수 또는 성능계수(COP : coefficient performance)

를 정의하여 사용한다.

① 냉동기의 성적계수 : ϵ_R

$$\epsilon_R = \frac{\text{냉동 효과}}{\text{압축기의 일}} = \frac{q_L}{Aw_c} \tag{8-3}$$

② 열펌프의 성적계수 : ϵ_H

$$\epsilon_H = \frac{\text{난방 효과}}{\text{압축기의 일}} = \frac{q_H}{w_c} \tag{8-4}$$

예제 8-1

1일 20℃의 물 1000 kg_f을 0℃의 얼음으로 만드는 데 필요한 냉동 능력은 몇 냉동톤(RT)인가?

풀이 20℃의 물 1000 kg_f을 0℃의 물로 만드는 데 필요한 냉동 능력 q_{L1}과 0℃의 물 1000 kg_f을 0℃의 얼음으로 만드는 데 필요한 냉동 능력 q_{L2}으로 구분하여 구한다.

1) 20℃의 물 1000 kg_f을 0℃의 물로 만드는 데 필요한 냉동 능력 : q_{L1}

$$q_{L1} = \frac{1000 \times 1 \times 20}{24} = 833.3 \,\text{kcal/h}$$

2) 0℃의 물 1000 kg_f을 0℃의 물으로 만드는 데 필요한 냉동 능력 : q_{L2}

$$q_{L2} = \frac{1000 \times 79.68}{24} = 3320 \,\text{kcal/h}$$

$$q_L = q_{L1} + q_{L2} = 833.3 + 3320 = 4153.3 \text{ kcal/h} = 1.251 \, RT$$

예제 8-2

−5℃와 25℃ 사이에서 작동하는 가역냉동기가 20℃의 물로부터 0℃의 얼음을 하루(24시간)에 얼마 만들 수 있겠는가?(단, 냉동 능력은 100냉동톤이다.)

풀이 20℃의 물 1 kg_f로부터 0℃의 얼음으로 만들 때 흡수해야 할 열량은

$79.68 + 2 \times 10 \fallingdotseq 100 \,\text{kcal}/kg_f$이다.

한편 $100\, RT = 100 \times 3320 = 33200 \,\text{kcal/h}$이므로 1시간당 만드는 얼음의 양은

$$G = \frac{Q}{q} = \frac{33200}{100} = 332 \, kg_f/\text{h}$$

따라서 24시간 동안에 만드는 얼음의 양은 $332 \times 24 = 7968 \, kg_f = 7.968 \,\text{ton}$

8.2 이상 냉동 사이클(역 카르노 사이클)

열기관의 이상적인 사이클인 카르노 사이클을 역으로 행함으로 만들어지는 사이클로서 두 개의 단열 과정과 두 개의 등온 과정으로 구성된 이상적인 냉동 사이클이다.

[1] 변화 과정

① 1→2 : 등온흡열 과정

② 2→3 : 단열압축 과정

③ 3→4 : 등온방열 과정

④ 4→1 : 단열팽창 과정

[2] 성적계수

① 방출열량

$$q_H = T_H(s_3 - s_4) = T_H(s_2 - s_1) \tag{8-5}$$

② 흡입열량

$$q_L = T_L(s_2 - s_1) \tag{8-6}$$

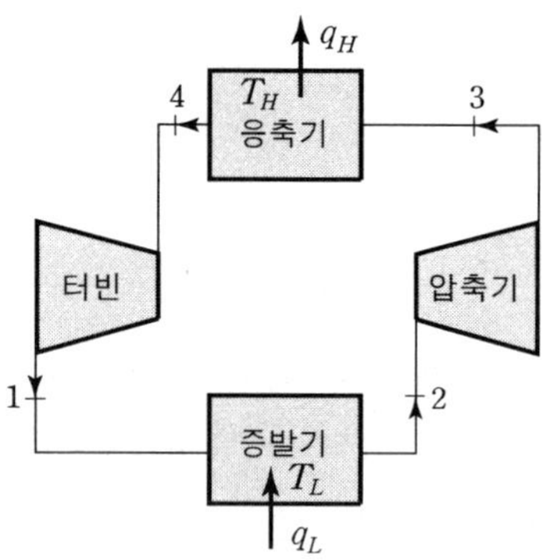

(a) 계통도

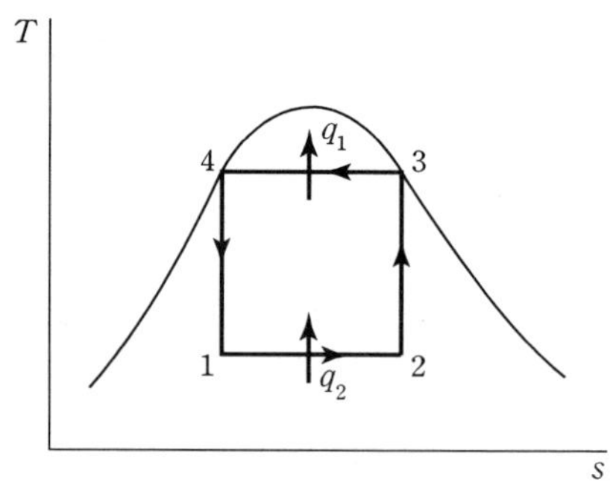

(b) $T-s$ 선도

그림 8.1 역 카르노 사이클

③ 냉동기의 성적계수

$$\epsilon_R = \frac{q_L}{Aw_c} = \frac{q_L}{q_H - q_L} = \frac{T_L}{T_H - T_L} \tag{8-7}$$

④ 열펌프의 성적계수

$$\epsilon_H = \frac{q_H}{Aw_c} = \frac{q_H}{q_H - q_L} = \frac{T_H}{T_H - T_L} \tag{8-8}$$

예제 8-3

역 카르노 사이클 냉동기가 $T_1 = 30℃$ 와 $T_2 = -10℃$ 의 상태에서 작동한다. 냉동기와 히트펌프의 성적계수를 구하라.

풀이 1) 냉동기의 성적계수 :

$$\epsilon_R = \frac{q_L}{Aw_c} = \frac{q_L}{q_H - q_L} = \frac{T_L}{T_H - T_L} = \frac{(273-10)}{(273+30)-(273-10)} = 6.57$$

2) 히트펌프의 성적계수 :

$$\epsilon_H = \frac{q_H}{Aw_c} = \frac{q_H}{q_H - q_L} = \frac{T_H}{T_H - T_L} = \frac{(273+30)}{(273+30)-(273-10)} = 15.15$$

8.3 증기압축 냉동 사이클

증기압축 냉동 사이클(vapor compression refrigeration cycle)은 역 카르노 사이클을 실용화하기 위해서, 실제 실현이 어려운 가역단열팽창(등엔트로피) 과정을 교축에 의한 단열팽창(등엔탈피) 과정으로 하고, 냉매가 압축 과정에서는 액체이고, 팽창 과정에서는 기체인 2상의 냉매를 사용하는 사이클로서 압축기, 응축기, 팽창밸브 및 증발기로 구성된다. 작동유체인 액상의 냉매를 팽창밸브를 통해 압력을 낮추면 증발이 일어나고 증발 과정에서 흡수하는 증발열을 이용하여 저온을 얻는 사이클로서 가장 널리 사용되고 있는 사이클이다.

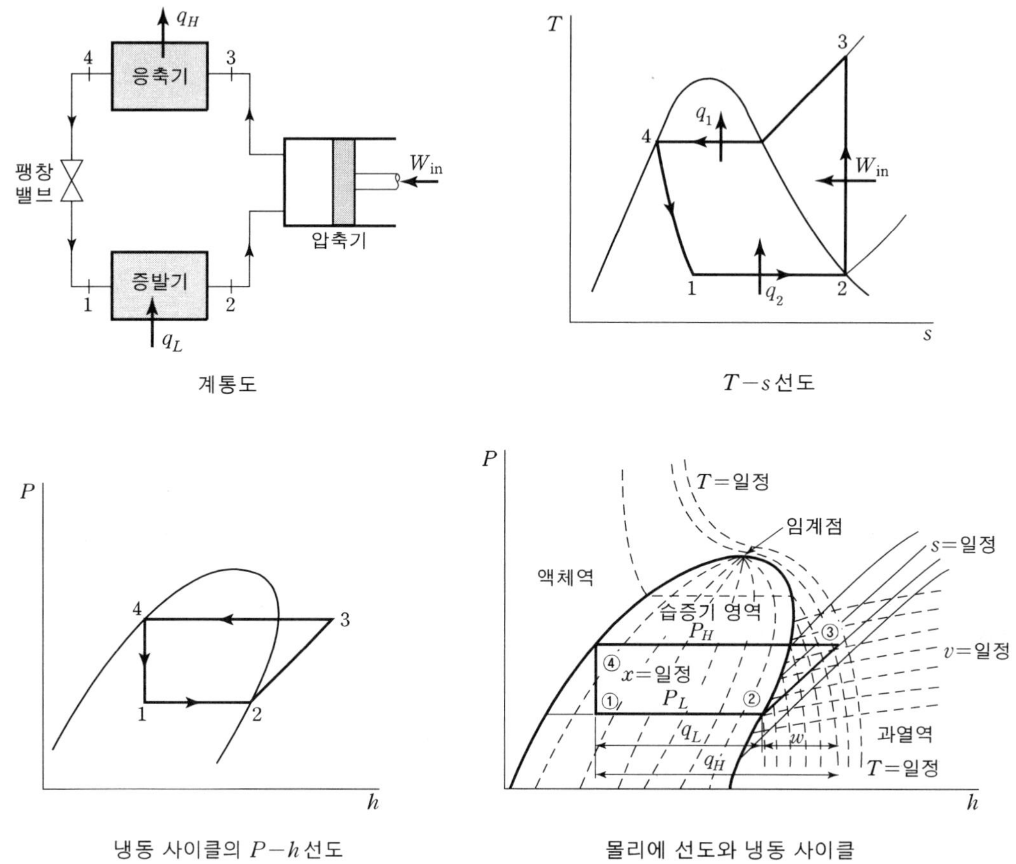

그림 8.2 증기압축 냉동 사이클

[1] 변화 과정

① 1→2 : 정압흡열 과정(습증기 →건증기)

② 2→3 : 단열압축(등엔트로피) 과정(건증기 →과열증기)

③ 3→4 : 정압방열 과정(과열증기 →포화액)

④ 4→1 : 단열팽창(등엔탈피) 과정(포화액 →습증기)

[2] 성적계수

① 고온에서 방출열량

$$q_H = h_3 - h_4 \quad (8\text{-}9)$$

② 저열원에서 흡수열량

$$q_L = h_2 - h_1 \tag{8-10}$$

③ 압축기가 행한 일

$$Aw_c = h_3 - h_2 \tag{8-11}$$

④ 성적계수

$$\epsilon_R = \frac{q_L}{Aw_c} = \frac{h_2 - h_1}{h_3 - h_2} = \frac{h_2 - h_4}{h_3 - h_2} \tag{8-12}$$

예제 8-4

증기압축 냉동 사이클에서 증발기 입구의 엔탈피가 96 kcal/kg$_f$, 증발기 출구의 엔탈피가 400 kcal/kg$_f$, 응축기 입구의 엔탈피가 450 kcal/kg$_f$일 때 증기압축 사이클의 냉동 효과, 압축기에서의 일 및 성적계수를 구하라.

풀이 1) 냉동 효과 : $q_L = h_2 - h_1 = 400 - 96 = 304\,\text{kcal/kg}_f$

2) 압축일 : $Aw_c = h_3 - h_2 = 450 - 400 = 50\,\text{kcal/kg}_f$

3) 성적계수 : $\epsilon_R = \dfrac{q_L}{Aw_c} = \dfrac{h_2 - h_1}{h_3 - h_2} = \dfrac{400 - 96}{450 - 400} = 6.08$

8.4 공기냉동 사이클(역 브레이턴 사이클)

냉매로서 공기를 사용하며 사이클 전 과정을 통하여 항상 기상을 유지하므로 공기냉동 사이클(air refrigeration cycle) 또는 역 브레이턴 사이클이라고 한다. 역 브레이턴 사이클은 가스터빈의 기본 사이클인 브레이턴 사이클 과정을 역으로 행함으로써 얻을 수 있다. 따라서 역 브레이턴 사이클은 두 개의 단열 과정과 두 개의 정압 과정으로 이루어진다. 실제 이 사이클의 적용으로는 그림 8.3과 같이 팽창기를 통해 냉각 공기가 직접 객실 내로 분출되게 함으로써 냉각 효과를 주도록 하는 개방 사이클이 많이 이용된다.

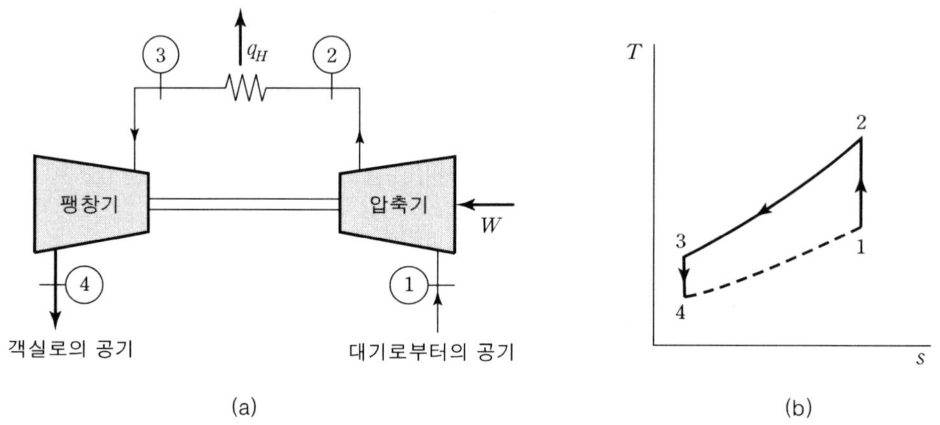

그림 8.3 공기표준 냉동 사이클

[1] 변화 과정

① 1→2 : 단열압축 과정

② 2→3 : 정압방열 과정

③ 3→4 : 단열팽창 과정

④ 4→1 : 정압흡열 과정

[2] 성적계수

① 방출열량

$$q_H = C_P(T_2 - T_3) \tag{8-13}$$

② 흡입열량

$$q_L = C_P(T_1 - T_4) \tag{8-14}$$

③ 냉동기의 성적계수

$$\epsilon_{RB} = \frac{q_L}{Aw_c} = \frac{T_1 - T_4}{(T_2 - T_3) - (T_1 - T_4)} \tag{8-15}$$

예제 8-5

공기냉동기에서 압축기 입구 온도 −5℃, 출구 온도 110℃이고, 팽창기 입구 온도 10℃, 출구 온도 −70℃일 때 다음을 구하라.(단, 공기의 정압비열 $C_P = 0.240\,\text{kcal/kg}_f℃$이다.)

1) 공기 $1\,\text{kg}_f$당 냉동 효과
2) 공기 $1\,\text{kg}_f$당 방출열량
3) 성적계수

풀이 1) 공기 $1\,\text{kg}_f$당 냉동 효과 :

$$q_L = C_P(T_1 - T_4) = 0.24(-5+70) = 15.6\,\text{kcal/kg}_f$$

2) 공기 $1\,\text{kg}_f$당 방출열량 :

$$q_H = C_P(T_2 - T_3) = 0.24(110-10) = 24.0\,\text{kcal/kg}_f$$

3) 성적계수 :

$$\epsilon_{RB} = \frac{q_L}{Aw_c} = \frac{q_L}{q_H - q_L} = \frac{15.6}{24-15.6} = 1.86$$

연습문제

1. 한 공학자가 가정용 냉장고를 이용하여 겨울에 난방을 할 수 있다고 주장하였다면 이 주장은 이론적으로 열역학 법칙과 어떠한 관계를 갖겠는가?
   ① 열역학 제1법칙에 위배된다.
   ② 열역학 제2법칙에 위배된다.
   ③ 열역학 제1, 2법칙에 위배된다.
   ④ 열역학 제1, 2법칙에 위배되지 않는다.

2. 몰리에 선도는 종축과 횡축에 무엇을 표시한 선도인가?
   ① 엔탈피 – 엔트로피 선도 ② 압력 – 비체적 선도
   ③ 체적 – 선도 ④ 온도 – 엔탈피 선도

3. 냉동기의 성적계수(COP)를 바르게 표시한 것은?(단, Q_2 = 냉동 효과, Q_1 = 응축기에서의 발열량, AW = 압축기의 소요일이다.)
   ① $\dfrac{Q_1}{AW}$ ② $\dfrac{Q_2}{AW}$ ③ $\dfrac{Q_1 - Q_2}{Q_1}$ ④ $\dfrac{AW}{Q_2}$

4. 이상적인 냉동 사이클의 기본 사이클은 어느 것인가?
   ① 카르노 사이클 ② 브레이턴 사이클
   ③ 랭킨 사이클 ④ 역 카르노 사이클

5. 냉매의 역할 및 구비 조건에 대한 설명 중 적합하지 않은 것은 어느 것인가?
   ① 불활성이고 안정하며 비가연성이어야 한다.
   ② 비체적이 크고 증발압력이 높아야 한다.
   ③ 증발온도에서 높은 잠열을 가져야 한다.
   ④ 냉매는 저온 측의 열을 흡수하여 고온 측으로 이동시키는 동작물질이다.

6. 증기 냉동기에서 냉매가 순환되는 경로를 올바르게 나타낸 것은?
① 증발기－압축기－응축기－수액기－팽창밸브
② 증발기－응축기－수액기－팽창밸브－압축기
③ 압축기－수액기－응축기－증발기－팽창밸브
④ 압축기－증발기－팽창밸브－수액기－응축기

7. 1냉동톤 및 1냉동률에 대한 설명이다. 틀린 것은 어느 것인가?
① 1냉동톤은 냉동기가 단위시간에 냉각할 수 있는 열량이다.
② 1냉동톤은 1시간당 3320 kcal의 열량을 흡수할 수 있는 능력이다.
③ 1냉동톤은 0℃의 물 1톤을 1시간 동안에 0℃의 얼음으로 만드는 냉동 능력이다.
④ 1냉동률은 1시간당 1PS을 얻을 수 있는 냉동 능력이다.

8. 0℃의 물 1000 kg_f를 24시간 동안에 0℃의 얼음으로 냉각하는 냉동 능력은 몇 kcal/h인가?

9. 15℃의 물로부터 0℃의 얼음을 매시간 50 kg_f씩 만드는 냉동기의 냉동 능력은 약 몇 냉동톤인가?(단, 물의 잠열은 80 kcal/kg_f으로 한다.)

10. 공기 냉동기에서 온도가 압축기 입구에서 －5℃, 압축기 출구에 있어서 105℃, 팽창기 입구에서 10℃ 팽창기 출구에서 －70℃이면 이 냉동기의 공기 1 kg_f당 냉동 효과는 얼마인가?(단, 공기의 정압비열은 0.240 kcal/kg_f℃이다.)

11. 어떤 냉동기에서 0℃의 물로 0℃의 얼음 2 ton을 만드는 데 50kWh의 일이 소요된다면 이 냉동기의 성능계수는?(단, 물의 융해열은 80 kcal/kg_f이다.)

12. －3℃와 27℃ 사이에서 역 카르노 사이클로 작동하는 열펌프(heat pump)가 있다. 이때 성능계수는 얼마인가?

정답 1. ② 2. ① 3. ② 4. ④ 5. ② 6. ① 7. ③
8. 3320 kcal/h 9. 3.52 냉동톤 10. 1.56 kcal 11. COP＝3.72 12. COP_H＝10

Chapter 9

연소 및 열전달

9.1 연료의 연소 과정

동력 사이클에서 작동유체가 일을 하기 위해서는 열량의 공급이 필요하다. 그리고 이러한 열량의 공급은 실질적으로는 연료가 연소할 때 생기는 발열량을 기본으로 하고 있다. 연료란 산소 또는 공기와 쉽게 반응하여 그 반응열을 이용할 수 있는 물질을 말하며 종류로는 목재, 석탄계의 고체연료, 알코올, 석유계의 액체연료 및 천연가스, 석탄가스, 석유가스 등의 기체연료가 있다. 석유계 연료의 연료 조성은 주로 탄소(C) 및 수소(H)이고 산소(O), 질소(N), 유황(S) 등이 소량 포함되어 있다.

연소란 대체로 가연성분인 탄소(C), 수소(H), 유황(S) 등의 연료를 산소와 급격히 반응시켜 열에너지를 얻는 급격한 산화 과정으로서 이 과정을 화학식으로 나타낼 수 있다. 연소의 종류에는 완전 연소와 불완전 연소가 있는데 완전 연소란 공기가 충분히 공급되어 가연성분인 탄소와 수소가 공기 중의 산소와 결합하여 이산화탄소(CO_2)와 물(H_2O)을 만들어내지만 그렇지 않으면 불완전 연소가 되어 연료 중의 가연성분이 완전 연소되지 않고 연료 성분이 남게 된다. 연소 성분의 연소 과정은 다음과 같다.

[1] 탄소(C)의 연소 과정

◆ 완전 연소식 :

$$\begin{array}{llll} C & + \; O_2 & \rightarrow & CO_2 \\ 1\,\text{kmol} & 1\,\text{kmol} & \rightarrow & 1\,\text{kmol} \\ 12\,\text{kg}_f & 32\,\text{kg}_f & \rightarrow & 44\,\text{kg}_f \\ 1\,\text{kg}_f & 32/12\,\text{kg}_f & \rightarrow & 44/12\,\text{kg}_f + 8100\,\text{kcal/kg fuel} \end{array} \tag{9-1}$$

이 식은 몰기준으로 1kmol의 탄소와 1kmol의 산소가 반응하여 1kmol의 이산화탄소가 생성되며, 또한 질량 기준으로는 12kg_f의 탄소와 32kg_f의 산소가 반응하여 44kg_f의 이산화탄소가 생성된다는 것을 의미한다. 연소 과정에 참여하는 모든 초기 물질 C, O_2를 반응물(reactant), 연소 과정의 결과로 생기는 물질 CO_2을 생성물(product)이라 하고, 연료 1kg_f 반응 시 발생되는 반응열을 발열량이라고 한다.

◆ 불완전 연소식 :

$$\begin{array}{llll} C & + \; \frac{1}{2}O_2 & \rightarrow & CO \\ 1\,\text{kmol} & 1/2\,\text{kmol} & \rightarrow & 1\,\text{kmol} \\ 12\,\text{kg}_f & 16\,\text{kg}_f & \rightarrow & 28\,\text{kg}_f \\ 1\,\text{kg}_f & 16/12\,\text{kg}_f & \rightarrow & 28/12\,\text{kg}_f + 2468\,\text{kcal/kg fuel} \end{array} \tag{9-2}$$

[2] 수소(H)의 연소 과정

◆ 완전 연소식 :

$$\begin{array}{llll} H_2 & + \; \frac{1}{2}O_2 & \rightarrow & H_2O \\ 1\,\text{kmol} & 1/2\,\text{kmol} & \rightarrow & 1\,\text{kmol} \\ 2\,\text{kg}_f & 16\,\text{kg}_f & \rightarrow & 18\,\text{kg}_f \\ 1\,\text{kg}_f & 16/2\,\text{kg}_f & \rightarrow & 18/2\,\text{kg}_f + 34000\,\text{kcal/kg fuel(H)} \\ & & \rightarrow & 18/2\,\text{kg}_f + 29000\,\text{kcal/kg fuel(L)} \end{array} \tag{9-3}$$

[3] 황(S)의 연소 과정

◆ 완전 연소식 :

$$S + O_2 \rightarrow SO_2 \tag{9-4}$$

$$1\,\text{kmol} \quad 1\,\text{kmol} \rightarrow 1\,\text{kmol}$$

$$32\,kg_f \quad 32\,kg_f \rightarrow 64\,kg_f$$

$$1\,kg_f \quad 32/32\,kg_f \rightarrow 64/32\,kg_f + 2500\,\text{kcal/kg fuel}$$

[4] 탄화수소(C_nH_m)의 연소 과정

탄화수소 연료를 연소시킬 때는 탄소와 수소 모두가 산화된다. 메탄의 연소에 대해 고찰해 보자.

$$CH_4 + 2O_2 \rightarrow CO_2 + 2H_2O \tag{9-5}$$

여기서 연소생성물은 이산화탄소와 물 모두를 포함한다. 물은 연소생성물의 온도와 압력에 따라서 증기상, 액상으로 존재할 수 있다. 연소 과정의 화학반응 도중에 많은 중간 생성물이 만들어지지만, 이 책에서는 그 중간 생성물은 제외하고 초기 반응물과 최종 생성물만을 고려한다.

9.2 연료의 발열량

연료에 포함된 가연성분이 연소 시에 발생되는 반응열량이 공업적으로 기계적인 일을 하는 데 사용된다. 단위량의 연료가 완전 연소 시에 발생되는 열량을 그 연료의 발열량(heating value)이라고 하고, 일반적으로 고체나 액체의 경우에는 단위중량당 발열량($kcal/kg_f$)을, 기체연료의 경우에는 단위체적당 발열량($kcal/Nm^3$)의 단위를 사용하며 각 연료의 발열량은 열량계(calorimeter)로 측정한다.

연소생성물에 수증기가 포함되어 있는 경우에 보통의 발열량 측정법은 연소가스를 초기의 온도까지 냉각시켜 측정한다. 이와 같이 수증기가 물이 되어 수증기의 증발열을 포함하는 열량을 **고위발열량**(higher heating value)이라 한다. 그러나 실제의 열기관에서는 연소가스가 실제 온도까지 냉각되지 않아 수증기가 물이 되지 않으므로 증발열이 이용되지 않는다. 따라서 물의 증발잠열을 뺀 발열량을 **저위발열량**(lower heating value)이라고 한다.

연료 $1\,kg_f$ 중에 탄소 $C(kg_f)$, 수소 $H(kg_f)$, 산소 $O(kg_f)$, 황 $S(kg_f)$, 수분 $W(kg_f)$이 포함되어 있으면 이 연료의 $1\,kg_f$의 고위발열량(H_h)과 저위발열량(H_l)은 다음 식과 같이 된다.

① 고위발열량 : $H_h\,(kcal/kg_f)$

$$H_h = 8100\,C + 34000\left(H - \frac{O}{8}\right) + 2500S \quad (kcal/kg_f) \tag{9-6}$$

② 저위발열량 : $H_l\,(kcal/kg_f)$

$$H_l = 8100\,C + 29000\left(H - \frac{O}{8}\right) + 2500S - 600\,W \tag{9-7}$$

$$= H_h - 600(9H + W) \quad (kcal/kg_f)$$

예제 9-1

중량 조성이 $C = 84\%$, $H = 13\%$, $O = 0.5\%$, $S = 2\%$, $N = 0.5\%$인 중유의 저위발열량과 고위발열량을 구하라.

풀이 식 (10.5), (10.6)을 적용하면

$$H_h = 8100 \times 0.84 + 34000\,(0.13 - \frac{0.5}{8}) + 2500 \times 2 = 11308 \;(kcal/kg_f)$$

$$H_l = 11308 - 600\,(9 \times 0.13 + 0.0) = 10606 \;(kcal/kg_f)$$

9.3 연소에 필요한 이론공기량

대부분의 연소 과정에서 산소는 순수 산소로 공급되는 것이 아니고 공기로 공급된다. 공기는 몰(또는 체적) 기준으로 21%의 산소, 78%의 질소 및 나머지 1%는 아르곤, 이산화탄소 등으로 구성되어 있다. 그러나 공기와 관련된 연소 계산에서는 아르곤, 이산화탄소 등을 보통 무시하여, 공기가 체적 기준으로 21%의 산소와 79%의 질소로 구성되어 있다고 가정하면, 1 kmol의 산소에 대해 질소가 79/21 = 3.76 kmol 포함된다는 결론을 얻게 된다. 따라서 메탄의 연소에 필요한 산소를 공기로 공급하는 경우에 그 반응은 다음과 같이 쓸 수 있다.

$$CH_4 + 2O_2 + 2(3.76)N_2 \;\rightarrow\; CO_2 + 2H_2O + 7.52N_2 \qquad (9\text{-}8)$$

연료 중의 모든 탄소, 수소 및 그 외의 산화 가능한 원소를 완전 연소시키기에 충분한 산소를 공급하기 위해 요구되는 최소 공기량을 **이론공기량**(theoretical air)이라고 한다. 이론공기량으로 완전 연소를 했을 경우에 생성물에는 산소가 포함되어 있지 않다. 따라서 탄화수소 연료와 공기의 일반적인 연소반응식은

$$C_x H_y + \nu_{O_2}(O_2 + 3.76N_2) \;\rightarrow\; \nu_{CO_2} CO_2 + \nu_{H_2O} H_2O + \nu_{N_2} N_2 \qquad (9\text{-}9)$$

이다. 여기서 각 물질에 대한 계수 ν를 양론계수(stoichiometric coefficient)라고 부른다.

이론공기량은 다음과 같은 원자의 균형식으로부터 구한다.

$$C : \nu_{CO_2} = x$$

$$H : 2\nu_{H_2O} = y$$

$$N_2 : \nu_{N_2} = 3.76 \times \nu_{O_2}$$

$$O_2 : \nu_{O_2} = \nu_{CO_2} + \nu_{H_2O}/2 = x + y/4$$

연료 1 kmol당 공기의 총 몰수는 $n_{air} = \nu_{O_2} \times (1+3.76) = 4.76(x+y/4)$이다. 이 공기량이 100% 이론공기량이다.

따라서 식 (9-9)는 다음과 같이 탄화수소 연료의 완전 연소방정식으로 쓸 수 있다.

$$C_x H_y + \left(x + \frac{y}{4}\right)(O_2 + 3.76N_2) \;\rightarrow\; x\,CO_2 + \frac{y}{2} H_2O + 3.76\,N_2 \qquad (9\text{-}10)$$

실제로는 공급공기량이 이론공기량보다 약간 많지 않으면 완전 연소를 이루기 어렵다. 연료와 공기의 비를 나타내기 위해 종종 쓰이는 두 개의 중요한 변수가 공기연료비 (A/F)와 이의 역수인 연료공기비(F/A)이다. 이들을 대개 질량 기준으로 표현하나 때로는 몰비(체적비)로도 표현한다. 즉,

$$질량비 : (A/F)_{gravity} = \frac{G_{air}}{G_{fuel}} \tag{9-11}$$

$$몰비(체적비) : (A/F)_{mole} = \frac{n_{air}}{n_{fuel}} = \frac{V_{air}}{V_{fuel}} \tag{9-12}$$

이다. 이들의 관계는

$$A/F_{gravity} = \frac{G_{air}}{G_{fuel}} = \frac{n_{air}\, M_{air}}{n_{fuel}\, M_{fuel}} = A/F_{mole}\, \frac{M_{air}}{M_{fuel}} \tag{9-13}$$

이며, 그리고 100% 이론양론(stoichiometric) 공기량인 하첨자 s를, 실제 공급 공기량인 경우는 하첨자 a를 써서 나타낸다. 또한 실제 연소 과정에서는 실제 공기의 양$(A/F)_a$을 이론공기량$(A/F)_s$과의 비로 표시한 백분율 **공기과잉률** λ로 표현하며 그 값은 중량 기준이나 몰 기준에 관계없이 동일하다.

$$\lambda = \frac{(A/F)_a}{(A/F)_s} \tag{9-14}$$

따라서 150% 이론공기량이란 실제로 공급된 공기량이 이론공기량의 1.5배임을 의미한다. 메탄을 150% 이론공기량으로 완전 연소시킬 때 연소식은 다음과 같이 쓸 수 있다.

$$CH_4 + 1.5 \times 2(O_2 + 3.76N_2) \rightarrow CO_2 + 2H_2O + O_2 + 11.28N_2 \tag{9-15}$$

공급되는 공기량이 요구되는 이론공기량보다 적은 경우에는 불안전 연소가 일어난다. 공기의 양이 약간 부족하다면 대부분의 경우에 일부의 탄소가 산소와 결합하여 이산화탄소(CO_2)가 아닌 일산화탄소(CO)를 형성하게 된다. 공급되는 공기가 이론공기량보다 많이 부족하다면, 약간의 탄화수소가 연소생성물 중에 남아 있을 수도 있다.

예제 9-2

옥탄(C_8H_{18})을 연소시키기 위한 이론 공기연료비를 계산하라.

풀이 옥탄의 연소방정식은 다음과 같다.

$$C_8H_{18} + 12.5\,O_2 + 12.5(3.76)\,N_2 \rightarrow 8\,CO_2 + 9\,H_2O + 47\,N_2$$

몰 기준으로 이론 공기연료비 :

$$(A/F)_{mole} = \frac{12.5 + 47}{1} = 59.5\,\text{kmol air/kmol fuel}$$

중량 기준으로 이론 공기연료비 : 공기 및 연료의 분자량을 이용한다.

$$(A/F)_{gravity} = \frac{59.5(28.97)}{114.2} = 15\,\text{kg}_f\,\text{air/kg}_f\,\text{fuel}$$

예제 9-3

옥탄(C_8H_{18})을 200% 이론공기량으로 연소시키는 경우의 연소생성물의 몰을 분석하라.

풀이 옥탄을 200% 이론공기량으로 연소시킬 때, 연소방정식은

$$C_8H_{18} + 12.5(2)\,O_2 + 12.5(2)(3.76)\,N_2 \rightarrow 8\,CO_2 + 9\,H_2O + 12.5\,O_2 + 94\,N_2$$

생성물의 전체 몰수는 $8+9+12.5+94=123.5$이다.

생성물의 몰 분석 : $CO_2 = 8/123.5 = 6.47\%$

$H_2O = 9/123.5 = 7.29\%$

$O_2 = 12.5/123.5 = 10.12\%$

$N_2 = 94/123.5 = 76.12\%$

예제 9-4

메탄(CH_4)을 공기로 연소시켰을 때 생성물이 건조 기준으로 다음과 같이 분석되었다.

생성물	CO_2	O_2	CO	N_2
몰 %	10%	2.37%	0.53%	87.1%

연소방정식을 결정하고, 공기연료비와 백분율 이론공기량을 계산하라.

풀이 미지의 양을 문자계수로 표시하여 100kmol의 건조생성물에 대한 연소방정식을 쓰고 이들 계수를 구한다.

생성물이 건조 기준으로 분석되었음에 주의하여 방정식을 다음과 같이 쓸 수 있다.

$$a\,CH_4 + bO_2 + cN_2 \rightarrow 10\,CO_2 + 0.53\,CO + 2.37\,O_2 + dH_2O + 87.1\,N_2$$

각 원소에 대한 균형식으로부터 모든 미지계수를 구한다.

질소의 균형 : $c = 87.1$

모든 질소는 공기를 통하여 공급되므로

$$\frac{c}{b} = 3.76 \quad b = \frac{87.1}{3.76} = 23.16$$

탄소의 균형 : $a = 10 + 0.53 = 10.53$

수소의 균형 : $d = 2a = 21.06$

산소에 대한 균형식을 확인하면, 모든 미지상수가 올바로 결정되었는지를 알 수 있다.

$$b = 10 + \frac{0.53}{2} + 2.37 + \frac{21.06}{2} = 23.16$$

이렇게 하여 구한 값을 a, b, c, d에 대입하면

$$10.53\,CH_4 + 23.16\,O_2 + 87.1\,N_2 \rightarrow 10\,CO_2 + 0.53\,CO + 2.37\,O_2 + 87.1\,N_2$$

이며, 이 식을 10.53으로 나누면 1kmol의 연료에 대한 연소방정식이 구해진다.

$$CH_4 + 2.2\,O_2 + 8.27\,N_2 \rightarrow 0.95\,CO_2 + 0.05\,CO + 2\,H_2O + 0.225\,O_2 + 8.27\,N_2$$

몰 기준으로 공기연료비는

$$(A/F)_{mole} = \frac{(2.2 + 8.27)}{1} = 10.47 \text{ kmol air/kmol fuel}$$ 이고

분자량을 도입하여 질량 기준으로 공기연료비를 구하면

$$(A/F)_{gravity} = \frac{10.47 \times 28.97}{16} = 18.97 \text{ kg}_f \text{air/kg}_f \text{ fuel}$$

이 된다. 이론 공기연료비는 이론공기량으로 연소하는 경우의 연소방정식으로부터 다음과 같이 된다.

$$CH_4 + 2\,O_2 + 2(3.76)\,N_2 \rightarrow CO_2 + 2\,H_2O + 7.52\,N_2$$

$$(A/F)_{gravity,s} = \frac{(2 + 7.52)28.97}{16} = 17.23 \text{ kgf air/kg}_f \text{ fuel}$$

따라서 공기과잉률은 다음과 같이 구해진다.

$$\lambda = \frac{(A/F)_a}{(A/F)_s} = \frac{18.97}{17.23} = 110\%$$

9.4 열전달

물체 간에 온도차가 있으면 고온 부분에서 저온 부분으로 열에너지가 물체 내부로 이동한다. 이와 같이 열에너지의 자발적인 이동현상을 열전달(heat transfer)이라 한다. 열전달

은 크게 전도(conduction) 열전달, 대류(convection) 열전달 및 복사(radiation) 열전달 등으로 분류될 수 있다.

9.4.1 전도 열전달

전도 열전달은 물체가 접촉하고 있는 경우 물체 내부에서 발생하는 전열 현상으로 고온부에서 저온부로 전도되는 열전달량은 열전달 방향에 수직한 면적과 그 방향의 온도 기울기에 비례하고 두께에 반비례한다. 이것을 푸리에(Fourier) 법칙이라 하며 다음 식으로 표시된다.

$$\delta Q = -kA\frac{dT}{dx} \tag{9-16}$$

$$Q_c = kA\left(\frac{T_1 - T_2}{x}\right)$$

여기서 Q_c : 전도 열전달량(kcal/h), k : 물질의 열전도율(kcal/mh℃), A : 전열면적(m^2), T_1 : 고온 측 온도(℃), T_2 : 저온 측 온도(℃), $\frac{dT}{dx}$: 열이동 방향의 온도구배, x : 열이동 방향으로의 열전달 매체의 두께(m).

[1] 평판의 열전도

① 단일 평판의 열전도

그림 9.1(a)와 같이 두께 L와 열전도율 k인 일정한 평판을 통과하여 열이 고온에서 저온으로 이동할 경우 전도 열전달량은

$$q_c\left(= \frac{Q_c}{A}\right) = k\frac{T_1 - T_2}{L} = \frac{(T_1 - T_2)}{R_c} \tag{9-17}$$

q_c : 단위면적당 평판벽을 통하여 흐르는 열전달(kcal/h), k : 열전달률(kcal/mh℃), L : 벽의 두께(m), A : 벽의 단면적(m^2), R_c : $\frac{L}{k}$ 열전도 저항(mh℃/kcal).

② 다층 평판의 열전도

그림 9.1(b)와 같이 열전도율이 k_1, 두께가 L_1인 일정한 평판과 열전도율이 k_2, 두께가 L_2인 일정한 평판이 서로 접촉하고 있을 때, 고온 측(T_1)의 열이 저온 측(T_2)으로 전달된다. 두 평판이 서로 접촉하고 있는 부분의 온도를 T_c라고 하면, 각 평면 사이의 열전달량(q_c)은 같다.

$q_c = k_1 \dfrac{T_1 - T_c}{L_1} = k_2 \dfrac{T_c - T_2}{L_2}$ 이므로

$$T_1 - T_c = q_c\left(\frac{L_1}{k_1}\right) = q_c R_1 \tag{9-18}$$

$$T_c - T_2 = q_c\left(\frac{L_2}{k_2}\right) = q_c R_2$$

이다. 두 식을 서로 합하면

$$T_1 - T_2 = q_c\left(\frac{L_1}{k_1} + \frac{L_2}{k_2}\right) = q_c (R_1 + R_2)$$

이 되므로, T_1과 T_2 사이의 열전달량은 다음과 같이

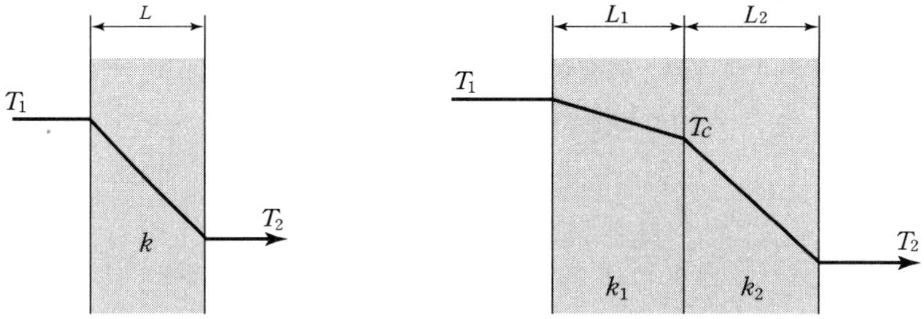

(a) 단일 평판 (b) 다층 평판

그림 9.1 평판의 열전도

$$q_c = \frac{T_1 - T_2}{\left(\dfrac{L_1}{k_1} + \dfrac{L_2}{k_2}\right)} = \frac{T_1 - T_2}{(R_1 + R_2)} = \frac{T_1 - T_2}{R_{c,t}} \tag{9-19}$$

이며, 두 평판 전체의 등가 열저항은 $R_{c,t} = R_1 + R_2$로 된다.

마찬가지로 n개의 다층 평판을 지나는 열전달량과 등가 전체 저항은 다음과 같이 쓸 수 있다.

$$q_c = \frac{(T_1 - T_2)}{\sum_{i=0}^{n} R_i} = \frac{(T_1 - T_2)}{\sum_{i=0}^{n} \dfrac{L_i}{k_i}} \tag{9-20}$$

[2] 원통관의 열전도

① 단원통관의 열전도

그림 9.2와 같이 길이 H인 중공 원통관의 열전도를 살펴보자.

열전달 기본식으로부터

$$\delta Q = -kA\frac{dT}{dr} = -k2\pi rH\frac{dT}{dr} \tag{9-21}$$

가 된다. 이 식을 적분하면 다음과 같이 된다.

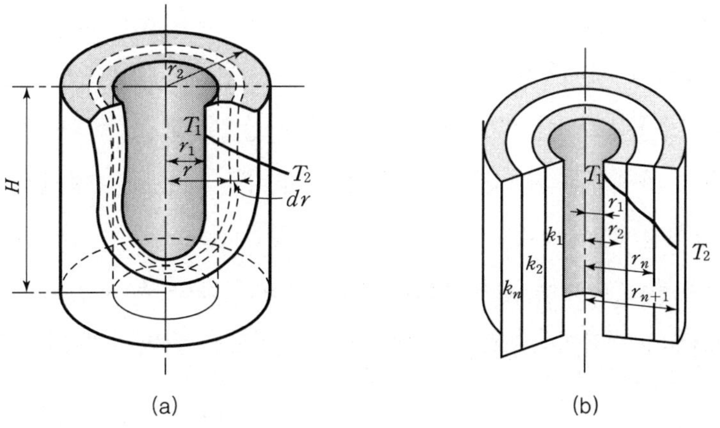

그림 9.2 원관에서의 열전도

$$Q_c = \frac{2\pi H(T_1 - T_2)}{\frac{1}{k}\ln\frac{r_2}{r_1}} = 2\pi H\frac{(T_1 - T_2)}{R} \tag{9-22}$$

따라서 전도 열저항은 $R_c = \frac{1}{k}\ln\frac{r_2}{r_1}$으로 주어진다.

② 다원통관의 열전도

다원통관의 열전달량은 등가 전체 저항으로부터 다음과 같이 구할 수 있다.

$$R_{c,t} = R_1 + R_2 + \cdots + R_n = \frac{1}{k_1}\ln\frac{r_2}{r_1} + \frac{1}{k_2}\ln\frac{r_3}{r_2} + \cdots + \frac{1}{k_n}\ln\frac{r_{n+1}}{r_n} \tag{9-23}$$

$$= \sum_{i=0}^{n}\frac{1}{k_i}\ln\frac{r_i + 1}{r_i}$$

$$Q_c = 2\pi H\frac{(T_1 - T_2)}{\sum_{i=0}^{n}\frac{1}{k_i}\ln\frac{r_i + 1}{r_i}} \tag{9-24}$$

9.4.2 대류 열전달

대류 열전달은 고체벽에 온도가 서로 다른 유체가 접촉할 경우에 유체에 유동이 생기면서 일어나는 열전달 현상을 말한다. 대류 현상은 자연대류(natural convection)와 강제대류(forced convection)로 나누어진다. 자연대류는 열에너지를 보유한 물질이 밀도가 적어지면서 부력이 발생되고, 이 부력에 의해 물질이 상층부로 이동되면서 생기는 대류를 말하며, 강제대류는 송풍기나 워터펌프 등과 같은 장비를 이용하여 강제로 열에너지를 보유한 물질을 이동시킬 때 일어나는 열전달 현상을 말한다.

고온부에서 저온부로 대류에 의한 열전달량은 열전달 계수 h와 온도차의 곱에 비례한다는 뉴턴(Newton)의 냉각법칙으로 구하며, 이를 수식으로 나타내면 다음과 같다.

$$Q_h = hA(T_1 - T_2) \quad \rightarrow \quad q_h = h\,(T_1 - T_2) = \frac{(T_1 - T_2)}{1/h} = \frac{(T_1 - T_2)}{R_h} \tag{9-25}$$

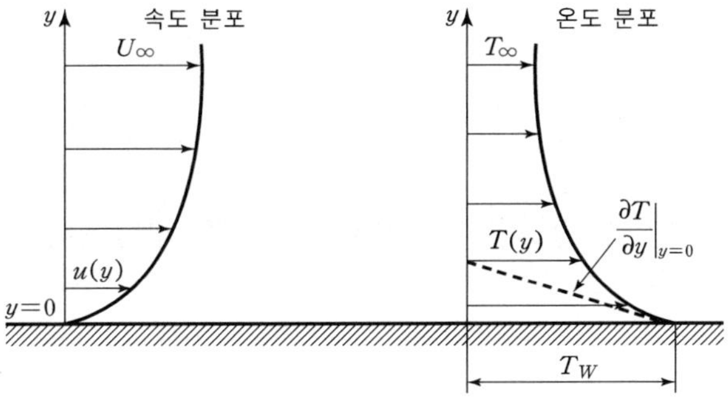

그림 9.3 가열평판의 대류열전달

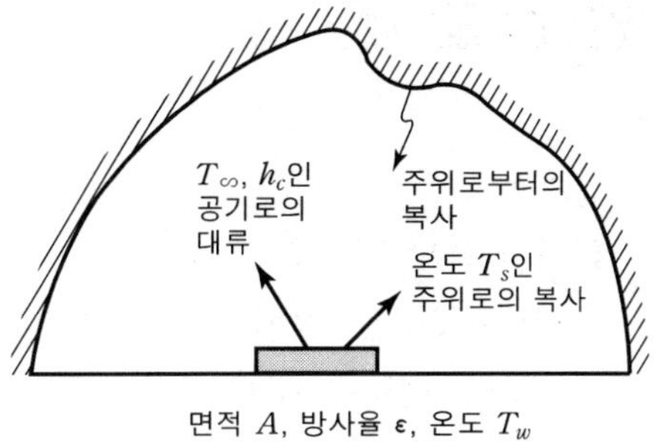

그림 9.4 복사 열전달

h : 대류 열전달계수(kcal/m^2h ℃), T_1 : 고온 측 온도(℃), A : 대류 열전달 면적(m^2), T_2 : 저온 측 온도(℃), R_h : 대류열저항(=1/h).

따라서 대류 열전달량은 열전달 면적이 클수록, 온도차가 클수록, 열전달 계수가 큰 물질일수록 커진다. 그러나 대류 열전달계수 h는 유체의 종류, 속도, 온도차, 흐름의 형상, 상태 등에 따라 달라져 해석이 복잡하다. 따라서 한마디로 정의하기 곤란하다.

9.4.3 복사 열전달

복사 열전달은 물질을 매개로 열이 전달이 되는 것이 아니라 매개체가 없어도 열에너지가 파장 형태로 공간을 이동하여 열이동되는 현상을 말한다. 일반적인 복사 열전달식은 슈테판-볼츠만(Stefan-Boltzmann)의 법칙으로 구한다. 흑체복사력은 다음과 같다.

$$E_b = \sigma T^4 = C_b \left(\frac{T}{1000}\right)^4 \quad [\mathrm{kcal/m^2h}] \tag{9-26}$$

E_b : 흑체복사력(kcal/m^2 h), σ : 슈테판-볼츠만 정수(4.88×10^{-8} kcal/m^2K^4), C_b : 흑체복사 정수(4.88 kcal/m^2hK^4), T : 절대온도(K).

$$Q_R = q_R A = \sigma A (T_1^{\,4} - T_2^{\,4}) \quad [\mathrm{kcal/h}] \tag{9-27}$$

연 습 문 제

1. 일산화탄소(CO)를 공기 중에서 연소할 때 과잉공기의 양이 많을수록 평형 연소생성물 중에는 어떤 현상이 일어나게 되는가?
   ① 일산화탄소(CO) 양이 감소한다.
   ② 이산화탄소(CO_2) 양이 감소한다.
   ③ 일산화탄소(CO)와 이산화탄소(CO_2) 양이 증가한다.
   ④ 이산화탄소(CO_2) 양은 감소하고, 일산화탄소(CO) 양은 증가한다.

2. 화학반응의 평형상수는 온도에 따라 어떻게 변화하겠는가?
   ① 온도가 상승하면 발열반응에서는 평형상수가 증가한다.
   ② 온도가 상승하면 발열반응에서는 평형상수가 감소한다.
   ③ 온도가 상승하면 평형상수는 일정하게 된다.
   ④ 온도가 상승하면 흡열반응에서는 평형상수가 감소한다.

3. 다음 사항 중 그 내용이 틀린 것은?
   ① 연료의 연소생성물 H_2O가 증발의 잠열을 방출하여 전부 물(액체)이 될 때 발열량을 고발열량이라고 한다.
   ② 실제 연소에서 실제로 사용된 공기량과 이론공기량의 비를 공기비(공기과잉률)라고 한다.
   ③ 공기비(λ)가 $\lambda > 1$일 때는 공기 중의 잉여산소는 연소가스 성분으로 남는다.
   ④ 공기비(λ)가 $\lambda > 1$일 때는 연료의 일부 또는 그 분해생성물은 연소가스 성분이 될 수 없다.

4. 연소 과정에서 과잉공기에 관한 설명으로 가장 적합한 것은?
   ① 연소에 필요한 이론공기량을 초과하여 공급한 공기이다.
   ② 연소에 필요한 이론 산소를 초가하여 공급한 산소량이다.
   ③ 산소의 완전 연소에 필요한 이론공기량을 초과하여 공급한 공기량이다.
   ④ 연료 중의 탄소, 수소 기타 가연화성 원소를 완전 연소할 수 있는 산소를 공급하는 데 필요한 실제 공기량이다.

5. $S + O_2 \rightarrow SO_2$에서의 반응물이란?
   ① S나 O_2를 말한다.
   ② SO_2를 말한다.
   ③ S나 O_2나 SO_2 중의 하나를 말한다.
   ④ S, O_2, SO_2를 통틀어 말한다.

6. $2CO + O_2 \rightarrow 2CO_2$의 화학반응이 1 atm, 500K에서 평형을 이루었다. 일정한 온도하에서 압력을 5 atm으로 증가시키면 반응은 어떻게 진행되는가?
   ① 반응이 일어나지 않는다.
   ② 반응이 왼쪽으로 진행된다.
   ③ 반응이 오른쪽으로 진행된다.
   ④ 어느 쪽이라고 단적으로 말할 수 없다.

7. 연료의 고위발열량을 H_h, 저위발열량을 H_l, 증기의 증발 잠열을 H_s라 할 때 다음 관계식 중에서 옳은 것은?
   ① $H_h = H_l$
   ② $H_h = H_l - H_s$
   ③ $H_h = H_l + H_s$
   ④ $H_s = H_l + H_h$

8. 순수한 탄소 1 kg_f을 연소시키는 데 필요한 이론공기량은 몇 Nm^3/kg_f인가?

   힌트 $C + O_2 \rightarrow CO_2$에서
   C 12 kg_f : O_2 22.4 Nm^3 → C 1 kg_f : O_2 22.4/12 Nm^3/kg_f
   공기량 $(A_O) = \dfrac{1}{0.21} \times$ 산소량 (O_2)

9. 프로판(C_3H_8) 가스 1 Nm^3를 연소시키는 데 필요한 이론공기량은 몇 Nm^3인가?

   힌트 프로판의 연소반응식은 $C_3H_8 + 5O_2 \rightarrow 3CO_2 + 4H_2O$

10. 어느 석탄을 원소 분석한 결과 다음의 값을 얻었다. 석탄의 고발열량을 7000 kcal/kg_f로 보고 저발열량을 구하라.(단, 석탄 1 kg_f 중 성분은 다음과 같다.)

탄소	산소	수소	질소	유황	수분
67.95%	11.32%	4.99%	1.01%	0.52%	3.24%

   힌트 $H_l = H_h - 600\,(9H + W)$ (kcal/kg_f)

11. 다음의 화학반응식을 고려하여 프로판(C_3H_8) $1kg_f$의 발열량을 구하라.

$$C + O_2 \rightarrow CO_2 + 97000\,kcal$$

$$H_2 + \frac{1}{2}O_2 \rightarrow H_2O + 13520\,kcal$$

힌트 탄소 $1kg_f$당 발열량 $= 97000 / 12 = 8083\,kcal/kg_f$

수소 $1kg_f$당 발열량 $= 57600 / 2 = 28800\,kcal/kg_f$

C_3H_8 $1kg_f$ 중의 C 와 H의 양 $C = 36/44$, $H = 8/44$

정답

1. ① 2. ② 3. ① 4. ③ 5. ① 6. ③ 7. ③
8. 공기량 $A_O = 8.89\ Nm^3/kg_f$ 9. 공기량 $A_O = 0.952\ Nm^3$
10. $H_l = 6711(kcal/kg_f)$ 11. $H = 11850(kcal/kg_f)$

Chapter 10

유체의 기본 개념과 정의

10.1 유체역학의 개요

인류가 살아나가는 데 있어 공기와 물은 빼놓을 수 없다. 공기와 물의 거동과 현상을 규명하는 (유사 이전부터 경험을 바탕으로 한 항해나 관계기술이 발달한 것으로 보아) 유체공학은 자연과학의 태동과 함께 발달해 왔다. 유체역학은 물리학의 한 분야이면서 응용과학이나 공학을 이해하는 데 필수적인 학문이다. 유체역학은 천체물리학, 생물학, 음향학, 해양학은 물론 기계공학, 토목공학 등 공학 전반에 걸쳐 기본이 되고 있다.

19세기 이후 수리 토목공학 분야의 발전과 군함 및 선박 건조 능력의 증대로 인해 유체역학의 응용 범위가 확대되었으며, 지난 수십 년 동안에 항공기 공학, 추진기관과 유체기계 분야, 화학공학 분야의 발달과 인공위성, 우주선 등의 발달로 고도의 유체역학적 이론이 필요하게 되었다. 오늘날에는 모든 분야의 공학이 다양화됨에 따라 유체역학은 모든 공학의 기초가 되는 가장 중요한 학문의 기초가 되었다.

유체역학 분야는 순수한 수력학에서 초음속 항공기의 날개에 관한 문제들에 대한 이론, 미사일의 비행 특성, 달로켓에서의 연료펌핑과 배출유동, 초대형 유조선의 설계, 자동차의 외부형상 결정, 원자로 내의 냉각수 유로의 설계, 해상 구조물, 기상학, 인공심장기의 혈액유동, 자성유체동력학 등의 분야에 이르며, 이들 분야와 관련하여 물리적 현상을 이해하려면 열역학, 질량유동, 열전달, 전자기 이론 및 유체역학의 이론이 필요하다.

10.2 유체의 정의 및 연속성

10.2.1 유체의 정의

물체는 고체(solid), 액체(liquid), 기체(gas)의 세 가지 형태 중 어느 한 상태로 주어지며, 그 가운데서 액체와 기체처럼 모양을 쉽게 바꾸는 물질을 총칭해서 유체(fluid)라고 한다.

고체, 액체, 기체는 물질을 구성하고 있는 분자 상호 간의 거리와 분자 운동에 의하여 결정되는데, 분자 운동의 관점에서 살펴볼 때 고체는 분자 상호 간의 거리와 운동 범위가 유체보다 더 작다. 즉 분자 상호 간의 인력(응집력)의 크기는 고체, 액체, 기체의 순서가 된다. 따라서 고체는 물질 스스로 어떤 형상을 형성할 수 있으나, 유체는 스스로 형상을 형성할 수 없으며 용기에 따라 형상이 결정된다. 액체의 경우는 호수의 표면과 같이 잘 규정된 자유표면(free surface)을 가질 수 있는 데 반하여, 기체의 경우에는 액체보다 분자 운동의 자유도가 크기 때문에 기체가 들어 있는 용기의 허용된 모든 체적을 채우는 능력으로 설명된다.

유체역학에서는 물질이 외부로부터 받는 힘(전단력)으로 야기되는 상태에 따라 구분하면 편리하다. 고체 상태의 물질은 전단력(shear force)을 받았을 때 어느 정도 변형을 하다가 평형 상태에 도달하나, 유체 상태의 물질은 아무리 작은 전단력이라 할지라도 유체 내부에 전단응력이 작용하는 동안은 견디지 못하고 계속해서 변형하는 물질이다. 이와 같은 고체와 유체의 차이점 때문에 전단력이 작용하면 고체는 일정한 형태를 그대로 유지하게 되나, 유체는 계속해서 변형하여 흐르려는 경향을 나타내게 된다.

10.2.2 유체의 연속성

유체는 기체나 액체를 불문하고 수많은 분자들로 성립되어 있고, 표준 상태(1기압, 0℃) 공기 1mm^3 내에는 2×10^{17}개의 분자들로 구성되어 있다. 따라서 이러한 분자들로 구성된 유체의 거동을 알기 위해서는 분자 개개의 운동을 알고 이들의 운동을 종합하여 분자운동론에 입각한 통계적으로 다루어야 하지만, 복잡한 분자 이론을 적용하지 않더라도 유체 분자 전체의 거동을 고려함으로써 비교적 쉽게 해석할 수 있는 방법이 있다. 이와 같이 대부분의 공학 계산에서 유체를 하나의 등질성(homogeneity, isotropy) 질량체로 보고 전체의 유체 분자의 거동으로 야기되는 효과의 평균을 거시적으로 다루는 유체 모형을 연속체(continuum)라고 한다. 액체의 경우는 분자 간에 큰 응집력이 서로 작용하여 분자와 분자는 서로 연결되어 있어 하나의 연속물질(연속체)로 취급할 수가 있다. 그러나 기체를 연속체로 취급하기 위해서는 분자의 충돌과 충돌 사이의 시간이 충분히 짧아 분자 운동의 통계적 특성이 보존되어야 하며, 또한 거리나 체적이 분자의 크기나 분자 간의 거리에 비해서 충분히 커야 하는데, 보통 물체의 크기가 분자의 평균 자유행로(mean free path)보다 훨씬 크기 때문에 기체를 연속체로 다룰 수 있는 기준이 된다. 즉 1기압, 0℃인 공기의 평균 자유행로는 10^{-5}cm로서, 이것은 공학적으로 취급되는 물체의 치수에 비해 매우 작다. 따라서 이러한 경우에 연속체의 방법은 기체 흐름의 해석을 대단히 간편하게 해 준다. 본 교재에서는 등질성 연속체만을 취급하기로 한다.

10.3 유체거동의 연구

유체거동과 관련하여 유체정역학, 유체운동학, 유체동역학의 세 가지로 구분한다.

[1] **유체정역학(fluid statics)**

유체요소 상호 간의 상대운동이 없이 정지된 상태로 있을 때 유체 내에서 힘의 평형을 다루는 학문이다. 유체 내부에서는 상대운동이 없이 정지된 상태이므로, 전단응력은 작용하지 않고 수직응력(normal stress)만이 작용한다. 그러므로 유체정역학은 유체 내부에서의 압력 분포를 다루는 학문이다.

[2] **유체운동학(fluid kinetics)**

유체 입자가 어떤 외력을 받았을 때 생기는 이동, 회전, 변형률 등 유체거동의 현상을 다루는 학문이다. 유체는 입자가 분포되어 있는 하나의 집합체이므로 입자 상호 간에 전단응력이 작용한다. 이 영향 때문에 유체의 운동만으로는 유체의 속도와 가속도를 완전히 결정할 수 없다. 유체거동의 기하학적인 현상을 다루는 데에 편리하다.

[3] **유체동력학(fluid dynamics)**

운동하고 있는 유체의 입자 사이에 힘이 작용할 때 유체의 운동을 해석하는 학문이다. 운동하고 있는 유체의 입자 사이에 상대운동이 존재하므로 전단력은 유체 운동을 해석하는 데 있어서 매우 중요한 힘이다.

10.4 유체흐름의 분류

연속체로서 다룰 수 있는 보통 유체 모델의 기본적인 성질은 점성과 압축성이다. 액체는 일정한 형태를 가진 용기에 채울 수 있기 때문에, 단위 체적당 질량으로 표시되는 밀도가 외부에서 작용하는 압력에 대해 일정하다고 가정할 수 있다. 유체의 유동을 고려할 때, 압축의 정도가 적고 압축에 의하여 일어나는 밀도 변화가 무시될 수 있을 때 그 유체를 비압축성 유체(incompressible fluid)라고 하고, 밀도 변화가 있는 유체를 압축성 유체(compressible fluid)라고 한다.

보통 액체를 비압축성 유체, 기체를 압축성 유체라고 다루어도 좋다. 그러나 건물 주위의 기류와 저속으로 흐르는 자동차나 항공기 둘레의 기류 등은 비록 기체이지만 비압축성 유체로 다루어야 하며, 배관 속의 수격작용(water hammer)이나 음속을 돌파하여 초음속으로 비행하고 있는 항공기 주변의 공기유동 등은 압축성 유체로 다루지 않으면 안 된다.

또한 유체흐름에는 크든 작든 간에 점성은 열전도나 농도의 확산과 같은 유체 중의 운동량 확산에 관한 성질에 의하여 유동에 저항하는 마찰손실이 생기게 되는데, 운동 조건에 따라 점성의 영향을 무시할 수 있을 때를 비점성 유체(nonviscouse fluid)라 하고, 점성을 무시할 수 없을 때를 점성 유체(viscouse fluid)라 한다.

실존하는 유체(실제 유체)는 점성과 압축성의 두 가지 성질을 가지고 있으므로, 비점성의 성질과 비압축성의 성질을 모두 갖는 유체를 가정하여 이상 유체(ideal fluid)라 한다. 이상 유체는 존재하지 않으나 실제의 공학적 관점에서는 마찰이 작은 흐름을 이상 유체로 취급하여 적용하고 있다.

10.5 차원

물리적 현상이라 함은 공간 중에 존재하는 물질이 시간의 경과에 따라 변위하는 현상을 말한다. 그러므로 물리적 현상을 다루려면 물질이라든가 변위라든가 시간의 특징을 규정하는 물리량이 필요하다.

모든 물리량은 길이, 질량, 시간 등의 몇 가지 기본량의 조합으로 표시되는데, 이때의 일정한 물리적 양을 표시하는 값을 차원(dimension)이라 한다. 유체역학에서 사용되는 차원은 기본량을 질량(M : mass), 길이(L : length), 시간(T : time)으로 잡는 MLT계와 힘(F : force), 길이, 시간을 기본량으로 하는 FLT계의 두 가지 방식으로 구분할 수 있다.

$$\text{MLT계 : }[\text{속도}] = \frac{[\text{거리}]}{[\text{시간}]} = \frac{[L]}{[T]} = [LT^{-1}]$$

$$[\text{힘}] = [\text{질량}] \times [\text{가속도}] = [M][LT^{-2}] = [MLT^{-2}]$$

$$\text{FLT계 : }[\text{압력}] = [\text{압력}] = \frac{[\text{힘}]}{[\text{면적}]} = [FL^{-2}]$$

$$[\text{질량}] = \frac{[\text{힘}]}{[\text{가속도}]} = \frac{[F]}{[LT^{-2}]} = [FL^{-1}T^{2}]$$

10.6 유체의 점성

[1] 점성

운동하고 있는 유체에 있어서 서로 인접하고 있는 층 사이에 미끄럼이 생기면 빨리 움직이려는 층과 저항하려는 층 사이에 마찰이 생기게 되는데, 이것을 유체마찰(fluid friction)이라 하고 유체마찰이 생기는 성질을 점성(viscosity)이라 한다.

[2] 뉴턴의 점성법칙

실험에 의하면 그림 10.1과 같이 비교적 좁은 간격 h로써 놓인 두 평행평판 사이에 유체가 채워져 있고, 아래의 평판은 고정, 위의 평판은 F만큼의 힘을 받아 고정 평판과

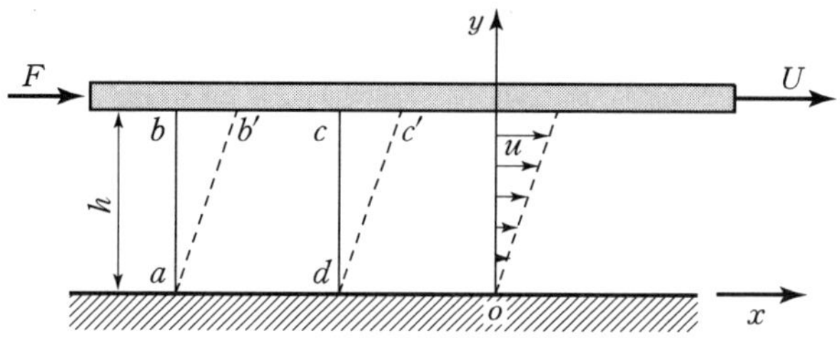

그림 10.1 평행평판 사이의 층류

평행으로 U의 속도로 움직이는 경우를 생각해 보자.

평판에 접한 유체의 엷은 막(유체 입자)은 유체 분자와 평판인 고체 분자 사이에 인력, 즉 부착력에 의하여 평판벽에 부착되고, 그 사이에 미끄럼은 생기지 않는다고 가정한다.

따라서 아래 평판에 접하는 유체 분자의 속도는 평판이 정지하고 있으므로 $u=0$이 되고, 위 평판에 접하는 유체 분자의 속도는 평판의 속도와 같은 크기인 $u=U$가 된다. 그러므로 임의의 시각에 대한 면적 abcd로 표시되는 유체 부분은 단위시간 후에 ab'c'd로 변형된다. 간격 h가 충분히 작으면 이 사이의 유체 부분은 평행으로 운동하고 층류를 이루며, 그 사이의 속도 u는 고정평판의 0에서부터 위 평판의 U까지 y방향으로 직선상의 변화를 한다. abcd의 부분은 흐르기 때문에 ab'c'd로 전단변형을 일으키고, 이것에 따라 유체는 점성저항을 나타낸다. 이때 전단응력은 유체의 각 층에 균일하게 분포된다. 이 유체의 점성저항을 내부마찰(internal friction)이라고도 하고, 이와 같은 전단유동을 Couette 흐름이라 한다. 지금 이 내부마찰을 이겨 각 층 사이에 미끄럼을 일으키는 데 요하는 힘을 F, 전단력이 작용하는 면적을 A라 하면 각 층 사이에 생기는 전단응력 τ는

$$\tau=\frac{F}{A} \tag{10-1}$$

로 표시된다. 이때 유체의 전단변형의 시간에 대한 비율은 그림 10.1에서 bb'/ab, 즉 U/h가 된다. 실험에 의하면 F는 U와 A에 비례하고 h에 반비례한다. 즉

$$F=\mu\frac{AU}{h} \tag{10-2}$$

여기서 비례상수 $\mu(\mathrm{kg_f\,s/m^2}$ 또는 $\mathrm{N\,s/m^2})$를 점성계수(coefficient of viscosity) 또는

점도(viscosity)라 한다. 지금 $F/A = \tau$이므로 전단응력 τ는

$$\tau = \mu \frac{U}{h} \tag{10-3}$$

으로 표시되고, 전단응력 τ는 점성계수 μ와 유체 면의 변형, 즉 전단변형속도 U/h의 곱과 같다.

속도분포가 그림 10.2와 같이 y방향으로 직선이 아닐 때에는 전단응력 τ는 각 점마다 다르고 다음 식으로 표시된다.

$$\tau = \mu \frac{du}{dy} \tag{10-4}$$

이 식을 뉴턴의 점성의 법칙이라 한다. τ는 단위 면적당의 마찰력으로서, 마찰응력이라고도 하며, $\frac{du}{dy}$를 속도구배(velocity gradiant) 또는 전단변형률이라 한다.

[3] 점성계수

식 (10-4)에 의하면, τ와 μ는 압력과 관계가 없다. 점성계수 μ는 유체의 종류에 따라 특유한 값을 가지고 보통 온도만의 함수이다. 점성계수 μ의 차원과 단위는 FLT계를 쓰면, τ는 F/L^2, u는 L/T, y는 L이므로,

$$[\mu\text{의 차원}] = \frac{[F/L^2]}{[L/T][L^{-1}]} = \left[\frac{FT}{L^2}\right] \rightarrow \frac{\text{kg}_\text{f}\ \text{s}}{\text{m}^2}$$

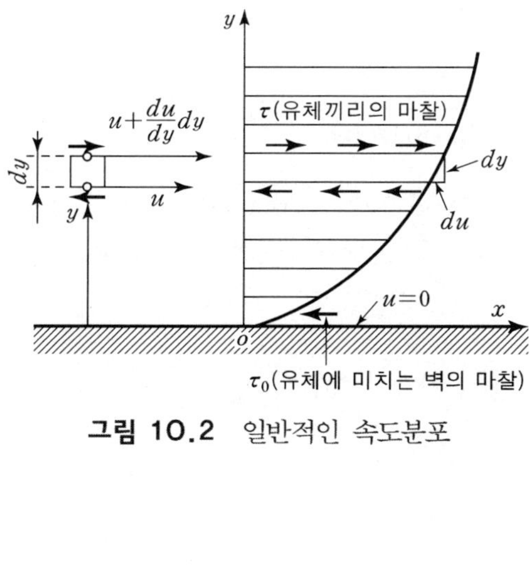

그림 10.2 일반적인 속도분포

가 된다. 물리단위에서는 MLT계를 쓰므로,

$$[\mu\text{의 차원}] = \left[M \times \frac{L}{T^2}\right] \times \left[\frac{T}{L^2}\right] = \left[\frac{M}{L\,T}\right] \quad \rightarrow \quad \frac{\mathrm{g}}{\mathrm{cm\,s}}$$

가 되며 점성계수의 단위로 포와즈(poise, 기호는 P)를 쓴다.

$$1P = 1\,\mathrm{g_f/cm\,s} = 1\mathrm{dyn\,s/cm^2} = 0.1\,\mathrm{N\,s/m^2} = 1/98\,\mathrm{kg_f\,s/m^2}$$

$1P$의 1/100을 $1cP$(centipoise)라 한다. 20℃인 순수한 물의 $\mu \fallingdotseq 1cP$이다.

[4] 동점성계수

유체의 운동을 다룰 때 점성계수 μ보다도 이것을 밀도 ρ로 나눈 값 ν를 동점성계수(kinematic viscosity)라 한다.

$$\nu = \frac{\mu}{\rho} \tag{10-5}$$

ν의 공학단위는 MKS 단위로 $\mathrm{m^2/s}$이고, CGS 단위로는 $\mathrm{cm^2/s}$가 된다. $1\,\mathrm{cm^2/s}$를 1 Stokes(기호 : St)라 하고, 그 1/100을 1centistokes(기호 : cSt)라 한다. 이들의 관계는 다음과 같다.

$$1\ \mathrm{St} = 10^{-4}\mathrm{m^2/s},\ 1\,\mathrm{cSt} = 10^{-6}\mathrm{m^2/s}$$

동점성계수 ν는 액체인 경우 온도만의 함수이고, 기체인 경우에는 온도와 압력의 함수이다. 온도의 변화에 따른 물의 점성에 대한 관계식으로서, 헬름홀츠(Helmholtz)는 포아죄유(Poiseulli)의 실험값을 써서 다음 실험식을 얻었다.

$$\mu = \frac{0.01779}{1 + 0.03368t + 0.00022099t^2}\ [\mathrm{P}] \tag{10-6}$$

여기서 t는 [℃]이다. 또 기체의 점성에 대해서는 다음의 서덜랜드(Sutherland)의 공식을 쓴다. 즉

$$\mu = \mu_0 \frac{273 + C}{T + C}\left(\frac{T}{273}\right)^{3/2} \tag{10-7}$$

여기에서 μ_0는 절대온도 $T=273K$에 있어서의 점성계수, C는 기체에 따라 정하여지는 상수이다. 여러 가지 기체에 대한 μ_0와 C의 값을 표 10.1에 표시한다.

표 10.1 각종 기체의 μ_0와 C의 값

기체	점성계수 $\mu_0 (g_f/cm\ s)$	상수(C)
공기	1.71×10^{-4}	120
이산화탄소	1.42×10^{-4}	240
헬륨	1.89×10^{-4}	80
질소	1.66×10^{-4}	110
산소	1.89×10^{-4}	131

예제 10-1

10 mm의 간격을 가진 평행한 평판 사이에 점성계수 $\mu=20$ poise인 기름이 가득 차 있다. 아래쪽 판을 고정하고 위 판을 5 m/s의 속도로 움직일 때 기름 속에서 발생하는 전단응력은 몇 kg_f/cm^2인가?

풀이

$$\mu = 20\ poise = \frac{20}{98} = 0.204\ kg_f\ s/m^2$$

$$\tau = \mu\frac{du}{dy} = \mu\frac{U}{h} = 0.204\ \frac{5}{0.01} = 102\ kg_f/m^2$$

10.7 뉴턴 유체와 비뉴턴 유체

뉴턴 유체(Newtonian liquids)란 뉴턴의 점성법칙을 만족하는 유체로서 점성계수 μ가 속도구배에 관계없이 일정한 값을 가지며, 그림 10.3에 표시한 바와 같이 τ와 $\frac{du}{dy}$의 관계가 직선이다. 모든 기체와 분자량이 적은 대부분의 액체는 여기에 속하며 일례로 공학상 많이 사용되는 물, 공기, 기름 등은 뉴턴 유체이다.

비뉴턴 유체(non-Newtonian liquids)는 전단응력 τ와 속도구배 $\frac{du}{dy}$와의 관계가 직선

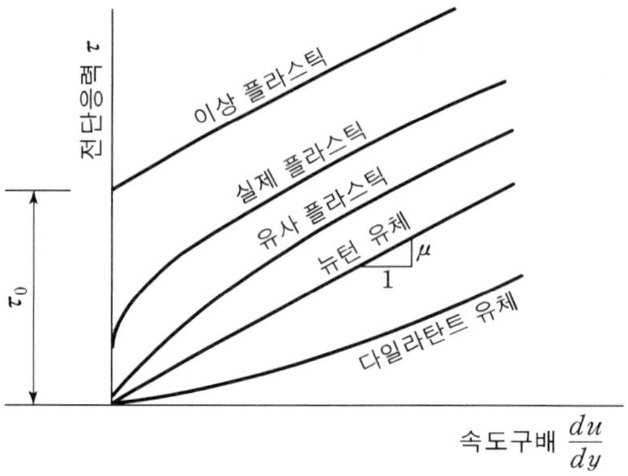

그림 10.3 비뉴턴 유체

이 아닌 유체로서 일정한 온도, 압력이라도 점성계수 μ가 일정하게 되지 않고 $\dfrac{du}{dy}$나 시간에 따라 변하는 유체들로 페인트, 플라스틱, 혈액, 식품 등이 여기에 속한다.

10.8 완전 기체/이상 유체

완전 기체(perfect gas)란 분자의 크기(체적)가 없고 분자 상호 간에 인력이 작용하지 않으며 분자 간에 완전 강성충돌을 하는 기체를 말하나, 이러한 기체는 실제 존재하지 않으므로 분자의 크기에 비해 분자 간의 거리가 매우 크며 상태방정식(보일-샤를의 법칙) $Pv = RT$ 또는 $P/\rho = RT$를 만족하는 기체를 말한다. 여기서 P는 절대압력, v_s는 비체적, ρ는 밀도, T는 절대온도(K), R은 기체상수이다.

이상 유체(ideal fluid)란 마찰이 없고 비압축성인 유체를 말하지만, 완전 기체는 점성(viscosity)이 있어 전단응력이 발생하며 상태방정식에 따라 압축도 가능하다.

10.9 유체의 압축성과 탄성

모든 유체는 외부로부터 압력을 받으면 압축되고 압축 과정에서 가해진 에너지는 탄성에너지로 유체 내부에 저장되며, 가역 과정인 경우 이 저장된 에너지는 압력을 제거하면 압축 전의 상태로 돌아간다. 같은 압력에 대해서도 압축되는 정도가 유체마다 다르므로 압축률을 정의하여 압력과 체적과의 관계를 정량적으로 다룬다.

체적 V인 유체에 압력을 dP만큼 증가시켰을 때 체적이 $-dV$만큼 감소한다면 압축률 β(modulus of compressibility)은 다음과 같이 정의하며 압축률의 역수를 체적탄성계수 K라 한다.

$$\text{압축률 : } \beta = \frac{-dV/\,V}{dP} = \frac{-dv\,/\,v}{dP} = \frac{d\rho\,/\,\rho}{dP}$$

$$\text{체적탄성계수 : } K = \frac{1}{\beta} \tag{10-8}$$

체적탄성계수(bulk modulus of elasticity)는 dv/v가 무차원이기 때문에 K의 단위는 압력의 단위와 같다. 유체 내에서 교란에 의하여 생긴 압력파의 전달속도(음속) a는 다음 식으로 주어진다.

$$a = \sqrt{\frac{dP}{d\rho}} = \sqrt{\frac{K}{\rho}} \tag{10-9}$$

기체가 등온적으로 압축 시에는 $K = P$이고, 단열적으로 압축 시에는 $K = \kappa P$이다. 여기서 κ는 비열비이다.

대기에서 음파의 전달 과정은 등엔트로피(단열) 과정으로 가정한다면 공기 중에서의 음파의 전달속도 a는 다음과 같다.

$$a = \frac{\sqrt{dP}}{\sqrt{d\rho}} = \frac{\sqrt{K}}{\sqrt{\rho}} = \frac{\sqrt{\kappa P}}{\sqrt{\rho}} = \sqrt{\kappa RT} \tag{10-10}$$

따라서 음속은 다음과 같이 표시할 수 있다.

$$a = \sqrt{\kappa RT}\ \ (R : \mathrm{N\,m/kg\,K}\ \text{단위 사용}) \tag{10-11}$$

$$= \sqrt{\kappa g \mathrm{RT}}\ \ (\mathrm{R : kg_f\,m/kg_f\,K}\ \text{단위 사용})$$

여기서 κ는 기체의 비열비

R은 기체상수(공기의 경우 $286.8\,\mathrm{N\,m/kg\,K}$, $29.27\,\mathrm{kg_f\,m/kg_f\,K}$)

T는 기체의 절대온도(K)

이고, 이것은 완전 기체에서의 음속은 단지 기체의 온도에만 의존한다는 것을 나타낸다.

예제 10-2

4℃ 물의 압축률은 $4.75\times10^{-5}\,\mathrm{cm^2/kg_f}$이다. 체적탄성계수를 구하고 물의 체적을 3% 축소시키는 데 필요한 압력은 몇 $\mathrm{kg_f/cm^2}$인가? 또한 물속에서의 음속은 몇 m/s 인가?

풀이

체적탄성계수 $K=\dfrac{1}{\beta}=\dfrac{1}{4.75\times10^{-5}\,\mathrm{cm^2/kg_f}}=0.2105\times10^5\,\mathrm{kg_f/cm^2}$

$-\Delta V/V=0.03$이므로

$K=\dfrac{\Delta P}{-\Delta V/V}$에서 $\Delta P=K(-\Delta V/V)=0.2105\times10^5\times0.03=631.5\,\mathrm{kg_f/cm^2}$

물속에서의 음속은

$$a=\sqrt{\frac{dP}{d\rho}}=\sqrt{\frac{K}{\rho}}=\sqrt{\frac{K}{\gamma/g}}=\sqrt{\frac{0.2105\times10^5}{1000/9.8}}=1436.5\,\mathrm{m/s}$$

10.10 표면장력과 모세관 현상

[1] 표면장력

서로 혼합될 수 없는 두 유체의 경계면에서는 분자력 때문에 표면을 최소로 하려는 힘이 존재하는데 이 힘을 표면장력(surface tension)이라 한다. 표면장력은 같은 종류의 분자끼리 끌어당기는 응집력(cohesion)과 다른 종류의 분자끼리 끌어당기는 부착력(adhesion)의 차이로 발생하며 단위길이당의 힘으로 표시한다. 그러므로 표면장력의 단위는 $\mathrm{kg_f/m}$, $\mathrm{N/m}$ 등으로 나타낼 수 있고 차원은 $[\mathrm{FL^{-1}}]$이다.

그림 10.4와 같이 물방울의 직경이 d인 구형 방울에서 표면장력 σ과 구형 방울 면의 안과 밖의 압력차 ΔP에 의해서 이루어지는 힘은 서로 평형을 이루고 있다.

$$\sigma\,\pi d=\Delta P\frac{\pi d^2}{4}\quad\rightarrow\quad\sigma=\frac{\Delta P\,d}{4}\tag{10-12}$$

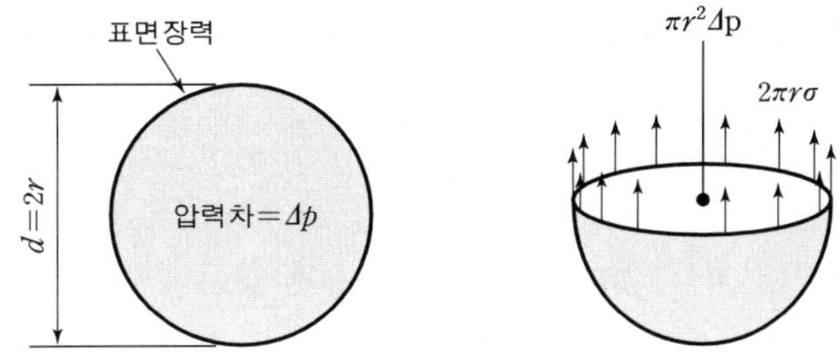

그림 10.4 표면장력

표 10.2에 공기와 접촉하는 여러 가지 액체의 표면장력을 표시한다.

표 10.2 여러 가지 액체의 표면장력(20℃ 표준대기압)

액체	표면장력 $\sigma(\text{kg}_f/\text{m})$	액체	표면장력 $\sigma(\text{kg}_f/\text{m})$
수은	0.0485	글리세린	0.00636
올리브유	0.0033	물	0.00740
메틸알코올	0.0023	원유	0.0024-0.0039

[2] 모세관 현상

모세관 현상(capillarity)은 모세관 내에서 유체의 표면장력(응집력)과 고체 면과의 친화력(부착력)의 작용에 의한 것으로서, 그림 10.5에서 물과 같이 부착력이 응집력보다 크면 물체에 접한 부근의 액면은 올라가고, 반대로 수은의 경우처럼 부착력이 응집력보다 작으면 액면은 내려간다.

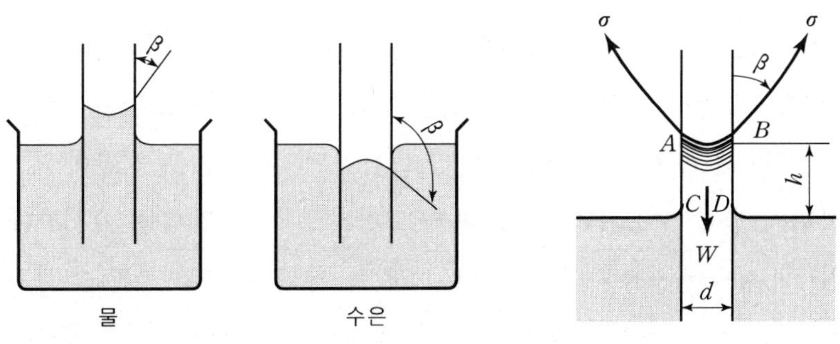

그림 10.5 모세관 현상

그림 10.5에서 표면장력에 의한 수직분력과 상승된 물기둥의 무게는 평형을 이룬다.

$$\pi d \cdot \sigma \cos\beta = \gamma h \frac{\pi d^2}{4}$$

따라서 모세관에서 물기둥의 상승 높이 h는 다음과 같이 주어진다.

$$h = \frac{4\sigma\cos\beta}{\gamma d} \qquad (10\text{-}13)$$

여기서 β는 접촉각이다.

예제 10-3

지름이 2mm와 3mm가 되는 두 개의 모세관을 물속에 수직으로 세웠을 때 모세관 현상으로 물이 관 속으로 올라가는 높이의 비를 구하라.

풀이 모세관에서 물기둥의 상승 높이 $h = \frac{4\sigma\cos\beta}{\gamma d}$는 관의 직경에 반비례하므로

올라가는 높이의 비는 $\frac{1}{2} : \frac{1}{3} = 3:2$이다.

10.11 증기압

모든 액체는 기체와 접하고 있을 때 접하는 경계면을 통해 증발하려는 성질이 있으며 증발속도는 액체의 분자 에너지에 의존한다. 다시 말하면 액체에 가해지는 압력이 낮은 경우 액체 분자가 자유표면에 충돌하였을 때 액체 분자가 갖는 운동 에너지가 표면장력을 이겨 기체 속으로 뛰어나오려는 성질, 즉 액상에서 기상으로 변환하려고 하는 경향을 가진다.

예를 들어 밀폐된 용기 내에 물을 일부 넣으면 용기 내의 물은 시간이 지남에 따라 증발하기 시작하며 증발된 수증기는 용기 내에 채워지고 어떤 압력을 표시한다. 이 압력을 그때의 증기압(vapor pressure)이라고 한다. 시간이 경과하면 물 분자는 계속해서 자유표면을 뚫고 공간 속으로 들어가는 동시에 공간 속에서 운동하던 증기의 분자도 다시 물속으로 뚫고 들어온다. 시간이 더 경과하면 물속에서 공간 속으로 뚫고 들어가는 증기의

분자 수와 공간으로부터 액체 속으로 뚫고 들어오는 증기의 분자 수가 같게 된다. 이와 같이 평형 상태에 달했을 때 포화되었다고 하며 그때의 공간부의 증기분압을 그 온도에서의 포화증기압(saturated vapor pressure)이라고 한다.

분자 운동은 온도 상승과 같이 활발하게 되므로 포화증기압도 온도의 상승에 따라 높아진다. 어떤 액체의 절대압력이 그 액체의 온도에 상당하는 포화증기압보다 낮아지면 비등한다. 예를 들면 펌프 속에 압력이 펌프 내를 흐르는 액체의 온도에 상당하는 포화증기압보다 낮다면 국부적으로 비등현상이 일어나 증기가 발생하므로 펌프작용이 이루어지지 않는다. 이러한 현상을 공동현상(cavitation)이라 하며, 특히 유체기계에서 공동현상이 일어나면 이상한 고압고온의 충격파를 발생시켜 소음, 진동, 재료의 피로, 부식의 원인이 되며 기계의 운전을 불가능하게 만들기도 한다.

연 습 문 제

1. 유체에 대한 정의로서 부적합한 것은 어느 것인가?
   ① 액체와 기체 상태의 물질을 말한다.
   ② 유체는 극히 밀도가 작은 것을 제외하고는 연속성을 가진 균질의 물질이다.
   ③ 유체는 아무리 작은 전단력에도 연속적으로 저항할 수 없는 물질이다.
   ④ 유체는 용기의 모양에 따라 충만하는 물질이다.

2. 다음 설명 중 틀린 것은 어느 것인가?
   ① 이상 유체는 점성이 없고 비압축성인 유체이다.
   ② 뉴턴 유체는 뉴턴의 점성법칙 $\tau = \mu \dfrac{du}{dy}$를 따르는 유체이다.
   ③ 실제 유체는 점성을 무시할 수 없는 유체로 현실적인 유체이다.
   ④ 이상 유체는 점성이 없고 $Pv = RT$를 만족하는 유체이다.

3. 유체의 성질 중 체적탄성계수와 가장 관계가 있는 것은 어느 것인가?
   ① 온도와 무관하다.
   ② 압력의 증가에 따라 증가한다.
   ③ 점성계수에 비례한다.
   ④ 압축성 유체가 비압축성 유체보다 크다.

4. 다음 물리량을 차원으로 표시한 것 중 틀린 것은 어느 것인가?
   ① 밀도 = MLT^{-2}　　② 표면장력 = MT^{-2}
   ③ 동점성계수 = L^2T^{-1}　　④ 비중량 = $ML^{-2}T^{-2}$

5. 표준상태(15℃, 760mmHg)인 대기 속의 음속은 얼마인가?(단, 공기의 비열비는 1.4이고 기체상수는 29.27m/K로 한다.)
   ① 340m/sec　② 380m/sec　③ 400m/sec　④ 420m/sec

6. 그림에서 표시한 축수 안에서 지름이 30cm인 축이 5m/s 속도로 축 방향으로 운동하고 있다. 축수와 축 사이에는 $\mu = 0.005\,kg_f\,sec/m^2$의 기름이 유막을 형성할 때 축을 5m/s의 속도로 유지시키려면 몇 kg_f의 힘이 필요한가?(단, 유막에서의 속도분포는 선형분포라고 가정한다.)

① $0.25\,kg_f$ ② $10\,kg_f$

③ $94.4\,kg_f$ ④ $100\,kg_f$

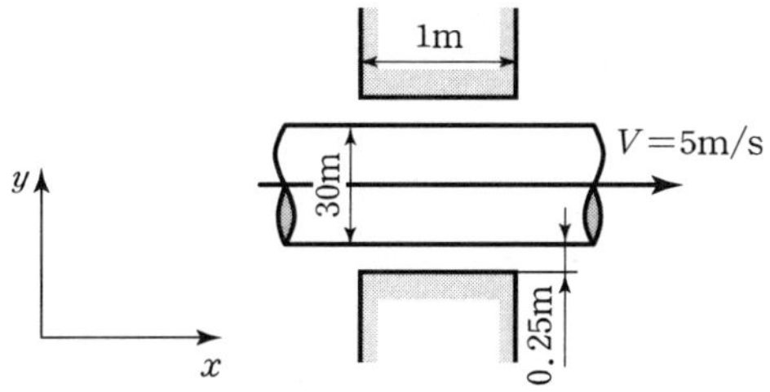

7. 압력이 101.25kPa인 상온의 공기가 단열가역 변화를 할 때 체적탄성계수는 몇 Pa인가?

힌트 $K = \kappa P$

8. 어떤 기름의 동점성계수가 1.5 stokes이고 비중량이 $0.00085\,kg_f/cm^3$이다. 점성계수는 몇 cP(centipoise)인가?

힌트 $\mu = \nu \cdot \rho = \nu \dfrac{\gamma}{g}$

9. 내부가 찬[中實] 물방울에 내부의 압력이 대기압보다 $0.007\,kg_f/cm^2$만큼 높다. 물방울의 표면장력이 $8.75 \times 10^{-5}\,kg_f/cm$이라면 이때의 물방울의 지름은 얼마이겠는가?

힌트 $\sigma \pi d = \Delta P \dfrac{\pi d^2}{4} \rightarrow d = \dfrac{4\sigma}{\Delta P}$

10. 점성계수 $\mu = 0.1\,\text{kg}_f\,\text{s}/\text{m}^2$인 뉴턴 유체가 수평 벽면 위를 평행하게 흐른다. 벽면 근방에서의 속도분포가 $u = 0.5 - 150(0.1 - y)^2$이라고 할 때 벽면에서의 전단응력은 몇 kg_f/m^2인가?[단, $y(\text{m})$은 벽면에 수직한 방향의 좌표를, u는 벽면 근방에서의 접선 속도(m/s)이다.]

힌트 $\tau = \mu \dfrac{du}{dy}\Big|_{y=0}$

정답 1. ④ 2. ④ 3. ② 4. ① 5. ① 6. ③
7. $K = 147.75\,\text{kPa}$ 8. $\mu = 0.013\,\text{kg}_f\,\text{s}/\text{m}^2$ 9. $d = 0.05\,\text{cm}$ 10. $\tau = 3\,\text{kg}_f/\text{m}^2$

Chapter 11

유체정역학

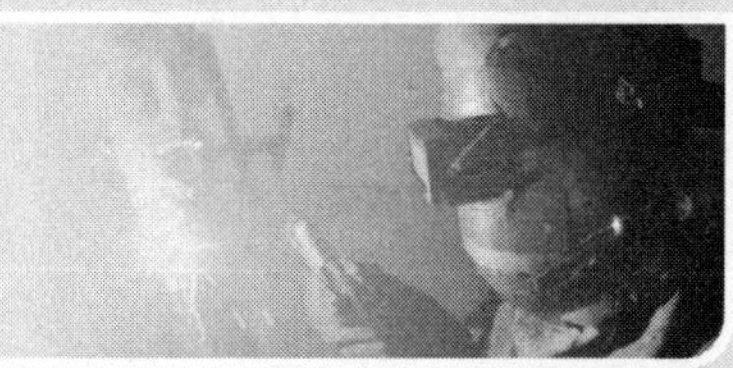

11.1 유체정역학

유체를 구성하고 있는 각 입자가 상대운동이 없을 때 유체는 정적 평형 상태에 있다고 말한다. 상대운동은 전단력에 의한 각변형에 의해 발생하는 것이므로 정적 평형 상태는 유체의 모든 입자가 정지 상태에 있거나 또는 유체가 일정한 속도로 운동(uniform flow)하는 전단력은 존재하지 않고 수직력(압력)과 체력(body force)만이 존재하는 경우이다. 따라서 유체정역학은 정적 평형 상태에 있는 유체에 생기는 힘이라든가 힘의 평형 등을 다루는 역학이라고 말할 수 있다.

[1] 힘과 응력

연속체의 임의 체적요소에 작용하는 힘은 크게 체력(body force)과 표면력(surface force)으로 구분할 수 있다. 체력은 중력, 자력 등과 같이 물체의 체적요소의 표면에 직접 접촉하지 않고 물체에 분포되어 있는 힘이다. 따라서 체력은 보통 물체의 단위질량당 힘의 크기로 나타낸다. 반면에 표면력은 물체의 표면에 직접 접촉하여 표면에 작용하는 모든 외력을 포함하며 단위면적당 힘의 크기로 그 세기를 나타낸다.

그림 11.1과 같이 임의의 면적요소 ΔA에 작용하는 힘 ΔF는 면적요소에 수직인 힘 ΔF_n과 접선 방향의 힘 ΔF_s로 나누어 생각해 보자. 표면력의 크기는 단위면적당 작용하는 표면력의 세기로 표시하면,

$$\sigma_n = \lim_{\Delta A \to 0} \frac{\Delta F_n}{\Delta A}$$

$$\tau_s = \lim_{\Delta A \to 0} \frac{\Delta F_s}{\Delta A}$$

이다. 여기서 σ_n을 수직응력(normal stress), τ_s을 전단응력(shearing stress)이라 말하며 응력이란 단위면적당 작용하는 힘의 크기로 정의된다.

유체의 미소한 직육면체의 표면에 작용하는 응력을 표시하면 그림 11.2와 같다.

여기서 응력의 방향을 표시하는데 σ_{xx}, τ_{xy} 같이 두 개의 첨자를 사용하였다. 앞의 첨자는 응력을 포함하는 평면을 나타내고, 뒤 첨자는 응력의 방향을 가리킨다. 따라서 τ_{xy}는 x축, 즉 yz 평면에 놓여 있고 방향이 y축 방향으로 작용하는 전단응력을 나타낸다.

점 $(x+dx,\ y,\ z)$에서의 응력 σ'_{xx}를 점 $(x,\ y,\ z)$에서의 응력 σ_{xx}로 표시하기 위하여 테일러 급수전개 하고 2차항 이상을 무시하면 선형화시켜 계산할 수 있다.

즉 $\sigma'_{xx} = \sigma_{xx} + \dfrac{\partial \sigma_{xx}}{\partial_x} dx$가 된다. 따라서 τ'_{xy} 역시 $\tau'_{xy} = \tau_{xy} + \dfrac{\partial \tau_{xy}}{\partial_x} dx$로 표기된다.

액체의 경우 연속체의 변형을 나타내는 척도는 각변형속도이다. 이러한 문제를 해결하는 데는 응력의 개념을 도입하여 연속체 내부의 임의단면의 한 점에 생기는 수직응력과 서로 직교하는 한 쌍의 전단응력을 알아냄으로써 힘이 전파되는 양상과 힘에 의하여 야

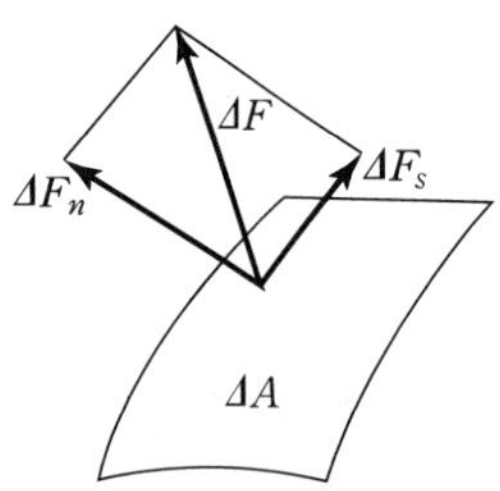

그림 11.1

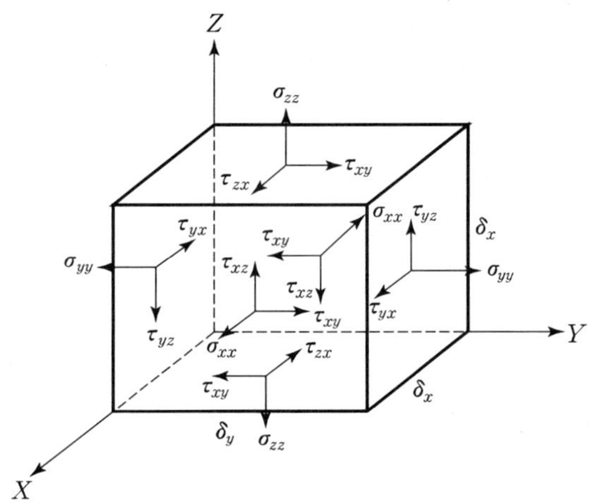

그림 11.2 직육면체에 작용하는 응력

기되는 연속체의 변형을 계산할 수 있다. 대부분의 유체는 인장응력에 견디지 못하므로 수직응력을 압축응력(압력)에 국한시킨다.

[2] 압력

유체가 벽 또는 가상면의 단위면적에 수직으로 작용하는 압축힘을 유체의 압력(pressure)이라 하고, 면 전체에 작용하는 힘을 전압력(total pressure)이라고 한다.

$$P = \frac{F}{A} \tag{11-1}$$

여기서 P는 압력, F는 면에 수직으로 작용하는 힘, A는 힘을 받는 수직단면적이고 압력의 차원은 $[\mathrm{FL}^{-2}]$이다.

11.2 정지유체 내의 압력

정지유체는 서로 접하고 있는 유체층에 대하여 미끄러지지 않는다. 따라서 상대운동이 없으므로 전단응력은 존재하지 않으며, 따라서 점성의 영향은 생각할 필요가 없고 오직 압축응력, 즉 압력만을 받는다. 만일 힘이 균일하게 분포되어 작용되지 않는 경우, 임의의 미소면적 ΔA에 작용하는 힘 ΔF의 극한치는 다음과 같이 표시한다.

$$P = \lim_{\Delta A \to 0} \frac{\Delta F}{\Delta A} = \frac{dF}{dA}$$

정지유체에서의 압력은 다음과 같은 중요한 성질을 가지고 있다.

① 유체의 압력은 임의 면에 수직으로 작용한다[그림 11.3(a)].

② 유체 내부의 임의 한 점에 있어서 압력은 모든 방향에서 같다[그림 11.3(b)].

④ 밀폐된 용기의 유체에 가한 압력은 같은 세기로 모든 방향으로 전달된다. 이것을 파스칼의 원리(principle of Pascal)라 한다[그림 11.3(c)].

그림 11.4와 같이 유체 속의 임의의 한 점 A에서 서로 수직인 미소직선 AB, AC를 취하고 △ABC에서 삼각형의 각 면 BC, CA, AB(이 삼각형은 지면에 수직 방향으로 단위폭

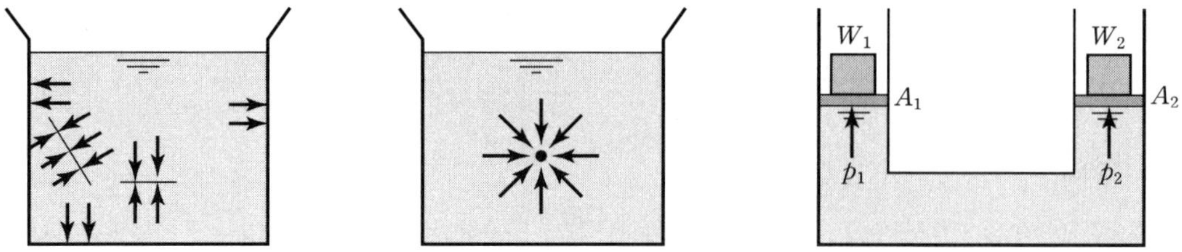

(a) (b) (c)

그림 11.3 정지유체 내의 압력

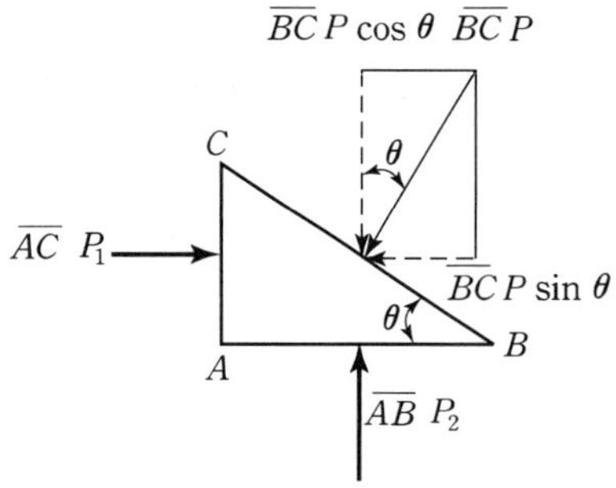

그림 11.4

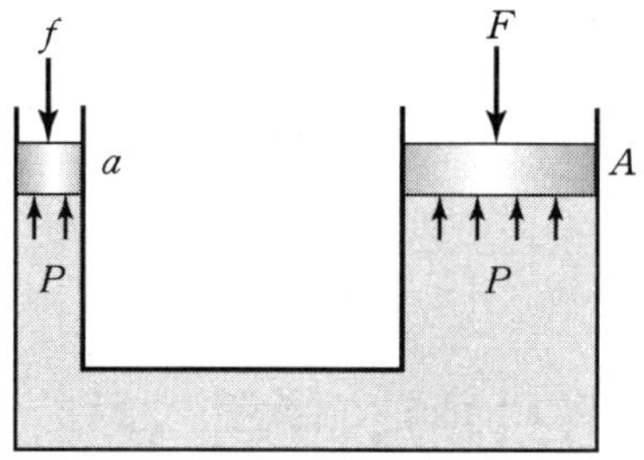

그림 11.5 수압기의 원리

을 가진다.)에 작용하는 압력을 각각 P, P_1, P_2라고 할 때, 이 3각형이 정지 상태를 유지하기 위해서는 AB 방향과 BC 방향의 힘의 평형관계에서 다음 식이 성립되어야 한다.

$$P_1\overline{AC} - P\sin\theta\,\overline{BC} = 0,\quad P_2\overline{AB} - P\cos\theta\,\overline{BC} = 0$$

그런데 $\overline{AC} = \overline{BC}\sin\theta$, $\overline{AB} = \overline{BC}\cos\theta$이므로 이것을 대입하면

$$P_1 = P_2 = P$$

이것은 정지유체 내의 압력이 모든 방향에 대해서 같다는 것을 말하는 것이다. 즉 정지유체에 가하여진 압력은 증감 없이 모든 방향으로 균일하게 전달된다. 이것을 파스칼의 원리라 한다. 그림 11.5는 파스칼의 원리를 이용한 수압기로서 다음과 같은 관계식이 성립한다.

$$P = \frac{F}{A} = \frac{f}{a} \tag{11-2}$$

예제 11-1

그림과 같은 피스톤에 200 kg_f의 힘을 가할 때 이것과 평형을 이룰 수 있는 추의 무게는 얼마인가?

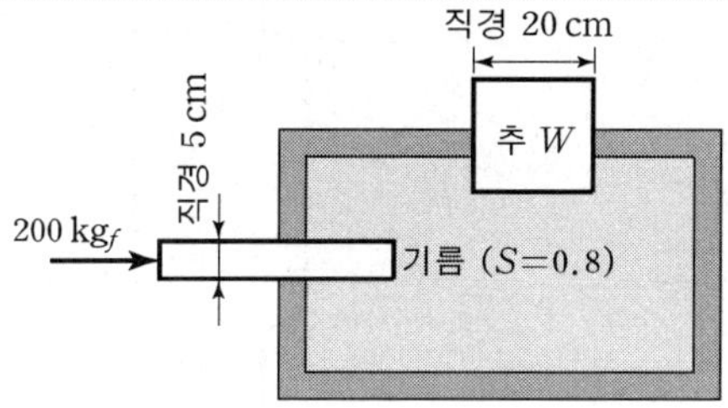

풀이 파스칼의 원리에서 압력은 일정하므로

$$\frac{W_1}{A_1} = \frac{W_2}{A_2}$$

$$\frac{200}{\frac{\pi\, 5^2}{4}} = \frac{W}{\frac{\pi\, 20^2}{4}} \quad \rightarrow \quad W = 3200\ \mathrm{kg_f}$$

11.3 유체정역학의 기본 방정식

중력만이 작용하는 정지유체 내에서 그림 11.6의 미소유체원주를 생각해 보자. 아랫면에 작용하는 압력을 P라 하면, 윗면의 압력은 $P + \frac{dP}{dz}dz$로 표시할 수 있다.

원주의 양면에 작용하는 힘과 미소유체원주의 질량 사이에 다음과 같은 힘의 평형이 성립된다.

$$\sum Fy = 0 \ : \ PdA - \left(P + \frac{dP}{dz}dz\right)dA - \gamma dAdz = 0$$

간단히 정리하면

$$\frac{dP}{dz} = -\gamma \tag{11-3}$$

이 된다. 이 식을 유체정역학의 기본 방정식이라 한다. 이 식에 의하면, dz가 양일 때 dP는 음이 된다. 즉 압력은 위로 갈수록 감소한다. 그리고 압력의 증가율 dP/dz는 유체의 비중량 γ와 같다.

비중량 γ가 일정한 액체 중의 수평단면 1에서 2까지 위 식을 적분하면

$$\int_1^2 dP = -\gamma \int_1^2 dz \quad \rightarrow \quad P_2 - P_1 = -\gamma(z_2 - z_1) \tag{11-4}$$

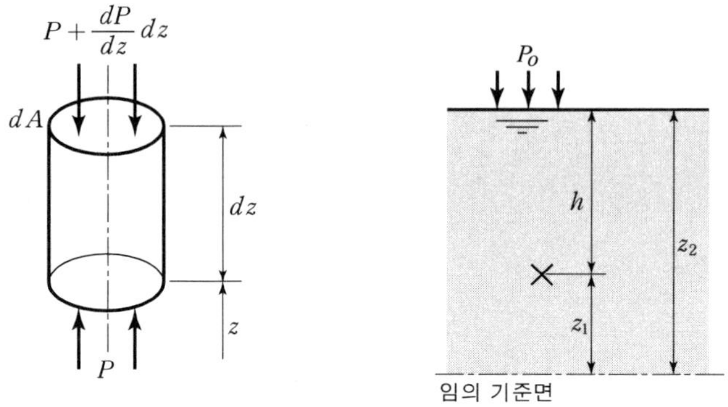

그림 11.6 미소유체 및 액체에 작용하는 힘

그림 11.6에서 $P_2=P_0$, $z_2-z_1=h$이므로 위 식은

$$P_1=P_0+\gamma h \text{ (여기서 } P_0\text{는 대기압)} \tag{11-5}$$

만일 액표면에 작용하는 대기압을 기준으로 한 압력을 쓰면 $h=0$에 있어서 $P=0$이 되므로, 깊이 h인 곳에 있는 한 점에 작용하는 유체의 압력은

$$P=\gamma h \tag{11-6}$$

이 된다. 이 관계에서 압력을 액주의 높이로 표시할 수 있다. $h=P/\gamma$로 표시하면 압력 P는 높이 또는 길이와 같게 되며, 이것을 압력수두(pressure head)라 한다.

11.4 비압축성 정적유체 내의 압력 측정

[1] 액주계

액주의 높이에 의하여 압력이나 압력차를 측정하는 데 사용되는 계기를 액주계(manometer)라 한다.

① 수은기압계(mercury barometer)

대기압을 측정하기 위한 기압계이다. 그림 11.7에서

$$P_0=P_v+\gamma h \tag{11-7}$$

여기서 P_0 : 대기압, h : 수은높이, γ : 수은의 비중량, P_v : 수은의 증기압(P_v는 아주 적어서 무시할 정도이다.)

② 피에조미터

그림 11.8은 피에조미터로서, 대기압보다 약간 높은 압력을 측정할 때 사용된다.

압력 P_A(계기압력)는

$$P_A = \gamma h \tag{11-8}$$

③ U자관 액주계

그림 11.9(a)는 U자관 액주계로서 낮은 압력이나 낮은 진공압력을 측정할 때 사용한다. 이 액주계의 점 B와 점 C에서 압력이 같으므로

$$P_B = P_C \quad \rightarrow \quad P_A + \gamma h = P_C$$

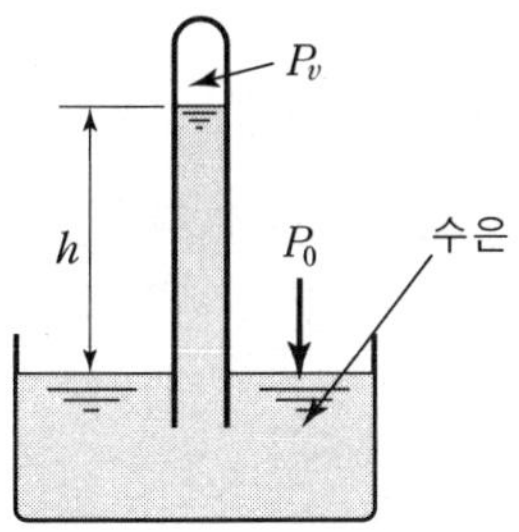

그림 11.7 수은기압계

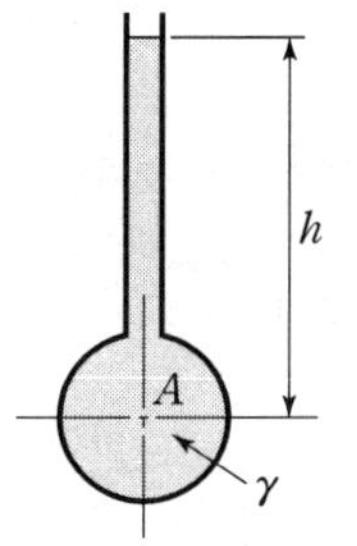

그림 11.8 피에조미터

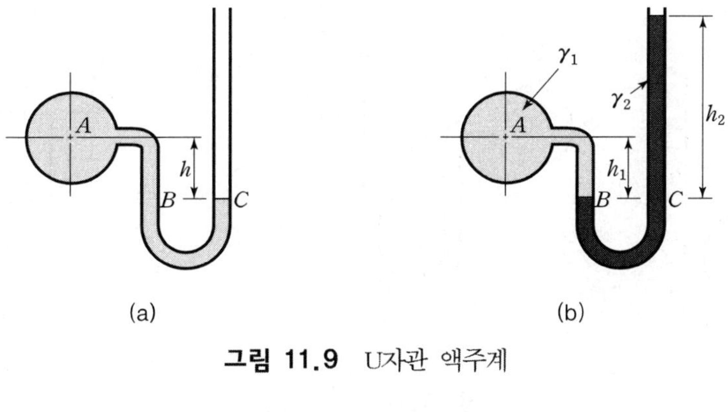

그림 11.9 U자관 액주계

P_C는 대기압으로서 P_0로 표시하면

$$\therefore\ P_A = P_0 - \gamma h \tag{11-9}$$

그림 11.9(b)는 U자관 액주계로서 높은 압력이나 높은 진공압력을 측정할 때는 액주계에 제2의 유체를 사용한다. 이 액주계의 점 B와 점 C에서 압력이 같으므로

$$P_B = P_C \ \rightarrow\ P_A + \gamma_1 h_1 = \gamma_2 h_2 \quad \therefore\ P_A = \gamma_2 h_2 - \gamma_1 h_1 \tag{11-10}$$

④ 시차액주계(differential manometer)

두 개의 탱크나 관 내에서의 압력차를 측정하는 데 사용되는 액주계이다. 그림 11.10(a)에서

$$P_C = P_D \ \rightarrow\ P_A - \gamma_1 h_1 - \gamma_2 h_2 = P_B - \gamma_3 h_3$$

$$\therefore\ P_A - P_B = \gamma_1 \mathrm{h}_1 + \gamma_2 \mathrm{h}_2 - \gamma_3 \mathrm{h}_3$$

그림 11.10(b)에서

$$P_C = P_D \ \rightarrow\ P_A + \gamma_1 h_1 = P_B + \gamma_2 h_2 + \gamma_3 h_3$$

$$\therefore\ P_A - P_B = \gamma_3 h_3 + \gamma_2 h_2 - \gamma_1 h_1$$

그림 11.10(c)에서

$$P_C = P_D \ \rightarrow\ P_A + \gamma(k+h) = P_B + \gamma k + \gamma_0 h$$

$$\therefore\ P_A - P_B = (\gamma_0 - \gamma)h$$

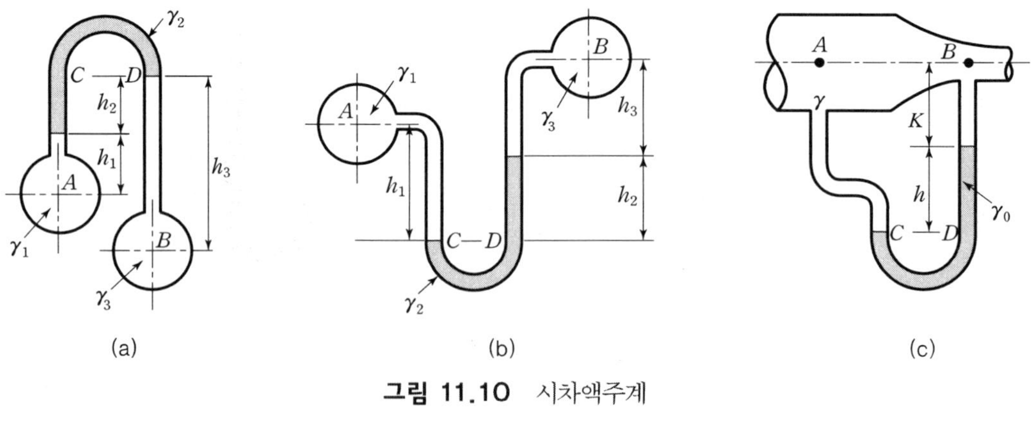

(a) (b) (c)

그림 11.10 시차액주계

[2] 미압계

매우 작은 압력차를 측정하는 압력계를 미압계(micromanometer)라 한다. 그림 11.11은 U자관의 양 끝에 단면적이 큰 용기를 달고, 서로 섞이지 않는 비중이 조금 다른 γ_2, γ_3의 액을 넣은 미압계이다. 먼저 γ_3인 액을 0－0선까지 넣고, 가벼운 쪽의 γ_2의 액을 1－1의 수준까지 넣는다. 측정하려는 기체의 C쪽의 압력이 D의 압력보다 조금 더 크면 γ_1과 γ_2의 두 액의 경계면은 Δy만큼 움직이게 되며, 이때 변위한 액의 체적은 U자관 내에서 변위한 액의 체적과 같다. 따라서 A와 a를 그릇과 U자관의 단면적이라 하면 체적은

$$\Delta y\, A = \frac{h}{2}a$$

이다. C점의 압력에서 출발하여 D점에 이르기까지 마노미터에 대한 방정식을 세우면

$$P_C + \gamma_1(y_1 + \Delta y) + \gamma_2\left(y_2 - \Delta y + \frac{h}{2}\right) - \gamma_3 h - \gamma_2\left(y_2 - \frac{h}{2} + \Delta y\right) - \gamma_1(y_1 - \Delta y) = P_D$$

이 식에 위의 Δy의 값을 대입하면 다음과 같다.

$$P_C - P_D = h\left[\gamma_3 - \gamma_2\left(1 - \frac{a}{A}\right) - \gamma_1 - \frac{a}{A}\right] \tag{11-11}$$

우변의 괄호 안의 값은 마노미터에 의해 정해지는 상수이므로, 압력차는 직접 h에 비례한다.

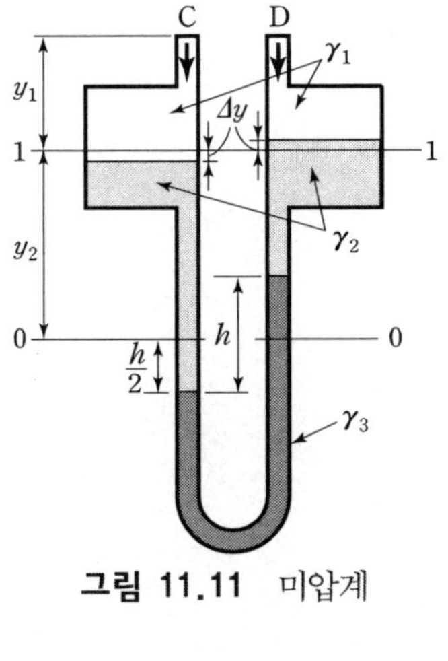

그림 11.11 미압계

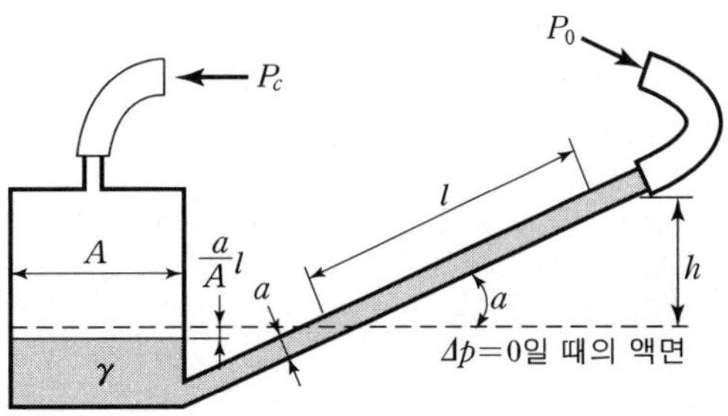

그림 11.12 경사미압계

그림 11.12는 경사미압계(inclined-tube manometer)로서 마노미터의 액주를 경사시켜 계측의 감도를 높인 것이다. 액을 담은 그릇 및 경사 유리관의 단면적을 A, a라 하면, 압력차 $\Delta P=0$일 때의 그릇의 액면변위는 $\dfrac{a}{A}l$가 된다. 이 미압계는 보통 기체의 압력 측정에 쓰이므로 C, D 부분에 있는 기체의 중량은 생략하고 마노미터의 방정식을 세우면 다음과 같다.

$$P_C-\gamma\left(l\sin\alpha+\frac{\alpha}{A}l\right)=P_D \quad\rightarrow\quad P_C-P_D=\gamma\left(l\sin\alpha+\frac{\alpha}{A}l\right) \qquad (11\text{-}12)$$

여기에서 γ는 액의 비중량, α는 수평면에 대한 경사관의 각도이다. 즉 액의 연직변위를 $h=l\sin\alpha$의 관계로서 자의 읽음을 l로 확대한 것인데, 각도 α가 작아지면 측정 정밀도가 떨어지므로 액주의 읽음 l만을 확대하는 것은 의미가 없다. 또 α가 작으면 액면의 꼴도 불규칙해진다. 또 내경이 일정하고 곧은 유리관을 만드는 것도 쉬운 일이 아니므로 정밀측정을 요할 때에는 미리 검정할 필요가 있다.

예제 11-2

그림의 액주계에서 압력차 P_A-P_B을 구하라.

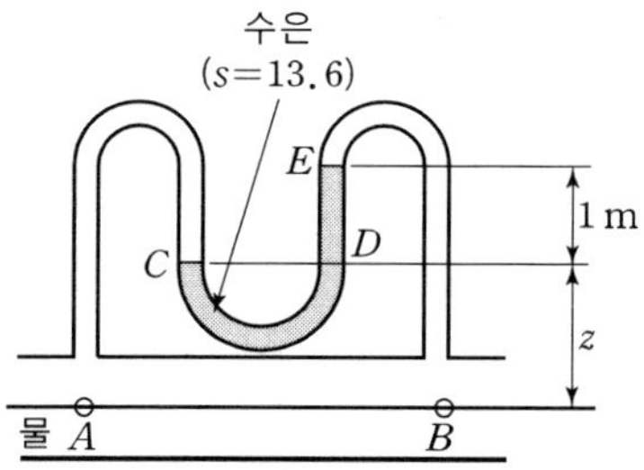

풀이 $P_C=P_D$이므로

$P_A-\gamma_w z=P_B-\gamma_w(z+1)+\gamma_{hg}\times 1$

$P_A-P_B=\gamma_w z-\gamma_w(z+1)+\gamma_{hg}\times 1=\gamma_{hg}-\gamma_w$

$=13600-1000=12600\ \text{kg}_\text{f}/\text{m}^2$

$=1.26\ \text{kg}_\text{f}/\text{cm}^2$

11.5 정지유체 속에 잠겨 있는 평면에 작용하는 힘

11.5.1 수평평면에 작용하는 힘

그림 11.13과 같이 액체의 자유표면으로부터 깊이(h)에 놓여 있는 수평평판에 작용하는 압력은 $P=P_{atm}+\gamma h$로서 평판에 균등하게 수직으로 작용한다. 따라서 평면에 작용하는 힘의 크기(F)는 미소면적요소 dA에 작용하는 힘 $dF=PdA$를 전 평면에 대하여 적분하여 얻을 수 있다.

$$F=\int_A dF=\int_A PdA=P\int_A dA=PA=(P_{atm}+\gamma h)A \tag{11-13}$$

힘에 의한 효과를 관찰하려면 힘의 방향과 작용점을 알아야 한다. 압력은 평면에 수직으로 작용하므로 힘의 작용 방향도 평면에 수직으로 위에서 아래로 향한다. 힘의 작용점(압점)은 힘을 받는 평면을 포함하는 면에 설치한 임의 좌표축에 관한 분포력의 1차 모멘트와 합력 F의 1차 모멘트가 같아야 평형을 이룬다는 조건에서 계산할 수 있다. 그림 11.14에서 y축에 대한 모멘트 평형조건을 생각하면

$$Fx_P=PAx_P=\int_A xPdA \tag{11-14}$$

P는 일정한 값이므로 위 적분은 다음과 같다.

$$x_P=\frac{1}{A}\int_A xdA=x_c$$

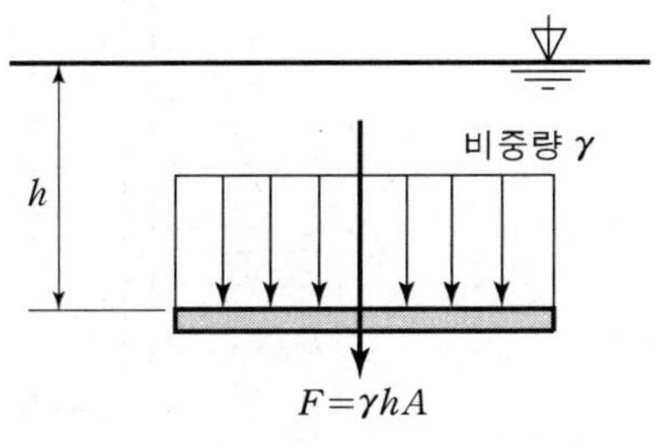

그림 11.13 수평 평면에 작용하는 힘

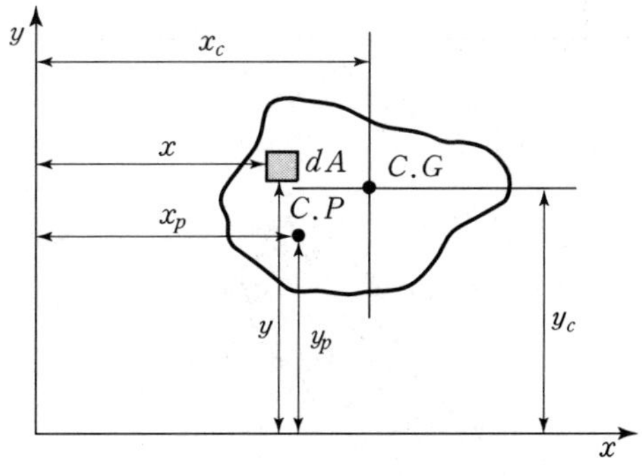

그림 11.14 평면의 도심 및 작용점

같은 방법으로 x축에 대하여 모멘트를 취하면

$$y_P = \frac{1}{A}\int_A y dA = y_c$$

여기서 (x_c, y_c)는 평면 A의 도심(centroid of area)의 좌표이고, (x_P, y_P)는 작용점(압심)의 좌표이다. 수평평판에 작용하는 압심의 작용점은 도심과 일치함을 보여주고 있다.

11.5.2 경사평면에 작용하는 힘

그림 11.15와 같이 액체 속에 잠겨 있는 수평면과 이루는 각도가 θ인 경사평면을 고려해 보자. 그림과 같이 좌표축을 잡고 액체의 자유표면에는 대기압 P_{atm}이, 경사면의 아랫면에는 일정 압력의 P_o가 작용한다고 가정한다. 경사면의 임의 면적요소 dA에 작용하는 힘의 크기 dF는 $dF = (P_{atm} + \gamma h)dA - P_o dA = (P_{atm} - P_o)dA + \gamma h dA$이다.

따라서 이를 적분하면

$$F = \int_A dF = \int_A (P_{atm} - P_o)dA + \int_A \gamma h dA \tag{11-15}$$

$$= (P_{atm} - P_o)A + \gamma A \sin\theta \frac{1}{A}\int_A y dA = (P_{atm} - P_o)A + \gamma A y_c \sin\theta$$

$$= (P_{atm} - P_o)A + \gamma h_c A = (P_{atm} - P_o)A + P_c A$$

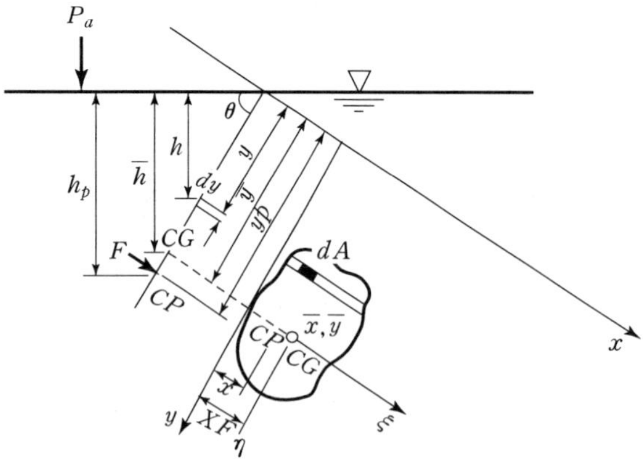

그림 11.15 경사평면에 작용하는 힘

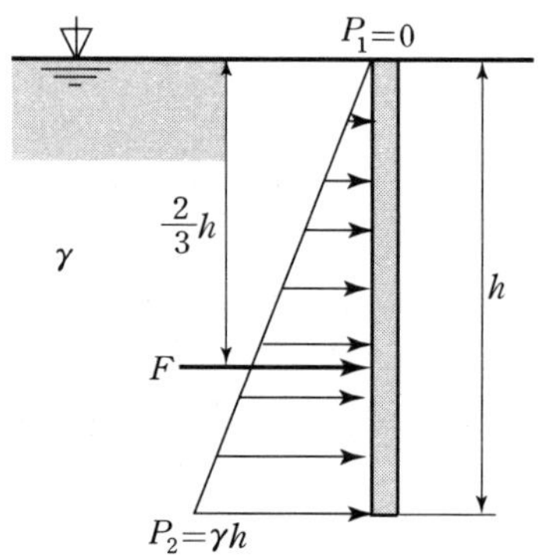

그림 11.16 수직평면에 작용하는 힘

여기서 $P_c = \gamma h_c$는 도심점에서의 압력이다. 만일 경사면의 아랫면에도 대기압이 작용한다고 하면($P_o = P_{atm}$), 경사면에는 액체에 의한 힘만이 작용하게 되고 그 크기는 $F = \gamma h_c A = P_c A$와 같이 된다.

따라서 유체 속에 잠겨 있는 경사면에 작용하는 힘의 방향은 면에 수직이고 방향은 면을 향하며 그 크기는 (도심점의 압력)×(평판의 면적)으로 나타낼 수 있다.

편의상 $P_o = P_{atm}$ 경우에 경사면에 작용하는 힘의 작용점은 평형 조건으로부터 구할 수 있다. 미소요소 dA에 작용하는 분포력 PdA의 x축에 대한 1차 모멘트와 합력 F의 x축에 관한 1차 모멘트가 같다고 놓으면

$$Fy_p = \int_A P_y \, dA = \int_A \gamma \, h_y dA = \gamma \sin\theta \int_A y^2 dA \qquad (11\text{-}16)$$

로 쓸 수 있다. 여기서 $\int_A y^2 dA$는 x축에 관한 면적 2차 모멘트이므로 $I_{xx} = \int_A y^2 dA$와 같이 표기하면 작용점의 y좌표 y_P를 얻는다.

$$y_P = \frac{I_{xx}\gamma \sin\theta}{F} = \frac{I_{xx}\gamma \sin\theta}{\gamma y_c A sin\theta} = \frac{I_{xx}}{y_c A} \qquad (11\text{-}17)$$

실제 계산할 때는 x축에 대한 면적모멘트를 사용하는 것보다 도심축을 지나는 면적모멘트를 사용하는 것이 편리하다. x축에 평행하고 도심축을 지나는 X축에 관한 면적 2차 모멘트를 I_{XX}라고 하고 평행축정리를 적용하면

$$I_{xx} = I_{XX} + Ay_c^2 \qquad (11\text{-}18)$$

이것을 식 (11-17)에 대입하면 작용점의 y좌표 y_P에 대한 식을 얻는다.

$$y_P = y_c + \frac{I_{XX}}{y_c A} \qquad (11\text{-}19)$$

같은 방법으로 압심의 수평좌표 x_P도 dA에 작용하는 분포력 PdA의 y축에 대한 1차 모멘트와 합력 F의 y축에 관한 1차 모멘트가 같다고 놓으면

$Fx_P = \int_A xy \sin\theta \gamma dA = \gamma \sin\theta \int_A xy dA$이므로

$$x_P = \frac{\gamma \sin\theta}{F}\int_A xydA = \frac{\int_A xydA}{y_c A} = \frac{I_{xy}}{y_c A} \tag{11-20}$$

여기서 I_{xy}는 x, y축에 관한 면적상승모멘트(product of inertia of the area)라고 말한다.

도심점을 지나고 x, y축에 평행한 X축, Y축에 관한 면적상승모멘트를 I_{XY}라고 하고 평행축정리를 적용하면 $I_{xy} = I_{XY} + Ax_c y_c$이다. 따라서

$$x_P = x_c + \frac{I_{XY}}{y_c A} \tag{11-21}$$

이다.

만약 경사면이 도심을 지나는 좌표축 X나 Y축에 대하여 대칭이면 면적상승모멘트는 $I_{XY} = 0$이다. 표 11.1은 몇 가지 도형에 대한 도심의 위치와 도심을 지나는 축에 관한 면적 2차 모멘트(관성모멘트)를 표시하였다.

표 11.1 도형의 도심과 단면 2차 모멘트

	스케치	면적 또는 체적	도심의 위치	I 또는 I_G
직사각형	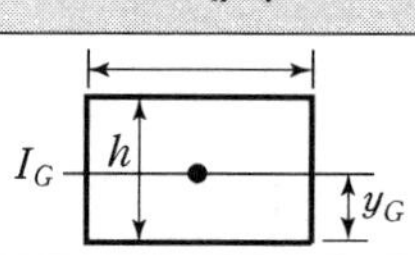	bh	$y_G = \frac{h}{2}$	$I_G = \frac{bh^3}{12}$
삼각형	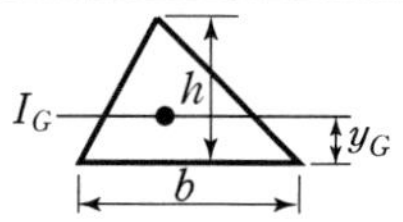	$\frac{bh}{2}$	$y_G = -\frac{h}{3}$	$I_G = \frac{bh^3}{36}$
원	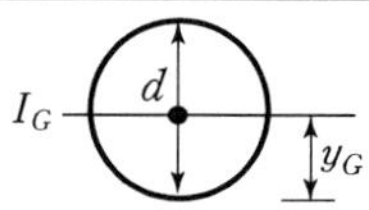	$\frac{\pi d^2}{4}$	$y_G = \frac{d}{2}$	$I_G = \frac{\pi d^4}{64}$
반원	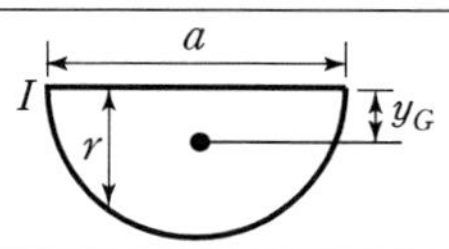	$\frac{\pi d^2}{8}$	$y_G = \frac{4r}{3\pi}$	$I = \frac{\pi d^4}{128}$
타원	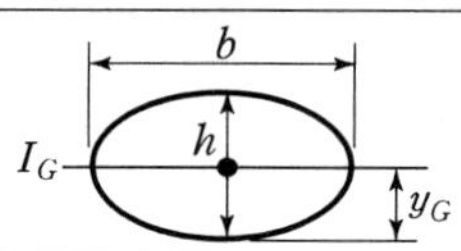	$\frac{\pi bh}{4}$	$y_G = \frac{h}{2}$	$I_G = \frac{\pi bh^3}{64}$

11.6 정지유체 속에 잠겨 있는 곡면에 작용하는 힘

액체 속에 잠겨 있는 곡면에 작용하는 힘(전압력)의 세기는 곡면의 임의 방향의 수평분력과 수직분력으로 나누어서 구한 후 이것을 합성하면 된다. 그림 11.17과 같은 곡면 AB를 생각하자. 액체가 이 곡면에 미치는 힘 F의 수평분력 그 방향에 수직한 수직평면에 곡면을 투영했을 때 투영면적에 작용하는 힘과 같고 방향은 곡면을 향한다. 또한 작용점은 투영평면에서의 압심이다.

한편 곡면에 작용하는 수직분력은 곡면이 떠받고 있는 유체의 무게와 같고, 방향은 곡면을 향하며 작용점은 떠받고 있는 유체 부분의 중심을 지난다.

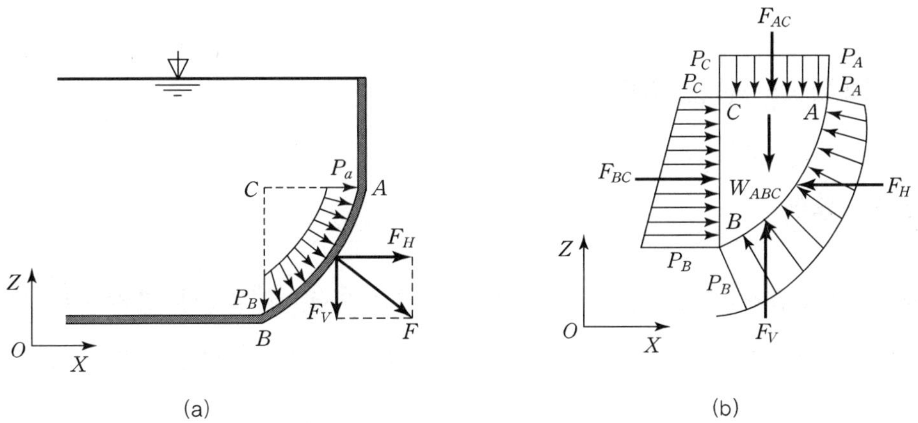

그림 11.17 곡면에 미치는 전압력

예제 11-3

그림과 같이 실린더가 물을 막고 있다. 실린더와 벽 사이에 접촉은 매끈하다. 다음을 구하라.

1) 실린더의 단위길이(1 m)당 실린더의 무게
2) 벽에 작용하는 힘

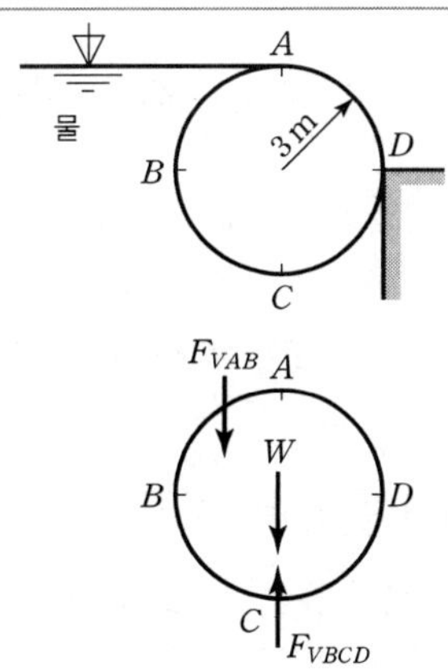

풀이 1) 실린더 BCD 위의 연직 분력은 BCD 위의 물의 무게에 해당한다.

$$F_{V_{BCD}} = \left(\frac{\pi r^2}{2} + 2r^2\right)\gamma = (4.5\pi + 18)\gamma$$

AB 위의 물의 무게는

$$F_{V_{AB}} = \left(r^2 - \frac{\pi r^2}{4}\right)\gamma = (9 - 2.25\pi)\gamma$$

실린더의 자유물체도에서 힘의 평형을 고려하면

$F_{v_{AB}} + W = F_{v_{BCD}}$ 이므로

$$W = F_{V_{BCD}} - F_{V_{AB}} = (9 - 2.25\pi)\gamma - (4.5\pi + 18)\gamma = (6.75\pi + 9)\gamma$$

$$= (6.75\pi + 9) \times 1000 = 30206 \text{ kg}_f$$

2) 벽면 D점에 작용하는 힘은 ABC면에 작용하는 힘에서 CD면에 작용하는 힘을 뺀 힘이다. 그러나 BC면과 CD면에 작용하는 힘은 크기가 같고 방향이 반대이므로 서로 상쇄된다. 따라서 AB면에 작용하는 수평분력만 남는다.

$$F_{H_{AB}} = \gamma A h_c = 1000 \times (3 \times 1) \times 1.5 = 4500 \text{kg}_f$$

11.7 부력과 부양체의 안정

11.7.1 부력

정지유체 속에 물체가 전부 또는 그 일부분이 잠겨 있을 때 유체와 접촉하고 있는 물체의 표면에는 유체의 압력이 작용하며, 이 압력에 의한 표면력의 합력을 부력(buoyancy)이라 말한다.

그림 11.18과 같이 정지유체 속에 놓여 있는 임의 형상의 물체를 고려해 보자. 비중량(γ)이 일정한 경우 압력은 $P = \gamma z$의 관계에서 깊이 잠겨 있는 부분일수록 크다. 표면력의 수직성분을 구하기 위하여 단면이 dA인 수직각 주요소에 작용하는 힘을 고려한다.

$$dF_B = dF_1 - dF_2 = (P_1 - P_2)dA = -\gamma(Z_2 - Z_1)dA = -\gamma dV \qquad (11\text{-}22)$$

따라서 물체가 받는 힘 F_B는 물체 전체에 걸쳐 적분하면

$$F_B = -\int_v \gamma dV = -\gamma V \qquad (11\text{-}23)$$

여기서 F_B는 부력, γ는 유체의 비중량, V는 물체가 유체에 잠긴 만큼의 체적이며, (−) 부호는 합력의 방향이 z 방향과 반대, 즉 수직상방을 향한다는 의미이다. (표면력의 수평

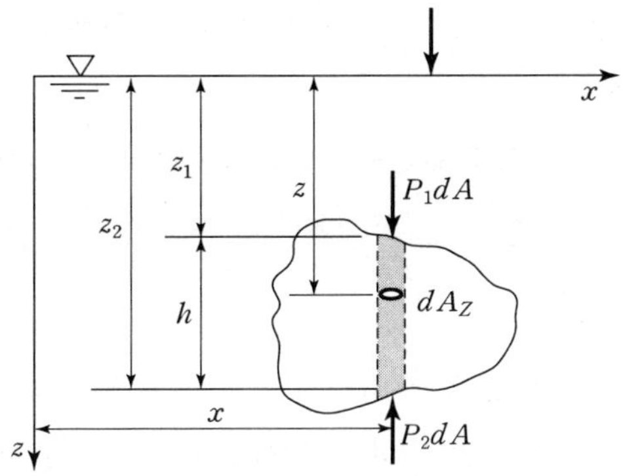

그림 11.18 물체요소에 작용하는 부력

성분은 z가 일정하므로 존재하지 않는다.) 따라서 부력의 크기는 물체가 유체 속에 잠긴 체적에 해당하는 유체의 무게와 같고 그 방향은 수직상방이다. 부력의 작용선(점)은 표면적의 모멘트(y 방향)를 취함으로써 얻을 수 있다.

$$x_P F_B = -\int_{Az} \gamma x(z_2 - z_1) dA_z = -\gamma \int_V x dV \tag{11-24}$$

$$x_P = \frac{1}{V}\int_V x dV$$

부력의 작용선은 물체에 의하여 배제된 부분의 중심을 통과한다. 이를 부심(center of buoyancy)이라 한다. 물체 속에 잠겨 있는 물체가 평형상태를 유지하기 위해서는 물체의 무게와 부력의 크기는 같아야 하며, 부력의 중심은 유체 속에 잠긴 물체의 중심을 지나는 작용선과 동일 직선상에 있어야 한다.

비중계(hydrometer)는 부력의 원리를 이용하여 액체의 비중을 측정하는 계기이다.

11.7.2 부양체의 안정

부력에 의하여 떠 있는 물체를 **부양체**(floating body)라 한다. 부양체에 임의 방향으로 미소한 선형변위를 주었을 때 원 위치로 돌아가려는 복원력이 생기면 이 물체는 선형안정(linear stability)이라고 말하고, 또한 미소한 각변위를 주었을 때 원 위치로 돌아가려는 복원력이 생기면 이 물체는 **회전안정**(rotational stability)이라고 말한다. 부양체의 안정도를 예로 들어 고려해 보자.

수면에 뜬 부양체는 그 부양체가 배제한 물의 무게만큼의 부력을 받고 있다. 부양체의 무게를 W, 그 중심을 G, 부력을 F_B, 부력의 중심을 B라고 하면, 그림 11.19(a)에서 부양체는 평형을 이루고 있다.

다음에 그림 11.19(b)와 같이 물체가 미소각 θ만큼 기울어졌을 때를 생각하면, 부력의 중심 B는 이동하며 부력 F_B는 B를 지나 수직상방향으로 작용한다. 이 부력의 작용선과 부양축과의 교점 M을 **경심**(metacenter)이라 하고 $\overline{MG}$를 경심높이(metacentric height)라 한다. 그림 11.19(b)와 같이 M점이 G점보다 위에 있는 경우 복원력이 작용하므로 안정 상태에 있는 것이다.

그림 11.19(c)와 같이 M점이 G점보다 아래에 있는 경우에는 W와 F_B가 같은 방향으로 작용하여 회전모멘트를 발생시키므로, 부양체는 불안정 상태로 되며 M점과 G점이 일치하면 중립상태가 된다.

따라서 부양체의 경심높이가 $\overline{MG}>0$이면 안정, $\overline{MG}<0$이면 불안정, $\overline{MG}=0$이면 중립이다. 복원우력(restoring couple)의 크기 M_R은 $M_R = W \cdot \overline{MG} \sin\theta$이 된다.

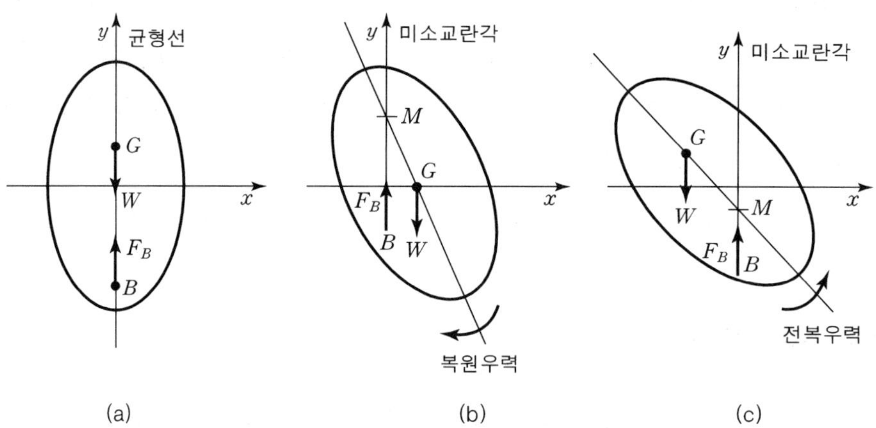

그림 11.19 부양체의 안정

예제 11-4

어떤 물체가 공기 중에서 무게는 40 kg_f 이고, 물속에서 무게는 23 kg_f 이다. 이 물체의 체적과 비중은 얼마인가?

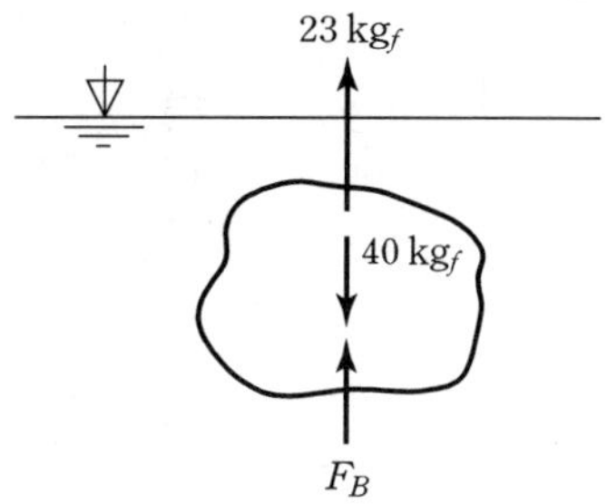

풀이 그림의 자유물체도에서 힘의 평형을 고려하면

$F_B + 23 = 40$ 에서 $F_B = 17\ kg_f$

$F_B = \gamma_w V = 1000\,V$ (γ_w는 물의 비중량)

$\therefore V = 0.017\,m^3$

물체의 비중량 γ는 $\gamma = \dfrac{W}{V} = \dfrac{40}{0.017} \fallingdotseq 2353\ kg_f/m^3$

따라서 물체의 비중 s는 $s = \dfrac{\gamma}{\gamma_w} = \dfrac{2353}{1000} = 2.353$

11.8 상대적 평형

유체가 공간에 고정한 정지좌표에 대해서는 운동하고 있더라도 서로 인접한 유체의 미소부분 사이에 상대적 변위가 없이 강제적으로 운동을 하고 있을 때를 상대적 평형 상태(relative equilibrium)라고 한다. 상대적 평형 상태의 예로서 선형등가속 운동과 등속회전 운동을 고려할 수 있으며, 이 경우 유체 내에서의 압력분포를 정지유체에서와 같이 정역학적인 입장에서 계산할 수 있다. 다만 정지유체에서와 다른 점은 체력(body force)이 부가된다는 점이다.

[1] 선형등가속도 운동(uniform linear acceleration)

개방용기 속에 있는 액체가 그림 11.20과 같이 평면상에서 수평 방향 등가속 α로 움직일 때, 용기 속에 있는 액체는 자유표면과 θ만큼 경사진 채로 고체처럼 움직이게 된다. 이때 용기 내의 미소액체에 작용하는 중력가속도를 g라 하면 합성가속도 β는 $\beta = \sqrt{\alpha^2 + g^2}$ 이 되고 수면의 기울어진 각도는 다음과 같다.

$$\tan\theta = \frac{\alpha}{g} \tag{11-25}$$

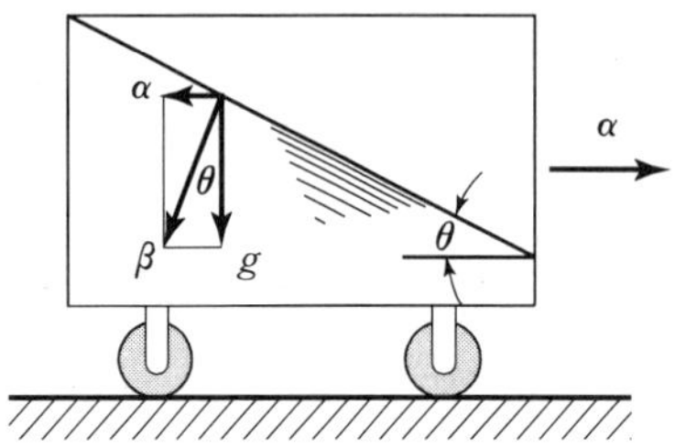

그림 11.20 등선가속도 운동

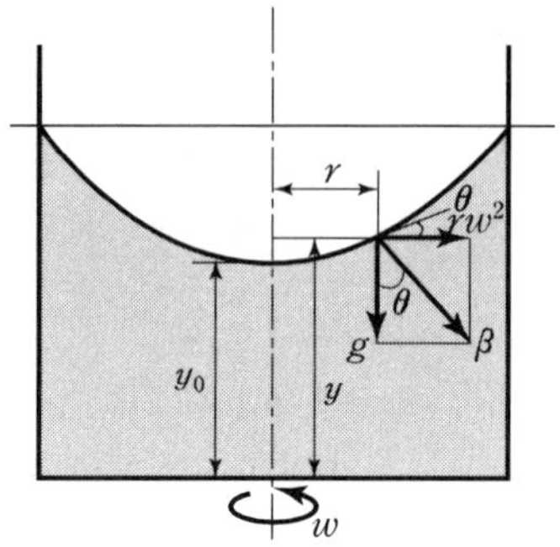

그림 11.21 등회전속도 운동

[2] 등회전 운동(uniform rotation)

그림 11.21과 같이 용기 안에 있는 액체를 수직인 y축을 중심으로 등각속도 ω로 회전시킬 때, 용기 내의 액체는 중심 부분의 수면이 내려가고 용기 벽면에서의 수면은 상승한 상태로 상대적 정지 상태가 된다.

회전축 y에서 임의의 거리 r에 있는 액면상의 유체 질량에 대하여 수직 방향으로는 중력의 가속도 g, 반지름 방향으로 원심력의 가속도 $r\omega^2$이 작용하므로 이들의 합성가속도는

$$\beta = \sqrt{g^2 + (r\omega^2)^2} \tag{11-26}$$

가 된다. 액체 표면은 합성가속도 β와 수직이 되므로 액체의 경사각 θ는

$$\tan\theta = \frac{r\omega^2}{g} \tag{11-27}$$

한편 액면의 경사는 연직 방향으로 y, 수평 방향으로 r이라 하면

$$\tan\theta = \frac{dy}{dr} \tag{11-28}$$

식 (11-27)과 식 (11-28)에서

$$\frac{dy}{dr} = \frac{r\omega^2}{g} \quad \rightarrow \quad dy = \frac{r\omega^2}{g}dr \tag{11-29}$$

$$\therefore\ y = \frac{r^2\omega^2}{2g} + \text{const}$$

위 식을 적분하여 $r=0$, $y=y_0$의 조건을 넣으면

$$y_0 = const,\ y=\frac{r^2\omega^2}{2g}+y_0 \ \rightarrow \ y-y_0=\frac{P}{\gamma}=\frac{r^2\omega^2}{2g} \tag{11-30}$$

여기서 $y-y_0$는 회전에 의한 액면의 상승높이 h를 나타낸다. 즉 h는 반경 r의 함수로서 액면이 포물선 회전체라는 것을 알 수 있다.

또 각속도는 $\omega=\frac{1}{r}\sqrt{2gh}$로 구할 수 있고, 이 식에서 액면의 상승높이 h를 측정하면 각속도 ω를 알 수 있는데, 이 원리를 이용하여 만든 계기가 회전계(tachometer)이다.

예제 11-5

지름 2m, 깊이 3m의 원통 용기에 액체가 가득 차 있다. 수평 방향으로 등가속 운동을 할 때 물이 1/3 넘쳐 흘렀다면 가속도는 몇 m/s^2인가?

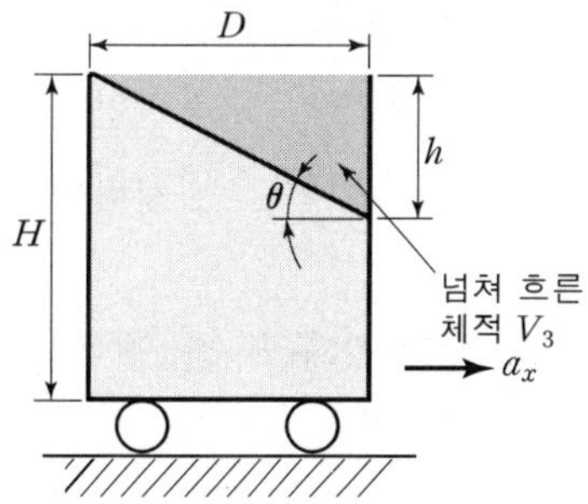

풀이 넘쳐 흐른 체적을 V_s, 원통의 체적을 V_o라고 하면 조건에서 $V_s=\frac{1}{3}V_o$이다.

$V_s\left(=\frac{\pi D^2}{4}\frac{h}{2}\right)=\frac{1}{3}V_o\left(=\frac{1}{3}\frac{\pi D^2}{4}H\right)$에서

$h=\frac{2}{3}H=\frac{2}{3}\times 3=2\text{m}$

따라서 $\tan\theta=\frac{h}{D}=\frac{2}{2}=1$

$\frac{\alpha}{g}=\tan\theta=1 \ \rightarrow \alpha=g=9.8\text{m/s}^2$

연습문제

1. 유체 내에 일부만 잠겨진 물체에 작용하는 부력의 작용선은?
   ① 물체에 잠겨진 부분의 무게중심을 통과한다.
   ② 물체에 떠 있는 부분의 무게중심을 통과한다.
   ③ 물체 전체의 무게중심을 통과한다.
   ④ 물체에 잠겨진 부분에 해당하는 유체의 무게중심을 통과한다.

2. 액체 속에 잠겨 있는 곡면(AB)에 작용하는 힘의 수평분력은 얼마인가?
   ① 곡면의 수직 상방에 있는 액체의 무게와 같다.
   ② 곡면에 의하여 유지된 액체의 무게와 같다.
   ③ 곡면의 수직평면에 투상된 면에 작용하는 힘과 같다.
   ④ 곡면의 수평평면에 투상된 면에 작용하는 힘과 같다.

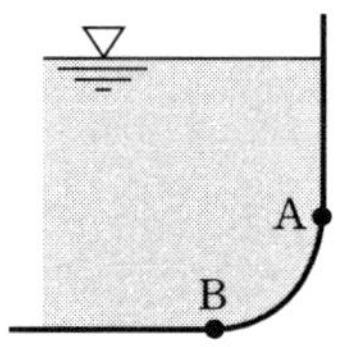

3. 유체 내부의 한 점에서 작용하는 압력이 모든 방향에서 같은 경우는 다음 중 어느 것인가?
   ① 유체가 마찰이 없고 비압축성일 때
   ② 유체가 점성이 없을 때
   ③ 유체가 마찰이 없고 압축성일 때
   ④ 유체 입자 상호 간에 상대운동이 없을 때

4. 부양체의 안정성에 관한 설명 중 부적당한 것은 어느 것인가?
   ① 선박은 무게중심이 부심과 일치하므로 안정하다.
   ② 기구와 잠수함은 부심이 무게중심보다 위에 있어 안정하다.
   ③ 부양체의 무게와 부력의 크기가 같을 때 평형을 이루게 된다.
   ④ 선박은 무게중심이 부심보다 위에 있지만 경심이 중심보다 위에 있어서 안정하다.

5. 다음 유량측정방법 중 적합하지 않은 것은?

① 오리피스에 의한 방법　　② 위어에 의한 방법

③ 피토우관에 의한 방법　　④ 노즐에 의한 방법

6. 폭이 1m, 길이가 2m인 평판이 비중 0.8인 기름 속에 수직으로 잠겨(E = 1m) 있다. 이 평판의 한쪽 면에 작용하는 힘(kg_f)과 작용점의 위치는 액면으로부터 얼마인가?

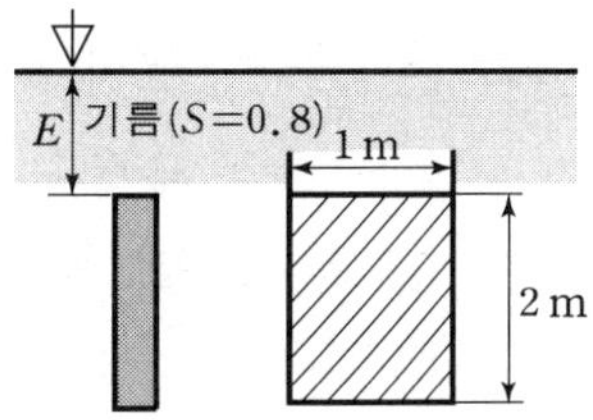

힌트 $F=\gamma h_c A,\ y_P=y_c+\dfrac{I_G}{y_c A}$

7. 폭이 1m, 길이가 6m인 평판이 물속에 수평으로 잠겨 있다. 이 평판의 한쪽 면에 작용하는 수압의 힘은 몇 kg_f인가?

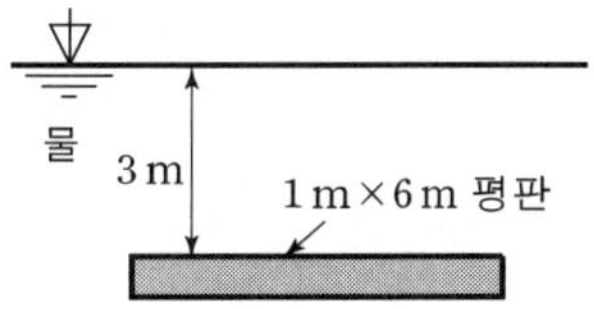

힌트 $F_V=\gamma h_c A$

8. 길이가 2m인 4분 원통 AB면에 작용하는 힘의 수평성분과 수직성분은 각각 몇 kg_f인가?

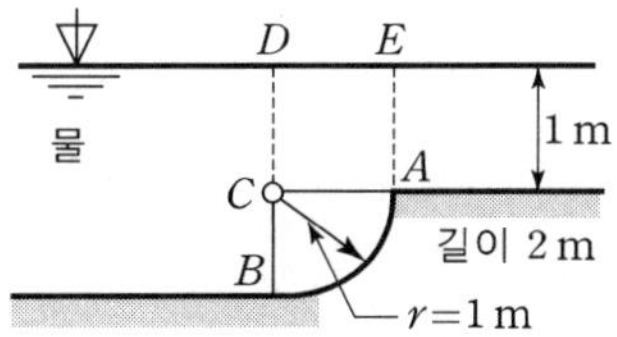

힌트 $F_V=\gamma(V_{DEAC}+V_{ABC}),\ F_H=\gamma h_c A$

9. 단면적이 $50cm^2$인 원통형 물체를 물 위에 놓았더니 그림과 같이 떠 있다. 물체의 무게를 구하라.

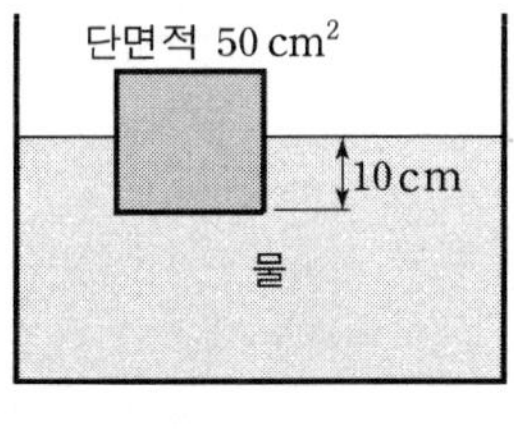

힌트 무게 = 부력 $F_B=\gamma V$

10. 그림 (a)의 액주계에서의 P_x를 구하라. 그리고 그림 (b)의 액주계에서는 압력차 P_A-P_B를 구하라.

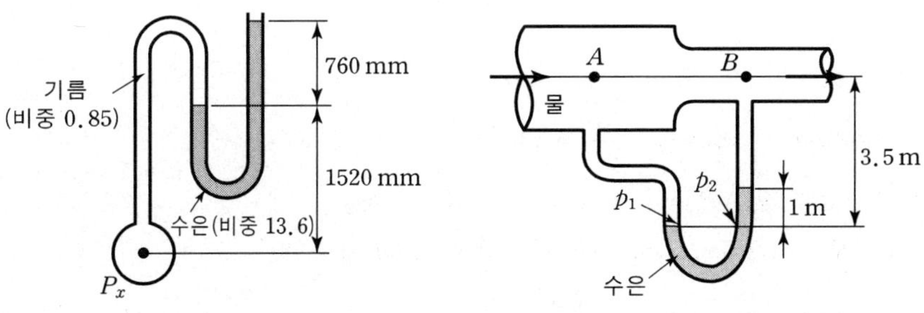

(a)　　(b)

11. 그림 11.21과 같은 용기 내에 비중이 1.2인 액체가 수직축에 대하여 200 rpm으로 회전하고 있다. 축으로부터 1 m 거리에 있는 점 A에서의 압력은 70 kPa이다. 축으로부터 1.5 m 거리에 있는 점 B는 점 A보다 2 m 높다. 점 B에서의 압력을 구하라.

12. 반지름 r_o, 높이 h_o인 원통이 수직으로 세워져 있다. 원통의 상부는 개방되어 있고 물을 가득 채웠다. 원통을 회전시켜서 밑바닥 면적의 1/2을 드러내게 하려면 회전 속도를 얼마로 해야 하는가?

정답

1. ① 2. ④ 3. ④ 4. ① 5. ③

6. $F = 3200\text{kg}_\text{f}$, $y_P = y_c + \dfrac{I_G}{y_c A} = 2.17\text{ m}$ 7. $F = 18000\text{ kg}_\text{f}$

8. $F_V = 3570\text{ kg}_\text{f}$, $F_H = 3000\text{ kg}_\text{f}$ 9. $W = 0.5\text{kg}_\text{f}$

10. (a) $P_x = 11.63\text{ kg}_\text{f}/\text{cm}^2$, (b) $P_A - P_B = 12.60\text{ kg}_\text{f}/\text{cm}^2$

11. $P_B = 375.6\text{ kPa}$ 12. $w = \dfrac{2\sqrt{gh_o}}{r_0}$

Chapter 12

유체운동학

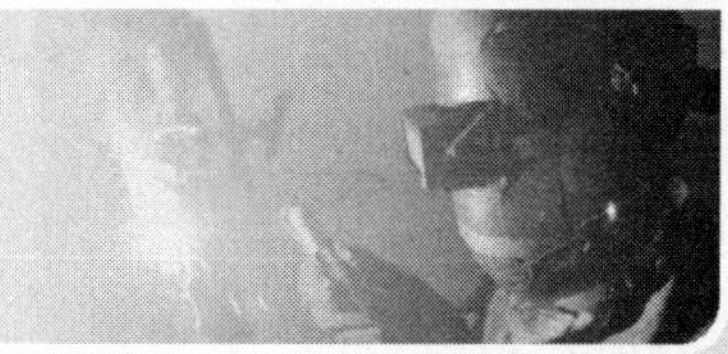

12.1 유체에 미치는 힘과 유동

유체가 흐를 때에는 반드시 그 원인이 되는 힘이 작용하고 있는데, 이 힘의 형태를 구분하면 다음과 같이 생각할 수 있다.

① 중력 때문에 미치는 외력
② 각 지점 사이의 압력차로 인한 힘
③ 유체 부분의 질량과 이것이 가지는 가속도와의 곱으로 표시되는 관성력
④ 흐르고 있는 유체의 상대운동에 의해 작용하는 마찰력 또는 전단력(유체의 점성에 기인하는 것과 유체 입자의 운동량 교환에 의한 것이 있다.)
⑤ 압축성에 의한 탄성력(기체의 경우)

유체운동학은 유체 입자의 특성이나 힘이 입자 운동에 미치는 영향을 고려하지 않고 유체 입자의 운동만을 기하학적으로 고찰하는 분야로서, 유체유동은 유체 입자의 이동(translation), 변형, 회전(rotation)으로 크게 나눌 수 있다.

12.2 유체의 유동 특성

유체유동은 구속 상태나 물리적 조건에 따라 유동 양상이 다르게 나타난다. 따라서 여러

가지 관점에서 유체유동의 유형을 분류할 수 있다.

[1] 층류유동과 난류유동

층류유동(laminar flow)은 유체 입자들이 층을 이루면서 서로 이웃하는 층 사이에 서로 원활하게 미끄러지면서 질서 정연하게 흐르는 유동으로서 미시적인 혼합(분자의 교환)은 있으나 거시적 혼합(입자의 교환)은 없는 흐름이다. 유체가 뉴턴(Newton) 유체라면 이들 층 사이에 생기는 마찰력은 뉴턴의 점성법칙에 따른다.

난류유동(turbulent flow)은 유체 입자들이 극히 불규칙한 경로를 따라 회전하면서 불규칙하게 흐르는 유동을 말한다. 입자의 불규칙한 운동에 의하여 속도도 불규칙하게 변동하게 되므로 난류유동에서는 분자에 의한 운동량 수송에 더하여 입자의 불규칙 운동에 의한 운동량 수송이 중첩되어 나타난다. 따라서 난류유동에서의 점성법칙은 다음과 같이 표시된다.

$$\tau = (\mu + \eta)\frac{du}{dy} \tag{12-1}$$

여기서 η는 유체의 물성치가 아니고 난류의 정도와 유체밀도에 의해 결정되는 계수로서 와점성계수(eddy viscosity)라고 부른다. 일반적으로 η는 μ보다 상당히 큰 값을 갖는다. 완전 층류일 때는 $\eta = 0$이고 완전 난류일 때는 $\mu = 0$을 대입하여 쓸 수 있다.

유체의 유동이 층류인가 난류인가 하는 문제는 유체가 갖는 관성력과 점성력의 상대적 크기에 의하여 결정되는데, 이 비를 레이놀즈(Reynolds) 수라고 하며 다음과 같이 표기된다.

$$N_R = \frac{\rho V d}{\mu} = \frac{Vd}{\nu}$$

여기서 ν는 동점성계수이다.

그림 12.1 층류와 난류

N_R 값이 작으면 흐름은 교란을 일으켜도 물의 점성 때문에 없어져서 층류가 된다. 또 난류로 흐르던 것도 속도를 느리게 하면 층류로 다시 돌아온다. 이때 층류가 난류로 변하는 속도를 **상임계속도**(upper critical velocity)라고 하며, 반대로 난류가 층류로 되는 임계값을 **하임계속도**(lower critical velocity)라고 한다. 또한 난류에서 층류로 돌아오는 N_R 값을 **상임계 레이놀즈 수**라고 하며, 실험에 의하면 약 2000~2320 정도이다. 이에 비해 층류에서 난류로 움직이는 N_R 값을 **하임계 레이놀즈 수**라고 하며, 실험에 의하면 2000~10000 또는 그 이상이라고 한다. 이와 같이 천이 구역의 N_R 값이 일정하지 않는 것은 관 속을 흐를 때 수조의 물이 이미 흔들려 있었던가 유체 입자의 운동에 따라서 달라지기 때문이다.

[2] 정상 유동과 비정상 유동

유체의 임의의 한 점에서 유동 조건(속도, 압력, 밀도 등)이 시간과 관계없이 항상 일정한 상태에 있는 유동을 정상 유동(steady flow), 시간과 함께 변하는 유동을 비정상 유동(unsteady flow)이라고 한다. 정상 유동은 시간에 대한 제한을 규정한 것이지 공간 변화에 대해 유동 조건이 모두 같다는 의미는 아니다.

정상 유동의 식은 다음과 같이 된다.

$$\frac{\partial P}{\partial t}=0,\quad \frac{\partial V}{\partial t}=0,\quad \frac{\partial \rho}{\partial t}=0,\quad \frac{\partial T}{\partial t}=0 \tag{12-2}$$

일반적으로 속도 V는 위치에 따라 변하므로, $V=f(x,\ y,\ z)$의 꼴로 표시된다. P, ρ, T도 속도 V와 같이 좌표 x, y, z의 함수이다. 임의의 점이란 x, y, z가 어떤 일정 값을 가

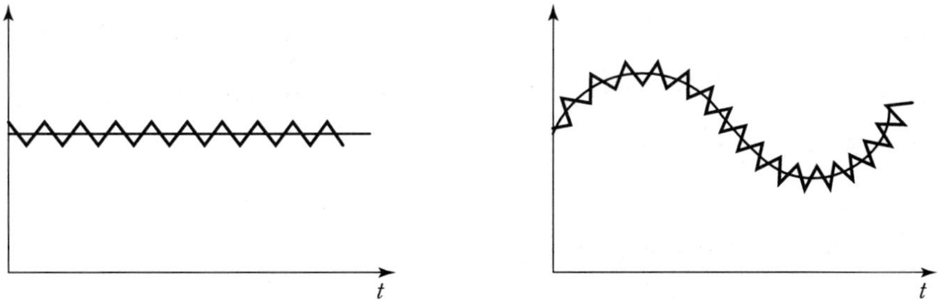

(a) 정상 유동　　(b) 비정상 유동

그림 12.2 정상 유동과 비정상 유동

진다는 뜻으로서, 시간 t의 경과에 대해서만 V, P, ρ, T의 변화를 생각하기 때문에 편미분으로 표시한 것이다. 한 점에 있어서의 속도 및 다른 유동변수들이 시간에 따라 변화하는 비정상 유동에서 유체 상태의 식은 다음과 같다.

$$\frac{\partial V}{\partial t} \neq 0, \quad \frac{\partial P}{\partial t} \neq 0, \quad \frac{\partial \rho}{\partial t} \neq 0, \quad \frac{\partial T}{\partial t} \neq 0 \qquad (12\text{-}3)$$

난류에서는 입자의 불규칙한 운동 때문에 한 점에서의 운동 조건은 평균치와 평균치로부터의 변동치의 합으로 나타내며, 유동 조건의 평균치가 시간에 무관하고 일정할 때를 정상 유동, 시간과 함께 변할 때를 비정상 유동이라 정의한다.

한 유동을 관찰할 때 관찰자의 기준에 따라 정상 유동이 될 수 있고 비정상 유동이 될 수 있다. 예를 들면 일정 속도로 움직이는 비행기에 접근 또는 통과하는 공기의 흐름은 비행기 속의 관측자가 볼 때는 정상 유동이 되고 지상에 있는 다른 관측자가 볼 때는 비정상 유동이 된다는 것을 알 수 있다.

[3] 등속도 유동과 비등속도 유동

임의의 시각에 있어서 유동장 내의 모든 점의 속도가 완전히 동일(크기나 방향도 함께 동일)한 흐름을 등속도 유동(uniform flow)이라고 한다. 지금 V를 속도, s를 임의 방향의 좌표, t를 시간이라 하면, 등속 유동의 식은 다음과 같이 표시된다.

$$\frac{\partial V}{\partial s} = 0, \quad \frac{\partial V}{\partial t} \neq 0 \text{ : 등속 유동} \qquad (12\text{-}4)$$

특히 $\frac{\partial V}{\partial s} = 0$, $\frac{\partial V}{\partial t} = 0$인 유동을 정상 등속도 유동(steady uniform flow)이라 한다.

이에 대하여 흐름의 방향으로 관로의 단면이 변화할 때, 유체의 평균 속도의 벡터는 변위 s와 함께 변하므로, 이런 때에는 비등속 유동(nonuniform flow)이라고 한다. 이것을 식으로 표시하면 다음과 같다.

$$\frac{\partial V}{\partial s} \neq 0, \quad \frac{\partial V}{\partial t} \neq 0 \text{ : 비등속 유동} \qquad (12\text{-}5)$$

즉, 유동장의 위치에 따라 속도가 다름을 의미한다. 단면이 확대 또는 축소된 관로라든가 또는 단면이 균일하더라도 곡관인 경우의 흐름은 비등속 유동에 속한다.

[4] 1차원, 2차원, 3차원 유동

흐르는 유체의 변수(속도, 압력 등)들이 흐름의 방향과 직각인 어떤 단면을 지나더라도 동일 단면상에서는 일정한 값을 가질 경우, 이것을 1차원 유동(one dimensional folw)이라 한다. 그림 12.3과 같은 1차원 유동에서는 각 단면에서 평균적인 유체의 성질이 이용되는데, 이렇게 하면 문제의 해석이 간단해지고 정밀한 공학적 결론을 얻을 수 있기 때문이다.

일반적으로 단면이 균일한 긴 직선관로를 물이 흐를 때에는 관 속의 흐름이 등속 유동이라 가정하여 1차원 유동으로 취급한다.

2차원 유동(two dimensional flow)이란, 모든 물성과 유동 특성이 두 개의 공간좌표(예를 들면 x, y 좌표)와 시간의 함수로 표시할 수 있는 유동을 말하며, 예로서 길이가 무한히 길고 단면이 일정한 댐(dam) 위를 넘쳐 흐르는 유동을 들 수 있다.

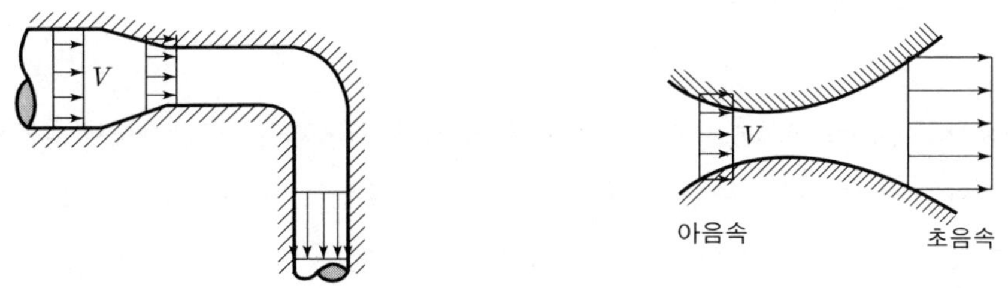

그림 12.3 1차원 유동의 보기

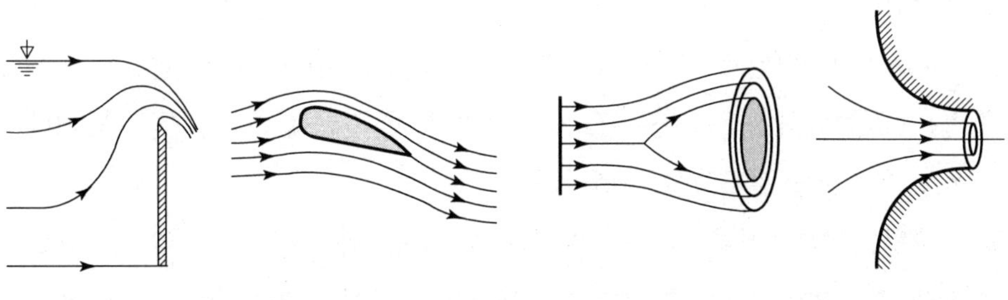

그림 12.4 2차원 및 3차원 유동의 보기

3차원 유동(three dimensional flow)이란, 가장 일반적인 유동 형태로 모든 물성이나 유동 특성이 3개의 공간좌표(x, y, z)와 시간(t)에 따라 변화하는 흐름이다. 실제 보기로는 제트 항공기의 공기흡입구를 지나는 공기의 흐름과 같은 비축대칭 흐름을 들 수 있다. 이러한 흐름은 매우 복잡하여 흐름의 상태를 예측하기가 힘들어 단지 단순한 기하학적 유동경계(geometrical flow boundaries)를 갖는 유동만을 해석적으로 다루고 있다.

[5] 회전 운동과 비회전 운동

유체 입자가 한 영역에서 입자의 중심을 지나는 어떤 축 주위를 회전하면서 유동할 때 이 유동을 회전 운동(rotational flow) 혹은 와유동(vortex flow)이라 한다. 만일 유체 입자가 한 영역에서 회전 없이 유동한다면 이 유체를 비회전 유동(irrotational flow)이라고 한다.

12.3 유동장의 기술방법

유체가 운동하고 있는 속도와 가속도는 유체 입자가 점유하는 공간좌표에 따라 다르다. 따라서 유체의 거동은 모든 유체 입자가 순간순간 점유하는 공간위치 및 그 점에서의 속도와 가속도를 가지고 기술하여야 한다. 일반적으로 속도와 가속도는 시간과 공간좌표의 함수로서 주어진다. 유동장(연속체의 입자군)을 기술(관찰)하는 데는 라그랑주(Lagrange) 방법과 오일러(Euler) 방법이 있다.

라그랑주 방법은 입자 하나하나에 착안하여 주어진 입자가 시간의 경과에 따라 공간상의 어떤 경로를 따라 어떻게 움직이고 있는가를 입자를 추적하면서 관찰하는 방법이고, 오일러 방법은 공간의 특정점(관찰점)을 주시하면서 각 순간에 그 점 부근을 지나는 유체 입자들의 유동 특성들을 관찰하는 방법이다.

라그랑주 방법은 임의 시각에 모든 입자의 운동(속도와 가속도)을 알 수 있으므로 각 입자의 이력을 한눈으로 살필 수 있지만, 입자의 좌표가 시간의 함수로 주어져 문제를 해석하기가 어려워 이 방법은 주로 1차원 문제에 국한하고 있다. 반면에 오일러 방법은 임의의 공간점을 주시하면서 그 점 근방을 지나는 유체 입자들의 유동 특성을 관찰하는 방법이므로, 각 시각에 그 공간점을 지나는 유체 입자는 무엇이든 관계하지 않는다. 오일러 방법에서는 유체 입자의 속도가 공간점의 좌표와 시간의 함수로 표시되므로, 좌표 x, y, z는 관찰점의 위치를 의미하고 독립변수이다.

오일러의 관점에서 속도 벡터는 $\vec{V}$는 $\vec{V}=u\vec{i}+v\vec{j}+w\vec{k}=f(\vec{r},\ t)$로 주어진다. 임의 시각 t에 공간점 위치벡터 $\vec{r}=(x,\ y,\ z)$을 지나는 유체 입자는 Δt 시간 동안 $\vec{r}+\Delta\vec{r}$로 변위될 것이다. 이때 입자의 속도가 $\vec{V}$로부터 $\vec{V}+\Delta\vec{V}$로 변하였다면 점 $\vec{r}=(x,\ y,\ z)$에서의 입자의 평균 가속도는 테일러의 급수전개로부터 얻을 수 있다.

$$\frac{\Delta\vec{V}}{\Delta t}=\left(\frac{\partial\vec{V}}{\partial x}\right)_r\frac{\Delta x}{\Delta t}+\left(\frac{\partial\vec{V}}{\partial y}\right)_r\frac{\Delta y}{\Delta t}+\left(\frac{\partial\vec{V}}{\partial z}\right)_r\frac{\Delta z}{\Delta t}+\left(\frac{\partial\vec{V}}{\partial t}\right)_r\cdots$$

여기서 위 식의 극한을 취하면 $\vec{r}=(x,\ y,\ z)$에서의 가속도를 얻는다.

$$\vec{a}=\frac{d\vec{V}}{dt}=\lim_{\Delta t\to 0}\frac{\Delta\vec{V}}{\Delta t}=\frac{\partial\vec{v}}{\partial x}\frac{dx}{dt}+\frac{\partial\vec{V}}{\partial y}\frac{dy}{dt}+\frac{\partial\vec{V}}{\partial z}\frac{dz}{dt}+\frac{\partial\vec{V}}{\partial t} \tag{12-7}$$

그런데 $d\vec{r}=dx\vec{i}+dy\vec{j}+dz\vec{k}$는 점 $\vec{r}=(x,\ y,\ z)$를 지나는 유체 입자의 dt 시간 사이에 일어나는 변위이므로, $dx/dt, dy/dt, dz/dt$는 각각 점 $\vec{r}=(x,\ y,\ z)$에서의 입자의 속도성분 u, v, w이다. 따라서 점 $\vec{r}=(x,\ y,\ z)$에서의 입자의 가속도는 다음 식과 같이 주어진다.

$$\frac{D\vec{V}}{Dt}=\frac{\partial\vec{V}}{\partial t}+u\frac{\partial\vec{V}}{\partial x}+v\frac{\partial\vec{V}}{\partial y}+w\frac{\partial\vec{V}}{\partial z} \tag{12-8}$$

여기서 우변은 $\vec{V}$의 시간에 관한 전미분 혹은 실미분(substantial derivative)이라고 말하고 다음과 같이 미분연산자로 표기한다.

$$\frac{D}{Dt}=\frac{\partial}{\partial t}+u\frac{\partial}{\partial x}+v\frac{\partial}{\partial y}+w\frac{\partial}{\partial z}=\left(\frac{\partial}{\partial t}+\boldsymbol{v}\cdot\nabla\right) \tag{12-9}$$

우변 제1항 $\partial/\partial t$는 한 공간 $\vec{r}=(x,\ y,\ z)$ 점에서 비정상 특성 때문에 생기는 시간에 대한 변화율을 나타내므로 국소미분(local derivative)이라고 한다. 그리고 나머지 3

개항 $u\dfrac{\partial}{\partial x}+v\dfrac{\partial}{\partial y}+w\dfrac{\partial}{\partial z}$는 입자의 운동에 의한 위치 변화 때문에 생기는 시간에 따른 변화율을 나타내므로 대류미분(convextive derivative)이라고 한다.

12.4 유선, 유적선 및 유관

유체의 유동은 유선을 도입하여 각 시점에서의 유동을 직관적으로 관찰할 수 있다. 운동하고 있는 유체 속에서 임의의 한 곡선을 가상하여, 이 곡선상 모든 점의 속도벡터가 각 점에서의 이 곡선의 접선과 일치할 때 이 곡선을 **유선**(stream line)이라고 한다. 그림 12.5와 같이 유선은 하나의 입자의 궤적을 표시하는 선이며, 흐름의 방향은 항상 그 순간 유선의 접선 방향과 일치한다.

따라서 유체 입자는 항상 유선을 따라 운동하게 되며, 유선을 가로지르는 유체 입자의 운동, 즉 흐름은 있을 수 없다. 그러므로 유선은 운동하고 있는 유체층의 외곽을 형성한다. 또한 그림에서 보는 바와 같이 수 개의 유선군으로 이루어지는 유동 영역을 **유동장**(flow field)이라고 한다.

공간점 $\boldsymbol{r}=(x,\ y,\ z)$에서의 유체 입자의 속도는 다음과 같이 주어진다.

$$\vec{V}=\vec{V}(\vec{r},\ t)=\vec{v}(x,\ y,\ z,\ t)=u(x,\ y,\ z,\ t)\vec{i}+v(x,\ y,\ z,\ t)\vec{j}+w(x,\ y,\ z,\ t)\vec{k}$$

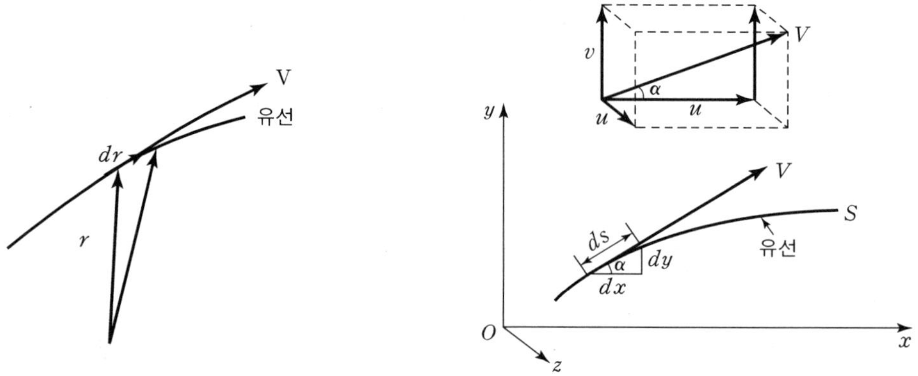

그림 12.5 유선과 속도성분

$\vec{dr} = dx\vec{i} + dy\vec{j} + dx\vec{k}$이 유선의 미소변위벡터라고 하면, $\vec{dr}$과 속도 $\vec{V}$의 방향은 정의에서와 같이 항상 일치하므로 유선의 방정식은 $\vec{V} \times \vec{dr} = 0$을 만족해야 한다.

따라서 직교좌표계에 대해서는

$$\vec{V} \times \vec{dr} = \begin{vmatrix} \vec{i} & \vec{j} & \vec{k} \\ u & v & w \\ dx & dy & dz \end{vmatrix} = (vdz - wdx)\vec{i} - (udz - wdx)\vec{j} + (udy - vdx)\vec{k} = 0$$

이므로

$$\frac{dx}{u} = \frac{dy}{v} = \frac{dz}{w} \qquad (12\text{-}10)$$

을 얻는다. 즉, 속도 벡터와 변위 벡터의 x, y, z 방향의 각각의 성분은 비례관계를 이룬다. 이것을 유선의 미분방정식이라 한다.

유체의 흐름 속에 한 폐곡선(closed curve line)을 생각하면, 이 폐곡선을 지나는 유선에 의하여 그림 12.6과 같은 모양으로 한 개의 관이 생긴다. 이것을 유관(stream tube)이라고 한다. 이 관은 유선으로 이루어져 있으므로 벽을 지나는 유체의 흐름은 있을 수 없으며, 따라서 이 관을 고체와 벽으로 된 관과 같이 취급할 수 있다. 역으로 고체관 벽이나 유동유체 속에 잠겨 있는 고체 경계면은 하나의 유선이 된다.

유선은 일반적으로 시간의 경과에 따라 변하므로 하나의 유체 입자의 경로는 반드시 유선과 일치하지 않는다. 한 유체 입자가 공간을 운동할 때 일정한 기간 내에 유체 입자가 흘러간 궤도를 유적선(path line)이라 한다. 유체 입자가 시간 dt 사이에 $\vec{dr}$만큼 변위

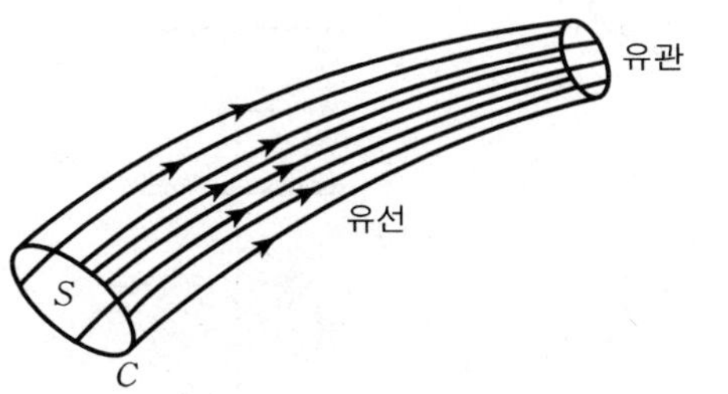

그림 12.6 유선과 유관

하였다면 $d\vec{r} = \vec{V}dt$이므로 $\dfrac{dx}{u} = \dfrac{dy}{v} = \dfrac{dz}{w} = dt$와 같이 쓸 수 있다. 이것이 유적선의 방정식이다. 유선은 오일러적인 의미를, 유적선은 라그랑주적 의미를 갖는다.

또한 한 공간점을 통과한 모든 유체 입자의 순간궤적을 유맥선(streak line)이라 한다. 예를 들면 유동하는 유체 속의 한 점에서 물감을 분출시키면 분류는 하나의 선을 만들면서 유동한다. 어느 순간에 이 유동을 촬영하면 화면에 물감의 연속적인 선이 나타난다. 이 선이 유맥선의 예이다.

정상 유동에서는 유맥선, 유적선, 유선은 서로 일치하며, 이와 반대로 비정상 유동에서는 이들 세 선이 모두 다르게 나타난다.

12.5 연속방정식

연속체가 운동할 때는 반드시 어떤 법칙에 순응하여 운동한다. 연속체의 운동을 지배하는 기초 법칙으로는 질량 보존법칙(연속법칙), 운동량 보존법칙(뉴턴의 관성법칙), 에너지 보존법칙(열역학 제1법칙) 및 열역학 제2법칙으로 크게 나눈다.

그림 12.7과 같은 한 유관을 생각하여, 이 속을 정상류가 흐를 때, 단면 1로 유입한 유체는 질량불변의 법칙에 의하여 전부 단면 2에서 유출해 나간다. 지금 단면 1에 있어서의 유속을 V_1, 단면적을 A_1, 밀도를 ρ_1, 단면 2에 있어서도 각각 V_2, A_2, ρ_2라 하고 식으로 표시하면 연속방정식은 다음과 같이 된다.

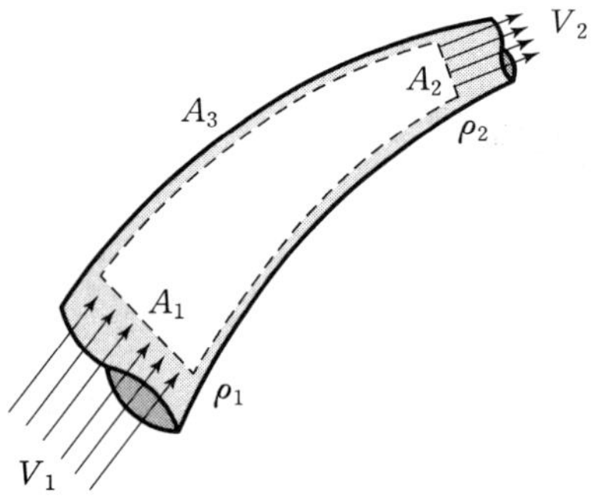

그림 12.7 유관

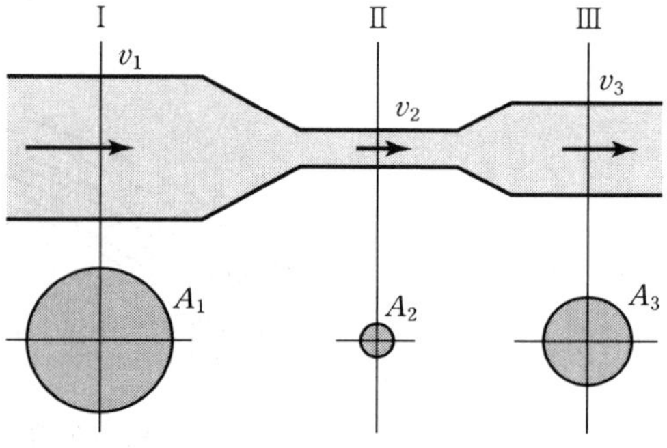

그림 12.8 연속의 정리

$$\rho_1 A_1 V_1 = \rho_2 A_2 V_2 \quad \rightarrow \quad M = \rho A V = \text{const} \tag{12-11}$$

이때 M을 질량유량(mass flowrate)이라 하고 kg/sec의 단위를 가진다.
$\gamma = \rho g$이므로 ρ 대신에 γ로 표시하면

$$\gamma_1 A_1 V_1 = \gamma_2 A_2 V_2 = \gamma A V = \text{const} \tag{12-12}$$

이다. 위 식은 비압축성 유체, 압축성 유체의 구별 없이 모든 유체의 정상류에 대하여 성립한다. 특히 비압축성 유체의 경우에는 밀도 $\rho = \text{const}\,(\gamma = \text{const})$이므로

$$A_1 V_1 = A_2 V_2 \quad \rightarrow \quad Q = A V = \text{const} \tag{12-13}$$

로 된다. 이때 Q를 체적유량(volumetric flowrate)이라 하고 m^3/sec의 단위를 가진다.

예제 12-1

그림과 같은 관 내를 비압축성 유체가 흐르고 있다. 관 A의 지름은 d이고 관 B의 지름은 $d/5$이다. 관 A의 유체의 속도를 V_A라고 하면 관 B의 유체의 속도 V_B를 구하라.

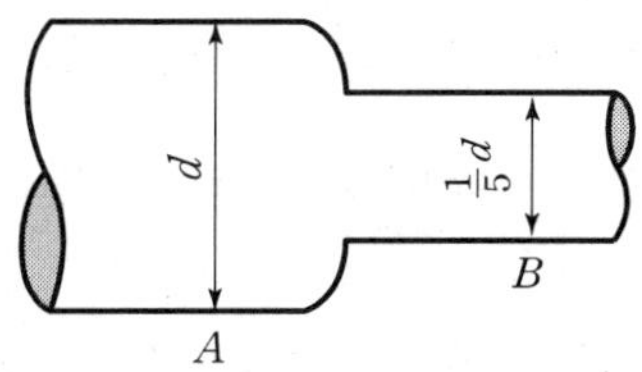

풀이 비압축성 유체는 밀도가 일정($\rho_1 = \rho_2 = \text{const}$)하므로

연속방정식은 $Q = A_1 V_1 = A_2 V_2$

$$\frac{\pi d^2}{4} V_A = \frac{\pi (d/5)^2}{4} V_B \rightarrow V_B = 25\, V_A$$

12.6 오일러 운동방정식

그림 12.9에 표시한 바와 같이 이상유체(비점성, 비압축성 유체)의 정상 1차원 흐름에 뉴턴의 제2법칙을 적용하여 유체 입자의 운동방정식을 구해 보자. 유선 1-2 사이에 단면적 dA, 길이 ds인 미소유관을 취하면, 여기에 작용하는 외력 F의 흐름 방향(ds 방향, 운동 방향을 +)의 성분 F_s의 대수합 $\sum F_s$는 미소유관의 질량 dm과 흐름 방향에 대한 유관의 가속도 a_s와의 곱과 같다. 즉

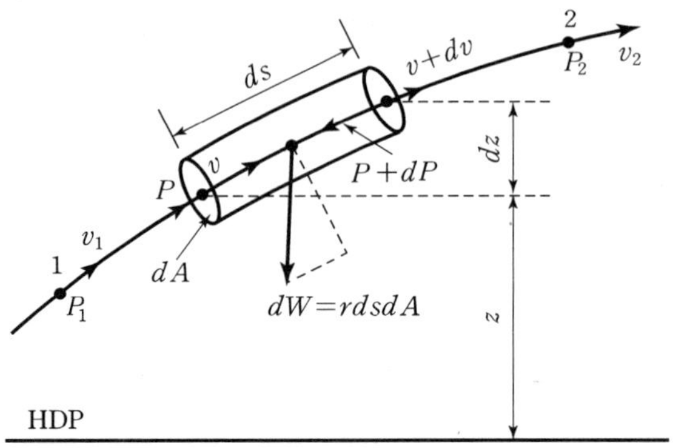

그림 12.9 미소 체적에 미치는 유선 방향의 힘

$$\sum F_s = dm\, a_s \tag{12-14}$$

가 성립한다. 미소유관에 미치는 외력으로서는 압력과 중력뿐이다.

유입 측과 유출 측의 압력은 PdA와 $-(P+dP)dA$이고, 중력의 흐름 방향 성분은 $-\gamma ds\, dA(dz/ds)$이다. 즉

$$\sum F_s = PA-(P+dP)dA-\gamma ds\, dA\left(\frac{dz}{ds}\right)=-dP\, dA-\gamma dA\, dz \tag{12-15}$$

또한 유관의 질량은 $dm=\rho dA\, ds$, 가속도는 $a_s=\dfrac{dV}{dt}+V\dfrac{dV}{ds}$이므로, 이들을 식 (12-15)에 대입하면,

$$-dP\, dA-\gamma dA\, dz=\left(\frac{\gamma}{g}dA\, ds\right)V\frac{dV}{ds} \tag{12-16}$$

이것을 $\gamma dA\, ds$로 나누어 정리하면

$$\frac{1}{\gamma}\frac{dP}{ds}+\frac{V}{g}\frac{dV}{ds}+\frac{dz}{ds}=0 \tag{12-17}$$

이 된다. 중력가속도 g와 ds를 곱하여 정리하면 다음과 같다.

$$\frac{dP}{\rho}+VdV+gdz=0 \tag{12-18}$$

식 (12-18)은 뉴턴의 제2법칙을 이상유체의 입자의 운동에 적용하여 얻은 식으로서, 오

일러의 운동방정식(Euler's equation of motion)이라 한다.

식 (12-17)은 다음과 같이 표시하기도 한다.

$$\frac{dP}{\gamma}+d\left(\frac{V}{g}\right)+dz=0 \tag{12-19}$$

12.7 베르누이의 방정식

식 (12-19)를 변위 s에 대하여 적분하면 다음과 같이 된다.

$$\int\frac{dP}{\gamma}+\int\frac{V}{g}dV+\int dz=\text{const} \text{ 또는 } \int\frac{dP}{\gamma}+\frac{V^2}{2g}+z=\text{const} \tag{12-20}$$

이것은 [힘]×[변위(거리)]인 양을 모두 합한 것으로서, 일 또는 유체가 가지는 에너지를 표시하며, 이상 유체가 유선 위 임의 점에서 보유하는 여러 가지 꼴의 에너지의 총합이 유선에 따라 일정불변임을 뜻한다. 식 (12-20)은 이상 유체의 정상류에 대하여 유선에 따라 성립하며 γ가 P의 함수라는 가정 아래에서 성립된 것이다. 만약 유체가 비압축성 ($\rho=\text{const}$)일 때를 생각하면, $\gamma=\text{const}$가 되므로, 식 (12-20)은 다음과 같이 표기된다.

$$\frac{P}{\gamma}+\frac{V^2}{2g}+z=\text{const}\,(\text{H}) \tag{12-21}$$

여기서 H의 단위는 공학단위로 (m) 또는 ($\text{kg}_\text{f}\,\text{m}/\text{kg}_\text{f}$)가 된다.

이 식은 모든 비압축성 이상 유체의 정상류에 대하여 유체의 운동 에너지, 압력 에너지 및 위치 에너지의 합은 유관 또는 유선상에서는 그림 12.10에 나타난 바와 같이 항상 일정함을 뜻한다. 에너지의 총합이 항상 일정하다는 것은 한 에너지가 감소하면 그만큼 다른 에너지가 증가한다는 것을 의미한다.

식 (12-21) 중 제1항의 P/γ는 단위질량의 유체를 압력 0에서 P까지 높이는 데 드는 일로서, 압력 에너지의 형태로 유체 속에 저장되는데 이것을 **압력수두**(pressure head)라 한다. 또 제2항 $V^2/2g$는 속도가 V인 단위질량의 유체가 가지는 운동 에너지로서, 이것

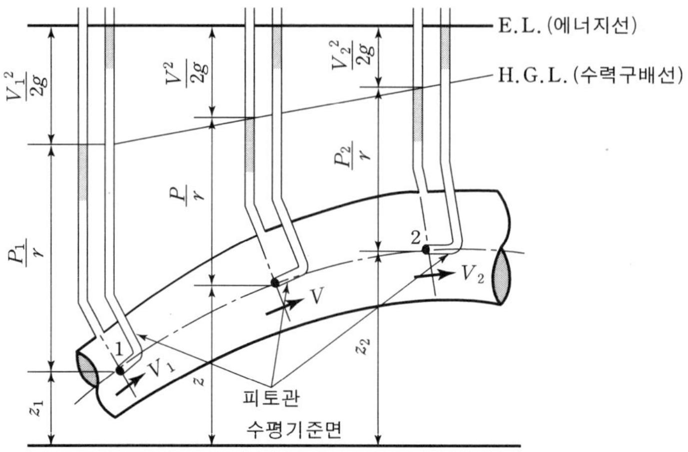

그림 12.10 베르누이의 정리

을 속도수두(velocity head), 제3항은 단위질량의 유체가 기준면에서 z의 높이에 있기 때문에 가지는 위치 에너지인데, 이것을 위치수두(potential head)라고 한다. 그리고 이 세 수두의 합 H를 전수두(total head)라 한다.

지금 그림 12.10에 표시한 유선상 1, 2의 점 사이에 식 (12-21)을 적용하면,

$$\frac{P_1}{\gamma}+\frac{{V_1}^2}{2g}+z_1=\frac{P_2}{\gamma}+\frac{{V_2}^2}{2g}+z_2 \tag{12-22}$$

과 같이 된다. 그림 12.10에서 3수두의 합계, 즉 H를 나타내는 선 EL을 에너지선(energy line)이라 한다. 또한 각 위치에 세운 피에조미터의 액주는 각 단면을 흐르는 유체의 압력을 나타내는데, 이 액주의 전부를 맺은 선을 수력 기울기선(hydraulic grade line : HGL)이라 한다.

실제 관로에서는 유체의 마찰을 고려하면, 단면 1, 2에서 베르누이 방정식은 다음 식과 같이 된다.

$$\frac{P_1}{\gamma}+\frac{{V_1}^2}{2g}+z_1=\frac{P_2}{\gamma}+\frac{{V_2}^2}{2g}+z_2+h_L \tag{12-23}$$

여기서 h_L은 두 단면 1, 2 사이에서 손실수두(loss head)이다.

예제 12-2

그림과 같은 목의 지름이 5 cm 이고, 출구의 지름이 20 cm 인 벤튜리관에 비중이 0.8인 기름이 흐르고 있다. 목에서 수은주의 차압이 200 mmHg일 때의 목과 출구에서의 속도를 구하라.(단 유체의 마찰은 무시한다.)

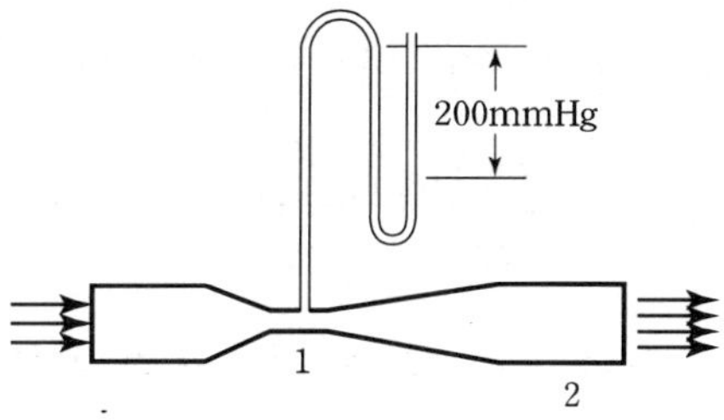

풀이 대기압을 P_0라 하면

$P_1 = P_0 - 200\,(\text{mmHg})$ $\quad P_2 = P_0$이므로 $P_2 - P_1 = 200\,(\text{mmHg}) = 2719\ \text{kg}_f/\text{cm}^2$

연속방정식에서 $A_1 V_1 = A_2 V_2$이고 관의 중심선($z_1 = z_2$)을 따라 베르누이 방정식을 적용하면

$$\frac{P_1}{\gamma} + \frac{V_1^{\,2}}{2g} = \frac{P_2}{\gamma} + \frac{V_2^{\,2}}{2g}$$

$$\frac{V_1^{\,2}}{2g} - \frac{V_2^{\,2}}{2g} = \frac{V_1^{\,2}}{2g}\left(1 - \frac{A_1}{A_2}\right)^2 - \frac{V_2^{\,2}}{2g} = \frac{P_2 - P_1}{\gamma}$$

$$V_1 = \frac{\sqrt{2g\dfrac{P_2 - P_1}{\gamma}}}{1 - \dfrac{A_1}{A_2}} = \frac{\sqrt{\dfrac{2 \times 9.8 \times 2719}{0.8 \times 1000}}}{1 - (\dfrac{5}{20})^2} = 8.71\,\text{m/s}$$

$$V_2 = V_1 \frac{A_1}{A_2} = V_1\left(\frac{d_1}{d_2}\right)^2 = 8.71\left(\frac{5}{20}\right)^2 = 0.54\ \text{m/s}$$

12.8 동압, 정압 및 전압

식 (12-22)에 비중량 γ를 곱하면

$$\frac{\gamma V^2}{2g} + P + \gamma z = \text{const} \tag{12-24}$$

가 된다. 위 식의 각 항은 유체의 단위체적당의 에너지를 말한다. 유체가 기체인 경우, 위치 에너지의 변화는 무시할 정도여서 $\gamma z = 0$이므로 식 (12-24)는 다음과 같이 된다.

$$\frac{\gamma V^2}{2g} + P = \text{const} \tag{12-25}$$

여기서 $\frac{\gamma V^2}{2g}$을 동압(dynamic pressure), P를 정압(static pressure)이라 하며, 동압, 정압의 합을 전압(total pressure)이라 한다. 전압을 P_t라 하면 식 (12-24)는

$$\frac{\gamma V^2}{2g} + P = P_t \tag{12-26}$$

가 된다. 전압 P_t과 정압 P의 차를 측정하면 유속 V가 구해진다.

$$V = \sqrt{2g\left(\frac{P_t - P}{\gamma}\right)} \tag{12-27}$$

이와 같이 유속을 측정하는 장치를 피토관(pitot tube)이라 한다.

예제 12-3

$10\,\mathrm{kg_f/cm^2}$의 압력을 가진 물이 $20\,\mathrm{m/s}$의 속도로 흐를 때 물의 압력수두와 속도수두는 얼마인가?

풀이

압력수두 : $\frac{P}{\gamma} = \frac{10\,\mathrm{kg_f/cm^2} \times 10^4\,\mathrm{cm^2/m^2}}{1000\,\mathrm{kg_f/m^3}} = 100\,\mathrm{m}$

속도수두 : $\frac{v^2}{2g} = \frac{(20\,\mathrm{m/s})^2}{2 \times 9.8\,\mathrm{m/s^2}} = 21.5\,\mathrm{m}$

12.9 토리첼리의 정의

그림 12.11과 같은 탱크 오리피스(tank orifice)에서 액체가 일정한 비율로 유출하는 경우를 생각한다. 액면에서 오리피스에 이르는 유선 ①~②를 잡고, 액면의 횡단면적, 유체입자의 속도, 압력 및 높이를 각각 A_0, V_0, P_0 및 z_0라 하고, 오리피스를 나온 분류(jet)의 유선이 평행이 되는 단면 2의 것들을 A, V, P 및 z라 하여 이 사이에 베르누이의 식 (12-22)를 적용하면,

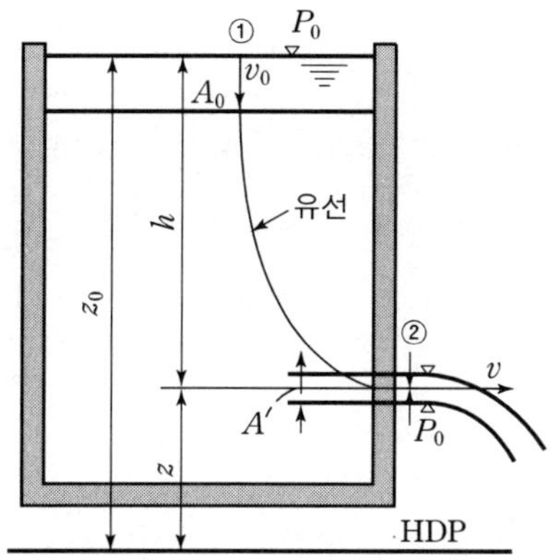

그림 12.11 오리피스의 흐름

$$\frac{P_0}{\gamma}+\frac{{V_0}^2}{2g}+z_0=\frac{P}{\gamma}+\frac{V^2}{2g}+z \tag{12-28}$$

그런데 ①과 ②에서의 압력 P_0와 P는 각각 대기압이므로 다시 정리하면

$$\frac{{V_0}^2}{2g}+z_0=\frac{V^2}{2g}+z \tag{12-29}$$

연속의 원리에서 $A_0 V_0 = AV$, $z_0 - z = h$라 하고 이 식을 V에 대하여 정리하면

$$V=\sqrt{\frac{2g(z_0-z)}{1-\left(\frac{V_0}{V}\right)^2}}=\sqrt{\frac{2gh}{1-\left(\frac{A}{A_0}\right)^2}} \tag{12-30}$$

로 된다. 만일 A가 A_0보다 매우 작다면 $A/A_0 \fallingdotseq 0$이므로

$$V=\sqrt{2gh} \tag{12-31}$$

이 된다. 이 정리는 이탈리아 출신의 물리학자인 토리첼리(Torricelli, 1608~1647)가 베르누이(Bernoulli)에 앞서 발견한 것으로, 이것을 **토리첼리의 원리**라 한다.

예제 12-4

다음 그림에서 손실과 표면장력의 영향을 무시할 때 분류(jet)에서의 반지름 r을 구하라.

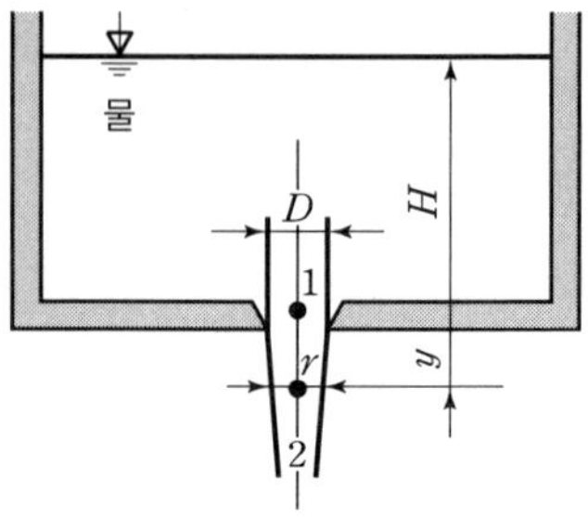

풀이 1과 2점에서의 유속은 토리첼리의 공식에 의하여

$$V_1 = \sqrt{2gH}, \quad V_2 = \sqrt{2g(H+y)}$$

연속방정식에서 $A_1 V_1 = A_2 V_2$이므로

$$\frac{\pi D^2}{4}\sqrt{2gH} = \pi r^2 \sqrt{2g(H+y)}$$

따라서 $r^2 = \dfrac{D^2}{4}\sqrt{\dfrac{H}{(H+y)}} \quad \rightarrow \quad r = \dfrac{D}{2}\left(\dfrac{H}{H+y}\right)^{1/4}$

연 습 문 제

1. 다음 설명 중 틀린 것은 어느 것인가?
   ① 유체의 흐름에 있어서 유동 특성이 시간에 따라 변하는 흐름을 정상류라 한다.
   ② 유체흐름의 모든 점에서 속도벡터의 방향과 일치되는 연속적인 선을 유선이라고 한다.
   ③ 연속방정식은 질량 보존의 법칙을 설명한다.
   ④ 어떤 폐곡선을 통과하는 여러 개의 유선으로 이루어진 것을 유관이라 한다.

2. 오일러의 운동방정식 $\frac{dP}{\rho} + VdV + gdz = 0$을 유도하는 데 해당하지 않는 가정은 어느 것인가?
   ① 마찰이 없는 유동　　② 정상 유동
   ③ 비압축성　　④ 유선을 따라 운동하는 유동

3. 피토관(pitot tube)은 주로 무엇을 측정하는가?
   ① 유동하고 있는 유체에 대한 정압(靜壓)
   ② 유동하고 있는 유체에 대한 동압(動壓)
   ③ 유동하고 있는 유체에 대한 전압(全壓)
   ④ 유동하고 있는 유체에 대한 잔압(殘壓)

4. 다음 중 정상류에 대한 조건이 아닌 것은?(단, 시간 t, 임의점의 압력 P, 밀도 ρ, 온도 T, 점도 μ, 변위 s)
   ① $\frac{\partial P}{\partial t} = 0$　　② $\frac{\partial \rho}{\partial t} = 0$　　③ $\frac{\partial T}{\partial t} = 0$　　④ $\frac{\partial \mu}{\partial s} = 0$

5. 베르누이 방정식 $\frac{P}{\gamma} + \frac{V^2}{2g} + z = H$를 적용할 수 있는 것은?
   ① 정상 유동, 뉴턴 유체, 비압축성, 유선을 따라서
   ② 정상 유동, 무마찰, 비압축성, 유선을 따라서
   ③ 정상 유동, 무마찰, 압축성, 유선을 따라서
   ④ 비정상 유동, 무마찰, 압축성, 유선을 따라서

6. 액체의 점성을 측정하기 위하여 수조로부터 모세관을 연결하여 관이 한 점으로부터 정압을 측정할 수 있도록 액주계를 달아놓았다. 액주계의 높이 H가 나타내는 뜻은?

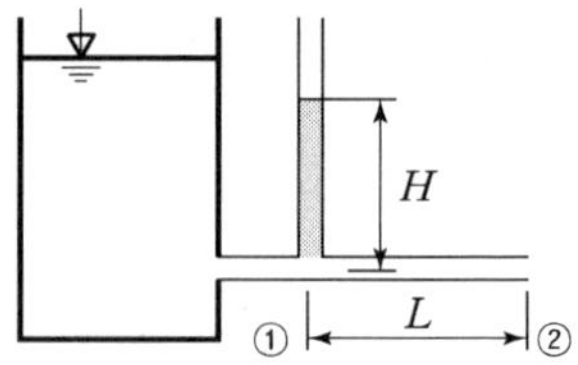

① 모세관의 길이 L에서 생긴 손실수두와 같다.
② 수조 내의 액체가 갖는 단위 중량당의 총 에너지를 나타낸다.
③ 모세관에 흐르는 액체의 전압(정압+동압)과 같다.
④ 모세관에 흐르는 액체의 동압을 나타낸다.

7. 기준면으로부터 4 m 위에 있는 수평관에서 $0.15\,kg_f/cm^2$의 압력을 가진 물이 9.8 m/s의 속도로 흐를 때 물의 압력수두와 속도수두, 그리고 전수두는 몇 m인가?

힌트 압력수두 : $\dfrac{P}{\gamma}$, 속도수두 : $\dfrac{v^2}{2g}$, 전수두 : $H=\dfrac{P}{\gamma}+\dfrac{V^2}{2g}+Z$

8. 안지름이 50cm인 파이프에 비중이 0.8인 액체가 10 m/s의 속도로 흐를 때 질량 유동은 몇 kg/s인가?

힌트 $\rho=\rho_w$, $M=\rho AV$

9. 그림과 같이 수직벽의 양쪽에 수위가 다른 물이 들어 있다. 벽면에 있는 오리피스를 통하여 수위가 높은 쪽에서 낮은 쪽으로 물이 유출되고 있다. 유출속도 V_2를 구하라.(단, g : 중력가속도, γ : 비중량, 손실은 없다고 가정한다.)

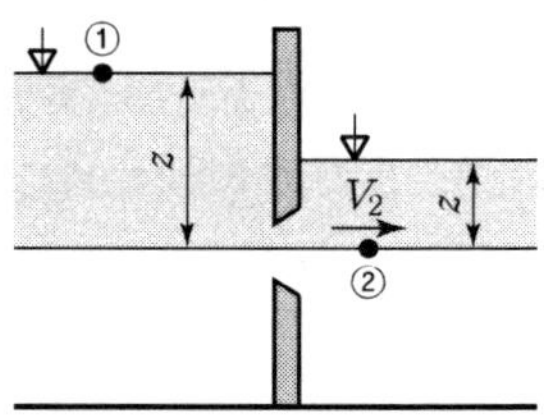

10. 그림과 같이 직경이 5cm인 관로를 흐르는 물의 평균 속도가 4m/s이면 유량은 얼마인가? 또한 관로에서의 손실수두는 얼마인가?

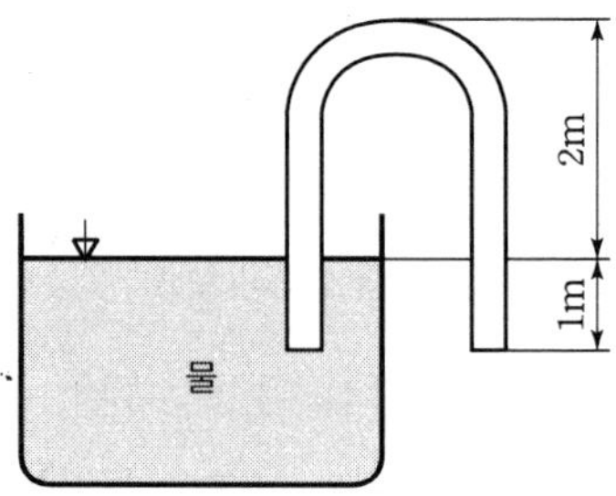

힌트 $Q=AV=\dfrac{\pi d^2}{4}V$, 물 표면을 1, 사이펀 출구를 2라 하고 단면 1, 2에 베르누이 방정식을 적용하면

$$\frac{P_1}{\gamma}+\frac{{V_1}^2}{2g}+z_1=\frac{P_2}{\gamma}+\frac{{V_2}^2}{2g}+z_2+h_L$$

11. 그림과 같이 수평관의 목 부분 ①의 내경이 $d_1 = 5\,\text{cm}$ 이고 ② 부분의 내경은 $d_2 = 30\,\text{cm}$이다. 관에 흐르는 유량이 $3\,l/\text{s}$이라면 ① 부분에 연결되어 있는 유리관으로 물이 얼마나 올라가겠는가?

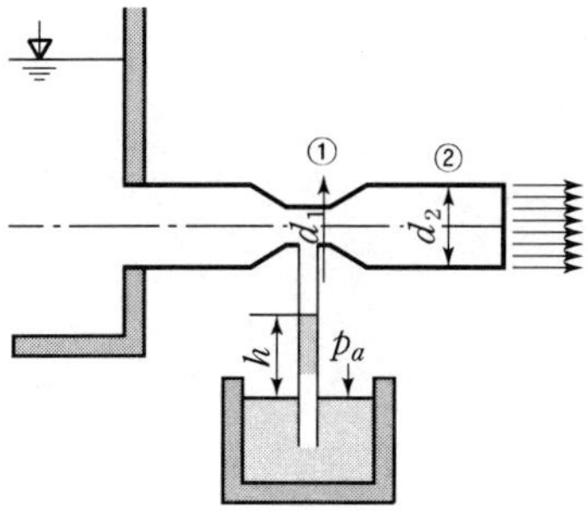

힌트 $Q = AV = \dfrac{\pi d^2}{4} V$ 단면 1, 2에 베르누이 방정식을 적용하면

$$\frac{P_1}{\gamma} + \frac{{V_1}^2}{2g} + z_1 = \frac{P_a}{\gamma} + \frac{{V_2}^2}{2g} + z_2,\ h = P_a - P_1\ (\text{mAq})$$

정답

1. ① 2. ③ 3. ② 4. ④ 5. ② 6. ①

7. 압력수두 $= 1.5\,\text{m}$, 속도수두 $= 4.9\,\text{m}$, 전수두 $= 10.4\,\text{m}$

8. $M = 160\,\text{kg/s}$ 9. $V_2 = \sqrt{2g(z_1 - z_2)}$

10. $Q = 7850\,\text{cm}^3/\text{s}$, $h_L = (z_1 - z_2) - \dfrac{{V_2}^2}{2g} = 0.184\,\text{m}$

11. $P_1 = -0.529\,\text{kg}_\text{f}/\text{cm}^2 = -5.29\,\text{mAq}$ → $h = 5.29\,\text{m}$

Chapter 13

운동량의 법칙과 응용

13.1 운동량의 법칙

유체의 운동에 관한 문제는 연속방정식, 운동방정식 또는 이것으로 유도된 베르누이 방정식 등에 의하여 일단은 해결된다. 그러나 이들 식에서 복잡한 과정을 거쳐 해결되는 문제는 운동량의 법칙을 쓰면 간단하게 해결되는 경우가 많다. 이 법칙은 압축성이나 점성의 유무에는 관계없이 모든 유체에 적용된다. 운동량의 법칙을 응용한 대표적인 기계로는 펌프나 터빈 또는 송풍기 등이 있다.

[1] 역적과 운동량

질량 m의 물체에 힘 F가 작용하여 그 물체가 가속도 a를 내었다고 하면 뉴턴의 제2 법칙에 의하여 (힘)=(질량)×(가속도)이고, 가속도 a는 시간 dt 사이에 유속이 dV로 변하는 것으로 하면

$$F = ma = m\frac{dV}{dt} \quad \rightarrow \quad Fdt = m\,dV \tag{13-1}$$

또한 질량이 시간에 대하여 일정하고, 외력 F에 의하여 운동량이 mV_1에서 mV_2로 변하였다면,

$$\int_0^t Fdt = \int_{V_1}^{V_2} m\,dV \quad \rightarrow \quad Ft = m(V_2 - V_1) \tag{13-2}$$

가 된다.

여기서 Ft를 역적(impulse) 또는 충격력, mV를 운동량(momentum)이라고 한다. 따라서 식 (13-2)에서 운동량의 변화는 역적과 같다. 즉 물체에 작용한 힘은 그 물체의 단위시간에 대한 운동량의 변화와 같다. 이것을 운동량의 법칙(momentum principle)이라 한다.

[2] 유체의 운동량 방정식(momentum equation)

운동량의 법칙을 비압축성, 정상류의 유체에 적용하여 관계식을 유도해 보자.

그림 13.1과 같은 관로의 단면 ①, ② 사이의 유체를 검사체적으로 취하고, 유관을 따라 유체가 dt 시간 동안 흘러서 단면 ①', ②' 사이의 유체로 이동하였다면 검사체적 내의 유체의 운동량의 변화는 다음과 같다.

운동량의 변화＝(단면 ①', ②' 사이의 운동량)－(단면 ①, ② 사이의 유체의 운동량)
＝(단면 ②, ②' 사이의 운동량)－(단면 ①, ①' 사이의 유체의 운동량)

관 속에 비압축성 유체가 정상 유동 상태로 흐를 때 운동방정식은

$$dF = dm\frac{dV}{dt} = \rho Q dt\ \frac{dV}{dt} = \rho Q dV \tag{13-3}$$

ρ와 $Q(=A_1 V_1 = A_2 V_2)$는 일정하므로 단면 ①에서 ②까지 적분하면

$$\sum F = \rho Q \int_1^2 dV = \rho Q (V_2 - V_1) \tag{13-4}$$

이 된다. 여기서 $\rho Q(V_2 - V_1)$를 운동량 유속(monentum flux)이라고 한다.

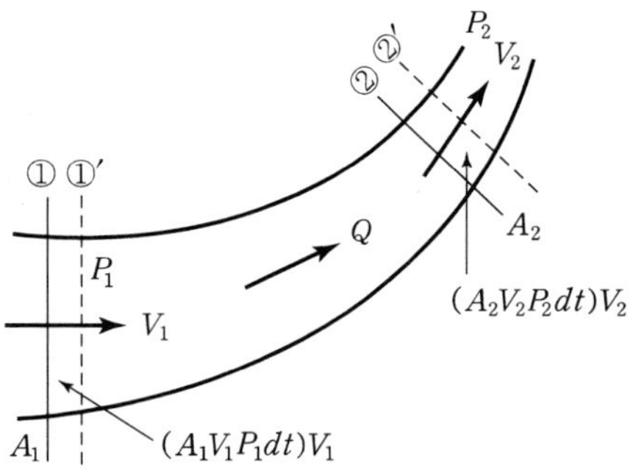

그림 13.1 운동량의 법칙

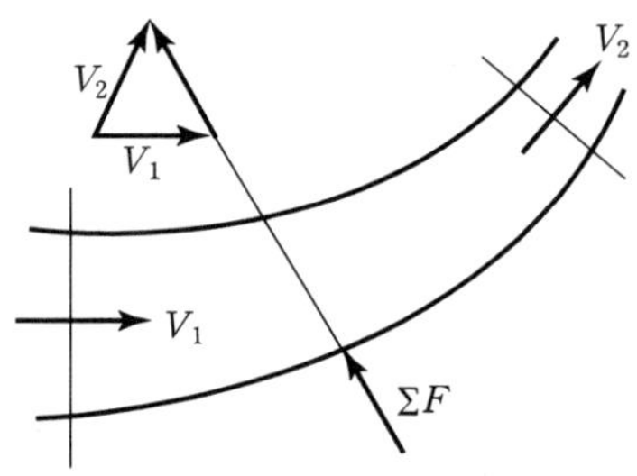

그림 13.2 속도 변화와 힘의 작용

힘과 속도는 벡터량이므로 평균 속도 V_1과 V_2의 크기가 같다 하더라도 방향이 다르면 외력은 존재한다. 따라서 그림 13.2처럼 속도 변화의 방향은 힘의 방향과 같아야 한다. 공간상에서 x, y, z 방향의 속도 변화 성분은 각각 외력의 x, y, z 방향의 분력에 의한 것이므로 식 (13-4)는 다음과 같이 각 성분에 대해 운동량 방정식을 적용할 수 있다.

$$\sum F_x = \rho Q(V_{x_2} - V_{x_1}) \tag{13-5}$$

$$\sum F_y = \rho Q(V_{y_2} - V_{y_1})$$

$$\sum F_z = \rho Q(V_{z_2} - V_{z_1})$$

이 식은 관로 내의 속도분포가 균일한 경우에 대하여 고려하였다. 지금 속도분포가 균일하지 않은 임의 단면의 관로면적을 A, 단면상의 한 점의 속도를 v, 단면의 평균 속도를 V, v와 V의 x 성분을 v_x, V_x라 하면, 임의 단면에서의 운동량은 같아야 하므로 계수 β를 도입하면 평균 속도의 항으로 운동량 방정식을 적용할 수 있다. x 방향의 운동량은 다음과 같이 표현된다.

$$\rho\int_A v_x v dA = \rho V_x VA \times \beta \tag{13-6}$$

$$\beta = \frac{1}{A}\int_A \frac{v_x}{V_x}\frac{v}{V}dA = \frac{1}{A}\int_A \left(\frac{v}{V}\right)^2 dA \quad \left(\because \frac{v_x}{V_x} = \frac{v}{V}\right)$$

여기서 β를 운동량 보정계수라 한다. 따라서 운동량 보정계수를 적용하여 식 (13-5)를 표시하면 다음 식과 같이 된다.

$$\sum F_x = \rho Q(\beta_2 V_{x2} - \beta_1 V_{x1}) \tag{13-7}$$

$$\sum F_y = \rho Q(\beta_2 V_{y2} - \beta_1 V_{y1})$$

$$\sum F_z = \rho Q(\beta_2 V_{z2} - \beta_1 V_{z1})$$

β 값은 층류인 경우에 $\beta = 4/3$이고, 난류인 경우에는 $\beta = 1.01 \sim 1.05$가 되고, 속도분포가 균일한 곳에는 $\beta = 1$이 된다.

13.2 운동량 법칙의 응용

[1] 직관에 작용하는 힘

직선관로의 단면적이 그림 13.3과 같이 A_1에서 A_2로 점차 감소할 때 유체의 운동량의 변화로 인하여 관에 그 진행 방향으로 힘 F를 미친다. 이 F를 운동량의 법칙으로 구하여 보자.

단면 ①, ②의 압력과 속도를 각각 P_1, V_1, P_2, V_2라 하면, 이것에 미치는 힘의 x 방향 성분은 두 가지로서 그 하나는 압력에 의한 힘 $(P_1A_1 - P_2A_2)$가 오른쪽으로 작용하고, 또 한 힘은 관 벽이 유체에 미치는 힘 F의 x 방향 성분 F_x로서 왼쪽으로 작용한다(유체가 관 벽에 작용하는 힘과는 반대 방향). 이 힘의 합$(P_1A_1 - P_2A_2 - F_x)$은 유체를 단위시간에 속도 V_1에서 V_2로 가속시키는 것이 된다. 따라서 식 (13-5)에 의하여

$$\sum F_x = P_1A_1 - P_2A_2 - F_x = \rho Q(V_2 - V_1) \tag{13-8}$$

$$\therefore F_x = \rho Q(V_1 - V_2) + P_1A_1 - P_2A_2$$

이 된다. 또 원뿔의 꼭지각을 θ라 하면 합력 F는

$$\sin(\theta/2) = F_x/F \quad \rightarrow \quad F = \frac{F_x}{\sin(\theta/2)}$$가 된다.

[2] 곡관에 작용하는 힘

그림 13.4는 관로의 단면적과 방향이 함께 변하는 곡관 속을 유체가 흐르고 있는 경우를 표시한다. 단면 ①과 ② 사이의 유체에 x 방향 운동량 방정식을 적용하면

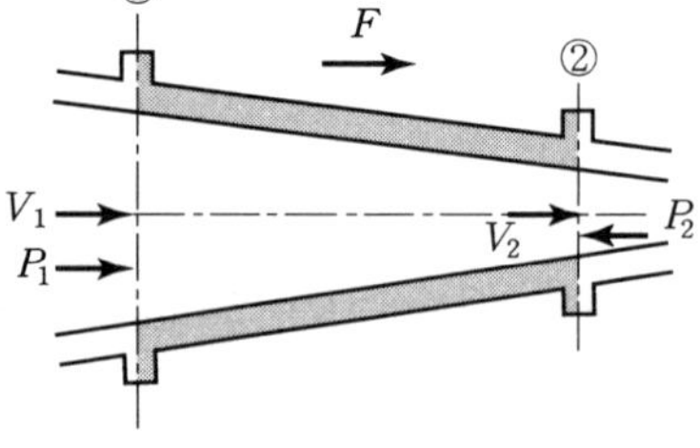

그림 13.3 직관에 미치는 힘

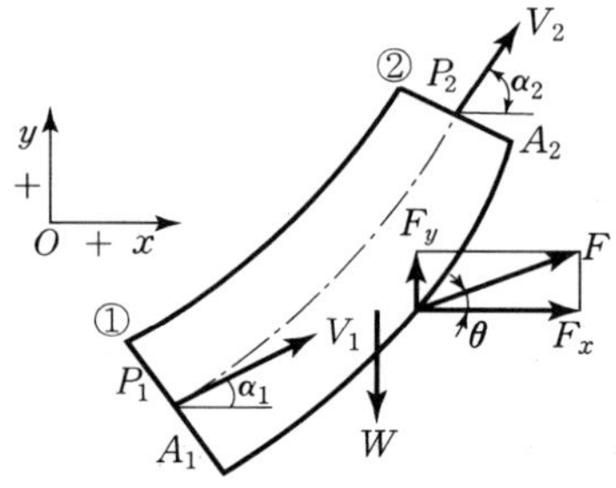

그림 13.4 곡관에 미치는 힘

$$P_1 A_1 \cos\alpha_1 - P_2 A_2 \cos\alpha_2 - F_x = \rho Q(V_2\cos\alpha_2 - V_1\cos\alpha_1) \tag{13-9}$$

$$\therefore F_x = \rho Q(V_1\cos\alpha_1 - V_2\cos\alpha_2) + P_1 A_1 \cos\alpha_1 - P_2 A_2 \cos\alpha_2$$

y 방향 운동량 방정식을 적용하면

$$P_1 A_1 \sin\alpha_1 - P_2 A_2 \sin\alpha_2 - F_y - W = \rho Q(V_2\sin\alpha_2 - V_1\sin\alpha_1) \tag{13-10}$$

$$\therefore F_y = \rho Q(V_1\sin\alpha_1 - V_2\sin\alpha_2) + P_1 A_1 \sin\alpha_1 - P_2 A_2 \sin\alpha_2 - W$$

따라서 합력의 크기는

$$F = \sqrt{F_x^{\ 2} + F_y^{\ 2}}, \ \theta = \tan^{-1}\frac{F_y}{F_x} \tag{13-11}$$

[3] 직각 평판에 작용하는 힘

그림 13.5(a)와 같이 분류가 면적이 넓은 고정평판에 수직으로 충돌할 때에는 판에 의하여 속도의 방향이 바뀌어지지만 크기는 변하지 않는다. 따라서 분류와 판 사이의 마찰을 무시하면, 분류가 판에 미치는 힘은 다음과 같이 구할 수 있다.

$$\text{분류 방향의 운동량 : } F = (P_1A_1 - P_2A_2) + \rho Q(V_1 - V_2) \tag{13-12}$$

여기서 분류의 $P_1 = P_2 = P_0(=\text{대기압}) = 0$, $V_1 = V$, $V_2 = 0$이므로 식 (13-12)는

$$F = \rho QV = \rho A V^2 \tag{13-13}$$

이 된다. 여기서 Q는 분류의 절대유량 $Q = AV$이다.

그림 13.5(b)와 같이 평판이 분류의 방향으로 u의 속도를 가지고 움직일 때 분류가 평판에 충돌하는 속도는 분류의 속도 V에서 u를 뺀 값, 즉 평판에 대한 분류의 상대속도이다. 그러므로 평판이 받는 유량 Q는 분류의 상대유량 $Q = \rho(V-u)$이므로 평판에 미치는 힘 F는 다음 식과 같이 된다.

$$F = \rho Q(V-u) = \rho A(V-u)^2 \tag{13-14}$$

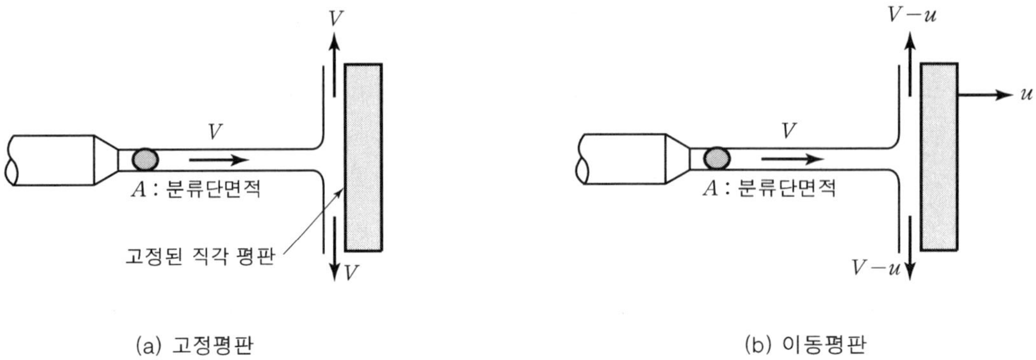

그림 13.5 평판에 직각으로 충돌하는 분류

예제 13-1

수조의 아랫부분에 설치된 직경 1 cm의 작은 구멍으로 물을 분출시켜 그림과 같이 고정벽에 수직으로 충돌시켰다. 벽이 받는 힘과 일을 구하라.

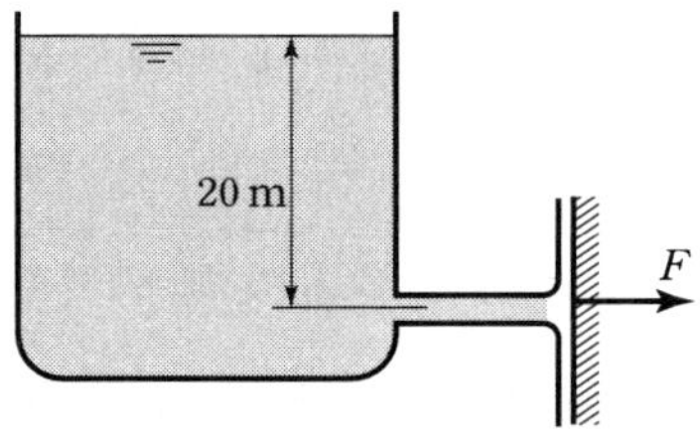

풀이 토리첼리의 정리식 식 (12-31)에서 분출속도는

$V=\sqrt{2gh}$ 이므로 고정벽이 받는 힘

$$F=\rho QV=\rho AV^2=2g\rho Ah=2\gamma Ah=2\times1000\times(\pi\times\frac{0.01^2}{4})\times20=3.14\,\mathrm{kg_f}$$

[4] 경사평판에 작용하는 힘

그림 13.6에 표시한 바와 같이 분류가 평판에 경사지게 충돌하고 있다. 분류의 속도를 V, 평판의 경사각을 θ라 하면, 평판에 수직으로 미치는 힘 F를 구하기 위해서 먼저 분류의 속도를 평판과 직각인 성분과 평행한 성분으로 분해하여 운동량 방정식을 적용한다.

$$F_x=(P_1A_1-P_2A_2)+\rho Q(V_{x_1}-V_{x_2}) \tag{13-15}$$

여기서, $P_1=P_2=P_0(=\text{대기압})=0,\ \ V_{x_1}=V\sin\theta,\ \ V_{x_2}=0$이므로

$$F_x(=F)=\rho QV\sin\theta \tag{13-16}$$

따라서 분류 방향의 분력 F_0는

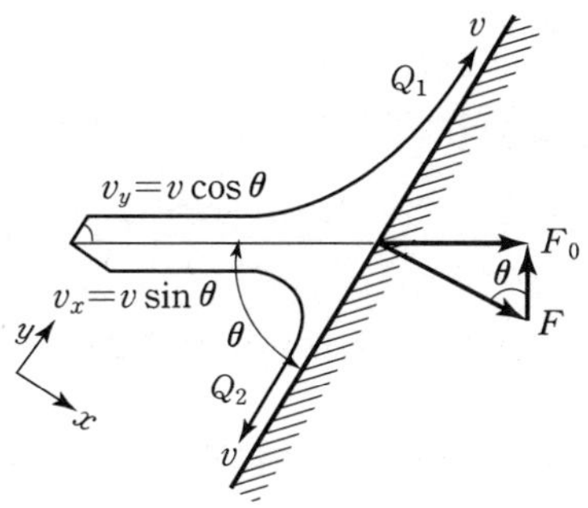

그림 13.6 경사고정평판에 충돌하는 분류

$$F_0 = F\sin\theta = \rho QV\sin^2\theta \tag{13-17}$$

이 된다. 분할 유량 Q_1, Q_2를 구해 보면 먼저 평판과 평행한 힘은 작용하지 않고, 평판과 평행한 방향의 운동량의 변화는 없고 평행한 분류의 최초의 운동량은 충돌 후의 운동량의 합과 같으므로

$$\rho QV cos\theta = \rho Q_1 V - \rho Q_2 V \quad \rightarrow \quad Q\cos\theta = Q_1 - Q_2 \tag{13-18}$$

한편, 연속의 원리에서 $Q = Q_1 + Q_2$이므로, 이 두 식에서

$$Q_1 = \frac{Q}{2}(1+\cos\theta),\ \ Q_2 = \frac{Q}{2}(1-\cos\theta) \tag{13-19}$$

이 된다.

예제 13-2

지름 20 cm, 속도 1 m/s 인 물의 분류가 그림과 같이 넓은 평판에 60° 경사하여 충돌한다. 분류가 평판에 작용하는 힘 F_N(평판에 수직)은 몇 kg_f 인가?

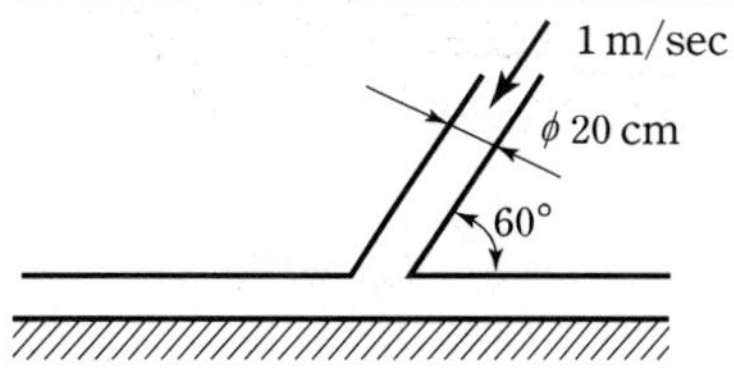

풀이 물의 밀도는 $\rho = \dfrac{\gamma}{g} = \dfrac{1000}{9.8} = 102$

$$F_N = \rho QV\sin\theta = \rho A V^2\sin\theta = 102 \times (\frac{\pi \times 0.2^2}{4}) \times 1^2 \times \sin 60° = 2.78\ kg_f$$

[5] 곡면 날개에 작용하는 힘

그림 13.7(a)와 같이 분류가 고정날개에 부딪쳐 각도 θ만큼 굽을 때, 분류의 방향을 x축 방향으로 잡으면, 곡면판이 받는 힘 F의 x, y 분력 F_x, F_y는 다음과 같이 된다.

$$F_x = \rho Q(V_{x_1} - V_{x_2}) = \rho Q(V - V\cos\theta) = \rho QV(1-\cos\theta) \qquad (13\text{-}20)$$

$$F_y = -\rho Q(V_{y_1} - V_{y_2}) = -\rho Q(0 - V\sin\theta) = \rho QV\sin\theta$$

여기서 $V_{x_1} = V$, $V_{x_2} = \cos\theta$, $V_{y_1} = 0$, $V_{y_2} = V\sin\theta$이다. 이들의 합력의 크기 F는

$$F = \sqrt{F_x^{\,2}} + \sqrt{F_y^{\,2}} = \rho QV\sqrt{(1-\cos\theta)^2 + \sin^2\theta} = 2\rho QV\ \sin\frac{\theta}{2} \qquad (13\text{-}21)$$

그림 13.7(b)와 같이 분류가 같은 방향으로 u의 속도를 가지고 움직이는 이동날개에 대해 생각해 보자. 이동날개가 받는 힘 F의 x, y 방향 성분 F_x, F_y는 유량 Q를 $A(V-u)$로, 분류의 속도 V를 $(V-u)$로 수정하여 다음과 같이 된다.

$$F_x = \rho Q(V_{x_1} - V_{x_2}) = \rho Q(V-u)(1-\cos\theta) = \rho A(V-u)^2(1-\cos\theta) \qquad (13\text{-}22)$$

$$F_y = -\rho Q(V_{y_1} - V_{y_2}) = \rho Q(V-u)\sin\theta = \rho A(V-u)^2\sin\theta$$

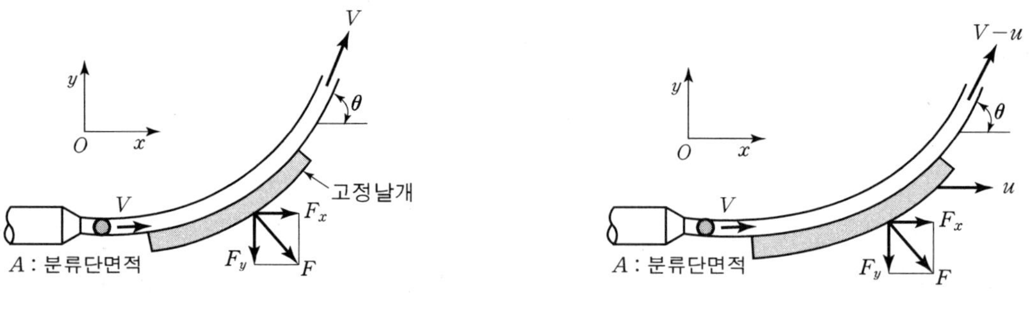

(a) 고정날개 (b) 이동날개

그림 13.7 곡면 날개에 분류가 작용하는 힘

예제 13-3

그림과 같이 마찰을 무시할 때 제트에 의해서 날개에 적용하는 힘의 크기를 구하라.

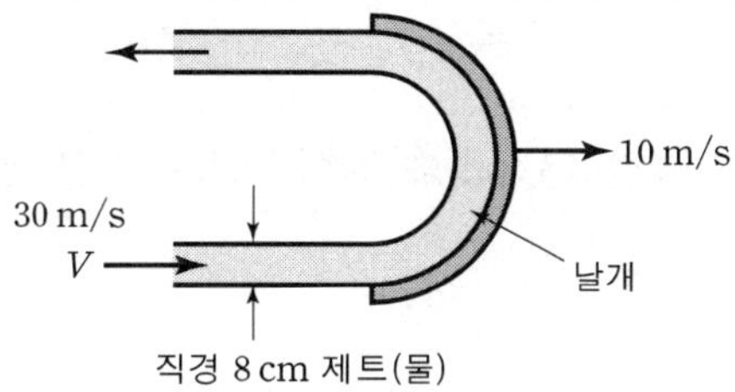

풀이 $\rho = \gamma/g$이고 $\theta = 180°$, $\cos\theta = -1$이므로

$$F_x = \rho Q(V-u)(1-\cos\theta)$$
$$= \rho A(V-u)^2(1-\cos\theta)$$
$$F_x = \frac{\gamma}{g}A(V-u)^2(1-\cos 180°)$$
$$= \frac{1000}{9.8}(\pi \times \frac{0.08^2}{4})(30-10)^2(1+1) = 410.2\,\mathrm{kg_f}$$

[6] 분사추진력

그림 13.8(a)와 같이 탱크에 붙어 있는 노즐에 의한 추진은 노즐의 유속이 $V = \sqrt{2gh}$이므로 이 탱크에서 잃게 되는 운동량은 단위시간에 대하여 ρQV이다. 따라서 탱크는 그 반작용으로서 분류의 역방향으로 추력(thrust)을 받는다.

추력 F는 운동량 방정식을 적용하면

$$F = \rho QV = \rho A V^2 = \rho A(2gh) = 2\gamma Ah \tag{13-23}$$

이 된다. 즉 탱크는 분류에 의하여 노즐의 면적에 작용하는 정수압에 의한 힘 γAh의 2배로 운동하게 된다.

그림 13.8(b)와 같이 제트추진(비행기)의 경우에는 공기가 흡입구에서 V_1의 속도로 흡입되어 압축기에서 압축되고 연소실에 들어가 연료와 같이 연소되어 팽창된다. 이때 팽창된 가스는 고속도 V_2로 노즐을 통하여 공기 속으로 분출된다.

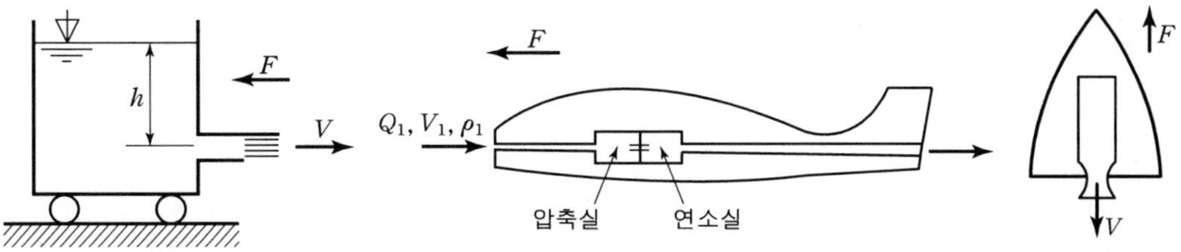

(a) 탱크차추진 (b) 제트추진 (c) 로켓추진

그림 13.8 분사추진

따라서 비행기의 추력 F는 운동량 방정식을 적용하면

$$F = \rho_2 Q_2 V_2 - \rho_1 Q_1 V_1 \qquad (13\text{-}24)$$

그림 13.8(c)와 같이 로켓추진인 경우의 추력은 운동량 방정식으로부터

$$F = \rho Q V \qquad (13\text{-}25)$$

여기서, V는 분출속도, ρQ는 연소가스의 분출량이다.

연 습 문 제

1. 역적-운동량 방정식 $\sum F = \rho Q(V_1 - V_2)$을 적용할 수 있는 유동에 대한 가정은 무엇인가?
   ① 유관의 양 끝 단면에서의 유속이 균일하다.
   ② 유동이 비정상 유동이다.
   ③ 비압축성 유체의 유동이다.
   ④ 압축성 유체의 유동이다.

2. 다음 중 운동량 보정계수를 표시한 식은 어느 것인가?(단, V : 평균 속도, v : 실제 속도, A : 유동단면적이다.)
   ① $\frac{1}{A}\int_A\left(\frac{v}{V}\right)dA$　　② $\frac{1}{A}\int_A\left(\frac{v}{V}\right)^2 dA$
   ③ $\frac{1}{A}\int_A\left(\frac{v}{V}\right)^3 dA$　　④ $\frac{1}{A}\int_A\left(\frac{v}{V}\right)^4 dA$

3. 그림과 같이 배가 6m/s의 속도로 흐르는 강물에서 강변에 상대적으로 8m/s의 속도로 거슬러 올라간다. 이 배의 앞부분에서 물을 공급받아 배 뒤편에서 0.15m^3/s의 물을 노즐을 통해서 24m/s의 속도로 분출할 때 이 배의 추력은 몇 N인가?

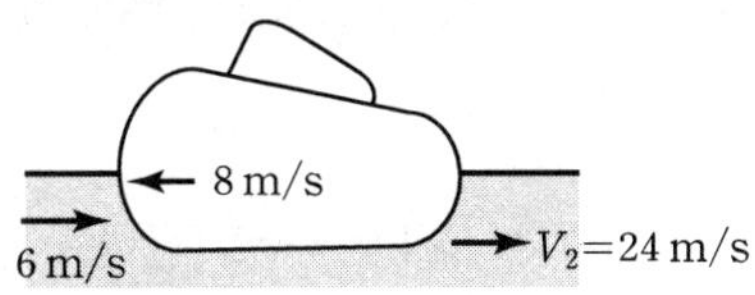

   힌트 $F_x = \rho Q(V_{x_2} - V_{x_1})$
   상대속도 $V_{x_1} = 6-(-8) = 14\ \mathrm{m/s}$, $V_{x_2} = 24\ \mathrm{m/s}$

4. 그림과 같은 스프링클러에서 물이 40 l/s로 흐른다. 노즐의 단면적이 0.04 m^{2}이라고 할 때 스프링클러의 시동회전력을 구하라.

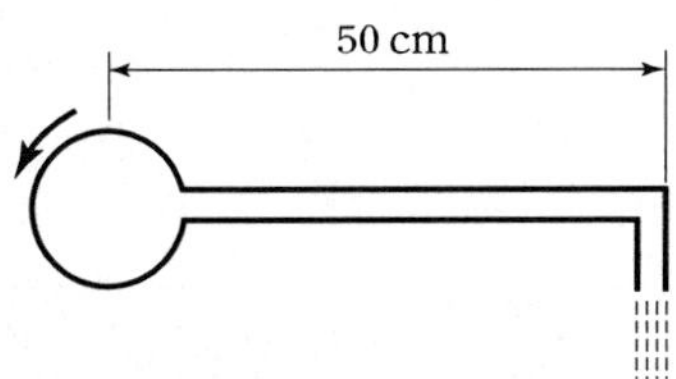

   힌트 $T = F \cdot r = \rho QVr,\ V = Q/A$

5. 매우 큰 탱크에 붙어 있는 단면적이 $0.002\,\text{m}^2$ 인 노즐에서 물이 4m/s의 속도로 분출하여 그림과 같이 곡면판에 접하여 30° 구부러진다. 정상 유동이라 가정할 때 수레를 고정시키기 위하여 매어둔 끈에 작용하는 힘은 얼마인가?

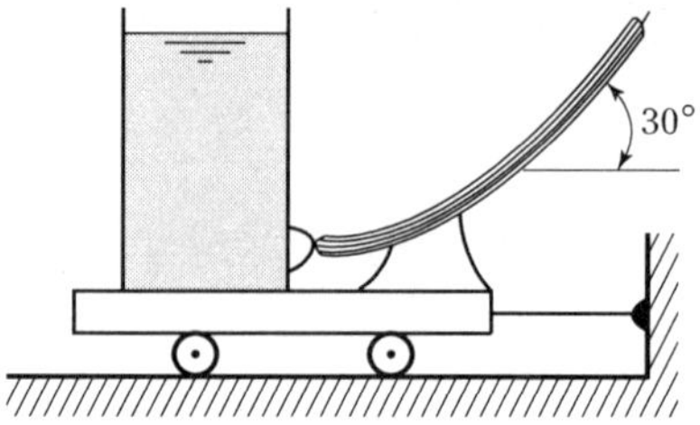

힌트 $F_x = \rho Q(V_{x_1} - V_{x_2}) = \rho QV(1-\cos\theta)$

6. 수평으로 놓여 있는 직관에 유량이 6 l/s인 물이 흐르고 있다. 관로의 도중에 그림과 같이 엘보(곡관)를 설치하여 유동의 방향을 90°로 바꿀 때 물에 의해서 엘보에 주는 힘과 힘의 방향을 구하라.(단, 엘보의 입구 및 출구에 붙은 계기압력은 100kPa를 표시하고 있다.)

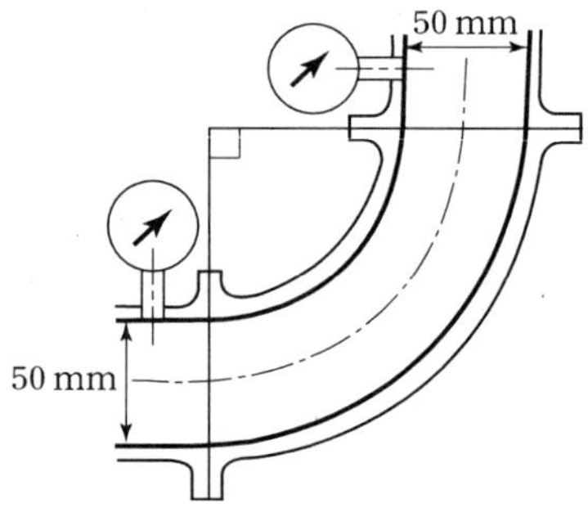

힌트 $Q = AV = \dfrac{\pi d^2}{4} V$

$$F_x = \rho Q(V_1 \cos 0 - V_2 \cos \pi/2) + P_1 A_1 \cos 0 - P_2 A_2 \cos \pi/2$$

$$F_y = \rho Q(V_1 \sin 0 - V_2 \sin \pi/2) + P_1 A_1 \sin 0 - P_2 A_2 \sin \pi/2$$

$$F = \sqrt{F_x^{\,2} + F_y^{\,2}},\ \theta = \tan^{-1}\frac{F_y}{F_x}$$

7. 시속 100m/s로 날아오는 질량이 0.5kg인 야구공을 배트로 쳐서 반대 방향으로 120m/s의 속도로 날려 보냈을 때 야구공의 운동량의 변화량은 몇 kgm/s인가? 또한 공을 배트로 충격한 시간을 0.05s라고 하면 배트가 공에 준 힘은 몇 kg_f인가?

힌트 $Ft = m(V_2 - V_1)$

정답

1. ① 2. ② 3. $F_x = 1500$ N 4. $T = 2.04\ \text{kg}_\text{f}\text{m}$ 5. $F_x = -4.3$ N

6. $F_x = 218$ N, $F_y = -218$ N, $F = 308$ N, $\theta = \tan^{-1}\dfrac{-218}{218} = -\dfrac{\pi}{4} = -45°$

7. 운동량의 변화 110 kgm/s, 힘 224.5 kg_f

Chapter 14

기체의 유동

14.1 기체의 유동

열역학에서 직면하는 유동에는 노즐, 디퓨저, 오리피스 및 관 내의 유체의 유동이 있다. 관로에 유체가 흐를 때 관로 내의 유동 상태가 위치에 따라 달라도, 어느 동일 장소의 유동 상태가 시간에 관계없이 일정한 유동을 **정상 유동**(steady flow)이라 말하고, 그렇지 않을 때의 유동을 **비정상 유동**(nonsteady flow)이라 말한다. 그리고 관로 내에서의 유동 속도와 관련하여 유체가 비교적 저속으로 흐를 때 유체 입자가 관로와 나란하게 일정한 층을 유지하면서 흐르는 흐름을 층류(laminar flow)라 하고, 유체흐름이 고속이 되어 불규칙한 상태로 되는 흐름을 난류(turbulent flow)라고 한다. 이와 같이 층류에서 난류로의 천이는 유체의 종류, 유로의 형상 등의 영향을 받는데, 보통 유동에 대한 레이놀즈 수(Reynolds number)라고 부르는 무차원 수에 의해서 양자를 구별한다. 레이놀즈 수의 정의식 및 층류와 난류의 판단조건은 다음과 같다.

$$Re = \frac{wd}{\nu} \quad (\text{층류 : } Re < 2300,\ \text{난류 : } Re > 2300) \tag{14-1}$$

여기서 w는 평균 속도(m/sec), d는 관내 직경(m), ν는 유체의 동점성계수(m^2/sec).

14.2 정상 유동의 기초식

열역학에서 취급하는 유동 문제는 비교적 간단한 유동이다. 보통 연속적이고 정상 유동으로서 관로 내의 속도분포를 고려하지 않고 동일 단면에서의 유속은 일정하다고 가정하여 평균 속도로 처리한다.

[1] 연속방정식(equation of continuity)

유체가 매초 단면 1－1, 2－2를 통과할 때, 정상 유동에서는 질량 보존의 법칙에 의하여 유입량과 유출량은 같아야 하므로 다음의 연속의 식이 성립한다.

$$G = \gamma a w = \gamma_1 a_1 w_1 = \gamma_2 a_2 w_2 = \text{const}(\text{일정}) \qquad (14\text{-}2)$$

$$G = \frac{aw}{v} = \frac{a_1 w_1}{v_1} = \frac{a_2 w_2}{v_2} = \text{const}(\text{일정})$$

여기서 첨자가 없는 것은 임의 위치에서의 값이다. G : 단위시간당 중량유량(kg_f/s), a_1, a_2 : 단면적(m^2), v_1, v_2 : 비체적(m^3/kg), w_1, w_2 : 속도(m/s).

[2] 에너지방정식(에너지 보전법칙)

① 일반 에너지식

관로 1과 관로 2 사이의 단위질량당 총 에너지는 에너지 보존법칙에 의해 다음과 같다.

$$q + u_1 + AP_1 v_1 + \frac{A{w_1}^2}{2g} + Az_1 = u_2 + AP_2 v_2 + \frac{A{w_1}^2}{2g} + Az_2 + Aw_t \qquad (14\text{-}3)$$

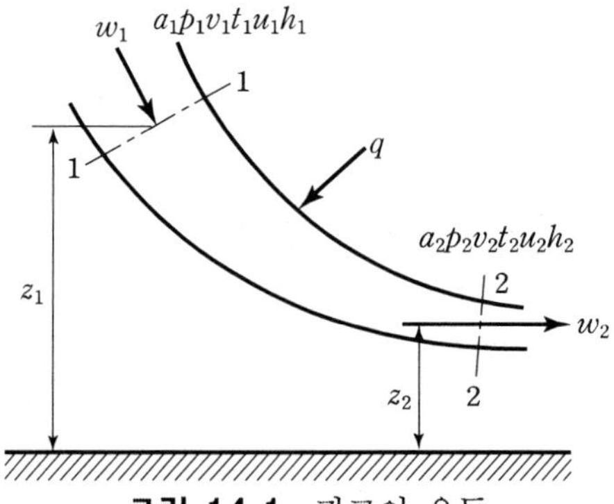

그림 14.1 관로의 유동

여기서 $h = u + APv$이므로

$$q = (h_2 - h_1) + \frac{A}{2g}(w_2{}^2 - w_1{}^2) + A(z_2 - z_1) + Aw_t \tag{14-4}$$

② 단열유동의 에너지식

유체가 관로에 가역 단열적으로 흐를 때 관로의 단면 변화에 따라 노즐유동과 디퓨저 유동을 하게 한다. 노즐(nozzle)이란 고속의 유체 분류를 내어 운동 에너지를 증가시킬 목적으로 사용되며, 고속 분류는 고압 구역의 유체를 저압 구역으로 팽창시킴으로써 이루어진다. 한편 디퓨저(diffuser)는 속도를 감소시켜 유체의 정압력을 증가시킬 목적으로 사용되며 노즐과 방향이 반대인 기구로서 기능도 반대이다.

유체를 노즐(nozzle)이나 오리피스(orifice)를 통해 유출시킬 때와 같이 외부로 열공급이 없고($q = 0$) 외부에 일을 하지 않고($Aw_t = 0$) 측정거리가 매우 근접하여 중력의 영향을 무시할 수 있는($z_1 \simeq z_2$) 경우에 일반 에너지 식 (9-4)는 다음과 같이 된다.

$$h_1 + \frac{Aw_1^2}{2g} = h_2 + \frac{Aw_2^2}{2g} \tag{14-5}$$

여기서 이론 단열 열낙차(단열 열강하) h_d를 정의하면

$$h_d = h_1 - h_2 = \frac{A(w_2^2 - w_1^2)}{2g} \tag{14-6}$$

과 같이 되고 위 식으로부터 분출속도는

$$w_2 = \sqrt{\frac{2g}{A}(h_1 - h_2) + w_1{}^2} \tag{14-7}$$

이다. 노즐의 특성에 따라 $w_1{}^2 \ll w_2{}^2$로 볼 수 있으므로 $w_1 \fallingdotseq 0$으로 취급하면

$$w_2 = \sqrt{\frac{2g}{A}(h_1 - h_2)} = 91.5\sqrt{h_1 - h_2} \tag{14-8}$$

예제 14-1

노즐 내에서 증기가 가역단열 과정으로 팽창할 때 팽창 중 열낙차가 80 kcal/kg$_f$이라면 노즐 입구 에서 증기의 유입 속도는 무시할 때 출구 속도는 몇 m/s 인가?

풀이

$$w_2 = \sqrt{\frac{2g}{A}(h_1 - h_2)} \fallingdotseq 91.5\sqrt{h_1 - h_2} = 91.5\sqrt{80} = 818.4\ \mathrm{m/s}$$

예제 14-2

노즐 속의 유량이 3 kg$_f$/s, 출구의 비체적이 6.5 m^3/kg$_f$이라면 출구의 단면적은 얼마인가?(단, w_2는 994 m/s 이다.)

풀이

$$G = \frac{a_1 w_1}{v_1} = \frac{a_2 w_2}{v_2} \rightarrow a_2 = \frac{G_1 v_2}{w_2} = \frac{3 \times 6.5}{994} = 0.0196$$

③ 실제 단열 열낙차(비가역 정미 열낙차)

노즐 속의 흐름에서는 유체를 엄밀한 뜻에서 가역 단열팽창시킬 수 없다. 이는 항상 표면의 저항, 와류(eddy flow) 등에 의한 마찰저항이 다르기 때문이다. 이 마찰저항은 노즐의 형상, 크기, 만곡도, 구조 표면의 거칠기 정도, 증기의 유속, 건조도의 상태 등에 따라서 그 영향을 받으므로 이론적으로는 간단히 해석하는 것은 불가능하다. 가역단열(이론단열) 열낙차에서 마찰에 의한 속도 에너지 손실을 포함한 실제 열낙차로 실제 가스가 노즐을 통과할 때 생기는 열낙차이다.

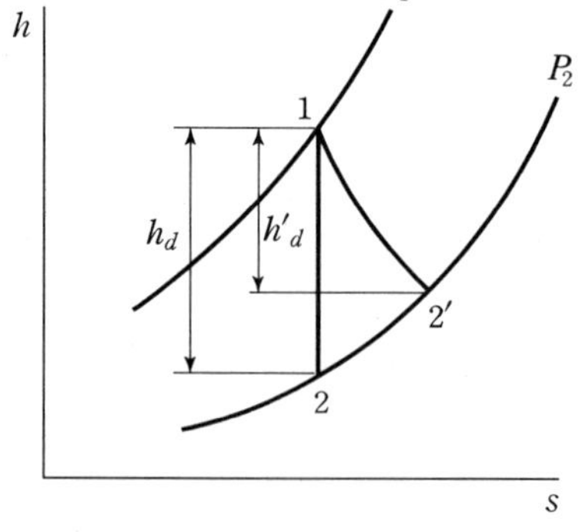

그림 14.2 $h-s$ 선도

다음의 $h-s$ 선도에서 압력 P_1이 원 상태 1로부터 노즐을 통과하여 압력 P_2까지의 팽창 과정을 나타낼 때 다음과 같이 정의된다.

- 이론 열낙차 : $h_d = h_1 - h_2$ (14-9)
- 실제 열낙차 : $h_d' = h_1 - h_2'$ (14-10)
- 마찰에 따른 손실 : $h_f = h_2' - h_2$ (14-11)

$\therefore\ h_d' = h_1 - h_2' = h_d - h_f$ (14-12)

- 실제 출구 속도 : 식 (14-7)에서 h_2를 h_2'로 대입하면 되므로 다음 식과 같이 된다.

$$w_2' = 91.5\sqrt{h_1 - h_2'} \tag{14-13}$$

- 노즐 효율 : 이론 열낙차와 실제 열낙차의 비

$$\eta_n = \frac{h_d'}{h_d} = \frac{h_1 - h_2'}{h_1 - h_2} = \left(\frac{w_2'}{w_2}\right)^2 \tag{14-14}$$

- 속도 계수 : 노즐을 통과한 이론 유속 w_2와 실제 노즐을 통과한 유속 w_2'의 비를 속도 계수라 한다.

$$\psi = \frac{w_2'}{w_2} = \frac{91.5\sqrt{h_1 - h_2'}}{91.5\sqrt{h_1 - h_2}} = \sqrt{\frac{h_d'}{h_d}} \tag{14-15}$$

$\therefore\ h_d' = \psi^2 \times h_d$

예제 14-3

어느 노즐에서 단열 열낙차가 90 kcal/kg_f이고, 노즐계수는 0.95일 때 실제의 열낙차는 몇 kcal/kg_f인가?

풀이

$$\psi = \frac{w_2'}{w_2} = \sqrt{\frac{h_d'}{h_d}} \rightarrow h_d' = \psi^2 \times h_d = 0.95^2 \times 90 = 81.3\,\text{kcal/kg}_f$$

가역 과정의 출구 속도는 비가역 과정보다는 빠르다.

14.3 노즐 속에서 유동

[1] 분출 속도

노즐 속의 흐름은 단열유동으로 볼 수 있으므로 정상류의 일반 에너지식에서 $q=0$, $Aw_t=0$, $z_2-z_1=0$을 대입하고, $w_2 \gg w_1$이라고 가정하면

$$h_1-h_2=\frac{A{w_2}^2}{2g}=C_P(T_1-T_2)=\frac{\kappa}{\kappa-1}AR(T_1-T_2)$$

$$=\frac{\kappa}{\kappa-1}A(P_1v_1-P_2v_2)=\frac{\kappa}{\kappa-1}AP_1v_1\left(1-\frac{T_2}{T_1}\right)$$

$$=\frac{\kappa}{\kappa-1}AP_1v_1\left[1-\left(\frac{P_2}{P_1}\right)^{\frac{\kappa-1}{\kappa}}\right]$$

$$\therefore\ w_2=\sqrt{2g\frac{\kappa}{\kappa-1}P_1v_1\left[1-\left(\frac{P_2}{P_1}\right)^{\frac{\kappa-1}{\kappa}}\right]}=91.5\sqrt{h_1-h_2} \qquad (14\text{-}16)$$

[2] 분출 유량

질량 보존의 법칙을 적용하여 구한다.

$G=\dfrac{a_2\,w_2}{v_2}$에 식 (14-16)의 w_2를 대입하면

$$G=\frac{a_2}{v_2}\sqrt{2g\frac{\kappa}{\kappa-1}P_1v_1\left[1-\left(\frac{P_2}{P_1}\right)^{\frac{\kappa-1}{\kappa}}\right]}$$

$$=a_2\sqrt{2g\frac{\kappa}{\kappa-1}\frac{v_1^2}{v_2^2}\frac{P_1v_1}{v_1^2}\left[1-\left(\frac{P_2}{P_1}\right)^{\frac{\kappa-1}{\kappa}}\right]}$$

$\left(\dfrac{v_1}{v_2}\right)^2=\left(\dfrac{P_2}{P_1}\right)^{\frac{2}{\kappa}}$ 이므로

$$G=a_2\sqrt{2g\frac{\kappa}{\kappa-1}\frac{P_1}{v_1}\left[\left(\frac{P_2}{P_1}\right)^{\frac{2}{\kappa}}-\left(\frac{P_2}{P_1}\right)^{\frac{\kappa+1}{\kappa}}\right]} \qquad (14\text{-}17)$$

[3] 임계 압력과 임계 압력비

임계 압력이란 분출유량이 최대가 될 때 출구 압력을 말하고, 이때 임계 압력과 입구 압력과의 비를 임계 압력비라 한다.

분출 유량 G가 최대로 되는 출구 압력 P_2를 구하기 위해 식 (14-17)로부터

$$\left(\frac{P_2}{P_1}\right)^{\frac{2}{\kappa}} - \left(\frac{P_2}{P_1}\right)^{\frac{\kappa+1}{\kappa}}$$

항이 최대가 되어야 한다. 이 항이 되기 위해 $\left(\frac{P_2}{P_1}\right)$로 미분하여 P_2를 구한다.

$$\frac{d\left[\left(\frac{P_2}{P_1}\right)^{\frac{2}{\kappa}} - \left(\frac{P_2}{P_1}\right)^{\frac{\kappa+1}{\kappa}}\right]}{d\left(\frac{P_2}{P_1}\right)} = 0$$

위 식을 풀어서 정리하면 다음과 같다.

$$P_c = P_2 = P_1\left(\frac{2}{\kappa+1}\right)^{\frac{\kappa}{\kappa-1}} \tag{14-18}$$

$$\frac{P_c}{P_1} = \frac{P_2}{P_1} = \left(\frac{2}{\kappa+1}\right)^{\frac{\kappa}{\kappa-1}} \tag{14-19}$$

P_c : 임계 압력(critical pressure), $\frac{P_c}{P_1}$: 임계 압력비(critical pressure ratio).

[4] 임계 분출 속도

임계 분출 속도는 분출유량이 최대가 될 때의 출구 속도로서 식 (14-17)에 식 (14-19)를 대입하여 정리하면 다음 식과 같이 된다.

$$w_c = w_2 = \sqrt{2g\frac{\kappa}{\kappa-1}P_1 v_1\left(1-\frac{2}{\kappa+1}\right)} = \sqrt{2g\frac{\kappa}{\kappa+1}P_1 v_1} \tag{14-20}$$

위 식에 식 (9-19)와 단열과정식 $P_1 v_1{}^{\kappa} = P_c v_c{}^{\kappa}$을 대입하면 다음 식과 같다.

$$w_c = \sqrt{\kappa g P_c v_c} = \sqrt{\kappa g P_2 v_2} = \sqrt{\kappa g R T_2} \tag{14-21}$$

이때 유속은 그 유체 내에서 음속이 된다.

14.4 단면 축소노즐과 단면 확대노즐

[1] 단면 축소노즐$(P_2 > P_c)$

노즐의 출구 압력 P_2가 임계 압력 P_c보다 높을 경우에는 노즐의 목이 없으며 그림과 같이 단순한 단면 축소형으로 되고 이것을 단면 축소노즐(convergent nozzle)이라 한다.

[2] 단면 확대노즐$(P_2 < P_c)$

노즐에서 음속 이상의 속도를 얻으려면 출구 압력(P_2)이 임계 압력(P_c)보다 적은 확대노즐을 사용한다.

① 노즐 목의 단면적

$$a_c = \frac{G w_c}{v_c} = G\sqrt{\frac{w_c}{g\kappa P_c}} = G\sqrt{\kappa g \left(\frac{2}{\kappa-1}\right)^{\frac{\kappa+1}{\kappa-1}} \left(\frac{P_1}{v_1}\right)} \tag{14-22}$$

② 노즐 출구의 단면적

$$a_2 = G w_2 \sqrt{2g\, P_1 v_1 \left[1 - \left(\frac{P_2}{P_1}\right)\right]^{\frac{\kappa-1}{\kappa}}} \tag{14-23}$$

③ 노즐 속도비

$$\rho = \frac{w_2}{w_c} = \sqrt{\frac{\kappa - 1\left(\frac{2}{\kappa+2}\right)^{\frac{2}{\kappa-1}}}{\kappa+1\left[\left(\frac{P_2}{P_1}\right)^{\frac{2}{\kappa}} - \left(\frac{P_2}{P_1}\right)^{\frac{\kappa+1}{\kappa}}\right]}} = \sqrt{\frac{\kappa+1}{\kappa-1}\left[1 - \left(\frac{P_2}{P_1}\right)^{\frac{\kappa-1}{\kappa}}\right]} \tag{14-24}$$

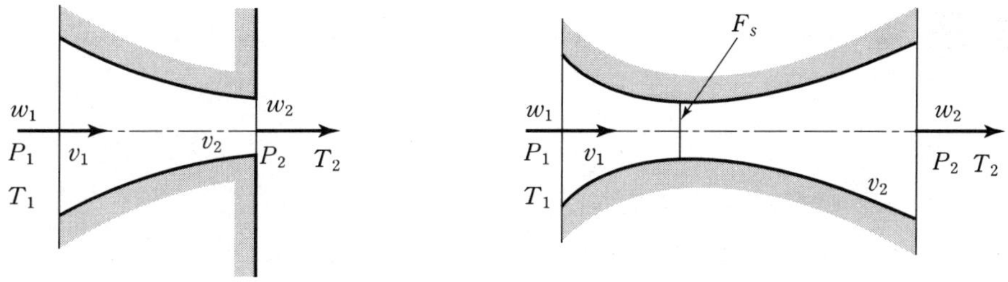

(a) 축소노즐 (b) 확대노즐

그림 14.3 축소노즐 및 확대노즐

예제 14-4

노즐 출구에서 공기의 온도가 50℃ 일 때 음속은 얼마인가?(단, $R = 29.27\ \mathrm{kg_f m/kg_f K}$ $\kappa = 1.4$ 이다.)

풀이 $w_c = \sqrt{\kappa g R T} = \sqrt{1.4 \times 9.8 \times 29.27 \times (273+50)} = 360\ \mathrm{m/s}$

예제 14-5

압력이 $26\ \mathrm{kg_f/cm^2}$인 건포화증기의 임계 압력은 몇 $\mathrm{kg_f/cm^2}$인가?(단, $\kappa = 1.135$, $v = 0.0826\ \mathrm{m^3/kg_f}$ 이다.)

풀이

$$P_c = P_1\left(\frac{2}{\kappa+1}\right)^{\frac{\kappa}{\kappa-1}} = 26\left(\frac{2}{1.135+1}\right)^{\frac{1.135}{1.135+1}} = 25.1$$

예제 14-6

노즐의 최소 단면적은 F_c, 임계 압력은 P_c, 비체적은 v, 비열비는 κ라 할 때, 최대 유량 G_c를 구하는 식을 구하라.

풀이

$$G_c = \frac{a_c w_c}{v_c},\ w_c = \sqrt{\kappa g R T} = \sqrt{\kappa g P_c v_c} \text{ 이므로}$$

$$G_c = \frac{a_c\sqrt{\kappa g P_c v_c}}{v_c} = a_c\sqrt{\kappa g \frac{P_c}{v_c}}$$

연습문제

1. 다음 중 노즐에 관한 표현으로 옳은 것은?
   ① 고속의 유체 분류를 내어 엔탈피를 증가시키는 유동통로이다.
   ② 고속의 유체 분류를 내어 내부 에너지를 증가시키는 유동통로이다.
   ③ 고속의 유체 분류를 내어 위치 에너지를 증가시키는 유동통로이다.
   ④ 고속의 유체 분류를 내어 운동 에너지를 증가시키는 유동통로이다.

2. 축소확대노즐에서 임계 압력이란?
   ① 노즐 목에서의 압력이다.
   ② 노즐에서 유량이 최대가 되는 노즐 출구의 압력이다.
   ③ 노즐의 유량이 최소가 되는 노즐 입구의 압력이다.
   ④ 노즐의 유량이 최대가 되는 노즐 목의 압력이다.

3. 다음 사항 중 틀린 것은?
   ① 흐름이 음속 이상이 될 때는 임계 상태 이후의 축소노즐의 압력분포나 유량은 배압의 영향을 받지 않는다.
   ② 노즐에서 부족팽창을 하면 출구에는 수축류가 생긴다.
   ③ 단열된 노즐에서 유체가 유동할 때 노즐 내에서는 마찰손실이 생기며 마찰열은 유체에 재차 회수된다.
   ④ 단열된 정상 유로에서 압축성 유체의 운동 에너지의 상승량은 도중의 비체적의 변화 과정에 관계없이 엔탈피의 강하량과 같다.

4. 음속 이상의 유출속도를 얻으려면 어떤 노즐을 사용해야 하는가?
   ① 선단 축소노즐 ② 평행노즐 ③ 선단 확대노즐 ④ 평행관

5. 다음 중 확대 디퓨저(diffuser)에 관하여 올바르게 나타낸 것은?
   ① 노즐의 단면 및 압력은 감소하고 유속은 증가한다.
   ② 노즐의 단면 및 엔탈피 압력은 증가하고 유속은 감소한다.
   ③ 노즐의 단면 및 유속은 증가하고 엔탈피 및 압력은 감소한다.
   ④ 노즐의 단면 및 유속은 감소하고 엔탈피 및 압력은 증가한다.

6. 다음 사항 중 틀린 것은?
   ① 노즐에서 배압이 임계 압력보다 낮을 때는 배압이 아무리 내려가도 출구에서의 유량은 임계 유량이 유지되며 일정하다.
   ② 일정 유량이 흐르기 위한 축소노즐에서는 최소 단면적에서의 압력이 노즐의 임계 압력이다.
   ③ 축소확대노즐에서는 음속을 넘는 유속을 얻을 수 없다.
   ④ 열에너지를 유효한 운동 에너지로 변환시키는 데 이용되는 장치로서 노즐이 사용된다.

7. 노즐에서 열이 흘러갈 때 출구 속도 w_2는 다음의 어느 식으로 표시되겠는가?(단, h_1, h_2는 임의의 두 곳의 엔탈피이다.)
   ① $w_2 = \sqrt{91.5\,(h_2 - h_1)}$　　② $w_2 = 91.5\,h_2 - h_1$
   ③ $w_2 = 91.5\,(h_1 - h_2)$　　④ $w_2 = 91.5\,\sqrt{(h_1 - h_2)}$

8. 노즐 속을 이상기체가 가역 단열 정상 유동할 때 다음의 마하수(Mach number) M 중에서 단면이 확대되는 곳은?
   ① $\mathrm{M}=0$　　② $\mathrm{M}<1$　　③ $\mathrm{M}=1$　　④ $\mathrm{M}>1$

9. 노즐의 입구 압력을 P_1, 출구 압력을 P_2, 노즐 목의 압력을 P_c라 할 때 단면 확대노즐(divergent nozzle)의 조건은?
   ① $P_c \leqq P_1$　　② $P_c \leqq P_2$　　③ $P_c > P_2$　　④ $P_1 > P_2$

10. 축소확대노즐(convergent-divergent nozzle)의 노즐 목에서 유체압력 P_c의 초압 P_1(노즐 입구에서의 유체압력)에 대한 비 $\dfrac{P_c}{P_1}$는 어떤 값을 가지는가?(단, 유동은 가역 단열팽창이며 κ는 단열지수이다.)
   ① $\dfrac{P_c}{P_1}=\left(\dfrac{2}{\kappa+1}\right)^{\frac{1}{\kappa-1}}$　　② $\dfrac{P_c}{P_1}=\left(\dfrac{2}{\kappa-1}\right)^{\frac{1}{\kappa-1}}$
   ③ $\dfrac{P_c}{P_1}=\left(\dfrac{2}{\kappa+1}\right)^{\frac{\kappa}{\kappa-1}}$　　④ $\dfrac{P_c}{P_1}=\left(\dfrac{2}{\kappa-1}\right)^{\frac{\kappa}{\kappa-1}}$

11. 어느 노즐에서 단열낙차가 93kcal/kg$_f$이고 노즐의 속도계수는 0.943일 때 실제의 열낙차는 얼마인가?

힌트 $h_d' = \psi^2 \times h_d$

12. 압력이 8kg$_f$/cm^2, 온도가 600℃인 공기가 노즐 속을 등엔트로피적으로 팽창하여 압력이 1kg$_f$/cm^2, 온도가 150℃로 되었다면 출구의 분출속도는 마하수로 얼마인가?

힌트 음속 : $w_c = \sqrt{\kappa g R T}$, 유속 : $w_2 = \sqrt{\frac{2g}{A}(h_1 - h_2)} = \sqrt{\frac{2g}{A} C_p (T_1 - T_2)}$

속도비(마하수) : $M = \frac{w_2}{w_c}$

13. 유속 250 m/s로 유동하는 공기의 온도가 15℃라면 마하수는 얼마인가?(단, 비열비 $\kappa = 1.4$, 가스상수 $R = 29.27$kg$_f$m/kg$_f$K이다.)

14. 압력이 8kg$_f$/cm^2, 온도가 400℃인 공기가 노즐 내에서 등엔트로피적으로 팽창한다면 출구의 분출속도는 얼마인가?(단, 노즐계수가 0.90이고 $C_p = 0.24$kcal/kg$_f$℃, $C_v = 0.17$kcal/kg$_f$℃이다.)

힌트 단열 과정 : $\left(\frac{T_2}{T_1}\right) = \left(\frac{P_2}{P_1}\right)^{\frac{\kappa - 1}{\kappa}}$, $w_2 = \sqrt{\frac{2g}{A}(h_1 - h_2)} = \sqrt{\frac{2g}{A} C_p (T_1 - T_2)}$

$w_2' = \psi^2 \times w_2$ (여기서 ψ는 속도계수)

정답 1. ④ 2. ④ 3. ② 4. ③ 5. ② 6. ③ 7. ④ 8. ④ 9. ③ 10. ③
11. 82.7 kcal/kg$_f$ 12. $M = 2.31$ 13. $M = 0.735$ 14. $w_2' = 700$m/s

부록

유체의 물리적 성질

1.1 기체의 열적 성질(조건 : $1kg_f/cm^2$)

물 질	온 도 ℃	비중량 γ kg_f/m^3	비 열 C_p $kcal/kg_f$℃	점성계수 μ kg_fs/m^2	동점성계수 v m^2/s	열전도율 k kcal/mh℃	온도전도율 a m^2/h	Prandl 수 Pr
空 氣	−50	1.533	0.240	1.49×10^{-6}	0.0953×10^{-4}	0.017 2	0.046 8	0.733
	−20	1.348	0.240	1.65	0.120	0.019 3	0.069 7	0.724
	0	1.251	0.2401	1.76	0.138	0.020 7	0.068 9	0.721
	20	1.166	0.2402	1.86	0.156	0.022 1	0.078 9	0.712
	40	1.091	0.2404	1.95	0.175	0.023 4	0.089 2	0.707
	60	1.026	0.2407	2.05	0.196	0.024 7	0.100	0.705
	80	0.968	0.2412	2.14	0.217	0.026 0	0.111	0.704
	100	0.916	0.2417	2.23	0.239	0.027 2	0.123	0.700
水 素	−50	0.106 4	3.32	0.750×10^{-6}	0.691×10^{-4}	0.121	0.343	0.73
	0	0.086 9	3.41	0.858	0.968	0.144	0.486	0.72
	50	0.073 4	3.43	0.957	1.28	0.165	0.653	0.71
	100	0.063 6	3.45	1.048	1.62	0.184	0.840	0.69
水蒸氣	100	0.578	0.51	1.30×10^{-6}	0.221×10^{-4}	0.020 8	0.070 6	1.12
炭酸가스	−50	2.373	0.185	1.14	0.047	0.009 4	0.021	0.81
	0	0.912	0.198	1.40	0.047	0.009 4	0.021	0.81
	50	1.616	0.209	1.65	0.100	0.015 8	0.047	0.77
	100	1.400	0.219	1.86	0.130	0.019 0	0.062	0.76
	20	1.103	0.239	1.28	0.203	0.026 0	0.099	0.74
Ammo−nia	0	0.746	0.518	0.95	0.125	0.018 9	0.048 9	0.92
	50	0.626	0.525	1.13	0.177	0.022 5	0.068 5	0.93
	100	0.540	0.533	1.33	0.241	0.025 4	0.099 2	0.98
	200	0.425	0.572	1.69	0.390	0.029 9	0.123	1.15

1.2 물의 열적 성질(조건 : $1kg_f/cm^2$, 온도 100℃ 이상은 포화수)

온도 ℃	비중량 γ kg_f/m^3	비열 C_p $kcal/kg_f$℃	점성계수 μ kg_fs/m^2	동점성계수 v m^2/s	열전도율 k kcal/mh℃	온도전도율 a m^2/h	Prandl 수 Pr	팽창계수 β 1/℃	증발열 γ $kcal/kg_f$
0	999.9	1.008	1.829×10^{-4}	2.258×10^{-6}	0.477	4.73×10^{-4}	17.2	-0.06×10^{-3}	597.1
10	999.7	1.002	1.336	1.311	0.498	4.97	9.49	+0.9	591.5
20	998.2	0.999	1.029	1.011	0.514	5.15	7.06	0.20	585.9
30	995.7	0.998	0.816	0.804	0.528	5.31	5.45	0.29	580.2
40	992.3	0.998	0.667	0.659	0.540	5.45	4.56	0.38	574.5
50	988.1	0.999	0.560	0.556	0.551	5.58	3.58	0.45	568.8
60	983.2	1.000	0.479	0.478	0.560	5.70	3.02	0.54	563.0
80	971.8	1.003	0.364	0.376	0.575	5.90	2.29	0.65	551.1
100	958.4	1.007	0.290	0.297	0.588	6.07	1.76	0.78	538.8
200	894.7	1.076	0.141	0.160	0.572	6.15	0.937	1.55	463.5
250	799.2	1.157	0.114	0.140	0.536	5.80	0.809	2.29	409.9

1.3 냉매의 열적 성질(조건 : $1kg_f/cm^2$, 온도 100℃ 이상은 포화수)

물 질	온도 ℃	비중량 γ kg_f/m^3	비 열 C_p $kcal/kg_f$℃	점성계수 μ kg_fs/m^2	동점성계수 v m^2/s	열전도율 k kcal/mh℃	온도전도율 a m^2/h	Prandl 수 Pr	팽창계수 β 1/。C	증발열 γ $kcal/kg_f$
AMMONIA (NH^3)	−50	704	1.066	0.312×10^{-4}	0.406×10^{-6}	0.471	6.27×10^{-4}	2.60		338
	−30	679	1.069	0.268	0.381	0.472	6.48	2.15		325
	0	640	1.107	0.243	0.362	0.465	6.55	2.05	2.45×10^{-3}	302
	20	612	1.146	0.224	0.349	0.448	6.39	2.02		284
	40	581	1.194	0.201	0.325	0.425	6.12	2.00		263
炭酸가스 (CO_2)	−50	1 154	0.44	0.140×10^{-4}	0.119×10^{-6}	0.0735	1.45×10^{-4}	2.96		80.6
	−30	1 074	0.47	0.128	0.117	0.0961	1.90	2.20		72.4
	0	925	0.59	0.103×10^{-4}	0.109×10^{-6}	0.0900	1.65	2.38		56.1
	20	770	1.20	0.072	0.091	0.0751	0.799	4.10	6.61×10^{-3}	37.1
亞黃酸 가스 (SO_2)	−50	1 561	0.325	0.770×10^{-4}	0.484×10^{-6}	0.209	4.11×10^{-4}	4.24		100.0
	−30	1 513	0.325	0.559	0.371	0.198	4.02	3.31		97.8
	0	1 438	0.326	0.377	0.257	0.182	3.89	2.38	1.72×10^{-3}	90.8
	20	1 386	0.326	0.297	0.210	0.171	3.78	2.00	1.94	83.9
	40	1 329	0.327	0.234	0.173	0.159	3.67	1.70		75.0
鹽化 Methyle (CH^3Cl)	−50	1 053	0.35	0.334×10^{-4}	0.320×10^{-6}	0.185	5.00×10^{-4}	2.31		108.0
	−30	1 017	0.356	0.326	0.314	0.174	4.81	2.35		103.8
	0	962	0.367	0.296	0.302	0.153	4.37	2.49		96.9
	20	923	0.379	0.276	0.293	0.140	4.01	2.63		91.8
	40	883	0.394	0.253	0.281	0.124	3.59	2.83		86.2
R−11	30	1 466	0.209	0.413	0.276	0.0906	0.295×10^{-4}	3.37		43.0
R−21	30	1 356	0.256	0.335×10^{-4}	0.242×10^{-6}	0.1035	0.298×10^{-4}	2.92		55.1
R−113	30	1 556	0.218	0.632×10^{-4}	0.398×10^{-6}	0.0775	0.228×10^{-4}	6.27		36.4
Ethylene Glycol	0	1 131	0.548	66.3×10^{-4}	57.5×10^{-6}	0.209	3.37	614		
	20	1 117	0.569	21.7	19.0	0.215	3.38	202	0.64	
	40	1 100	0.591	0.84	8.77	0.220	3.38	93.4		
	60	1 090	0.612	5.41	4.86	0.223	3.34	52.4	0.65	
	80	1 070	0.633	3.37	3.16	0.225	3.82	34.3	0.66	
	100	1 060	0.655	2.45	2.27	0.226	3.26	25.1	0.67	

2.1 포화 습공기표 [1]

온 도	포화수증기압력		포화공기 절대습도	포화공기 엔탈피	포화공기 비체적	건조공기 비체적
℃	p_s kg$_f$/cm^2	h mmHg	x_s kg$_f$/kg$_f$	h_s kcal/kg$_f$	v_s m^3/kg$_f$	v m^3/kg$_f$
−20.0	1.052×10^{-3}	0.7739	0.6340×10^{-3}	−4.427	0.719	0.7172
−18.0	1.273×10^{-3}	0.9362	0.7671×10^{-3}	−3.868	0.7231	0.7228
−16.0	1.535×10^{-3}	1.129	0.9255×10^{-3}	−3.294	0.7296	0.7285
−14.0	1.846×10^{-3}	1.358	1.113×10^{-3}	−2.702	0.7225	0.7342
−12.0	2.214×10^{-3}	1.629	1.336×10^{-3}	−2.089	0.7417	0.7398
−10.0	2.648×10^{-3}	1.948	1.598×10^{-3}	−1.452	0.7474	0.7455
−8.0	3.159×10^{-3}	2.323	1.907	−0.787	0.7535	0.7512
−6.0	3.757×10^{-3}	2.764	2.270	−0.09015	0.7596	0.7566
−4.0	4.458×10^{-3}	3.279	2.695	0.6550	0.7658	0.7625
−2.0	5.275×10^{-3}	3.880	3.192	1.424	0.7921	0.7662
0.0	6.228×10^{-3}	4.581	3.792	2.253	0.7786	0.7738
2.0	7.194×10^{-3}	5.292	4.361	3.089	0.7850	0.7795
4.0	8.290×10^{-3}	6.098	5.301	3.974	0.7915	0.7852
6.0	9.531×10^{-3}	7.010	5.791	4.914	0.7982	0.7908
8.0	1.0933×10^{-2}	8.042	6.652	5.917	0.8050	0.7965
1.10	1.2514×10^{-2}	9.205	7.625	6.988	0.8120	0.8021
12.0	1.4294×10^{-2}	10.514	8.725	8.138	0.8192	0.8088
14.0	1.6294×10^{-2}	11.98	9.964	9.373	0.8265	0.8135
16.0	1.8531×10^{-2}	13.61	0.01136	10.70	0.8341	0.8191
18.0	2.104×10^{-2}	15.47	0.01293	12.14	0.8420	0.8248
20.0	2.383×10^{-2}	17.53	0.01469	13.70	0.8501	0.8305
22.0	2.695×10^{-2}	19.82	0.01666	15.39	0.2585	0.8412
24.0	3.042×10^{-2}	22.38	0.01887	17.23	0.8673	0.8463
26.0	3.427×10^{-2}	25.21	0.02134	19.23	0.8166	0.8475
28.0	3.854×10^{-2}	28.35	0.02410	21.41	0.8862	0.8531
30.0	4.327×10^{-2}	31.83	0.02718	23.80	0.8963	0.8988
32.4	4.849×10^{-2}	35.67	0.03063	26.41	0.9090	0.8645
34.0	5.425×10^{-2}	69.90	0.03447	29.26	0.9183	0.8701
36.0	6.059×10^{-2}	44.57	0.03875	32.40	0.9304	0.8759
38.0	6.757×10^{-2}	49.70	0.04352	35.84	0.9431	0.8815
40.0	7.523×10^{-2}	55.34	0.04884	39.64	0.9568	0.8871
42.0	8.363×10^{-2}	61.52	0.05478	43.81	0.9714	0.8228
44.0	9.284×10^{-2}	68.29	0.06140	48.43	0.9472	0.8985
46.0	0.10288	75.68	0.06818	53.52	1.004	0.9041
48.0	0.11386	83.75	0.07703	59.16	1.022	0.9098
50.0	0.12583	92.56	0.08625	65.42	1.042	0.9155
52.0	0.13886	102.14	0.09657	22.39	1.064	0.9211
54.0	0.15303	112.6	0.481	80.12	1.088	0.9268

2.1 포화 습공기표 [2]

온 도	포화수증기압력		포화공기 절대습도	포화공기 엔탈피	포화공기 비체적	건조공기 비체적
t ℃	p_s kg_f/cm^2	h mmHg	x_s kg_f/kg_f	h_s $kcal/kg_f$	v_s m^3/kg_f	v m^3/kg_f
56.0	0.16842	123.9	0.121	88.78	1.114	0.9325
58.5	0.18811	136.2	0.1358	98.48	1.143	0.9381
60.0	0.2032	149.5	0.1523	109.37	1.175	0.9428
62.0	0.2228	163.8	0.1709	121.7	1.210	0.9495
64.0	0.2439	199.5	0.1922	135.6	1.250	0.9551
66.0	0.2667	196.2	0.2164	151.4	1.295	0.9608
68.0	0.2913	214.3	0.2142	169.5	1.034	0.9665
70.0	0.3178	233.8	0.2763	190.4	1.424	0.9721
72.0	0.3464	254.8	0.3136	214.6	1.471	0.9778
74.0	0.3770	277.3	0.3973	242.8	1.548	0.9835
76.0	0.4099	301.5	0.4090	276.3	1.640	0.9891
78.0	0.4452	327.5	0.4709	316.2	1.748	0.9948
80.0	0.4830	355.3	0.5460	364.6	1.879	1.0004
82.0	0.9235	385.1	0.6387	424.3	2.040	1.006
84.0	0.5668	416.9	0.7557	499.5	2.241	1.012
86.0	0.6130	450.7	0.9672	597.0	2.502	1.017
88.0	0.6623	487.2	1.111	729.7	2.850	1.623
90.0	0.7150	525.9	1.397	911.6	3.340	1.029
92.0	0.7710	567.1	1.829	1189.0	4.096	1.034
94.0	0.8307	611.0	2.551	1652.0	5.360	1.040
96.0	0.8842	657.7	3.999	2581.3	7.770	1.046
98.0	0.9616	707.3	8.352	5373.0	15.17	1.031
100.0	1.03323	760.0	—	—	—	1.057

2.2 포화 수증기표(온도 기준) [1]

온도	포화압력		비체적 m^3/kg_f		엔탈피 $kcal/kg_f$			엔트로피 $kcal/kg_fK$	
t ℃	kg_f/cm^2	mmHg	v'	v''	h'	h''	γ	s'	s''
0	0.006 228	4.58	0.001 000 2	206.3	0.00	597.1	597.1	0.000 0	2.186 0
2	0.007 194	5.29	0.001 000 1	179.9	2.01	598.0	596.0	0.007 3	2.173 3
4	0.008 289	6.10	0.001 000 0	157.2	4.02	598.9	594.9	0.014 5	2.160 9
6	0.009 530	7.01	0.001 000 1	137.7	6.03	599.8	593.8	0.021 8	2.148 8
8	0.010 932	8.04	0.001 000 2	120.9	8.04	600.7	592.6	0.028 9	2.136 7
10	0.012 513	9.20	0.001 000 4	106.4	10.04	601.5	591.5	0.036 1	2.125 0
12	0.014 292	10.5	0.001 000 6	93.79	12.04	602.4	590.4	0.043 1	2.113 4
14	0.016 290	12.0	0.001 000 8	82.86	14.04	603.3	589.3	0.050 1	2.102 2
16	0.018 529	13.6	0.001 000 1	73.34	16.04	604.1	588.1	0.057 0	2.091 0
18	0.021 034	15.5	0.001 001 5	65.05	18.03	605.0	587.0	0.063 9	2.080 0
20	0.023 830	17.5	0.001 001 8	57.80	20.03	605.9	585.9	0.070 8	2.069 3
21	0.025 347	18.6	0.001 002 0	54.53	21.03	606.3	585.3	0.074 2	2.063 9
22	0.026 948	19.8	0.001 002 3	51.46	22.02	606.8	584.8	0.077 6	2.058 7
23	0.028 637	21.1	0.001 002 5	48.59	23.02	607.2	584.2	0.081 0	2.053 5
24	0.030 415	22.4	0.001 002 7	45.90	24.02	607.6	583.6	0.084 3	2.048 3
25	0.032 291	23.8	0.001 003 0	43.37	25.02	608.1	583.1	0.087 6	2.043 1
26	0.034 266	25.2	0.001 003 3	41.01	26.01	608.5	582.5	0.091 0	2.038 0
27	0.036 347	26.7	0.001 003 5	38.79	27.01	608.9	581.9	0.094 3	2.033 0
28	0.038 536	28.3	0.001 003 8	36.70	28.01	609.4	581.4	0.097 6	2.028 0
29	0.040 838	30.0	0.001 004 1	34.75	29.01	609.8	580.8	0.100 9	2.023 1
30	0.043 261	31.8	0.001 004 4	32.91	30.00	610.2	580.2	0.104 2	2.018 2
31	0.045 807	33.7	0.001 004 8	31.18	31.00	610.7	579.7	0.107 5	2.013 3
32	0.048 482	35.7	0.001 005 1	29.55	32.00	611.1	579.1	0.110 8	2.008 5
33	0.051 292	37.7	0.001 005 4	28.02	33.00	611.5	578.5	0.114 1	2.003 7
34	0.054 240	39.9	0.001 005 8	26.58	33.99	611.9	578.0	0.117 4	1.999 0
35	0.057 337	42.2	0.001 006 1	25.23	34.99	612.4	577.4	0.120 7	1.994 3
36	0.060 585	44.6	0.001 006 4	23.95	35.99	612.8	576.8	0.123 9	1.989 6
37	0.063 990	47.1	0.001 006 8	22.75	36.99	613.2	576.2	0.127 1	1.984 9
38	0.067 561	49.7	0.001 007 1	21.61	37.98	613.7	575.7	0.130 3	1.980 3
39	0.071 301	52.4	0.001 007 5	20.54	38.98	614.1	575.1	0.133 5	1.975 8
40	0.075 220	55.3	0.001 007 9	19.53	39.98	614.5	574.5	0.136 7	1.971 3
42	0.083 620	61.5	0.001 008 7	17.68	41.97	615.4	573.4	0.143 0	1.962 4
44	0.092 83	68.3	0.001 009 5	16.02	43.97	616.2	572.2	0.149 3	1.953 6
46	0.102 87	75.7	0.001 010 3	14.55	45.96	617.1	571.1	0.155 5	1.944 9
48	0.113 84	83.7	0.001 011 2	13.22	47.95	617.9	570.0	0.161 7	1.936 4
50	0.125 81	92.5	0.001 012 1	12.04	49.95	618.8	568.8	0.168 0	1.928 1
55	0.160 54	118.1	0.001 014 5	9.572	54.94	620.8	565.9	0.183 4	1.907 8
60	0.203 16	149.4	0.001 017 1	7.673	54.94	622.9	563.0	0.198 4	1.888 3
65	0.255 06	187.6	0.001 019 8	6.198	64.93	625.0	560.0	0.213 3	1.869 5
70	0.317 80	233.8	0.001 022 8	5.043	69.93	627.0	557.1	0.228 0	1.851 4
75	0.393 13	289.2	0.001 025 8	4.132	74.94	629.1	554.1	0.242 4	1.834 0
80	0.482 97	355.3	0.001 029 0	3.407	79.95	631.1	551.1	0.256 8	1.817 3
85	0.589 47	433.6	0.001 032 4	2.828	84.96	633.0	548.1	0.270 8	1.801 1
90	0.714 93	525.9	0.001 035 9	2.360	89.98	635.0	545.0	0.284 7	1.785 5
95	0.861 93	634.0	0.001 039 7	1.982	95.00	636.9	541.9	0.298 5	1.770 5
96	0.894 16	657.7	0.001 040 4	1.915	96.10	637.4	541.4	0.301 2	1.767 5
97	0.927 38	682.1	0.001 041 2	1.851	97.01	637.7	540.7	0.303 9	1.764 6
98	0.961 61	707.3	0.001 041 9	1.789	98.02	638.1	540.1	0.306 6	1.761 7
99	0.996 89	733.3	0.001 042 7	1.730	99.03	638.5	539.4	0.309 3	1.758 8
100	1.033 23	760.0	0.001 043 5	1.673	100.04	638.8	538.8	0.312 0	1.755 9
101	1.070 4	787.0	0.001 044 3	1.618	101.05	639.1	538.1	0.314 7	1.753 1
102	1.092 9	815.2	0.001 045 1	1.565	102.06	639.5	537.4	0.317 3	1.750 2
103	1.148 5	844.2	0.001 045 8	1.514	103.06	639.9	536.8	0.320 0	1.747 4
104	1.188 9	874.5	0.001 046 6	1.466	104.06	640.3	536.2	0.322 7	1.744 6
105	1.231 8	906.1	0.001 047 4	1.419	105.07	640.7	535.6	0.325 5	1.741 9
106	1.275 8	938.4	0.001 048 2	1.375	106.07	641.1	535.0	0.327 3	1.739 2
107	1.320 1	971.6	0.001 049 0	1.333	107.08	641.4	534.3	0.328 4	1.736 4
108	1.365 4	1 003.7	0.001 049 9	1.281	108.08	641.8	533.7	0.331 2	1.733 7
109	1.412 6	1 040.0	0.001 050 7	1.250	109.09	642.1	533.0	0.333 9	1.731 0

2.2 포화 수증기표(압력 기준) [1]

압 력 kg_f/cm^2	포화온도 0℃	비체적 m^3/kg_f		엔탈피 $kcal/kg_f$			엔트로피 $kcal/kg_fK$	
		v'	v''	h'	h''	γ	s'	s''
0.01	6.700	0.001 000 1	131.6	6.73	600.1	593.4	0.024 3	2.144 6
0.02	17.202	0.001 001 3	68.25	17.24	604.7	587.4	0.061 1	2.084 3
0.03	23.771	0.001 002 7	46.50	23.79	607.5	583.7	0.083 5	2.049 5
0.04	28.641	0.001 004 0	35.43	28.65	609.6	581.0	0.099 7	2.024 8
0.05	32.55	0.001 005 2	28.70	32.55	611.3	578.8	0.112 6	2.005 8
0.06	35.82	0.001 006 4	24.17	35.81	612.7	576.9	0.123 3	1.990 4
0.07	38.66	0.001 007 4	20.90	38.64	613.9	575.3	0.132 4	1.977 3
0.08	41.16	0.001 008 3	18.43	41.14	615.0	573.9	0.140 4	1.966 1
0.09	43.41	0.001 009 3	16.50	43.38	616.0	572.6	0.147 4	1.956 1
0.10	45.45	0.001 010 1	14.94	45.41	616.8	571.4	0.153 8	1.947 3
0.12	49.05	0.001 011 7	12.58	49.00	618.4	569.4	0.165 0	1.932 0
0.14	52.17	0.001 013 1	10.89	52.12	619.6	567.5	0.174 7	1.919 2
0.16	54.93	0.001 014 4	9.602	54.87	620.8	565.9	0.183 2	1.908 1
0.18	57.41	0.001 015 7	8.597	57.35	621.8	564.5	0.190 7	1.898 3
0.20	59.66	0.001 016 9	7.787	59.60	622.7	563.1	0.197 4	1.889 5
0.22	61.73	0.001 018 0	7.121	61.67	623.6	562.0	0.203 6	1.881 7
0.24	63.65	0.001 019 1	6.562	63.59	624.4	560.8	0.209 4	1.874 6
0.26	65.43	0.001 020 1	6.088	65.37	625.2	559.8	0.214 7	1.867 9
0.28	67.10	0.001 021 1	5.678	67.03	625.8	558.8	0.219 6	1.861 9
0.30	68.67	0.001 022 0	5.323	68.60	626.5	557.9	0.224 1	1.856 1
0.4	75.41	0.001 026 1	4.065	75.35	629.2	553.9	0.243 7	1.832 8
0.5	80.86	0.001 029 6	3.299	80.81	631.4	550.6	0.259 2	1.814 5
0.6	85.45	0.001 032 7	2.781	85.41	633.2	547.8	0.272 1	1.799 7
0.7	89.45	0.001 035 5	2.408	89.43	634.8	545.4	0.283 2	1.787 2
0.8	92.99	0.001 038 1	2.124	92.98	636.2	543.2	0.293 0	1.776 4
0.9	96.18	0.001 040 5	1.903	96.19	637.4	541.2	0.301 7	1.767 0
1.0	99.09	0.001 042 8	1.725	99.12	638.5	539.4	0.309 6	1.758 6
1.03323	100.00	0.001 043 5	1.673	100.04	638.8	538.8	0.312 0	1.755 9
1.1	101.76	0.001 044 8	1.578	101.81	639.5	537.7	0.316 8	1.750 9
1.2	104.25	0.001 046 8	1.454	104.32	640.4	536.1	0.323 4	1.744 0
1.3	106.56	0.001 048 6	1.350	106.65	641.3	534.6	0.329 6	1.737 6
1.4	108.74	0.001 050 5	1.259	108.86	642.1	533.2	0.335 5	1.731 7
1.5	110.79	0.001 052 3	1.180	110.92	642.8	531.9	0.340 8	1.726 2
1.6	112.73	0.001 053 8	1.110	112.89	643.5	530.7	0.345 9	1.721 1
1.8	116.33	0.001 057 0	0.995 3	116.53	644.8	528.3	0.355 3	1.711 7
2.0	119.62	0.001 060 0	0.901 8	119.86	646.0	526.1	0.363 8	1.703 3
2.2	122.64	0.001 062 7	0.8249	122.92	647.0	524.1	0.371 5	1.695 7
2.4	125.46	0.001 065 3	0.7603	125.84	648.0	522.2	0.378 8	1.688 8
2.6	128.08	0.001 067 9	0.7054	128.45	648.9	520.4	0.385 4	1.682 4
2.8	130.55	0.001 070 2	0.6581	130.98	649.7	518.7	0.391 7	1.676 5
3.0	132.88	0.001 072 5	0.6170	133.36	650.5	517.1	0.397 5	1.671 0
4	142.92	0.001 082 8	0.4709	143.63	653.7	510.0	0.422 5	1.648 2
5	151.11	0.001 091 8	0.3818	152.04	656.1	504.1	0.442 5	1.630 5
6	158.08	0.001 099 8	0.3215	159.25	658.1	498.8	0.459 2	1.615 8
7	164.17	0.001 107 0	0.2779	165.60	659.7	494.1	0.473 7	1.603 4
8	169.61	0.001 113 9	0.2449	171.26	661.0	489.8	0.486 6	1.592 7
9	174.53	0.001 120 2	0.2191	176.45	662.2	485.8	0.498 1	1.583 1
10	179.04	0.001 126 2	0.1981	181.19	663.2	482.0	0.508 6	1.574 5
11	183.20	0.001 131 8	0.1806	185.55	664.1	478.5	0.518 2	1.566 7
12	187.08	0.001 137 3	0.1662	189.67	664.8	475.2	0.527 1	1.559 5
13	190.71	0.001 142 5	0.1540	193.53	665.5	472.0	0.535 3	1.552 8
14	194.13	0.001 147 6	0.1436	197.18	666.1	468.9	0.543 0	1.546 6
15	197.36	0.001 152 4	0.1344	200.63	666.6	466.0	0.550 4	1.540 8

2.2 포화 수증기표(온도 기준) [2]

온도	포화압력	비체적 m^3/kg_f		엔탈피 $kcal/kg_f$			엔트로피 $kcal/kg_fK$	
℃	kg_f/cm^2	v'	v''	h'	h''	γ	s'	s''
110	1.460 9	0.001 051 5	1.210	110.12	642.5	532.4	0.338 8	1.728 3
115	1.723 9	0.001 055 8	1.036	115.18	644.4	529.2	0.351 9	1.715 1
120	2.024 5	0.001 060 3	0.891 6	120.25	646.1	525.9	0.364 8	1.702 3
125	2.366 6	0.001 064 9	0.770 4	135.33	647.9	522.5	0.377 6	1.689 9
130	2.754 4	0.001 069 7	0.668 1	130.42	649.5	519.1	0.390 3	1.677 8
135	3.192 3	0.001 074 6	0.581 9	135.54	651.2	515.6	0.402 9	1.666 1
140	3.684 8	0.001 079 8	0.508 7	140.64	652.8	512.1	0.415 3	1.654 7
145	4.236 9	0.001 085 0	0.466 2	145.80	654.3	508.5	0.427 6	1.643 6
150	4.853 5	0.001 090 6	0.392 6	150.92	655.8	504.9	0.439 8	1.632 8
155	5.540 1	0.001 096 2	0.346 6	156.05	657.2	501.2	0.451 8	1.622 2
160	6.302 1	0.001 102 1	0.306 9	161.26	658.6	497.3	0.463 8	1.611 9
165	7.145 4	0.001 108 1	0.272 5	166.47	659.9	493.4	0.475 7	1.601 8
170	8.075 9	0.001 114 4	0.242 7	171.68	661.1	489.5	0.487 5	1.591 9
175	9.100 0	0.001 120 8	0.216 8	176.93	662.3	485.4	0.499 2	1.582 2
180	10.224	0.001 127 5	0.194 0	182.18	663.4	481.2	0.510 8	1.572 7
185	11.455	0.001 134 3	0.173 9	187.46	664.4	477.0	0.522 3	1.563 3
190	12.799	0.001 141 5	0.156 4	192.78	665.4	472.6	0.533 7	1.554 1
195	14.263	0.001 148 9	0.141 0	198.11	666.3	468.1	0.545 0	1.545 0
200	15.856	0.001 156 5	0.127 3	203.49	667.0	463.5	0.556 4	1.536 1
205	17.584	0.001 164 4	0.115 2	208.89	667.7	458.8	0.567 7	1.527 3
210	19.456	0.001 172 6	0.104 3	214.32	668.3	454.0	0.578 9	1.518 5
215	21.479	0.001 181 1	0.094 70	219.76	668.8	449.1	0.590 0	1.509 8
220	23.660	0.001 190 0	0.086 10	225.29	669.2	443.9	0.601 1	1.501 2
225	26.009	0.001 199 2	0.078 41	230.84	669.5	438.7	0.612 1	1.492 7
230	28.534	0.001 208 7	0.071 50	236.41	669.7	433.3	0.623 1	1.484 2
235	31.242	0.001 218 7	0.065 28	242.06	669.7	427.7	0.634 1	1.475 7
240	34.144	0.001 229 1	0.059 69	247.72	669.7	421.9	0.645 1	1.467 3
245	37.248	0.001 239 9	0.054 64	253.45	669.4	416.0	0.656 1	1.458 9
250	40.564	0.001 251 2	0.050 06	259.23	669.1	409.9	0.667 1	1.450 5
255	44.099	0.001 263 0	0.045 90	265.09	668.6	403.5	0.678 0	1.442 0
260	47.868	0.001 275 5	0.042 15	270.97	668.0	397.0	0.688 9	1.433 5
265	51.877	0.001 288 6	0.038 72	276.90	667.2	39.03	0.699 8	1.424 9
270	56.137	0.001 302 3	0.035 60	282.98	666.3	383.3	0.710 7	1.416 3
275	60.660	0.001 316 8	0.032 74	289.10	665.1	376.0	0.721 6	1.407 5
280	65.456	0.001 332 1	0.030 13	295.30	663.8	368.5	0.732 6	1.398 7
285	70.537	0.001 348 3	0.027 72	301.53	662.3	360.7	0.743 7	1.389 8
290	75.915	0.001 365 5	0.025 53	307.99	660.5	352.5	0.754 7	1.380 7
295	81.602	0.001 383 8	0.023 50	314.44	658.5	344.1	0.765 7	1.371 4
300	87.611	0.001 403 6	0.021 63	320.98	656.3	335.3	0.776 9	1.362 0
305	93.96	0.001 424 7	0.019 90	327.55	653.8	326.3	0.788 1	1.352 3
310	100.65	0.001 447 5	0.018 31	334.47	651.1	316.6	0.799 5	1.342 4
315	107.70	0.001 472 0	0.016 84	341.45	648.0	306.5	0.811 1	1.332 2
320	115.14	0.001 499 2	0.015 46	348.72	644.5	295.8	0.822 9	1.321 6
325	122.96	0.001 528 9	0.014 18	356.22	640.7	284.5	0.835 0	1.310 6
330	131.20	0.001 561 9	0.012 98	363.97	636.4	272.4	0.847 4	1.299 1
335	139.88	0.001 598 9	0.011 85	372.10	631.6	259.5	0.860 3	1.287 0
340	148.98	0.001 640 8	0.010 79	380.59	626.1	245.5	0.873 7	1.274 0
345	158.56	0.001 689 5	0.009 776	389.8	619.9	230.0	0.887 7	1.259 9
350	168.63	0.001 746 8	0.008 811	399.3	612.4	213.0	0.902 6	1.244 5
355	179.23	0.001 815	0.007 869	409.8	603.5	193.7	0.918 8	1.227 2
360	190.40	0.001 907	0.006 937	421.8	592.9	171.1	0.937 0	1.207 2
365	202.19	0.002 031	0.005 99	433.7	579.2	143.5	0.958 1	1.182 9
370	214.68	0.002 231	0.004 99	453.1	560.1	107.0	0.984 5	1.150 9
374.15	225.65	0.003 18	0.003 18	505.6	505.6	0	1.064 2	1.064 2

2.2 포화 수증기표(압력 기준) [2]

압 력	포화온도	비체적 m³/kgf		엔탈피 kcal/kgf			엔트로피 kcal/kgfK	
kgf/cm²	℃	v'	v''	h'	h''	γ	s'	s''
16	200.43	0.001 157 1	0.126 3	203.96	667.1	463.1	0.557 4	1.535 3
17	203.36	0.001 161 8	0.119 0	207.10	667.5	460.4	0.564 0	1.530 2
18	206.15	0.001 166 2	0.112 6	21.014	667.9	457.7	0.570 3	1.525 3
19	208.82	0.001 170 6	0.106 7	213.04	668.2	455.1	0.576 3	1.520 6
20	211.38	0.001 174 9	0.101 5	215.82	668.5	452.7	0.582 0	1.516 1
22	216.23	0.001 183 2	0.092 49	221.12	668.9	447.8	0.592 7	1.507 7
24	220.75	0.001 191 4	0.084 90	226.13	669.3	443.1	0.602 7	1.500 0
26	224.98	0.001 199 2	0.078 43	230.82	669.5	438.7	0.612 0	1.492 7
28	228.97	0.001 206 7	0.072 85	235.27	669.7	434.4	0.620 8	1.485 9
30	232.75	0.001 214 1	0.068 00	239.51	669.7	430.2	0.629 2	1.479 5
32	236.34	0.001 221 5	0.063 73	243.65	669.7	426.1	0.637 0	1.473 4
34	239.76	0.001 228 6	0.059 96	247.43	669.7	422.2	0.644 6	1.467 7
36	243.03	0.001 235 6	0.056 58	251.20	669.5	418.3	0.651 7	1.462 2
38	246.16	0.001 242 5	0.053 54	254.77	669.4	414.6	0.658 6	1.456 9
40	249.17	0.001 249 2	0.050 79	258.25	669.2	410.9	0.665 2	1.451 8
42	252.07	0.001 256 0	0.048 30	261.64	668.9	407.3	0.677 6	1.446 9
44	254.86	0.001 262 6	0.046 03	264.93	668.7	403.7	0.677 6	1.442 2
46	257.56	0.001 269 3	0.043 94	268.08	668.3	400.3	0.683 5	1.437 6
48	260.17	0.001 276 0	0.042 02	271.16	668.0	396.8	0.689 2	1.433 2
50	262.70	0.001 282 6	0.040 26	274.15	667.6	393.5	0.694 7	1.428 8
55	268.69	0.001 298 6	0.036 40	281.37	666.5	385.2	0.707 8	1.418 5
60	274.29	0.001 314 7	0.033 12	288.24	665.3	377.0	0.720 1	1.408 8
65	279.54	0.001 330 6	0.030 36	294.73	663.9	369.2	0.731 6	1.399 5
70	284.48	0.001 346 6	0.027 95	300.93	662.4	361.5	0.742 6	1.390 7
80	293.62	0.001 378 6	0.024 04	312.65	659.1	346.4	0.762 7	1.374 0
90	301.91	0.001 411 4	0.020 95	323.51	655.4	331.9	0.781 2	1.358 3
100	309.53	0.001 445 2	0.018 45	333.84	651.3	317.5	0.798 5	1.343 4
110	316.57	0.001 480 1	0.016 40	343.62	647.0	303.4	0.814 7	1.328 9
120	323.14	0.001 517 6	0.014 65	353.44	642.2	288.7	0.830 5	1.314 8
130	329.29	0.001 556 8	0.013 15	362.83	637.0	274.2	0.845 6	1.300 8
140	335.08	0.001 599 4	0.011 85	372.21	631.5	259.3	0.860 4	1.286 7
150	340.55	0.001 646 1	0.010 68	381.6	625.4	243.8	0.845 1	1.272 5
160	345.74	0.001 697 5	0.009 629	391.2	618.8	227.6	0.890 0	1.257 7
170	350.66	0.001 755	0.008 687	400.6	611.3	210.7	0.904 7	1.242 4
180	355.35	0.001 820	0.007 800	410.6	602.8	192.2	0.920 0	1.225 9
190	359.82	0.001 903	0.006 967	421.4	593.3	171.9	0.936 3	1.207 9
200	364.09	0.001 004	0.006 16	433.0	582.0	149.0	0.954 0	1.187 8
210	368.16	0.001 141	0.005 37	446.1	567.8	121.7	0.973 9	1.163 8
220	372.04	0.001 385	0.004 49	464.3	548.1	83.8	1.001 1	1.131 0
225.65	374.15	0.001 18	0.003 18	505.6	505.6	0	1.064 2	1.064 2

2.3 과열 수증기표 [1]

압 력	온 도 ℃												
kg_f/cm^2	50	60	70	80	90	100	110	120	130	140	150	160	170
0.04 ν	37.07	39.15	40.34	41.52	42.70	43.88	45.06	46.23	47.11	48.59	49.77	50.95	52.12
28.64 h	619.4	623.9	628.5	633.0	637.6	642.1	646.6	651.2	655.7	660.3	664.9	669.5	671.0
s	2.056 1	2.069 9	2.083 4	2.096 4	2.109 0	2.121 4	2.133 4	2.145 1	2.156 6	2.167 7	2.178 7	2.189 4	2.199 8
0.05 ν	30.37	31.31	32.26	33.21	34.15	35.10	36.04	36.98	37.93	38.87	39.81	40.76	41.70
32.55 h	619.3	623.9	628.4	633.0	637.5	642.1	646.6	651.2	655.7	660.3	664.9	669.4	674.0
s	2.031 3	2.045 2	2.058 6	2.071 7	2.084 4	2.096 7	1.108 9	2.120 5	2.131 9	2.143 1	2.154 0	2.164 7	2.175 2
0.06 ν	25.30	26.09	26.88	27.67	28.46	29.24	30.03	30.82	31.60	32.39	33.17	33.96	34.75
35.82 h	619.2	623.8	628.4	632.9	637.5	642.0	646.6	651.1	655.7	660.3	664.8	669.4	674.0
s	2.011 0	2.024 9	2.038 4	2.051 5	2.064 2	2.076 6	2.088 6	2.100 3	2.111 8	2.123 0	2.133 9	2.144 6	2.155 1
0.08 ν	18.96	19.55	20.15	20.74	21.33	21.93	22.52	23.11	23.70	24.29	24.88	25.47	26.06
41.16 h	619.1	623.7	628.3	632.8	637.4	642.0	646.5	651.1	655.7	660.2	664.8	669.4	674.0
s	1.987 9	1.992 9	2.006 5	2.019 6	2.032 3	2.044 7	2.056 8	2.068 5	2.080 0	2.091 2	2.102 1	2.112 9	2.123 3
0.10 ν	15.16	15.64	16.11	16.59	17.06	17.54	18.01	18.48	18.95	19.43	19.90	20.37	20.84
45.45 h	618.9	623.6	628.2	632.8	637.3	641.9	646.5	651.0	655.6	660.2	664.8	669.4	674.0
s	1.953 9	1.986 0	1.981 6	1.994 8	2.007 6	2.020 0	2.032 1	2.043 8	2.055 3	2.066 5	2.077 5	2.088 2	2.0987
0.20 ν		7.795	8.036	8.277	8.516	8.754	8.992	9.230	6.467	9.704	9.941	10.18	10.41
59.66 h		662.9	627.7	632.3	637.0	641.6	646.2	650.8	655.4	660.0	664.6	669.2	673.8
s		1.890 1	1.904 0	1.917 4	1.930 4	1.942 9	1.955 1	1.967 0	1.978 5	1.989 8	2.000 8	2.011 6	2.022 1
0.30 ν			5.345	5.506	5.667	5.827	5.987	6.146	6.305	6.464	6.622	6.780	6.938
68.67 h			627.1	631.9	636.6	641.3	645.9	650.5	655.2	659.8	664.4	669.1	673.7
s			1.858 0	1.871 7	1.884 8	1.897 5	1.909 8	1.921 8	1.933 4	1.944 7	1.955 8	1.966 6	1.977 2
0.40 ν				4.121	4.242	4.364	4.484	4.604	4.724	4.843	4.962	5.081	5.200
75.41 h				631.4	636.2	640.9	645.6	650.3	655.0	659.6	664.2	668.9	673.5
s				1.838 9	1.852 2	1.865 1	1.877 5	1.889 6	1.901 2	1.912 6	1.923 7	1.934 6	1.945 2
0.50 ν					3.388	3.486	3.583	3.679	3.775	3.871	3.967	4.062	4.157
80.86 h					635.8	640.6	645.3	650.1	654.7	659.4	664.1	668.7	673.4
s					1.826 8	1.839 8	1.852 3	1.864 4	1.876 2	1.887 7	1.898 8	1.909 7	1.920 3
0.60 ν					2.818	2.900	2.982	3.062	3.143	3.223	3.303	3.383	3.462
85.45 h					635.4	640.3	645.1	649.8	654.5	659.2	663.9	668.6	673.2
s					1.805 8	1.819 0	1.831 6	1.843 9	1.855 7	1.867 2	1.878 4	1.889 3	1.900 0
0.70 ν					2.411	2.482	2.552	2.622	2.691	2.760	2.829	2.897	2.966
89.45 h					635.1	639.9	644.8	649.6	654.3	659.0	663.7	668.4	673.1
s					1.788 0	1.801 3	1.814 0	1.826 4	1.838 3	1.849 9	1.961 1	1.872 1	1.882 8
0.80 ν						2.168	2.230	2.291	2.352	2.413	2.473	2.533	2.593
92.99 h						639.6	644.5	649.3	654.1	658.8	663.6	668.3	673.0
s						1.785 8	1.798 7	1.811 1	1.823 1	1.834 8	1.846 1	1.857 1	1.867 8
0.90 ν						1.924	1.980	2.034	2.089	2.143	2.196	2.251	2.303
96.18 h						639.3	644.2	649.1	653.9	358.6	663.4	668.1	672.8
s						1.772 1	1.785 1	1.797 6	1.809 7	1.821 4	1.832 8	1.843 8	1.854 6
1.0 ν						1.729	1.779	1.829	1.878	1.927	1.975	2.023	2.072
99.09 h						638.9	643.9	648.8	653.6	658.4	663.2	667.9	672.7
s						1.759 8	1.772 9	1.785 5	1.797 6	1.809 4	1.820 8	1.831 9	1.842 7
1.5 ν								1.212	1.245	1.278	1.311	1.344	1.376
110.8 h								647.5	652.5	657.4	662.3	667.1	671.9
s								1.738 2	1.750 7	1.762 8	1.774 4	1.785 8	1.7967
2.0 ν								0.902 8	0.928 5	0.953 9	0.979 0	1.004	1.029
119.6 h								646.2	651.5	656.4	661.4	666.3	671.2
s								1.703 8	1.716 7	1.729 1	1.741 0	1.752 6	1.763 7
3.0 ν										0.629 4	0.646 8	0.663 9	0.680 9
132.9 h										654.3	659.5	664.6	669.7
s										1.680 2	1.692 8	1.704 8	1.716 3

2.3 과열 수증기표 [2]

온 도 ℃														압력
180	220	220	240	260	280	300	320	340	360	380	400	450	500	
53.30	55.66	58.01	60.37	62.72	65.07	67.43	69.78	72.13	74.49	76.84	791.19	85.08	90.96	0.04
678.6	687.9	697.2	706.5	715.9	725.3	734.8	744.3	753.9	763.6	773.3	783.1	807.8	832.9	
2.210 1	2.230 0	2.249 3	2.267 8	2.285 7	2.303 1	2.320 0	2.336 3	2.352 3	2.367 8	2.382 9	2.397 6	2.433 0	2.466 6	
42.64	44.52	46.41	48.29	50.17	52.06	53.94	55.82	57.71	59.59	61.47	63.35	68.06	72.77	0.05
678.6	687.9	697.2	706.5	715.9	725.3	734.8	744.3	753.9	763.6	773.3	783.1	807.8	832.9	
2.185 5	2.205 4	2.224 7	2.243 2	2.251 1	2.278 5	2.295 4	2.311 7	2.327 7	2.343 2	2.358 3	2.373 0	2.408 4	2.442 0	
35.53	37.10	38.67	46.24	41.81	43.38	44.95	46.52	48.09	49.66	51.22	52.80	56.72	60.64	0.06
678.6	687.9	697.1	706.5	715.9	725.2	734.8	744.3	753.9	763.6	773.3	783.1	807.8	832.9	
2.165 4	2.285 3	2 204.5	2.223 1	2.241 0	2.258 4	2.275 3	2.291 6	2.307 6	2.323 1	2.382	2.352 9	2.388 3	2.421 9	
26.65	27.82	29.00	30.18	31.36	32.53	33.71	34.89	36.06	37.24	38.42	39.60	42.54	45.48	0.08
678.6	687.8	697.1	706.5	715.8	725.3	734.8	744.3	753.9	763.6	773.3	783.1	807.8	832.9	
2.133 6	2.153 6	2.172 8	2.191 4	2.209 3	2.226 7	2.243 5	2.259 9	2.275 8	2.291 3	2.306 5	2.321 2	2.356 6	2.390 2	
21.31	2.26	23.20	24.14	25.08	26.3	26.97	27.91	28.85	29.79	30.73	31.68	34.03	36.38	0.10
678.6	687.8	697.1	706.4	715.8	725.3	734.8	744.3	753.9	763.6	773.3	783.1	807.8	832.9	
2.109 0	2.129 0	2.148 2	2.166 8	2.184 7	2.221	2.218 9	2.235 3	2.251 2	2.266 7	2.281 9	2.296 6	2.332 0	2.365 6	
10.65	11.12	11.59	12.07	12.54	13.01	13.48	13.95	14.42	14.89	15.37	15.84	17.01	18.19	0.20
678.4	687.7	697.0	706.4	715.8	725.2	734.7	744.3	753.9	763.5	773.3	783.0	807.8	832.9	
2.032 4	2.052 4	2.074 7	2.090 3	2.108 2	2.125 6	2.142 5	2.158 9	2.174 8	2.190 3	2.205 4	2.220 2	2.255 6	2.289 2	
7.096	7.411	7.726	8.041	8.356	8.670	8.985	9.299	9.63	9.928	10.24	10.56	11.34	12.13	0.30
678.3	687.6	696.9	706.3	715.7	725.1	734.7	744.2	753.8	763.5	773.2	783.0	807.7	832.9	
1.987 5	2.007 5	2.026 8	2.045 5	2.063 4	2.080 9	2.097 7	2.114 1	2.130 1	2.145 6	2.160 7	2.175 5	2.210 9	2.244 5	
5.319	5.556	5.792	6.029	6.265	6.501	6.737	6.973	7.209	7.444	7.680	7.916	8.505	9.094	0.40
687.2	687.5	696.8	706.2	715.6	725.1	734.6	744.1	753.8	763.4	773.2	783.0	807.7	832.8	
1.955 6	1.975 6	1.995 0	2.013 6	2.031	2.490	2.065 9	2.082 3	2.098 3	2.113 8	2.128 9	2.143 7	2.179 1	2.212 7	
4.252	4.442	4.632	4.821	5.010	5.199	5.388	5.577	5.766	5.955	6.143	6.332	6.803	7.274	0.50
678.0	687.4	696.7	706.1	715.5	725.0	734.5	744.1	753.7	763.4	773.1	782.9	807.7	832.8	
1.930 7	1.950 7	1.970 2	1.988 9	2.006 9	2.024 3	2.041 3	2.057 7	2.073 6	2.089 2	2.104 3	2.119 1	2.154 5	2.188 1	
3.542	3.700	3858	4.016	4.174	4.332	4.489	4.647	4.804	4.961	5.119	5.276	5.669	6.061	0.60
677.9	687.3	696.6	706.0	715.5	725.0	734.5	744.1	753.7	763.4	773.1	782.9	807.6	832.8	
1.910 4	1.930 6	1.950 0	1.986 7	1.986 7	2.004 2	2.021 1	2.037 5	2.035	2.069 0	2.084 2	2.098 9	2.134 4	2.168 0	
3.034	3.170	3.306	3.441	3.577	3.712	3.847	3.982	4.117	4.252	4.387	4.522	4.859	5.195	0.70
677.8	687.2	696.5	706.0	715.4	724.9	734.4	744.0	753.6	763.3	773.1	782.9	807.6	832.8	
893.2	1.913 4	1.932 9	1.951 6	1.969 6	1.987 1	2.004 0	2.020 5	2.036 4	2.052 0	2.067 1	2.081 9	2.117 4	2.151 0	
2.653	2.772	2.891	3.010	3.129	3.247	3.365	3.484	3.602	3.720	3.838	3.956	4.251	4.545	0.80
677.7	687.1	696.5	705.9	715.3	724.8	734.4	744.0	753.6	763.3	773.0	782.8	807.6	832.7	
1.878 3	1.898 5	1.918 0	1.936 7	1.954 8	1.972 3	1.989 2	2.005 7	2.021 7	2.037 2	2.052 4	2.067 2	2.102 6	2.136 3	
2.357	2.463	2.569	2.675	2.780	2.886	2.990	3.096	3.201	3.306	3.411	3.516	3.778	4.840	0.90
677.5	686.9	696.4	705.8	715.3	724.8	734.3	743.9	753.5	763.2	773.0	782.8	807.6	832.7	
1.865 1	1.885 4	1.904 9	1.923 6	1.942 7	1.959 2	1.976 2	1.992 6	2.008 6	2.024 2	2.039 3	2.054 1	2.089 6	2.123 2	
2.120	2.216	2.311	2.406	2.501	2.596	2.691	2.786	2.880	2.975	3.070	3.164	3.400	3.636	1.0
677.4	686.8	696.3	705.7	715.2	724.7	734.3	743.9	753.5	763.1	773.0	782.8	807.5	832.7	
1.853 2	1.873 6	1.893 1	1.911 9	1.930 0	1.947 5	1.964 5	1.981 0	1.997 0	2.012 5	2.027 7	2.042 5	2.078 0	2.111 6	
1.409	1.473	1.537	1.601	1.665	1.729	1.792	1.855	1.919	1.982	2.045	2.108	2.266	2.423	1.5
676.7	686.3	695.8	705.3	714.8	724.4	734.0	743.6	753.3	763.0	772.8	782.6	807.4	832.6	
1.807 4	1.828 0	1.847 7	1.866 6	1.884 8	1.902 4	1.919 4	1.936 0	1.952 0	1.967 5	1.982 8	1.997 6	2.033 2	2.066 8	
1.053	1.102	1.151	1.199	1.247	1.295	1.342	1.390	1.438	1.485	1.533	1.580	1.698	1.817	2.0
576.1	685.7	695.3	704.9	714.5	724.1	733.7	743.8	753.0	762.8	772.6	780.4	807.3	832.4	
1.774 6	1.795 4	1.815 3	1.834 3	1.852 6	1.870 3	1.887 4	1.903 9	1.920 0	1.935 7	1.950 9	1.965 7	2.001 3	2.035 0	
0.697 6	0.730 8	0.763 7	0.796 2	0.828 6	0.860 8	0.892 8	0.924 8	0.956 7	0.988 5	1.020	1.052	1.131	1.210	3.0
674.7	684.6	694.3	704.0	713.7	723.4	733.1	742.8	752.6	762.4	772.2	782.1	807.0	832.2	
1.727 5	1.748 8	1.769 1	1.788 4	1.806 9	1.824 7	1.841 9	1.858 6	1.874 8	1.890 5	1.905 8	1.920 6	1.956 3	1.990 1	

2.3 과열 수증기표 [3]

압력 kg/cm^2 포화온도 ℃		온도 ℃												
		170	180	190	200	210	220	230	240	250	260	270	280	290
4	v	0. 506 8	0. 519 7	0. 532 5	0. 545 2	0. 557 7	0. 570 2	0. 582 6	0. 594 9	0. 607 2	0. 619 4	0. 631 6	0. 643 8	0. 655 9
142.9	h	668. 1	673. 3	678. 3	683. 4	688. 4	693. 3	698. 3	703. 2	708. 1	713. 0	717. 9	722. 8	727. 6
	s	1. 681 8	1. 693 3	1. 704 5	1. 715 2	1. 725 7	1. 735 8	1. 745 7	1. 755 4	1. 764 9	1. 774 1	1. 783 2	1. 792 1	1. 800 9
5	v	3. 402 3	0. 412 9	0. 423 4	0. 433 7	0. 443 9	0. 454 0	0. 464 1	0. 474 1	0. 484 0	0. 493 9	0. 503 8	0. 513 6	0. 523 4
151.1	h	666. 5	671. 8	677. 0	682. 2	687. 3	692. 3	697. 3	702. 3	707. 3	712. 2	717. 2	722. 1	727. 0
	s	1. 654 4	1. 666 2	1. 677 6	1. 688 6	1. 699 3	1. 709 6	1. 719 7	1. 729 5	1. 739 1	1. 748 5	1. 757 6	1. 766 6	1. 775 5
6	v	0. 332 6	0. 341 6	0. 350 5	0. 359 3	0. 368 0	0. 376 6	0. 385 1	0. 393 5	0. 401 9	0. 410 3	0. 418 6	0. 426 8	0. 435 0
158.1	h	664. 8	670. 3	675. 7	680. 9	686. 1	691. 3	696. 4	701. 4	706. 5	711. 5	716. 5	721. 4	726. 4
	s	1. 631 3	1. 643 5	1. 655 2	1. 566 5	1. 677 4	1. 687 9	1. 698 1	1. 708 1	1. 717 8	1. 727 3	1. 736 6	1. 745 6	1. 754 5
7	v	0. 282 7	0. 290 7	0. 298 5	0. 306 2	0. 313 7	0. 321 2	0. 328 6	0. 336 0	0. 343 2	0. 350 5	0. 357 0	0. 364 8	0. 371 9
164.2	h	663. 1	668. 7	674. 3	679. 7	685. 0	690. 2	695. 4	700. 5	705. 6	710. 7	715. 7	720. 8	725. 8
	s	1. 611 2	1. 623 8	1. 635 9	1. 647 4	1. 658 5	1669 3	1. 679 7	1. 689 8	1. 699 6	1. 709 2	1. 718 6	1. 727 7	1. 736 7
8	v	0. 245 2	0. 252 4	0. 259 4	0. 266 3	0. 273 0	0. 279 7	0. 286 3	0. 292 8	0. 299 2	0. 305 6	0. 312 0	0. 318 3	0. 324 5
169.6	h	661. 3	667. 1	672. 8	678. 4	683. 8	689. 1	694. 4	699. 6	704. 8	709. 9	715. 0	720. 1	725. 1
	s	1. 593 2	1. 606 3	1. 618 7	1. 630 5	1. 641 9	1. 652 8	1. 663 4	1. 673 7	1. 683 7	1. 693 4	1. 702 8	1. 712 1	1. 721 1
9	v		0. 222 6	0. 229 0	0. 235 2	0. 241 3	0. 247 4	0. 253 3	0. 259 2	0. 265 0	0. 270 7	0. 276 4	0. 282 1	0. 287 7
174.5	h		665. 5	671. 3	677. 0	682. 6	688. 0	693. 4	698. 7	703. 9	709. 1	714. 3	719. 4	724. 5
	s		1. 590 4	1. 603 2	1. 615 3	1. 627 0	1. 638 1	1. 648 9	1. 659 3	1. 669 4	1. 679 2	1. 688 8	1. 698 1	1. 707 3
10	v		0. 198 7	0. 204 6	0. 210 3	0. 216 0	0. 221 5	0. 226 9	0. 232 3	0. 237 6	0. 242 8	0. 248 0	0. 253 1	0. 258 2
179.0	h		663. 8	669. 8	675. 7	681. 3	686. 9	692. 4	697. 7	703. 0	708. 3	713. 5	718. 7	723. 8
	s		1. 575 8	1. 589 0	1. 601 5	1. 613 4	1. 624 7	1. 635 7	1. 646 3	1. 656 5	1. 666 5	1. 676 1	1. 685 6	1. 694 8
12	v			0. 167 9	0. 172 9	0. 177 8	0. 182 6	0. 187 3	0. 191 9	0. 196 4	0. 200 9	0. 205 3	0. 209 7	0. 214 0
187.1	h			666. 7	672. 9	678. 8	684. 6	690. 3	695. 8	701. 3	706. 6	712. 0	717. 2	722. 5
	s			1. 563 5	1. 576 7	1. 589 1	1. 601 0	1. 612 3	1. 623 3	1. 633 8	1. 644 0	1. 653 9	1. 663 5	1. 672 9
14	v				0. 146 2	0. 150 5	0. 154 8	0. 158 9	0. 163 0	0. 167 0	0. 170 9	0. 174 8	0. 178 6	0. 182 4
194.1	h				666. 9	676. 2	682. 2	688. 1	693. 8	699. 4	704. 9	710. 4	715. 8	721. 1
	s				1. 544 7	1. 557 8	1. 580 2	1. 591 9	1. 603 2	1. 614 1	1. 624 5	1. 634 7	1. 644 5	1. 654 0
16	v					0. 130 0	0. 133 9	0. 137 6	0. 141 3	0. 144 9	0. 148 4	0. 151 9	0. 155 3	0. 158 6
200.4	h					673. 4	679. 7	685. 8	691. 7	697. 5	703. 2	708. 8	714. 3	719. 7
	s					1. 548 5	1. 561 4	1. 573 7	1. 585 4	1. 596 5	1. 607 3	1. 617 7	1. 627 7	1. 637 4
18	v					0. 114 0	0. 117 6	0. 121 0	0. 124 4	0. 127 7	0. 130 9	0. 134 0	0. 137 1	0. 140 2
206.2	h					670. 5	677. 1	683. 5	689. 6	695. 6	701. 4	707. 1	712. 8	718. 3
	s					1. 530 7	1. 544 3	1. 557 0	1. 569 1	1. 580 7	1. 591 7	1. 602 3	1. 612 6	1. 622 5
20	v						0. 104 5	0. 107 7	0. 110 8	0. 113 9	0. 116 8	0. 119 7	0. 122 6	0. 125 4
211.4	h						674. 4	681. 1	687. 4	693. 6	699. 6	705. 4	711.2	716. 9
	s						1. 528 3	1. 541 6	1. 554 1	1. 566 1	1. 577 4	1. 588 3	1. 598 8	1. 608 9
25	v							0. 083 57	0. 086 31	0. 088 95	0. 091 49	0. 093 96	0. 096 37	0. 098 73
222.9	h							674. 6	681. 6	688. 3	694. 8	701. 1	707. 2	713. 1
	s							1. 506 8	1. 5206	1. 5335	1. 545 8	1. 557 4	1. 568 5	1. 579 2
30	v								0. 069 82	0. 072 21	0. 074 50	0. 076 70	0. 078 83	0. 080 90
232.8	h								675. 3	682. 7	689. 7	696. 4	702. 9	709. 2
	s								1. 490 6	1. 504 8	1. 518 1	1. 530 5	1. 542 4	1. 553 6
35	v									0. 060 15	0. 062 26	0. 064 28	0. 066 24	0. 068 12
241.4	h									676. 6	684. 3	691. 5	698. 4	705. 1
	s									1. 478 4	1. 492 9	1. 506 3	1. 519 0	1. 530 9
40	v									0. 050 97	0. 053 01	0. 054 93	0. 056 75	0. 058 49
249.2	h									669. 9	678.4	686. 3	693. 7	700. 8
	s									1. 453 2	1. 469 3	1. 484 0	1. 497 5	1. 510 2
45	v										0. 045 71	0. 047 57	0. 049 31	0. 050 95
256.2	h										672. 0	680. 6	688.7	696. 3
	s										1. 446 5	1. 462 6	1. 477 2	1. 490 8

v : m^3, h : kg_f, s : $kcal/kg_fK$

2.3 과열 수증기표 [4]

온도 ℃														압력
300	310	320	330	340	350	360	370	380	390	400	450	500	550	
0. 668 0 732. 5 1. 809 5	0. 680 1 737. 4 1. 817 9	0. 692 2 742. 3 1. 826 2	0. 704 2 747. 2 1. 834 4	0. 716 2 752. 1 1. 842 5	0. 728 2 757. 0 1. 850 5	0. 740 2 761. 9 1. 858 3	0. 752 2 766. 9 1. 866 0	0. 764 1 771. 8 1. 837 6	0.776 1 776. 8 1.881 1	0. 788 0 781. 7 1. 888 0	0. 847 6 806. 7 1. 924 4	0. 906 9 832. 0 1. 958 2	0. 966 2 857. 6 1. 990 3	4
0. 533 2 731. 9 1. 784 1	0. 542 9 736. 9 1. 792 6	0. 552 6 741. 8 1. 801 0	0. 562 3 746. 7 1. 809 2	0. 571 9 751. 6 1. 817 3	0. 581 6 756. 6 1. 825 3	0. 591 2 761. 5 1. 833 2	0. 600 8 766. 5 1. 841 0	0. 610 4 771. 4 1. 848 6	0.620 0 776. 4 1.856 1	0. 629 6 781. 4 1. 863 6	0. 677 4 806. 4 1. 899 5	0. 725 0 831. 7 1. 933 4	0. 772 5 857. 4 1. 965 5	5
0. 443 2 731. 4 1. 763 3	0. 451 4 736. 3 1. 771 8	0. 459 5 741. 3 1. 780 2	0. 467 6 746. 2 1. 788 5	0. 457 5 751. 2 1. 796 7	0. 483 8 756. 1 1. 804 7	0. 491 9 761. 1 1. 812 6	0. 499 9 766. 1 1. 820 4	0. 508 0 771. 0 1. 828 1	0.516 0 776. 0 1.835 6	0. 524 0 781. 0 1. 843 1	0. 564 0 806. 1 1. 879 1	0. 603 7 831. 5 1. 913 0	0. 643 4 857. 2 1. 945 3	6
0. 379 0 730. 8 1. 745 5	0. 386 0 735. 7 1. 754 1	0. 393 0 740. 7 1. 762 6	0. 400 0 745. 7 1. 770 9	0. 407 0 750. 7 1. 779 1	0. 414 0 755. 7 1. 787 2	0. 420 9 760. 7 1. 795 1	0. 427 9 765. 6 1. 802 9	0. 434 8 770. 6 1. 810 6	0.441 7 775. 6 1.818 2	0. 448 6 780. 6 1. 825 7	0. 482 9 805. 8 1. 861 8	0. 517 1 831. 3 1. 895 9	0. 551 1 857. 0 1. 928 1	7
0. 330 8 730. 1 1. 730 0	0. 337 0 735. 2 1. 738 7	0. 343 2 740. 2 1. 747 2	0. 349 3 745. 2 1. 755 6	0. 355 5 750. 2 1. 763 8	0. 361 6 755. 2 1. 771 9	0. 367 7 760. 2 1. 779 9	0. 373 8 765. 2 1. 787 7	0. 379 9 770. 2 1. 795 5	0.386 0 775. 3 1.803 1	0. 392 0 780. 3 1. 810 6	0. 422 1 805. 5 1. 846 8	0. 452 1 831. 0 1. 880 9	0. 482 0 856. 8 1. 913 2	8
0. 293 3 720. 5 1. 716 2	0. 298 8 734. 8 1. 725 0	0. 304 4 739. 6 1. 733 5	0. 309 9 744. 7 1. 741 9	0. 315 4 749. 7 1. 750 2	0. 320 9 754. 8 1. 758 4	0. 326 3 759. 8 1. 766 4	0. 331 8 764. 8 1. 774 3	0. 337 2 769. 8 1. 782 0	0.342 6 774. 9 1.789 7	0. 348 0 779. 9 1. 797 2	0. 374 9 805. 2 1. 833 5	0. 401 6 830. 8 1. 867 7	0. 428 2 856. 6 1. 900 1	9
0. 263 3 728. 9 1. 703 8	0. 268 3 734. 0 1. 712 6	0. 273 3 739. 1 1. 721 2	0. 278 3 744. 2 1. 729 7	0. 283 3 749. 2 1. 738 0	0. 288 3 754. 3 1. 746 2	0. 293 2 759. 3 1. 754 2	0. 298 1 764. 4 1. 762 2	0. 303 0 769. 5 1. 770 0	0.307 9 774. 5 1.777 6	0. 312 8 779. 6 1. 785 2	0. 337 1 805. 0 1. 821 6	0. 361 1 830. 6 1. 855 8	0. 358 1 856. 4 1. 888 3	10
0. 218 3 727. 7 1. 682 0	0. 222 5 732. 8 1. 691 0	0. 226 8 738. 0 1. 699 7	0. 231 0 743. 1 1. 708 3	0. 235 2 748. 2 1. 716 7	0. 239 4 753. 4 1. 725 0	0. 243 5 758. 5 1. 733 1	0. 247 6 763. 6 1. 741 1	0. 251 8 768. 7 1. 749 0	0.255 9 773. 7 1.756 7	0. 260 0 778. 8 1. 764 3	0. 280 3 804. 4 1. 800 9	0. 300 5 830. 1 1. 835 3	0. 320 5 856. 0 1. 867 8	12
0. 186 1 726. 4 1. 663 3	0. 189 8 731. 6 1. 672 4	0. 198 5 736. 9 1. 681 3	0. 197 2 742. 1 1. 690 0	0. 200 8 747. 2 1. 698 5	0. 204 4 752. 4 1. 706 9	0. 208 0 757. 6 1. 715 1	0. 211 6 762. 7 1. 723 1	0. 215 2 767. 8 1. 731 1	0.218 7 773. 0 1.738 8	0. 222 3 778. 1 1. 746 5	0. 239 8 803. 8 1. 783 3	0. 257 2 829. 6 1. 817 8	0. 274 4 855. 6 1. 850 5	14
0. 162 0 725. 1 1. 646 9	0. 165 3 730. 4 1. 656 1	0. 168 5 735. 7 1. 665 1	0. 171 8 741. 0 1. 673 9	0. 175 0 746. 2 1. 682 6	0. 178 2 751. 5 1. 691 0	0. 181 4 756. 7 1. 699 3	0. 184 6 761. 8 1. 707 4	0. 187 7 767. 0 1. 715 4	0.190 8 772. 2 1.723 2	0. 194 0 777. 4 1. 731 0	0. 209 4 803. 2 1. 768 0	0. 224 7 829. 1 1. 802 6	0. 239 8 855. 2 1. 835 4	16
0. 143 2 723. 8 1. 632 2	0. 146 2 729. 2 1. 641 5	0. 149 1 734. 6 1. 650 7	0. 152 0 739. 9 1. 659 6	0. 154 9 745. 2 1. 668 3	0. 157 8 750. 5 1. 676 8	0. 160 7 755. 7 1. 685 2	0. 163 5 761. 0 1. 693 4	0. 166 3 766. 2 1. 701 5	0.169 1 771. 4 1.709 4	0. 171 9 776. 6 1. 717 2	0. 185 8 802. 6 1. 754 4	0. 199 4 828. 6 1. 789 2	0. 212 9 854. 8 1. 822 1	18
0. 128 2 722. 4 1. 618 7	0. 130 9 727. 9 1. 628 3	0. 133 6 733. 4 1. 637 5	0. 136 2 738. 8 1. 646 6	0. 138 9 744. 2 1. 655 4	0. 141 5 759. 5 1. 664 0	0. 144 1 754. 8 1. 672 5	0. 146 7 760. 1 1. 680 8	0. 149 2 765. 4 1. 688 9	0.151 8 770. 6 1.696 9	0. 154 3 775. 9 1. 704 7	0. 166 9 802. 0 1. 742 2	0. 179 2 828. 1 1. 777 1	0. 191 4 854. 4 1. 810 1	20
0. 101 0 719. 0 1. 589 5	0. 103 3 724. 7 1. 599 4	0. 105 6 730. 4 1. 609 0	0. 107 8 736. 0 1. 618 4	0. 109 9 741. 5 1. 627 5	0. 112 1 747. 0 1. 636 4	0. 114 2 752. 5 1. 645 1	0. 116 4 757. 9 1. 653 6	0. 118 5 763. 3 1. 661 9	0.120 5 768. 6 1.670 0	0. 122 6 774. 0 1. 678 0	0. 132 8 800. 5 1. 716 0	0. 142 8 826. 9 1. 751 4	0. 152 7 853. 4 1. 784 6	25
0. 082 92 715. 3 1. 564 5	0. 084 90 721. 3 1. 574 8	0. 086 84 727. 2 1. 5849	0. 088 75 733. 0 1. 594 6	0. 090 63 738. 8 1. 6040	0. 092 49 744. 4 1. 6131	0. 0943 1 750. 0 1. 622 0	0. 961 2 755. 6 1. 630 8	0. 097 91 761. 1 1. 6393	0.099 70 766. 6 1.647 6	0. 101 5 772. 0 1. 655 7	0. 110 1 799. 0 1. 694 3	0. 118 5 825. 7 1. 730 1	0. 126 8 85. 4 1. 763 5	30
0. 069 94 711. 6 1. 542 8	0. 071 71 717. 8 1. 553 2	0. 073 45 724. 0 1. 563 6	0. 0751 4 730. 1 1. 573 7	0. 076 81 735. 9 1. 583 4	0. 078 45 741. 8 1. 592 9	0. 080 07 747. 5 1. 602 1	0. 081 66 753. 3 1. 611 0	0. 093 23 758. 9 1. 619 7	0.084 79 764. 5 1.628 2	0. 086 34 770. 0 1. 6365	0. 093 88 797. 4 1. 675 7	0. 101 2 824. 4 1. 711 9	0. 108 4 851. 3 1. 745 6	35
0. 060 17 707. 6 1. 522 2	0. 061 79 714. 2 1. 533 6	0. 063 37 720. 6 0. 544 5	0. 649 2 726. 9 1. 555 0	0. 066 43 733. 0 1. 565 1	0. 067 91 739. 0 1. 574 8	0. 069 37 745. 0 1. 584 3	0. 070 80 750. 8 1. 593 4	0. 722 1 756. 6 1. 602 3	0.073 61 762. 3 1.611 0	0. 074 99 768. 0 1. 619 5	0. 817 0 795. 8 1. 659 4	0. 088 19 823. 2 1. 695 9	0. 094 53 850. 3 1. 730 0	40
0. 525 3 703. 5 1. 503 5	0. 054 05 710. 4 1. 515 5	0. 055 1 717. 1 1. 526 9	0. 656 94 723. 7 1. 537 8	0. 058 33 730. 0 1. 548 8	0. 059 70 736. 2 1. 558 4	0. 061 08 742. 4 1. 568 1	0. 062 34 748. 4 1. 577 5	0. 636 3 754. 5 1. 586 7	0.064 90 760. 2 1.595 6	0. 661 6 765. 9 1. 604 2	0. 072 23 794. 2 1. 644 8	0. 078 07 821. 9 1. 681 7	0. 083 76 849. 3 1. 716 1	45

2.3 과열 수증기표 [5]

압력 kg/cm² ℃	온도 ℃ 280	290	300	310	320	330	340	350	360	370	380	390	400
50 ν	0.043 29	0.044 88	0.046 38	0.047 82	0.049 21	0.050 54	0.051 84	0.053 11	0.054 35	0.055 56	0.056 75	0.057 93	0.059 08
262.7 h	683.3	691.5	499.2	706.5	713.5	720.3	726.9	733.4	739.7	745.8	751.9	757.9	763.8
s	1.457 7	1.472 4	1.485 9	1.498 5	1.510 5	1.521 9	1.532 7	1.543 2	1.553 2	1.562 9	1.572 3	1.581 4	1.590 2
60 ν	0.034 09	0.035 64	0.037 07	0.038 41	0.039 68	0.040 89	0.042 06	0.043 20	0.044 30	0.045 37	0.046 42	0.047 44	0.048 45
274.3 h	671.3	681.0	689.8	698.1	705.9	713.3	720.5	727.4	734.1	740.6	747.0	753.3	759.5
s	1.419 8	1.437 1	1.452 7	1.466 9	1.480 2	1.492 6	1.504 4	1.515 5	1.526 2	1.536 5	1.546 4	1.556 0	1.563 2
70 ν		0.028 83	0.030 27	0.031 58	0.032 79	0.033 94	0.035 03	0.036 07	0.037 08	0.038 06	0.039 01	0.039 93	0.040 84
284.5 h		668.8	679.4	688.8	697.6	705.8	713.6	721.0	728.2	735.2	742.0	748.6	755.1
s		1.402 2	1.420 7	1.437 1	1.452 0	1.465 7	1.478 5	1.490 6	1.502 0	1.512 9	1.523 4	1.533 4	1.543 1
80 ν			0.025 00	0.026 33	0.027 54	0.028 66	0.029 70	0.030 69	0.031 64	0.032 55	0.033 43	0.034 28	0.035 11
293.6 h			667.2	678.4	688.5	697.7	706.2	714.3	722.1	729.5	736.7	743.6	750.4
s			1.388 2	1.407 7	1.424 7	1.440 1	1.454 2	1.467 3	1.479 6	1.491 2	1.502 3	1.512 9	1.523 1
90 ν				0.022 11	0.023 35	0.024 47	0.025 50	0.026 46	0.027 37	0.028 23	0.029 06	0.029 86	0.030 64
301.9 h				666.4	678.3	688.8	698.3	707.2	715.5	723.5	731.1	738.5	745.6
s				1.677 4	1.397 5	1.415 1	1.430 8	1.445 1	1.458 4	1.470 9	1.482 7	1.493 8	1.504 5
100 ν				0.018 53	0.019 88	0.021 04	0.022 08	0.023 03	0.023 92	0.024 75	0.025 55	0.026 31	0.027 05
309.5 h				652.1	666.6	678.9	689.7	699.5	708.6	717.2	725.3	733.1	740.6
s				1.344 6	1.369 3	1.389 9	1.407 6	1.423 5	1.438 0	1.451 5	1.464 0	1.475 9	1.487 1
110 ν					0.016 88	0.018 13	0.019 21	0.020 18	0.021 06	0.021 88	0.022 65	0.023 39	0.024 09
316.6 h					652.8	667.6	680.2	692.2	701.2	710.5	719.3	727.5	735.5
s					1.338 6	1.363 6	1.384 2	1.402 1	1.418 1	1.432 6	1.446 1	1.458 7	1.470 6
120 ν						0.015 59	0.016 74	0.017 74	0.018 64	0.019 45	0.020 22	0.020 93	0.021 62
323.1 h						654.6	669.5	682.1	693.3	703.5	712.9	721.7	730.1
s						1.335 4	1.359 9	1.380 4	1.398 2	1.414 1	1.428 7	1.442 1	1.454 7
130 ν						0.013 25	0.014 56	0.015 62	0.016 54	0.017 37	0.018 13	0.018 84	0.019 51
329.3 h						038.6	657.2	672.0	684.7	695.9	706.1	715.6	724.5
s						1.303 4	1.334 0	1.357 9	1.378 1	1.395 7	1.421 5	1.425 9	1.439 2
140 ν							0.012 55	0.013 73	0.014 70	0.015 55	0.016 32	0.017 03	0.017 69
335.1 h							042.7	660.6	675.2	687.8	699.0	709.2	718.7
s							1.305 1	1.334 1	1.357 0	1.377 0	1.394 3	1.409 9	1.424 1
150 ν								0.011 99	0.013 04	0.013 93	0.014 72	0.015 44	0.016 09
340.6 h								647.5	664.6	678.9	691.3	702.4	712.6
s								1.308 1	1.335 5	1.357 9	1.377 0	1.393 9	1.409 2
160 ν								0.010 32	0.011 52	0.012 48	0.013 30	0.014 02	0.014 68
345.7 h								631.3	652.7	669.1	683.0	695.3	706.2
s								1.278 1	1.312 1	1.337 9	1.359 3	1.378 0	1.394 4
180 ν									0.008 66	0.009 89	0.010 82	0.011 60	0.012 29
355.4 h									621.0	645.9	664.2	679.2	692.3
s									1.254 6	1.293 7	1.321 8	1.344 8	1.364 4
200 ν										0.007 2	0.008 65	0.009 55	0.010 30
364.1 h										612.6	640.8	660.4	676.5
s										1.235 5	1.279 0	1.399 0	1.333 0
220 ν											0.006 63	0.007 79	0.008 60
372.0 h											606.9	637.3	688.1
s											1.221 8	1.267 9	1.299 0
250 ν											0.002 57	0.005 12	0.006 37
− h											467.9	584.2	621.7
s											1.005 2	1.182 6	1.238 6
300 ν											0.001 89	0.002 23	0.003 06
− h											440.0	470.2	523.6
s											0.958 3	1.004 0	1.083 9

2.3 과열 수증기표 [6]

온 도 ℃														압력
410	420	430	440	450	460	470	480	490	500	510	520	550	600	
0.060 22 769.7 1.598 9	0.061 34 775.5 1.607 3	0.062 46 781.2 1.615 5	0.063 56 786.9 1.623 6	0.064 65 792.6 1.631 5	0.065 73 798.6 1.639 2	0.066 80 803.9 1.646 8	0.067 87 809.5 1.654 3	0.068 93 815.0 1.661 6	0.069 98 820.6 1.668 9	0.071 02 826.1 1.676 0	0.072 06 831.7 1.683 0	0.075 15 848.2 1.703 5	0.080 21 875.7 1.739 9	50
0.049 44 765.6 1.574 2	0.050 42 771.6 1.583 0	0.0513 8 777.6 1.591 5	0.052 33 783.5 1.599 8	0.053 27 789.3 1.607 9	0.054 19 795.1 1.615 9	0.055 11 800.9 1.623 7	0.050 03 806.6 1.631 4	0.056 93 812.3 1.638 9	0.057 83 818.0 1.646 3	0.058 72 823.6 1.653 5	0.059 60 829.3 1.660 7	0.062 22 846.1 1.681 5	0.066 51 873.9 1.714 3	60
0.104 72 761.4 1.552 5	0.042 60 767.7 1.561 6	0.0434 5 773.8 1.570 4	0.044 29 779.9 1.579 0	0.045 13 786.0 1.587 4	0.045 95 791.9 1.595 6	0.046 76 797.8 1.603 6	0.047 56 803.7 1.611 5	0.048 35 809.5 1.619 2	0.049 14 815.3 1.626 7	0.049 92 821.1 1.634 1	0.050 70 826.8 1.641 4	0.052 99 843.9 1.662 5	0.056 72 872.3 1.695 8	70
0.035 92 757.1 1.532 9	0.036 72 763.6 1.542 3	0.037 49 770.0 1.551 5	0.038 26 776.3 1.560 4	0.039 01 782.5 1.569 1	0.039 75 788.6 1.577 5	0.040 48 784.7 1.585 7	0.041 20 800.7 1.593 8	0.041 92 806.7 1.601 6	0.042 62 812.6 1.609 3	0.043 32 818.5 1.616 9	0.044 01 824.3 1.624 3	0.046 05 841.7 1.645 8	0.049 37 870.4 1.679 6	90
0.031 39 752.6 1.5148	0.032 13 759.4 1.524 6	0.032 85 766.0 1.534 2	0.033 55 772.5 1.543 4	0.034 25 778.9 1.552 3	0.034 93 785.3 1.561 0	0.035 59 791.5 1.569 5	0.036 25 797.7 1.577 7	0.036 90 703.8 1.585 8	0.037 55 809.9 1.593 7	0.038 18 815.9 1.601 4	0.038 81 821.8 1.609 0	0.040 66 839.5 1.630 8	0.043 66 868.5 1.665 1	90
0.027 76 747.9 1.497 8	0.028 45 755.0 1.508 1	0.029 12 761.9 1.518 0	0.029 78 768.7 1.527 6	0.030 43 775.3 1.536 8	0.031 06 781.8 1.455 8	0.031 68 788.3 1.554 5	0.032 29 764.6 1.563 0	0.032 89 800.9 1.571 2	0.033 48 807.1 1.579 3	0.034 07 813.2 1.587 2	0.034 65 819.3 1.594 9	0.036 35 837.3 1.617 2	0.039 00 766.7 1.651 9	100
0.024 77 743.1 1.481 8	0.025 43 750.5 1.492 6	0.02607 757.7 1.502 9	0.026 69 764.7 1.512 8	0.027 29 771.6 1.522 4	0.027 89 778.3 0.531 6	0.028 47 784.9 1.540 6	0.029 04 791.4 1.549 3	0.029 60 797.9 1.557 7	0.030 15 804.2 1.566 0	0.030 70 810.5 1.574 0	0.031 24 816.7 1.581 9	0.032 81 835.0 1.604 6	0.035 34 864.8 1.639 8	110
0.022 27 738.2 1.466 5	0.022 90 745.9 1.477 8	0.023 51 753.4 1.488 5	0.024 10 760.7 1.498 8	0.024 68 767.8 1.508 7	0.025 24 774.7 1.518 2	0.025 79 781.5 1.527 5	0.026 33 788.2 1.536 4	0.026 86 794.8 1.545 1	0.027 38 801.3 1.553 5	0.027 89 807.7 1.561 8	0.028 39 814.1 1.569 8	0.029 87 832.7 1.592 9	0.032 22 863.0 1.628 6	120
0.020 14 733.0 1.451 7	0.020 75 741.1 1.463 5	0.021 91 749.0 1.474 7	0.012 91 756.5 1.485 4	0.022 46 763.9 1:495 7	0.022 99 771.1 1.505 5	0.023 52 778.1 1.515 0	0.003 53 785.0 1.524 2	0.024 53 791.7 1.533 1	0.025 02 798.4 1.541 8	0.025 51 804.9 1.550 2	0.025 98 811.4 1.558 4	0.027 37 830.4 1.581 9	0.029 58 861.1 1.618 1	130
0.018 31 727.7 1.437 4	0.018 90 736.2 1.449 7	0.019 47 744.4 1.461 5	0.020 02 752.3 1.472 6	0.020 55 759.9 1.483 2	0.021 07 767.3 1.493 4	0.021 57 774.6 1.503 2	0.022 06 784.6 1.512 7	0.022 53 788.6 1.521 8	0.023 00 795.4 1.530 7	0.023 46 802.1 1.539 3	0.023 91 808.7 1.547 7	0.025 23 828.0 1.571 6	0.027 32 859.2 1.608 3	140
0.016 71 722.2 1.423 3	0.017 29 731.1 1.436 3	0.017 85 739.7 1.448 6	0.018 38 747.9 1.460 1	0.018 89 755.8 1.471 2	0.019 39 763.5 1.481 7	0.019 87 771.0 1.491 8	0.020 34 778.2 1.501 6	0.020 80 785.4 1.511 0	0.021 25 792.3 1.520 0	0.021 69 799.2 1.528 9	0.022 12 805.9 1.537 4	0.023 37 825.7 1.561 8	0.025 35 857.2 1.599 0	150
0.015 30 716.4 1.409 3	0.015 87 725.9 1.423 1	0.016 42 734.9 1.436 0	0.016 94 743.4 1.448 1	0.017 44 751.6 1.459 5	0.017 92 759.6 1.470 4	0.018 39 767.3 1.480 9	0.018 84 774.6 1.490 9	0.019 28 782.1 1.500 5	0.019 71 789.2 1.509 9	0.020 13 796.3 1.518 9	0.020 55 803.2 1.527 6	0.021 75 823.3 1.552 5	0.023 63 855.3 1.590 3	160
0.012 91 704.0 1.381 6	0.013 48 714.7 1.397 2	0.014 01 724.7 1.411 4	0.014 52 734.1 1.414 7	0.015 00 743.0 1.437 1	0.015 46 751.5 1.448 8	0.015 90 759.7 1.459 9	0.016 33 767.7 1.470 6	0.016 74 775.4 1.480 7	0.017 15 782.9 1.490 5	0.017 54 790.3 1.500 0	0.017 93 797.5 0.509 1	0.019 03 818.4 1.535 0	0.020 77 851.4 1.593 9	180
0.010 95 690.3 1.353 4	0.011 53 702.6 1.371 3	0.012 06 713.8 1.387 3	0.012 56 724.2 1.4019	0.013 03 733.9 1.415 4	0.013 48 743.1 1.428 1	0.013 90 751.9 1.440 0	0.014 31 760.3 1.451 3	0.014 71 768.5 1.462 1	0.015 09 776.4 1.472 4	0.015 46 784.2 1.482 4	0.015 82 791.7 1.491 9	0.016 86 813.4 1.518 7	0.018 47 847.3 1.558 8	200
0.009 29 674.9 1.323 9	0.009 90 689.3 1.344 8	0.010 45 702.1 1.363 1	0.010 95 713.6 1.379 4	0.011 41 724.3 1.394 3	0.011 85 734.3 1.408 0	0.012 26 743.7 1.420 8	0.012 65 752.7 1.432 9	0.013 03 761.4 1.444 3	0.013 40 769.8 1.455 2	0.013 75 777.9 1.465 6	0.014 10 785.7 1.475 6	0.015 08 808.3 1.503 5	0.016 59 844.3 1.544 8	220
0.007 19 646.9 1.274 0	0.007 88 666.2 1.302 5	1.008 45 682.3 1.325 5	0.008 97 696.3 1.345 3	0.009 44 708.8 1.362 8	0.009 88 720.2 1.378 5	0.010 28 730.9 1.392 9	1.010 66 740.9 1.406 2	1.011 03 750.4 1.418 8	0.011 37 759.4 1.430 6	0.011 71 768.2 1.441 8	0.012 03 776.6 1.452 5	0.012 94 800.5 1.482 1	0.014 34 837.2 1.525 4	250
0.004 29 582.4 1.170 4	0.005 18 617.1 1.220 6	0.005 89 641.5 1.256 0	0.006 48 661.6 1.284 6	0.007 00 679.1 1.308 5	0.007 45 694.2 1.329 2	0.007 86 707.5 1.347 3	0.008 23 719.7 1.363 6	0.008 58 730.9 1.378 4	0.008 91 741.4 1.392 1	0.009 22 751.4 1.404 9	0.009 52 760.9 1.416 9	0.010 35 787.3 1.449 6	0.011 59 826.8 1.496 2	300

3.1 Mc

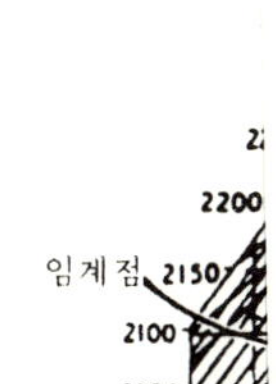

찾아보기

ㄱ

가역 과정 86
가역 변화 6, 28
가역 사이클 7, 99
감열 23
강도성 상태량 5
개방계 4
개방형 급수가열기 189
건도 129
건조도 129
건증기 123
건포화증기 123, 130
건포화증기선 124
검사면 4
경로함수 6
경심 266
고립계 5
고위발열량 218
고전열역학 1
공기과잉률 220
공기냉동 사이클 209
공기표준 사이클 154
공률 17
공업열역학 2
공업일 31
공학단위 10
과열도 124
과열량 132
과열의 열 132
과열증기 124
과정 6
교축 62, 147
교축열량계 147
국제단위계 8
기본단위 8
기체상수 55
기체상태방정식 53

ㄴ

난류 196, 307
난류유동 274
내부 에너지 39, 44

내부일 27
내적 에너지 39
냉각 사이클 209
냉각 효과 149
냉동기 203
냉동 능력 204
냉동 사이클 203
냉동톤 204
냉동 효과 204
냉매 203
노즐 309
뉴턴유체 239
뉴턴의 점성법칙 235, 237

ㄷ

단면 축소노즐 314
단면 확대노즐 314
단열변화 68
단절비 159
대류 열전달 226
도시연료소비율 168
도시열효율 168
도시평균 유효압력 167
돌턴의 법칙 73
돌턴의 분압법칙 75
동력 17
동작물질 3
등속도 유동 276
등압변화 62
등엔트로피변화 68, 109
등온변화 66
등적변화 64
등회전 운동 268
디젤 사이클 159
디퓨저 309

ㄹ

라그랑주 방법 278
랭킨 사이클 182
레이놀즈 수 274, 307
르누아 사이클 175

ㅁ

면적상승모멘트 262
몰리에 선도 138
무효에너지 113
물의 3중점 126
미압계 257
밀폐계 3
밀폐일 30
밀폐형 급수가열기 192

ㅂ

반데르발스 상태식 125
베르틀로 상태식 126
보일의 법칙 52
복사 열전달 227
부력 264
부분압력 75
부심 265
부양체 265
부착력 242

분압 75
불완전미분기호 30
불포화수 123
브레이턴 사이클 169
비가역 과정 86
비가역 변화 6, 28
비가역 사이클 7, 100
비뉴턴 유체 239
비등속도 유동 276
비엔탈피 43
비엔트로피 102
비열 34
비열비 35, 59
비유동계 3
비정상 유동 275, 307
비중 12
비회전 유동 278

ㅅ

사바테 사이클 162
사이클 7
상임계 레이놀즈 수 275
상임계속도 275
상태량 5
상태변화 6
상태식 6, 53
상태함수 6
서덜랜드의 공식 238
선형등가속도 운동 267
선형안정 265
성능계수 204
성적계수 204
속도수두 286
손실수두 286
수력 기울기선 286
슈테판-볼츠만의 법칙 227
스털링 사이클 176
습도 129
습증기 123
습포화증기 123
승화 139

ㅇ

아보가드로의 법칙 56
아트킨슨 사이클 175
압력 251
압력수두 254, 285
압축률 241
압축비 156, 159
압축성유체 234
압축수 123
압축일 32
액주계 254
액체열 127
양론계수 219
에너지 16
에너지방정식 45
에너지 보존법칙 37
에릭슨 사이클 174
엔탈피 43

엔트로피 86, 102
엔트로피 증가의 원리 103
역 브레이턴 사이클 209
역 카르노 사이클 206
역학적 에너지 16
연속체 233
열 33
열당량 38
열량 18, 22
열선도 106
열에너지 16
열역학 제0법칙 18
열역학 제1기초식 41
열역학 제1법칙 37
열역학 제2법칙 85
열역학 제3법칙 115
열역학적 계 3
열역학적 열효율 154
열역학적 절대온도 21
열용량 34
열의 일당량 38
열펌프 203
열평형 18
열효율 23, 91
오스트발트 89
오일러 방법 278
오토 사이클 155
온도 18
온도-엔트로피 선도 106
완전 기체 240
완전미분기호 30
외부일 27
외적 에너지 39
운동량 보정계수 297
운동 에너지 16, 44
위치수두 286
위치 에너지 16, 45
유관 281
유도단위 9
유동계 4
유동 에너지 44
유동일 42
유동장 280
유선 280
유체동력학 234
유체운동학 233
유체의 운동량 방정식 296
유체정역학 233
유효 에너지 112
유효일 91
융해 139
응력 249
이론공기량 219
이상기체에 대한 줄의 법칙 60
이상기체의 상태식 54
이상 냉동 사이클 206
이상 유체 240
일 15, 27
일선도 30
임계 분출 속도 313

임계 압력 124, 313
임계 압력비 313
임계 온도 124

ㅈ

작동유체 3
재생 사이클 171, 172, 189
재열 사이클 174, 187
재열-재생 사이클 194
저위발열량 218
전단력 232
전도 열전달 223
전수두 286
전압력 251
전열량 131
전일 27
절대압력 14
절대영도 20
절대온도 20, 96
절대일 29, 30
절연계 5
점성 235
점함수 6
정상 유동 45, 275, 307
정압 288
정압 변화 62
정압비열 35
정온 변화 66
정적 변화 64
정적비열 35
제2종영구기관 89
제동 열효율 168
제동일 168
제동출력 168
제동평균 유효압력 168
종량성 상태량 5
준정적 과정 29
준정적 변화 7
줄-톰슨의 효과 149
중간냉각 사이클 174
증기선도 136
증기압곡선 139
증기압축 냉동 사이클 207
증발열 23
증발잠열 23, 123
증발현상 122
지압선도 167
진공도 14
질 129

ㅊ

차단비 159
참일 33, 91
체적탄성계수 241
체절비 159
층류 307
층류유동 274

ㅋ

카르노 사이클 92

켈빈의 절대온도 21
클라우지우스 87
클라우지우스 상태식 126

ㅌ

토리첼리의 원리 289
통계열역학 1

ㅍ

파스칼의 원리 251
평균비열 34
평균자유행로 233
포화수 123
포화압력 123
포화액 123
포화액선 124
포화온도 123
포화증기 123
포화한계선 124
폴리트로프 변화 71
폴리트로프 비열 72
폴리트로프 지수 71
표면식 급수가열기 192
표면장력 242
표준대기압 14
푸리에 법칙 223

ㅎ

하임계 레이놀즈 수 275
하임계속도 275
헬름홀츠 238
현열 23
혼합식 급수가열기 189
회전 안정 266
회전 유동 278
효율비 154

기타

1차원 유동 277
2차원 유동 277
3중점 139
3차원 유동 278
Couette 흐름 236
$h-s$ 선도 138
Kelvin의 절대온도 96
Mollier diagram 138
Nernst의 열정리 115
$P-h$ 선도 138
$P-T$ 선도 139
$P-v$ 선도 136
$T-s$ 선도 138

열 유 체 공 학

2008년 3월 5일 1판 1쇄 발행
2009년 7월 15일 1판 2쇄 발행

저 자 ◎ **김동우·김성구·송기홍·장창현**

발행인 ◎ **조승식**

발행처 ◎ (주) 도서출판 **북스힐**
서울시 강북구 라일락길 36

등 록 ◎ 제 22-457 호

TEL (02) 994-0071(代)

FAX (02) 994-0073

E-MAIL bookswin@unitel.co.kr
www.bookshill.com

값 15,000원

• 잘못된 책은 교환해 드립니다.

ISBN 978-89-5526-448-7